# Conoce todo sobre telecomunicaciones.

# Tecnologías, redes y servicios.

2ª Edición actualizada

# Conoce todo sobre telecomunicaciones.

# Tecnologías, redes y servicios.

## 2ª Edición actualizada

*José Manuel Huidobro*

Conoce todo sobre telecomunicaciones. Tecnologías, Redes y Servicios. 2ª Edición actualizada
© José Manuel Huidobro
© De la edición Ra-Ma 2014
© De la edición: ABG Colecciones 2020

Editado por:
RA-MA Editorial
Madrid, España

Colección American Book Group - Ingeniería y Tecnología - Volumen 7.
ISBN No. 978-168-165-761-5
Biblioteca del Congreso de los Estados Unidos de América: Número de control 2019935234
www.americanbookgroup.com/publishing.php

Ajuste de maqueta: Gustavo San Román Borrueco
Diseño Portada: Antonio García Tomé
Arte: Jcomp / Freepik

*A mi esposa Rosa María y a mis hijos David, Lucía y Leticia, por todo lo que de ellos he recibido, por su amor y su apoyo constante.*

# ÍNDICE

# ACERCA DEL AUTOR

**JOSÉ MANUEL HUIDOBRO**        (*www.huidobro.es*)

- **Ingeniero de Telecomunicación por la ETSIT (UPM).**
- **Máster en Dirección de Marketing y Comercial por el IDE-CESEM.**
- **Máster en Economía de las Telecomunicaciones por la UNED.**
- **Especialista en Dirección Estratégica de las TIC por la UPM.**
- **Diplomado en Marketing por el Instituto de Empresa y por el IESE.**
- *Business Intelligence Analyst* **por el Ericsson Management Institute.**
- **Colaborador en diversas publicaciones técnicas y prensa diaria**, desde hace 30 años, con más de 700 artículos publicados.
- **Autor de 54 libros** sobre redes y servicios de telecomunicaciones.
- **Premio Autel 1998** a la difusión del uso de las telecomunicaciones.
- **Premio Vodafone de Periodismo** en el año 2002.
- **Miembro,** y coautor de sus publicaciones, **del Grupo de Regulación de las Telecomunicaciones del COIT/AEIT** (GRETEL 2000), del Foro Histórico de las Telecomunicaciones y de ACTA.
- **Ponente** y tutor en varios cursos, conferencias, programas de TV, radio y seminarios sobre Telecomunicaciones (AMETIC-FTI, Telefónica, ETSII, IIR, ICTnet, Universidad de Cantabria, Universidad de Alcalá, APD-Retevisión, Aslan).

- **Profesor** durante varios años en Másters organizados por la EOI, UCLM, UPC, UPM-DCA, UPM-ETSIT, UC3M, e ICAI-ICADE.

- Desde el año 2003 y hasta el 2009 **Director de la revista *Bit* del COIT/AEIT**, y desde 2009 del área **TIC de DINTEL-Alta Dirección**.

- **Colaborador habitual de diversas revistas técnicas**: *Redes & Telecom, NetworkWorld, Telefonía y Comunicaciones, Bit, Antena, Telecos, Pymes*, etc.

# INTRODUCCIÓN

Cualquier rama de la ciencia tiene su interés pero, entre todas ellas, no cabe duda de que el mundo de las telecomunicaciones es uno de los más apasionantes con los que nos podemos encontrar, no solo porque está en permanente cambio y es el de más rápida evolución, sino porque afecta a casi todas nuestras actividades cotidianas, tanto en el trabajo como en nuestros ratos de ocio: cuando nos conectamos a Internet, cuando hablamos por el móvil, cuando vemos la televisión, cuando utilizamos el cajero automático, cuando consultamos al banco, cuando mandamos un SMS, etc.

Muchas veces utilizamos los servicios de telecomunicación que nos ofrecen sin saber apenas nada de ellos, y ese es su gran encanto, no nos hace falta saber, o no nos importa, ni quién los da, ni por dónde llegan, ni cómo funcionan, simplemente, nos hace falta saber utilizarlos. Pues bien, tampoco nos vendrá mal conocerlos un poco mejor y así, posiblemente, les saquemos algún partido más o sentiremos la satisfacción íntima de saber lo que estamos haciendo.

Esta obra está hecha a propósito para no tener que requerir conocimientos técnicos, ni de telecomunicaciones, ni de matemáticas, ni de física, ni de otras ciencias. No obstante, también está hecha con la idea de que si alguien tiene esos conocimientos pueda aprovecharse de su lectura, pues se introducen conceptos, tecnologías y servicios desde una perspectiva que quizás no haya visto antes, y que sin duda le educarán para ver las telecomunicaciones con una mente más abierta y le ayudarán a comprender algunos temas que puede tener no muy claros.

A lo largo del texto vamos a recordar algunos temas que vimos en el colegio o en el instituto, y que son de aplicación en las telecomunicaciones.

De manera que se va a empezar con la base de las telecomunicaciones, los conceptos más importantes que, básicamente, son el mensaje: vamos a ver el sonido, los datos, la imagen y el texto. Telecomunicaciones es envío de información a distancia; pues bien, esa información que enviamos, ese mensaje que queremos enviar, es el punto de partida, y luego vamos a ver por qué medios físicos se transportan esos mensajes: por cable, por fibra óptica o usando las ondas de radio, lo que se llama el espectro radioeléctrico, terrestres o por satélite.

Una vez visto el mensaje y cómo se transporta a distancia, pasaremos a ver distintas tecnologías, para adecuar la señal y que se comporte mejor o se necesiten menos recursos para su manejo; básicamente, vamos a comentar las técnicas de conmutación, de compresión del sonido, los datos y la imagen; la de digitalización de la señal y la de modulación, tan importante esta última para la comunicación de datos a través de las redes telefónicas y el acceso a Internet a través de módems. Pero también veremos otras que se utilizan frecuentemente en telecomunicaciones.

Los capítulos 4 y 5, los de mayor extensión, están dedicados, uno a las redes de telecomunicaciones fijas y, otro, a las redes móviles e inalámbricas. Para el estudio de las redes se tendrá en cuenta su cobertura geográfica y así veremos las redes de área local (LAN), tan utilizadas en las empresas y las redes de área extensa (WAN), empleadas por todo tipo de usuarios, tanto si son públicas como privadas, prestando especial atención a Internet y a los servicios que ofrece. Para el estudio de las redes móviles e inalámbricas se tendrán en cuenta las diferentes tecnologías utilizadas, ya que de ellas dependerá en gran medida el tipo de servicios que se puedan ofrecer, prestando especial atención a aquellas de uso más común, como pueda ser GSM, UMTS, LTE, Wi-Fi, Bluetooth, WiMAX, RFID, NFC, etc. Por último, en el capítulo 6, se tratarán los aspectos legislativos que afectan a las telecomunicaciones y que tanta importancia tienen en su desarrollo.

Las telecomunicaciones, hoy, no se entenderían sin haber visto cómo ha sido el proceso de liberalización durante los últimos años, que ha afectado directamente a la oferta de nuevos servicios y a la entrada de nuevos competidores, facilitando la bajada de tarifas, una oferta mucho más amplia y adaptada a las necesidades de los usuarios. Por esta razón, se dedica un capítulo, el último, a la legislación de telecomunicaciones en España y en nuestro entorno europeo, ya que existe una política de armonización entre todos los países que pertenecen a la Unión Europea, además de en Latinoamérica. Como en el resto del libro, el tratamiento es riguroso pero expuesto de una manera muy sencilla, así que no se requieren conocimientos previos para poder seguir los temas que se van a tratar.

José Manuel Huidobro
*www.huidobro.es*
Ingeniero de Telecomunicación

# Capítulo 1

# MENSAJES Y SEÑALES

## 1.1 EL MENSAJE: SONIDO, DATOS E IMÁGENES

Empezaremos por definir lo que es el mensaje ya que es el elemento básico de la comunicación entre los seres humanos. Por mensaje se entiende la información que se desea intercambiar entre dos o más interlocutores. En el ámbito de las telecomunicaciones, el mensaje es el conjunto de señales, signos o símbolos que son objeto de una comunicación a distancia.

Telecomunicaciones es un término relativo a la emisión y/o recepción a distancia de sonido, texto, datos o imágenes por hilos metálicos, radio, fibra óptica, microondas, satélites, etc. A lo largo tanto de esta obra, como de muchas otras, se suele utilizar también el nombre abreviado de "comunicaciones", dando por hecho que el prefijo "tele" sobra, pues el término de la distancia es muy relativo y, hoy en día, con las redes locales se habla de comunicaciones entre dispositivos electrónicos a distancias de unos pocos metros o, incluso, de centímetros si se aplican a dispositivos que van sobre el cuerpo humano, como más adelante tendremos ocasión de ver. ¿Es este tipo de comunicaciones, telecomunicaciones? Por supuesto que sí. Hay que tener en cuenta que el origen de este término viene de cuando, prácticamente, la mayoría de las comunicaciones se hacían a grandes distancias, mediante el telégrafo, el teléfono o, en algunos casos, las ondas de radio.

Como dato anecdótico cabe destacar que el término "Telecomunicación" se adoptó, formalmente, en la Conferencia Fundacional de la Unión Internacional de Telecomunicaciones (UIT) que tuvo lugar en Madrid en el año 1932, 67 años después de su nacimiento, que lo definió como "Toda comunicación telegráfica o telefónica de signos, señales, de escritos, de imágenes y de sonidos de toda naturaleza, por hilo, radio o por otros procedimientos de señalización eléctricos o visuales". Una definición bastante acertada que mantiene gran parte de su validez, 82 años después. Por aquel entonces no existía la televisión.

En la **Conferencia de Madrid de 1932**, la Unión decidió refundir el Convenio Telegráfico Internacional de 1865 y el Convenio Internacional de Radiotelegrafía de 1906 en el **Convenio Internacional de Telecomunicaciones**. También decidió modificar su nombre y pasó a denominarse Unión Internacional de Telecomunicaciones (UIT). Este nuevo nombre, que comenzó a utilizarse el 1 de enero de 1934, se eligió porque reflejaba adecuadamente todo el alcance de las funciones de la Unión, que en aquel tiempo se extendían a todos los medios de comunicación alámbricos e inalámbricos.

La clasificación que se hace del mensaje tradicional, en comunicaciones, es de cuatro tipos de mensajes, que son: **sonido**, que asociamos con el teléfono o con la radio, **texto**, que era el telegrama o el teletipo, **datos**, que podemos identificar con un documento o con la información que se encuentra en Internet, e **imagen**, que asociamos con el vídeo o la televisión.

Pero esta clasificación tan simple, que vale para comprender la distinta naturaleza de los mensajes a la hora de su tratamiento mediante equipos de comunicaciones, en la práctica está un poco más dividida: la voz y la música, siendo ambos un sonido, se tratan de diferente manera en telecomunicaciones. La música requiere bastantes más condiciones, una red más compleja que la voz, mientras que la imagen puede ser fija o en movimiento: si es en movimiento, es el vídeo o la televisión, pero si es fija, como una fotografía o un gráfico, el tratamiento es distinto. Hoy día, los gráficos se mandan por cualquier sistema; por uno tan simple como es el fax, entre otros. De manera que la anterior clasificación hay que ampliarla, lo que haremos a continuación.

## 1.1.1 Naturaleza de los mensajes

Podemos clasificar los mensajes, atendiendo a su naturaleza, en:

- **Voz**
- **Música**
- **Texto**
- **Imagen**

  - Fija (gráficos)

  - En movimiento (vídeo)

Los dos primeros, voz y música, se encuadran dentro del mensaje sonido pero, como hemos comentado, para su estudio conviene separarlos.

Para la comprensión de algunos términos empleados habitualmente en las telecomunicaciones es útil hacer un repaso a los multiplicadores utilizados en física. En física usamos los multiplicadores y divisores que se muestran en la tabla 1.1. El del **kilo** significa multiplicado por mil. **Mega** es el millón de los economistas; mega es multiplicar por un millón. **Giga** es el millardo de los economistas, mil millones, el billón de los americanos. **Tera** es nuestro billón, el uno seguido de 12 ceros ($10^{12}$). Ahora, como las redes son cada vez más rápidas (antes se hablaba de terabits como una cosa que era ya casi difícil de prever) se empiezan a utilizar otros multiplicadores; hoy día ya se habla de **peta** o lo que es igual, mil billones y de **exa**, equivalente al trillón ($10^{18}$).

| Prefijo | Multiplicador |
|---------|---------------|
| Kilo | 1.000 |
| Mega | 1.000.000 |
| Giga | 1.000.000.000 |
| Tera | 1.000.000.000.000 |
| Peta | 1.000.000.000.000.000 |
| Exa | 1.000.000.000.000.000.000 |
| Prefijo | Divisor |
| Micro | 1/1.000.000 |
| Nano | 1/1.000.000.000 |
| Pico | 1/1.000.000.000.000 |

*Tabla. 1.1. Algunos prefijos utilizados en Telecomunicaciones*

En cuanto a divisores, el más típico es el **micro**, un micro-metro es una millonésima parte del metro. Al micro-metro también se le llama micra (se representa por el símbolo μ). Una micra, en distancia, es una millonésima de metro o una milésima de milímetro. En las fibras ópticas actuales, sus diámetros son de micras: 5, 10, 60 micras, algo muchísimo más fino que un cabello humano; la parte central de la fibra es de unas pocas micras, después la fibra va rodeada de más vidrio para que se pueda manejar con la mano y darle una cierta rigidez, y de un material protector que actúa como cubierta. El siguiente divisor es el **nano**, que es una mil millonésima parte, el inverso del millardo. Y **pico**, que es una billonésima parte ($10^{-12}$).

Estos dos últimos se usan menos en Telecomunicaciones, pero son nombres o prefijos que se usan con frecuencia en el mundo físico o en el mundo de la tecnología (de hecho, ya se viene hablando de nano-tecnología y tecnología molecular). En electrónica, por ejemplo, para designar la capacidad de un condensador, de los utilizados para almacenar energía eléctrica, se utiliza una unidad denominada Faradio pero, como esta es muy grande para los valores normales, se utilizan submúltiplos de ella, los micro, pico y nano-Faradios.

A lo largo del texto se va a emplear con mucha frecuencia mega y giga, y comentaremos algo de tera y de micras en los temas dedicados a la fibra óptica.

## 1.2 EL SONIDO

Empezaremos a estudiar el primero de los mensajes y aprovecharemos la explicación de este primer mensaje para introducir nuevos conceptos. Es mucho más fácil dar un nuevo concepto basándose en algo que uno se puede imaginar, como es el sonido, que hacerlo de una manera abstracta. Veremos el concepto de ancho de banda y el de digitalización; también, vamos a aprender a digitalizar basándonos en el sonido, de manera que dedicaremos bastante tiempo al sonido. Visto este, los otros mensajes se irán explicando más rápidamente ya que los conceptos básicos comunes ya habrán sido introducidos.

El sonido es el primero de los mensajes, lo que se transmitía cuando se inventó el teléfono en 1876, hace ya casi 140 años. Toda la gracia del teléfono es convertir el sonido, como luego descubriremos, en voltios. Otras cosas, más complejas, son las centrales de conmutación y las redes telefónicas, pero el terminal de usuario es algo bastante simple y que ha cambiado poco con el paso de los años.

¿Qué es el sonido? El sonido, la sensación de sonido que llega a nuestro cerebro, proviene de una variación de presión en el aire. El sonido no es más que el efecto de transmitir por el aire variaciones de presión. Lo veremos con algunos ejemplos, utilizando la voz y algunos instrumentos musicales.

## 1.2.1 Movimiento vibratorio

El primer ejemplo que vamos a utilizar para explicar el sonido es el más habitual, el que todos utilizamos a diario para expresarnos y hacernos entender: la voz. Así, cuando las cuerdas vocales vibran al hablar, van presionando a las moléculas de aire que están próximas y hacen que varíe la presión en su entorno, variación que se transmite como una onda hasta que es tan débil que llega a desaparecer.

Imaginemos que en vez de una cuerda vocal es una membrana, como la de un gong (instrumento musical formado por un platillo de metal sonoro sobre el que se golpea con una maza cubierta con un amortiguador), que vibra cuando se la golpea. Cuando el gong va para adelante, "presiona" a todas las moléculas de aire que hay delante, y cuando va para atrás, las "depresiona", provoca una especie de vacío. De manera que según la membrana de ese gong o la cuerda vocal va vibrando, lo que viaja por el aire (no se mueve el aire), es la presión de las moléculas de aire. Hay una presión más fuerte que va viajando y luego una presión menos fuerte que también va viajando. Presión y depresión que son susceptibles de ser percibidas por el oído, el sentido de la audición en el ser humano (en otros animales los sentidos que detectan las variaciones de presión pueden ser otros distintos).

La velocidad a la que viaja por el aire este cambio de presión es lo que llamamos la velocidad del sonido, que es de 340 metros por segundo (340 m/s). Esa presión/depresión que va viajando por el aire la podemos representar en un plano de la siguiente manera (véase la figura 1.1). Tomemos dos ejes de coordenadas X e Y, y representamos en el eje Y el valor de la presión en un instante determinado: una presión positiva, o "sobrepresión", vendrá determinada por valores superiores a 0 (o positivos), y una presión negativa o depresión por valores inferiores a 0 (o negativos). En el otro eje, el X, representamos el tiempo. El sonido, como se aprecia en la gráfica resultante, es una presión que sube (presión más alta) y luego baja (presión más baja) para volver otra vez a subir, y de esta manera, alternativamente, va pasando de presión alta a presión baja.

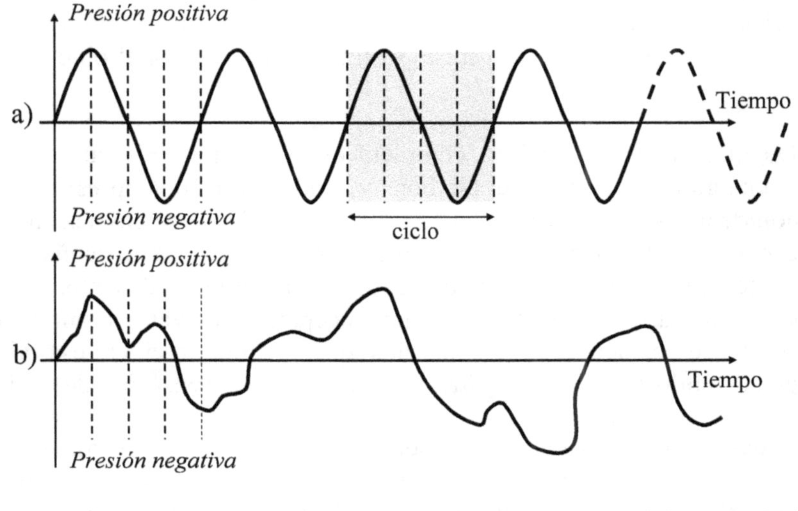

*Figura 1.1. Representación de una onda de sonido (sinusoidal e irregular)*

La figura 1.1 a) es un sonido muy bonito en cuanto a su forma, es lo que se denomina onda senoidal, porque responde a una figura geométrica que es el seno, una figura matemática. En realidad, la presión de la voz no sube y baja así de esa manera tan pura. Ese, probablemente, sea el sonido de un diapasón, un instrumento con un sonido muy limpio (una única frecuencia).

La representación de la voz, con la parte de presión positiva y presión negativa, sería algo así como la onda que se representa en la figura 1.1 b), bastante más irregular que la onda anterior pero igualmente cíclica. Una vez que sube la presión, después baja y se repite lo mismo. Hay un ciclo de presión que sube y baja, otro ciclo posterior de presión que sube y baja, etc., que conforman lo que es un "movimiento ondulatorio", como lo llaman algunos o movimiento vibratorio.

De hecho, cuando se habla, las cuerdas vocales están vibrando, lo mismo que sucede al golpear el gong, o al golpear un tambor, que empieza a vibrar hasta que esa vibración se llega a amortiguar con el paso del tiempo y desaparece.

## 1.2.2 Ciclos por segundo (Hercio)

Para que el oído transmita al cerebro sensación de sonido hace falta el mecanismo siguiente:

Observemos ese movimiento vibratorio cuando llega a nuestro oído. En nuestro oído tenemos una membrana pequeña −el tímpano−, que lo que hace es que cuando llega la presión más alta, esa sobrepresión se mete para dentro y cuando llega la depresión sale para fuera. El tímpano va vibrando, influenciado por la presión, a la misma velocidad o al mismo ritmo al que vibraba el objeto productor del sonido.

De manera que la cadena completa es: algo vibra −la cuerda vocal, la cuerda de una guitarra, el gong, el tambor− y produce presión/depresión en el aire. Esa presión/depresión en el aire llega a nuestro tímpano y este empieza a vibrar de la misma manera. El tímpano transmite esa vibración por una pequeña cadena de huesos que tenemos en el oído a una cavidad interna llamada laberinto. El laberinto es una especie de caracola, donde están unos receptores que van vibrando a la vez y ahí es donde se encuentran unos nervios que, cuando reciben esa vibración, transmiten el sonido al cerebro o, para ser más exactos, la sensación de sonido.

¿Cuántos de estos ciclos hay por segundo? Para que la vibración llegue como sensación de sonido al cerebro, además de tener un cierto nivel o intensidad sonora, esa vibración que la produce, y que llega al tímpano como onda sonora, tiene que ocurrir por lo menos 20 veces por segundo. Si vibra menos, los nervios del laberinto no mandan información al cerebro de que hay sonido (no se percibe).

Lo mínimo, 20 veces por segundo, es lo que se llama un sonido muy grave, un sonido que es difícil de encontrar incluso en instrumentos musicales. A partir de ahí, si vibra más veces por segundo, la sensación que produce el sonido es que es cada vez más agudo; mil veces por segundo es un pitido, 2.000, 3.000 veces por segundo es el sonido de una flauta, de un violín y así hasta que el oído deja de nuevo de percibir o de mandar al cerebro sensación de sonido, lo que ocurre cuando el número de vibraciones es muchísimo mayor, del orden de 16.000.

Por descontado que hay oídos especiales, personas con una gran capacidad auditiva, conocimiento musical y aptitudes personales que pueden detectar sonidos con 18, 16 o menos vibraciones por segundo. Igual que hay gente (algunos animales, también, como los perros o los murciélagos) que son capaces de oír vibraciones por encima de 16.000. Pero la media es entre 20 y 16.000 veces por segundo. Y cuando decimos veces son ciclos completos por segundo.

Un ciclo implica subida de presión, bajada de presión. Presión que sube, presión que baja y eso recibe el nombre de ciclos por segundo (c/s). De manera que el sonido necesita vibraciones, variaciones entre 20 ciclos por segundo y 16.000 ciclos por segundo. En física al ciclo por segundo (c/s) se le da un nombre, sea de sonido o sea cualquier otro tipo de onda, se le llama Hercio y se representa como Hz, con H (hache mayúscula) y z (zeta minúscula). El nombre de Hercio se debe a Hertz, uno de los primeros en experimentar con las ondas electromagnéticas pero no su descubridor, pues ya se conocían desde bastante tiempo antes.

**James Clerck Maxwell**, físico y matemático escocés, alumno de Faraday, en 1864 predijo la posibilidad de las ondas electromagnéticas (ondas de Radio) si se empleaban frecuencias suficientemente elevadas. Podemos decir que Maxwell fue el auténtico precursor, aunque terminó sus días sin poder ver plasmadas sus teorías en la realidad. El caso es excepcional al adelantarse la predicción analítica 24 años a la experimental.

Posteriormente el alemán **Heinrich Rudolf Hertz**, profesor de la Universidad de Bonn, conseguía la realización práctica de la teoría de Maxwell. El desafío para Hertz consistió en inventar el transmisor y el receptor. El emisor estaba constituido por un carrete de Ruhmkorff de grandes dimensiones al que adaptó una especie de antena dipolo, mientras que el receptor, muy poco sensible, consistía en un anillo abierto, entre cuyas puntas podían saltar chispas. Hertz estudió las propiedades de las ondas electromagnéticas producidas por una corriente eléctrica oscilante de gran frecuencia, demostró su naturaleza ondulatoria y llegó a determinar su longitud de onda (en su honor la unidad de medida de la frecuencia es el Hercio).

## 1.2.3 La transmisión del sonido

Visto lo que es el sonido, ahora lo queremos transmitir lejos y empezar a usarlo para telecomunicaciones (envío del mensaje a distancia).

Si se quiere transmitir el sonido muy lejos se puede gritar muy fuerte, y así vamos a llegar como mucho a 200 o 500 metros, dependiendo de nuestra potencia sonora. Los gomeros con el silbo canario llegan a 1 kilómetro. Si se quiere llegar mucho más lejos podemos utilizar algún instrumento pero, probablemente, lo que más lejos llegue hoy día es el tam-tam que llega hasta 10 km. Pero ¿y si se quiere llegar a más? Por ejemplo, si queremos mandar un sonido desde Madrid a Barcelona ¿qué tenemos que hacer? Por muy fuerte que se grite o por un gran altavoz que utilicemos, ese sonido no va a llegar nunca a Barcelona.

La presión del aire que va viajando no es capaz de viajar esos cientos de kilómetros. ¿Qué hacer? Pues hay que buscar algo que cubra fácilmente grandes distancias. Hay que convertir ese sonido en algo que tenga buena capacidad de viajar y la electricidad lo hace muy bien. La electricidad que tenemos en nuestra casa, probablemente, está generada en algún pantano o central térmica muy alejada de nuestro hogar. ¿Cómo ha llegado hasta ella? ¿Cómo llega la electricidad que se genera en una central eléctrica hasta Madrid? Por cables eléctricos, por unos conductores, normalmente de cobre, que se van poniendo sobre postes y que transmiten la electricidad (alta tensión) a cientos, miles de kilómetros sin problema.

De manera que como la electricidad se conduce muy bien por los cables, si convertimos el sonido en electricidad lo podremos transportar fácilmente. A la presión convertida en voltios, por tanto, es a lo que llamamos la señal eléctrica.

## 1.2.4 La señal eléctrica

Señal es la representación del mensaje que se quiere enviar, en este caso el sonido, en otro caso será el color o la iluminación que convertimos en forma eléctrica (voltios). En cierta medida las telecomunicaciones se han basado siempre en el hecho de que el mensaje lo convertimos en voltios. Más adelante veremos que las telecomunicaciones modernas, además de convertirlo en voltios, lo convierten luego en luz, para poder enviarlo a través de las fibras ópticas, ya que las características de propagación de estas son ideales.

Pero seguimos con la señal eléctrica basada en convertir el sonido, en voltios. Esa es la base del invento del teléfono, convertir el sonido en voltios y los voltios en sonido de vuelta, un proceso que vamos a ver en el siguiente apartado, en el que se explica la manera de convertir la presión en voltios y viceversa.

# 1.2.4.1 CONVERSIÓN DE SONIDO EN ELECTRICIDAD

¿Cómo convertimos el sonido en voltios? Muy fácilmente, mediante un micrófono, un dispositivo que transforma variaciones de presión (energía mecánica) en variaciones eléctricas. Un altavoz realiza el proceso contrario, invierte el proceso.

¿Cómo funciona el micrófono? El micrófono tiene una membrana que cuando llega una sobrepresión se mete para dentro y cuando hay una depresión va hacia fuera, es decir, se pone a vibrar igual que lo hace nuestro tímpano. Lo primero que tiene un micrófono es una membrana que va vibrando al ritmo del sonido, entre 20 y 16.000 veces por segundo. Esa membrana tiene unidas a ella unas espiras de cobre pegadas, y cuando la membrana vibra, las espiras de hilo de cobre también vibran y se las hace entrar en un imán. Hay muchos otros tipos de micrófonos (electromagnéticos, de carbón, piezoeléctricos, de condensador, etc.), pero para explicar este fenómeno es muy instructivo utilizar el primer tipo.

¿Y qué ocurre cuando unas espiras de cobre entran y salen del campo magnético producido por un imán, normalmente en forma de herradura? Pues lo que pasa es que en esas espiras de cobre se produce electricidad. Ello es debido a que un campo magnético variable produce electricidad, un fenómeno que se conoce hace más de 100 años y que en la vida normal podemos observar con mucha frecuencia (por ejemplo, con la dínamo de la bicicleta).

Un campo magnético variable produce electricidad en su alrededor si se encuentra algún material conductor cercano a él. La manera de decirlo en términos físicos: un campo magnético variable produce un campo eléctrico variable. Así, un imán puede producir electricidad, bien sea porque el imán se mueva o, en este caso, porque se mueve la espira que está en su interior. En esa espira aparece electricidad y aparece electricidad al mismo ritmo que va variando la posición de la espira dentro del imán, al mismo ritmo que se había producido la presión y la depresión.

Lo que obtenemos, si lo representásemos, es algo que en lugar de presión positiva van a ser voltios positivos y, en lugar de depresión o presión negativa, van a ser voltios negativos. Si la presión va creciendo, tenemos voltios que suben; si va disminuyendo, tenemos voltios que bajan y que serán voltios cero cuando la presión sea nula. En la figura 1.2 se representa la onda de presión, con sus partes positiva y negativa, y la señal eléctrica resultante, apreciándose como las variaciones de la segunda siguen a las variaciones de la primera; eso sí, con distinta amplitud.

## 1.2.4.2 SEÑALES ANALÓGICAS

Una de las necesidades básicas del ser humano es la comunicación: ser capaz de intercambiar información y conocimiento con aquellos que nos rodean. Las redes de telecomunicaciones son, entre otras, las que posibilitan la comunicación a distancia.

La representación eléctrica de la información que se desea transmitir se denomina señal. Las señales que viajan por los medios de transmisión y los equipos que las generan pueden ser de dos tipos:

– Señal analógica: son ondas continuas en el tiempo en las que los valores varían de una forma continua. Ejemplo: la voz (ondas de presión).

– Señal digital: son señales que solo pueden tomar valores discretos. Ejemplo: señal binaria donde solo existen dos variantes "0" y "1".

En la figura 1.2 la línea continua es el mensaje y la presión que varía, la línea discontinua, es la señal: los voltios que se corresponden al mensaje y tienen una forma análoga al fenómeno representado. Por eso a esta señal la llamó señal analógica. Luego veremos que hay otro tipo de señales artificiales creadas por el hombre, que no se parecen en nada a lo que queremos representar y que son las famosas señales digitales.

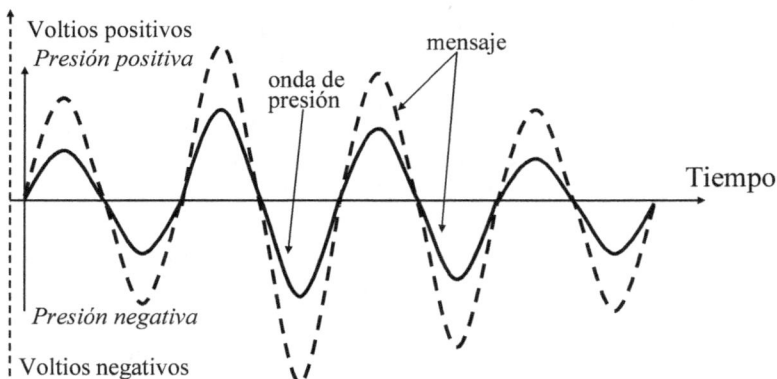

*Figura 1.2. Representación de la onda de presión y el mensaje (voltios)*

Señales analógicas porque son análogas al mensaje que se quiere representar y que en este caso se han obtenido gracias al micrófono; gracias a ese conjunto de membrana, espiras e imán hemos conseguido unos voltios que varían al ritmo de la presión y que ya viajan fácilmente por cables eléctricos.

     ¿Qué tenemos que hacer en el otro extremo para recibir el mensaje? ¿Cómo oímos en Barcelona la voz que se está produciendo en Madrid? Ya hemos conseguido que la voz vaya hasta Barcelona, en forma de señal eléctrica (voltios), utilizando dos cables. Desde luego, meternos los cables en el oído nos daría un buen susto. Así que, lo que tenemos que hacer es convertir esa señal eléctrica, otra vez, en presión de aire. Lo cual haremos con un aparato que invierta la función del micrófono: el altavoz.

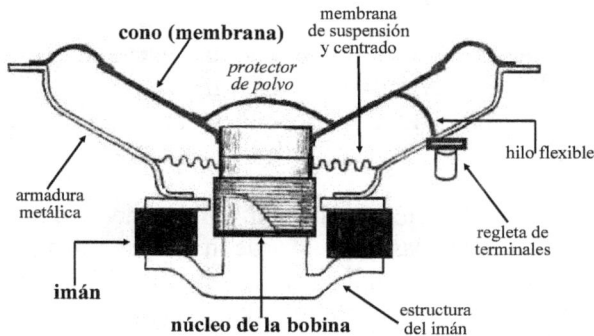

*Figura 1.3. Esquema de un altavoz, donde se aprecian las espiras alrededor del núcleo imantado y la membrana que al vibrar produce el sonido*

     Un altavoz o auricular, tal y como se aprecia en la figura 1.3, se compone de un imán, unas espiras de cobre y una membrana, exactamente lo mismo que el micrófono, solamente que más grande de tamaño y la membrana suele ser de papel o tela en lugar de metálica. Pero, ¿cómo funciona? Pues según vimos, cuando la espira entraba en el imán y salía, producía voltios. Ahora ponemos voltios en la espira y el fenómeno es reversible: cuando ponemos voltios en la espira, esta entra y sale del imán. Cuando le damos voltios positivos y negativos entra y sale según los voltios sean positivos o negativos.

     Es decir, que es como un micrófono al revés y de hecho un pequeño altavoz puede funcionar como altavoz y puede funcionar como micrófono. Si hablamos delante, por los hilos saldrán voltios, si metemos voltios se moverá la membrana e irá produciendo presión. De manera que en el otro extremo, el auricular o el altavoz lo que hace es convertir la señal eléctrica en, otra vez, presión del aire que es lo que el oído percibe como sensación de sonido y ese fue el invento del teléfono, inventar el micrófono e inventar el auricular, ni más ni menos, ya que la transmisión de voltios a través de líneas de cobre estaba inventada muchos años antes, con el telégrafo. En resumen:

- Para poder recoger los sonidos de los emisores, y reproducirlos junto a los receptores, se emplean dispositivos como los micrófonos y los altavoces.

- Un micrófono transforma variaciones de presión (energía mecánica) en variaciones eléctricas, mientras que un altavoz realiza el proceso contrario.

## 1.2.5 Atenuación y ruido

La energía de una señal decae con la distancia, por lo que hay que asegurarse que llegue con la suficiente energía como para ser captada por el receptor y, además, el ruido debe ser sensiblemente menor que la señal original (para mantener la energía de la señal se utilizan amplificadores o repetidores).

Debido a que la atenuación varía en función de la frecuencia, las señales analógicas llegan distorsionadas, por lo que hay que utilizar sistemas que les devuelvan sus características iniciales (usando bobinas que cambian las características eléctricas o amplificando más las frecuencias más altas).

El ruido es toda aquella señal que se inserta entre el emisor y el receptor de una señal dada. Hay diferentes tipos de ruido: ruido térmico debido a la agitación térmica de electrones dentro del conductor, ruido de intermodulación cuando distintas frecuencias comparten el mismo medio de transmisión, diafonía que se produce cuando hay un acoplamiento entre las líneas que transportan las señales y el ruido impulsivo que se trata de pulsos discontinuos de poca duración y de gran amplitud que afectan a la señal.

Si los cables son muy largos, probablemente tengamos que poner amplificadores intermedios, pero lo que conseguimos con esa voz, con lo que sale del micrófono es que, mediante unos cables eléctricos, ya se pueda transmitir el mensaje voz a donde se quiera. Todo es tener un par de hilos conductores y decimos un par porque la electricidad necesita por lo menos dos hilos para viajar (uno de ida y otro de retorno, para así poder establecer un circuito eléctrico).

La electricidad trifásica, la que se emplea en entornos industriales, necesita tres, pero la electricidad normal en los hogares necesita dos (más el cable de puesta a tierra para seguridad, en algunas instalaciones). Dos cables que permiten viajar a la electricidad y que, normalmente, serán de cobre ya que este metal es un buen conductor (ofrece poca resistencia al paso de una corriente eléctrica a su través). Por eso al cable que sale de nuestro teléfono y que va hasta la central telefónica más cercana le llamamos el par de cobre, que son los dos conductores para que circulen los voltios que están representando a la voz o, en general, al sonido.

# 1.2.6 Concepto de ancho de banda

Desde que se inventó el teléfono (patentado por Alexander Graham Bell en 1876), ya que se podía transmitir la voz, se empezó a pensar en hacer una red de comunicaciones mandando la voz. Bell anduvo visitando a las empresas de telecomunicaciones, que entonces lo mandaban todo por telegrama (telégrafo), para exponerles la idea, sin éxito. En la gran empresa de EE.UU., la Western Union, cuando llegó Bell con su teléfono, allá por 1876/77, le dijeron: "Es interesante el invento, pero parece poco práctico para que tenga uso en la vida normal".

Ante esta situación, el propio Graham Bell comenzó a montar su red, empezando dentro de una ciudad y, después, siguiendo dentro de otras. Desde una casa a otra ponía un par de hilos y conseguía que alguien hablase en un micrófono en una casa y alguien le oyese, en la otra, por un auricular. La infraestructura se componía de un micrófono, unos hilos con unos amplificadores intermedios si eran muy largos, y, en el otro extremo, un auricular. Ese micrófono tenía que ser capaz de reproducir, de vibrar, entre 20 y 16.000 Hz, lo que se encuentra dentro del margen de frecuencias que oye el oído. Por lo tanto, toda la estructura de la línea debía estar preparada para funcionar con frecuencias entre 20 y 16.000 Hz.

Eso parece fácil, pero hacer un micrófono que responda igual que el oído, una línea, un amplificador o un altavoz, es decir, algo que responda entre 20 y 16.000 Hz es complicadísimo. De manera que ya desde que se inventó el teléfono se vio que, en la práctica, no se podía construir una red que respondiera igual que el oído entre 20 y 16.000 Hz. ¿Qué hacer? La solución: construir una red que responda a menos, que no responda bien a los graves y que no responda bien a los agudos, que solo responda en un margen más pequeño. Pero ¿cómo de pequeño? Cuanto más reducimos el margen más disminuyen los costes. Cuanto más estrecho sea lo que tenemos que enviar, cuantos menos graves y menos agudos, resultará más barato, pero si lo reducimos demasiado el sonido puede llegar en muy malas condiciones y ser ininteligible.

¿Cuál es el límite para las frecuencias a contemplar? Para determinarlo se hicieron experimentos: a los oyentes se les ponían unos auriculares y se les dictaban palabras, normalmente sílabas de tres letras: gri, fri, tra, etc., que estos iban escribiendo según las entendían y, mediante un filtro, se iban quitando graves y agudos. Al principio transmitía todo, de 20 a 16.000 Hz, y luego se fue reduciendo el rango por ambos extremos. El parámetro a conseguir era que se entendiese lo que se decía y que se reconociera a quien hablase. Se estimó que se podía reducir desde 20, que es cuando se empieza a oír, hasta 300 ciclos por segundo o 300 Hz, y por el extremo alto no llegar a 16.000, sino quedarse solo en 3.400 Hz. De tal modo que la transmisión quedó establecida entre 300 y 3.400 Hz.

Transmitiendo eso y solo eso, se entendía, se reconocía la voz de la persona que hablaba y todo lo que iba alrededor de esa red era mucho más barato: el micrófono, el altavoz, los amplificadores y los propios hilos de cobre. Y entonces se decidió como estándar que en telefonía solo se iba a mandar de 300 a 3.400 Hz, resultando en el estándar actual. Nuestro teléfono que se conecta con la central telefónica en nuestro barrio solo responde entre 300 y 3.400 Hz. Esto permite unos hilos de cobre, micrófono y auricular muy baratos; gracias a haber reducido tanto ese margen de frecuencias que se transmiten, las redes han sido y son mucho más baratas de lo que hubiesen sido si el margen de frecuencias hubiese sido mayor, alcanzando por tanto a un sector de población mayor y más rápidamente.

Veremos que abaratar el coste es una constante obsesión en las redes de telecomunicaciones. Tenemos que transportar siempre lo menos posible (conseguir que la información ocupe muy poco) porque así la red es lo más barata posible.

La otra obsesión en Telecomunicaciones es maximizar la inversión: si ponemos algo muy caro, una red, una línea muy buena de cobre, amplificadores muy buenos, que sirvan para mandar más de una información, como es un canal de televisión, un canal de teléfono, utilizarlos para enviar cuantos más canales mejor.

En telefonía se mandan solamente las frecuencias comprendidas entre 300 y 3.400 Hz. Como vemos no se mandan graves, entre 20 y 300 Hz, ni se mandan agudos desde 3.400 hasta 16.000 Hz. En telefonía, por tanto, el ancho de banda es desde 300 Hz a 3.400 Hz y se dice que un circuito telefónico tiene una anchura de banda de 3.100 Hz (3.400 menos 300).

A eso, a la parte que se manda se le llama ancho de banda, el concepto de ancho de banda implica las frecuencias que en este momento se están transmitiendo. Si representásemos en una gráfica frecuencia/amplitud el ancho de banda en telefonía, la señal sería como la que se representa en la figura 1.4.

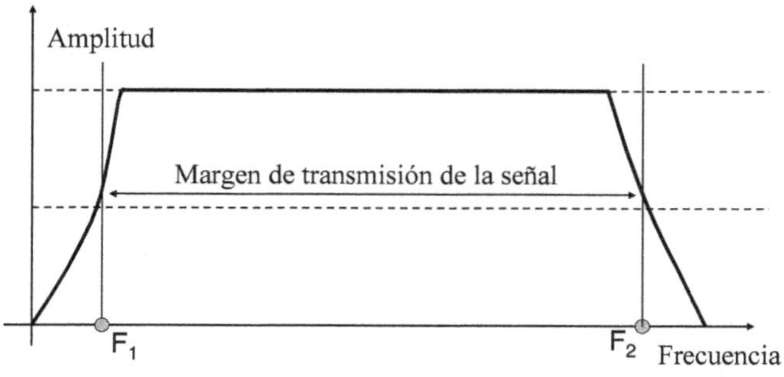

*Figura 1.4. Ancho de banda, como el margen en que la señal se transmite*

En esta figura se aprecia que los puntos límites son los correspondientes a las frecuencias en que la señal toma la mitad de su valor máximo, que si se expresase en dB (una magnitud que representa una relación de potencias), significa una caída de potencia, o una atenuación, de 3 dB. Este concepto de ancho de banda que hemos visto para el sonido es válido para otras señales que se transmitan variando cíclicamente, es decir, utilizando frecuencias.

## 1.2.7 La música y la radio

En la red que hemos visto antes no se transmiten los graves ni los agudos, solo lo que se llama los tonos medios, que es lo que se corresponde con la voz. Para la telefonía está muy bien pero para mandar música no vale, la pérdida de graves y agudos es excesiva. Para el hilo musical, que se transmite a través de las líneas telefónicas, es necesario poner dispositivos especiales y mandar las señales con un ancho de banda superior, con otras frecuencias distintas, y así se puede utilizar simultáneamente al teléfono, sin interrumpir el servicio.

Cuando se inventó la radio, o todavía mejor cuando en torno a los años 20 y 30 se decidió que la radio iba a servir para mandar música (radiodifusión pública), ya que la radio se había inventado mucho antes pero se usaba para comunicaciones de voz o de telegramas, se amplió el ancho de banda para que la música se oyera mejor, según lo que permitía la tecnología de entonces. La tecnología de radio que había en aquel momento, la radio de entonces, era de amplitud modulada (AM), la onda media de hoy.

La radio "galena" habitual
en los años 20 y 30

Uno de los primeros receptores   de
válvulas

*Figura 1.5. Fotografía de dos receptores de los años 20 y 30 (galena y válvulas)*

Para mandar música se decidió que la radio tuviera más graves y más agudos; la tecnología permitía con facilidad empezar a mandar a partir de 50 Hz, perdiendo solo entre 20 Hz y 50 Hz. Muy pocos instrumentos producen sonidos muy graves y por lo tanto no es muy relevante el que no se oiga entre 20 y 50 Hz. Los graves suenan suficientemente bien. Sin embargo, con la tecnología existente en aquel momento era muy caro pasar de los 5.000 Hz, así que se subió de 3.400 a 5.000 Hz, dejando de lado desde 5.000 hasta 16.000 Hz. De manera que la radio de onda media transmite bien los graves y transmite mal los agudos, pero eso es lo que hay en estos momentos, es el estándar y no es previsible que cambie.

Cuando unos años después, ya en las décadas de los 40 y 50, se mejoró el sistema de radio y se inventó un sistema denominado modulación de frecuencia (FM), que luego veremos, se decidió que ya había que transmitir en lo que hoy conocemos con los términos de alta fidelidad, es decir, tenía que transmitir muy buenos graves y agudos.

Entonces, para la radio FM se decidió, ese es su estándar actual, transmitir graves desde 50 Hz; no merecía la pena bajar más porque por debajo hay pocos sonidos. Para los agudos en lugar de parar en 16.000 o llegar hasta 16.000 Hz se decidió quedarse en 15.000 Hz, porque ahí la diferencia también es irrelevante.

Como resultado, el estándar europeo de alta fidelidad contempla la transmisión sin distorsión de las frecuencias comprendidas entre 50 y 15.000 Hz. Para que un equipo se llame de alta fidelidad al menos tiene que oírse entre 50 y 15.000 Hz lo cual se hizo en la radio de FM, la radio de Frecuencia Modulada. Por descontado, el que quiera comprar equipos de alta fidelidad mejores, hoy en día, encuentra en el mercado equipos de alta fidelidad que van desde 10 Hz (no se oye), hasta 20.000 Hz o incluso más, aunque serán mucho más caros. Entre 50 y 15.000 Hz se considera que es el estándar de alta calidad, es lo que se usa en radio FM, en la TV y es el estándar hasta este momento en Europa.

## 1.2.7.1 MÚSICA ESTEREOFÓNICA

En el caso de la FM se decidió mandar dos canales (música estereofónica), no uno solo como sucede en AM (música monofónica). Nosotros tenemos dos oídos, lo que nos permite saber cuándo un sonido procede de la izquierda o de la derecha. Si un sonido procede de la izquierda el oído izquierdo lo oye un poco antes, unos milisegundos antes, ya que viaja a 340 m/s y, además, lo oye más fuerte porque la cabeza no obstaculiza la audición, cosa que le pasa al otro oído. Y si el sonido viene de la derecha sucede exactamente lo contrario. Desde niños nuestro cerebro empieza a educarse para que cuando recibe sonidos, los procese y viendo la diferencia en tiempo y la diferencia en amplitud conozca la procedencia de estos, los pueda localizar; es una cuestión instintiva, de supervivencia.

En la radio FM se pensó que para poder oír la música de tal modo que la procedencia del sonido fuese distinguible había que poner dos altavoces: uno dedicado al oído izquierdo, donde los sonidos de la izquierda salieran un poco más fuertes y un poco antes y otro dedicado a los sonidos de la derecha con el mismo propósito. Es lo que llamamos música estereofónica y es lo que nos permite identificar, por ejemplo, que los violines están a la izquierda y los contrabajos a la derecha y si están repartidos por igual, pues como si el sonido viniera del frente.

En las emisiones de radio FM se mandan dos canales, canal izquierdo y canal derecho y cada uno de ellos admite entre 50 y 15.000 Hz, de nuevo el concepto de ancho de banda. En la tabla 1.2 tenemos tres ejemplos del ancho de banda que se emplea en las líneas telefónicas, la radio AM y la radio FM.

| Tipo de señal | Separación entre los canales | Ancho de banda |
|---------------|------------------------------|----------------|
| Telefonía fija | 4 kHz | 300-3.400 Hz |
| Radio AM | 9 kHz | 50-5.000 Hz |
| Radio FM | 100 kHz | 50-15.000 Hz (2 canales) |

*Tabla 1.2. Características de las señales de sonido, en distintos sistemas*

Como es lógico, a mayor ancho de banda más frecuencias se transmiten y resulta una mejor calidad del sonido, pero también requiere de más medios, mejores equipos para su audición y, en conjunto, resulta más caro. Más adelante veremos el concepto de separación de canales, que aparece en la tabla 1.2.

# 1.3 COMBINACIÓN DE CANALES: MULTIPLEXACIÓN

Vimos antes que la primera obsesión en telecomunicaciones es disponer de unas líneas muy baratas, por ejemplo, al limitar el ancho de banda de 300 a 3.400 Hz. Así utilizamos elementos muy económicos.

Sigamos utilizando como ejemplo esa línea de Madrid a Barcelona, que mencionamos antes. Ya se puede mandar la voz de Madrid hasta Barcelona y para ello lo que se hace es poner un par de hilos de cobre entre Madrid y Barcelona, sus amplificadores intermedios, un micrófono en un lado y un altavoz o auricular en el otro. Vamos a imaginar que ponemos un negocio de operador de telefonía entre Madrid y Barcelona y que estimamos que hay 100 señores que van a querer hablar a la vez. ¿Qué tenemos que hacer? Veamos las alternativas que se nos presentan.

- La primera solución que se nos ocurre es poner 100 circuitos telefónicos simultáneos. Como se puede imaginar, esta solución es muy cara y no es nada fácil de poner en práctica si el número de circuitos es muy elevado.

- La alternativa más sencilla es poner un único circuito que permita pasar los 100 canales de telefonía, por un solo par de hilos de cobre. Esto se hace tal como se representa en la figura 1.6, en la que se muestra la combinación de los tres primeros teléfonos, realizándose para los 100 restantes, de manera similar.

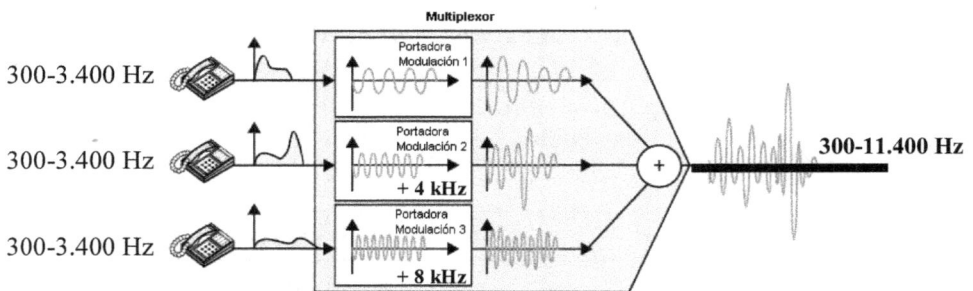

*Figura 1.6. Multiplexación de circuitos por División en Frecuencia (FDM)*

**Multiplexación de canales**

El concepto de **multiplexación** (**multiplexión**) surge cuando se trata de transmitir, simultáneamente, por un mismo canal un conjunto de señales. Hay *n* líneas de entrada al multiplexor, y este se conecta a un demultiplexor, vía una línea de transmisión. Llamaremos **canal** a cada posible conexión, y así, la línea es capaz de llevar *n* canales separados de voz o datos.

El multiplexor combina (multiplexación) los datos de las *n* entradas y los transmite sobre la línea. El demultiplexor acepta cadenas multiplexadas, las separa (demultiplexación) y las dirige hacia las salidas correspondientes. Existen tres técnicas de multiplexación: división de frecuencias, división de tiempo síncrona y división de tiempo estadística.

Todas estas operaciones se realizan a una gran velocidad, por lo que los usuarios no son conscientes de que están compartiendo la información con otros.

## 1.3.1 Multiplexación por división en frecuencia

Dado el problema de los 100 señores de Madrid que quieren hablar por teléfono con Barcelona por un circuito (par de hilo de cobre, cable coaxial o fibra óptica). ¿Cómo hacer que todas estas conversaciones vayan por un solo circuito, por el mismo circuito? Si las mezclamos todas lo que va a ocurrir es que se van a confundir las conversaciones y no se va a entender nada.

Recordemos que cada teléfono transmite solo entre 300 y 3.400 Hz. De tal modo que lo que se suele hacer es mandar directamente las frecuencias del primer teléfono por el par de hilos de cobre. Sin embargo, a las del segundo, de nuevo entre 300 y 3.400 Hz, en lugar de mandarlas tal cual, que se confundirían con las otras, se les suma, se les cambia la frecuencia a 4.000 Hz más (+4 kHz). Es decir, que cuando la frecuencia de este segundo teléfono pasa por este circuito lo que sale no son 300, sino 4.300 y el máximo no son 3.400, sino 7.400, con lo cual ya no se van a confundir las dos señales. La frecuencia del primer teléfono está entre 300 y 3.400 y la del segundo se ha variado, sumándole 4 kHz. Todo este proceso se realiza mediante un circuito electrónico muy sencillo de hacer.

Al siguiente teléfono, le sumamos 4 kHz más, es decir, 8 kHz, y lo mismo al siguiente, y así sucesivamente. Por lo tanto, del tercer teléfono saldrá algo entre 8.300 y 11.400, etc. Al último, si hemos ido sumando de 4 en 4, necesitaremos sumarle 396.000. Su frecuencia será entre 396.300 y 399.400, casi 400.000 Hz (400 kHz). El resultado de todas estas sumas (frecuencias diferentes) es lo que mandamos por la línea que une Madrid con Barcelona. Por lo tanto, por la línea van 100 conversaciones telefónicas simultáneas, pero no se mezclan, ya que cada una va en una frecuencia diferente. La única que se podrá entender, si escuchamos con un altavoz, será la del primer teléfono, las del segundo y tercero serán un extraño sonido y las de los siguientes ni siquiera las oiremos porque están por encima de 16 kHz y el oído solo oye, como máximo, hasta 16 kHz.

Eso no importa, no queremos oírlo, lo que queremos es tener la posibilidad de transferencia de 100 conversaciones simultáneas por una misma línea desde Madrid hasta Barcelona. ¿Qué es lo que tenemos que hacer para separarlas? Una vez la línea ha llegado a Barcelona intercalamos un circuito electrónico que reste los Hercios que le hemos sumado en Madrid y listo: tenemos nuestra conversación particular comprendida entre 300 y 3.400 Hz y ya la podemos oír.

Para que funcione hemos tenido que poner una línea muy cara y amplificadores que tienen que responder entre 300 Hz y 396.400 Hz, pero gracias a eso podemos mandar 100 conversaciones telefónicas simultáneamente, sin que se mezclen.

De manera que muchos canales de voz circulan por un único circuito, o por un solo par de hilos, gracias a esta tecnología que podríamos llamar multiplicación de la capacidad por variación de la frecuencia pero que llamamos "multiplexación". Así que esta tecnología se llama multiplexación por división de frecuencias o en inglés FDM (*Frequency Division Multiplexation*), porque como se ve todas las frecuencias que viajan por el circuito están divididas de 4 en 4 kHz para cada canal. Al equipo electrónico que hace posible esta tecnología, unos armarios con tarjetas electrónicas donde entran normalmente miles de conversaciones telefónicas (en este ejemplo son 100 y sale un solo hilo), se le llama un multiplexor. Las siglas que se usan para los multiplexores son "MUX". Lo que tenemos en el otro extremo es un desmultiplexor, que hace la función inversa, y lo denominamos "DEMUX".

La multiplexación por división de frecuencia permite muchos canales de voz por un solo par de hilos, cable coaxial o fibra óptica. La multiplexación se ha estado utilizando ampliamente en el mundo analógico; por ejemplo, es lo que se utilizaba hace unos cuantos años entre Madrid y Barcelona pues Telefónica puso un cable coaxial que era capaz de transmitir del orden de 7.000 conversaciones simultáneas. Luego, la tecnología fue mejorando, se hizo digital: se cambió el cable coaxial por fibra óptica y hoy en día se mandan decenas de miles de conversaciones por una sola fibra aunque hay tecnologías, como veremos más adelante, que permiten mandar por una sola fibra óptica hasta 19 millones de conversaciones simultáneas.

Las frecuencias que aparecen en el dibujo de la figura 1.6 son buenas para la explicación del ejemplo. No obstante, en la práctica, los canales se agrupan primero de 12 en 12, luego de 90 en 90. Las frecuencias que se suman van de 4 en 4, pero no son exactamente estas.

## 1.3.2 Separación entre canales

Como se ha visto en el ejemplo, la separación entre una conversación y otra es de 4 kHz. ¿Por qué se ha elegido para separar 4 y no 3, o 5? Si elegimos 3 lo que sucedería es que se solaparían las frecuencias de dos teléfonos y el final de un teléfono se confundiría con el principio del siguiente. Por tanto, hay que separarlos más. Si empleásemos 5 kHz, sin duda se separaría muy bien; así, las frecuencias del segundo teléfono pasarían a estar entre 5.300 y 8.400 Hz, una muy buena separación, mejor que la de antes, probablemente más cómodo para trabajar con ello.

Pero repitiendo el proceso, con los 100 teléfonos ya no serían 400.000 Hz los que se requerirían, serían 500.000 Hz, un 25% más, con lo cual habría que poner una línea más cara que en el otro caso. De manera que hay que buscar un equilibrio entre separar lo suficiente para que no se mezcle el final de una con el principio de otra, pero no tanto para que la línea final salga muy cara. Lo que se ha elegido para tener ese equilibrio ha sido el estándar de 4.000 Hz (4 kHz).

Hemos visto lo que se hace en telefonía, pero ¿qué ocurre en la radio?

En el mundo de la radio hemos visto que se transmite de 50 a 5.000 Hz (en AM) y la separación, por lo tanto, tiene que ser más grande. Además, la tecnología de radio obliga a bastante más separación para evitar interferencias y por eso en la radio de onda media, el estándar que se ha elegido para toda Europa es de 9 kHz; en Estados Unidos, sin embargo, es de 10 kHz de separación, de manera que todas las frecuencias de onda media en EE.UU. siempre acaban en un 0.

En el caso de la FM, la tecnología de mandar en frecuencia modulada requiere una separación todavía mayor, además de que aquí se está enviando hasta 15 kHz en 1 canal y 15 kHz en otro canal, que ya son 30 kHz, y además, en FM se mandan más cosas (el nombre de la emisora, música ambiental, etc.) como luego veremos. Por lo tanto, la separación aquí es mucho mayor, es de 100 kHz. Las frecuencias en FM se miden en MHz y 100 kHz es una décima de MHz, de modo que en FM la separación es 100 kHz, que es lo mismo que decir 0,1 MHz, por eso las frecuencias en FM (como, por ejemplo, 92,7) siempre tienen un decimal y solo uno. En Norteamérica, hace tiempo, existían frecuencias de FM como podía ser 92,75, esto es ya centésimas, y no, tienen que ser de décima en décima. De manera que esa es la explicación de por qué las emisoras de FM en Europa solo tienen un decimal.

El concepto de separación nos permite mandar por el mismo canal del dial de onda media muchas emisoras de radio. Por un solo canal –el cable entre Madrid y Barcelona– muchas conversaciones telefónicas. Por un solo canal –el dial de FM– muchas emisoras de FM, gracias a que van separadas en frecuencia. Esta tecnología de multiplicar la capacidad por variar la frecuencia es lo que llamamos multiplexación por división de frecuencia, como hemos visto anteriormente.

## 1.4 SEÑALES DIGITALES

Ya conocemos las señales analógicas (análogas al mensaje que representan), ya conocemos los conceptos de ancho de banda, separación y multiplexación; vamos ahora a tratar de las señales digitales.

Las señales analógicas, que hemos visto, son las señales que representan al mensaje. Ahora vamos a tratar de otras señales, creadas por el hombre, totalmente artificiales, que no se parecen en nada al mensaje que quieren representar o que quieren transmitir. Son las señales digitales. Estas tienen dos características principales, la primera: **solo pueden tener dos niveles** o **dos valores** (luego veremos que esto no siempre es así y pueden adoptar finitos valores, pero para la explicación es más conveniente hacer esta consideración). La señal analógica, por el contrario, puede tener cualquier valor (voltios que suben hasta un determinado valor positivo, cualquier valor intermedio, cero, voltios que bajan, muchos valores de voltios negativos, etc.). En la señal digital solo dos valores de voltios: un valor alto y un valor bajo, no hay ningún valor intermedio. La segunda característica es que **la transición del valor alto al valor bajo no se puede producir en cualquier momento**, no es arbitrario, **se tiene que producir en momentos predeterminados**. En la figura 1.7 podemos ver una representación de cada uno de los tipos de señal.

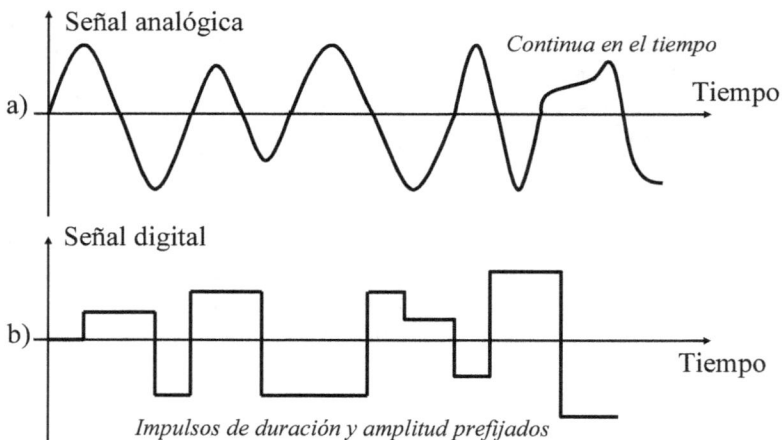

*Figura 1.7. Representación de una señal analógica y otra digital*

Últimamente se utiliza mucho la transmisión digital debido a que:

- La tecnología digital se ha abaratado mucho.

- Al usar repetidores en vez de amplificadores, el ruido y otras distorsiones no es acumulativo.

- La utilización de banda ancha es más aprovechada por la tecnología digital.

- Los datos transportados se pueden encriptar y, por tanto, hay más seguridad en la información.

- Al tratar digitalmente todas las señales, se pueden integrar servicios de datos analógicos (voz, vídeo, etc.) con digitales como texto y otros.

- **Valores de la señal**

  ¿Quién determina los dos valores y quién determina los momentos? Pues lo normal en los valores es que sea el fabricante de cada equipo y elija dos valores que le sean apropiados. No hay un estándar, hay estándares, según los fabricantes. Eso sí, cuando tenemos que unir un equipo con otro (por ejemplo, un ordenador con una impresora), los dos tienen que entenderse y tener adaptados sus niveles. Hay lo que se llama un entendimiento o protocolo y una interfaz, que es donde se une uno con otro y que garantiza la unión física.

- **Transiciones de la señal**

  El segundo es ¿cuándo se producen los cambios? Puede depender del fabricante, caso de un ordenador, o puede depender de un estándar internacional, caso del teléfono. En el caso de un ordenador las transiciones se producen en nanosegundos pero el número es variable: por ejemplo, procesador de 1 GHz, mil millones de Hz; obviamente si queremos un ordenador más rápido las transiciones habrán de producirse a mayor velocidad (2 GHz, 3 GHz, etc.).

  Para el teléfono, está estandarizado que solo se produzcan 64.000 transiciones por segundo, que corresponde a una cada 15,625 microsegundos.

  Resumiendo, los cambios se producen en momentos prefijados y los dos niveles dependen del fabricante. Al nivel alto le solemos llamar uno y al nivel bajo lo denominamos cero. Ni el nivel alto es un voltio, ni el nivel bajo es cero voltios, pero adoptamos estos valores por comodidad.

  **Las señales digitales se componen de ceros y unos, en realidad, nivel alto y nivel bajo, que se alternan en momentos predeterminados.**

## 1.4.1 Conversión analógico-digital

Ahora vamos a ver cómo se convierte una señal analógica, la señal de la voz, en señal digital. Eso es lo que se llama la digitalización (proceso que transforma una señal analógica en digital antes de su transmisión). Básicamente consiste en transformar la información analógica a ceros y unos (niveles altos y bajos).

Para digitalizar una señal analógica necesitamos tres actividades. La primera es tomar muestras a intervalos regulares, muestrear. La segunda es ver cuánto vale cada muestra, cuantificar. Y la tercera es convertir esa muestra en ceros y unos, codificar. De tal modo que vamos a aprender a muestrear, cuantificar y codificar, utilizando para ello como base la señal representada en la figura 1.8.

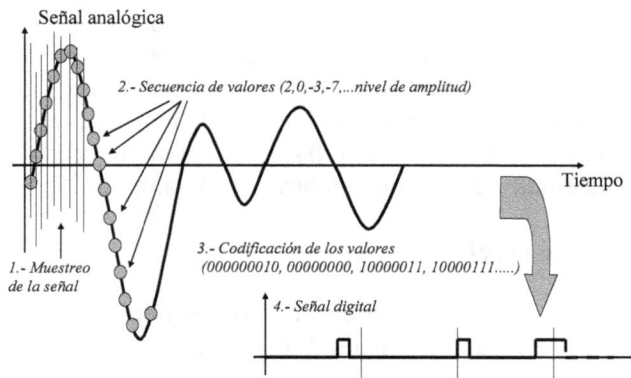

*Figura 1.8. Muestreo de una señal analógica y resultado que se obtiene*

## 1.4.1.1 MUESTREO

La primera cosa que se hace en el mundo digital es tomar muestras. Imaginemos que queremos enviar voz. En el ejemplo de la figura 1.7 a), ese es un sonido que va atenuándose, podría ser el final de un gong. Si lo mandásemos en digital, mandaríamos solo las muestras, los puntos que están representados por un pequeño círculo. De manera que el mundo digital no manda toda la información: cuando hablamos por un teléfono digital con nuestro interlocutor, no estamos oyendo toda su voz, estamos oyendo muestras de su voz. Cuando vemos a un actor en una televisión digital, no vemos su ojo o su nariz, vemos trocitos de su ojo o de su nariz, pero nuestro ojo cree que los ve enteros.

En el mundo digital no se manda nunca toda la información, se mandan muestras. En el teléfono, por ejemplo, se mandan ocho mil muestras por segundo. En la televisión digital se llegan a mandar hasta 27 millones de muestras por segundo de cada punto: 13,5 millones para su luminosidad y 6,75+6,75 millones para los dos colores rojo y azul.

¿Qué ocurre? El que recibe esa información no está recibiendo la información entera, está recibiendo las muestras, pero para que no se dé cuenta de ello, hay unos circuitos electrónicos muy sencillos que van recomponiendo la señal. Al recibir la señal se tiene que recomponer la voz o lo que sea uniendo las líneas de puntos, y en este caso, lo que reproduce no es igual que lo que se le ha enviado, se pierden detalles, calidad, tanta más cuanto menor es el número de muestras.

En telefonía esta pérdida de calidad suele ser tolerable ya que, normalmente, corresponde a sonidos agudos y en un teléfono no se transmiten. Luego en el teléfono digital basta con 8.000 muestras por segundo, se pierden detalles pero la conversación es totalmente inteligible.

Obsérvese que esta cantidad de 8.000 es el doble de la separación entre canales, que resultó ser de 4.000 Hz. No es casualidad, está fijada en ese valor a propósito, ya que existe un teorema matemático, el teorema de Nyquist, que dice que "para poder recomponer una señal analógica a partir de sus muestras, la velocidad del muestreo ha de ser al menos el doble que su anchura de banda", es decir, el doble de la frecuencia máxima que se encuentre presente en la señal.

Sin embargo, si esto fuera para un equipo de música no nos podemos permitir perder algunos detalles. En el mundo de la música se toman muchísimas más muestras, para que a la hora de recomponer la señal sea más fiel a la original. En los CD (*Compact Disc*) de los que tenemos en casa se toman 44.100 muestras por cada uno de los canales (dos para estereofónico), porque se quiere mucho más detalle; el número de muestras está determinado por el detalle que se quiere conseguir (obtención de una reproducción fiel al original).

## 1.4.1.2 CUANTIFICACIÓN

Siguiendo con el ejemplo, ¿qué es lo segundo que se hace? Ver cuánto vale cada muestra, valorar o cuantificar cada muestra. En este ejemplo el resultado pueden ser voltios, pueden ser milivoltios, la escala es lo de menos. Las muestras valen: 0 la primera, 3 la segunda, 6, 10, 11, 7, 4, etc. De hecho, lo que manda un teléfono digital por lo tanto son valores, el teléfono digital o nuestro *Compact Disc*, lo que envía es: un 0, entonces el aparato receptor dice 0, un 3, y pone 3, etc., el emisor va mandando la secuencia de números, la línea va mandando las muestras tomadas: 0, 3, 6, 10... De manera que en el mundo digital, primero se toman muestras y luego se ve cuánto vale cada una para poder enviarlas. Lo que ocurre es que los sistemas digitales no entienden del número 0, el 3, el 6, solo entienden de ceros y unos. Hemos acordado que al nivel alto lo llamábamos 1 y al nivel bajo lo llamamos 0, en el mundo digital solo se puede hablar, en estas transmisiones, de ceros y unos.

Fijémonos en que en el mundo de las matemáticas en el que nos movemos, tenemos 0 y 1, pero también tenemos 2, 3, 4, 5, 6, 7, 8... y, así, seguiríamos. ¿Qué es lo que tenemos que hacer? Pues para adaptarlos al mundo digital, la tercera de las cosas que hacen los equipos digitales es convertir esta numeración a sistema binario, codificar. A continuación, vamos a ver los pasos para la codificación.

## 1.4.1.3 CODIFICACIÓN

Ahora vamos a representar cualquier número utilizando únicamente ceros y unos. ¿Cómo representar todos estos números solo usando dos símbolos: el cero (0) y el uno (1)?

Para comenzar, el cero y el uno mantienen sus valores. Pero ¿cómo representaríamos el número 2 si solo tenemos ceros y unos? Con una cifra hemos podido poner el cero y el uno, aquí se necesitan dos cifras, pero tenemos cuatro posibilidades, usar cero-cero, cero-uno, uno-cero o uno-uno, ¿cuál de ellos usar? Pues vamos a seguir dos reglas de la matemática convencional:

Primera, los ceros a la izquierda no tienen valor. Los ceros a la izquierda se pueden poner o quitar porque no tienen valor. La segunda regla a aplicar es que los valores vayan creciendo en un sentido.

Así, tenemos que el 2 se representa por la combinación uno-cero (10).

¿Cómo representamos el cuatro? Ya hemos agotado las posibilidades con dos cifras, tendremos que usar tres cifras. De nuevo eliminamos todas las que empiecen por cero y representaremos el 4 por uno-cero-cero (100). En la tabla 1.3 tenemos la representación de los números decimales del 0 al 9, en su equivalente binario.

| Número decimal | Código binario |
|:---:|:---:|
| 0 | 0 |
| 1 | 1 |
| 2 | 10 |
| 3 | 11 |
| 4 | 100 |
| 5 | 101 |
| 6 | 110 |
| 7 | 111 |
| 8 | 1000 |
| 9 | 1001 |

*Tabla 1.3. Equivalente entre cifras decimales y su representación en binario*

A esto se le llama matemática binaria (álgebra de Boole), porque usa dos cifras nada más para todas las operaciones: **el cero y el uno**. Podemos operar con las cifras igual que en las matemáticas con números decimales. Por ejemplo, la tabla de sumar en el álgebra de Boole es muy fácil: cero y cero es cero, cero y uno es uno, uno y uno es cero y me llevo una, porque uno y uno son dos (diez en binario–10).

Eso es lo que hacen los ordenadores digitales, manejan los números en el código binario, con esta codificación. También es lo que hacen los teléfonos digitales, que van dando valores en código binario conforme se va conversando.

A estas señales que estamos considerando se las llama digitales porque utilizamos números o dígitos (del cero al nueve) y a la técnica que las trata técnica digital. En una determinada época a esto se le llamaba técnica binaria, pero la denominación actual proviene del término inglés *digit* (dígito).

## 1.4.2 Bits

Para representar un número en binario, al igual que sucede con uno decimal, utilizamos cifras (así, el cinco se representa con tres cifras, el 101). El único problema que hay es que hay que añadir cifras que solo pueden ser cero o uno. A estas las llamamos bit (*binary digit*, en inglés), de tal modo, la representación binaria del número cuatro (100) diremos que está compuesta por tres bits.

Según el número de bits que nos dejen usar, ¿cuántas combinaciones diferentes se pueden hacer? Con un bit solo tenemos dos combinaciones. Si nos dejaran usar dos bits podemos representar el cero y nos sobra un bit, podemos representar el uno y sigue sobrando un bit, podemos representar el dos y también el tres. Es decir, con dos bits se representan cuatro combinaciones.

La tabla 1.4 presenta las combinaciones posibles según el número de bits y, como se puede ver, cada vez que nos dejan usar un bit más, duplicamos el número de combinaciones.

| Número de bits | Potencia de 2 | Combinaciones |
|:---:|:---:|:---:|
| 1 | $2^1$ | 2 |
| 2 | $2^2$ | 4 |
| 3 | $2^3$ | 8 |
| 4 | $2^4$ | 16 |
| 5 | $2^5$ | 32 |
| 6 | $2^6$ | 64 |
| 7 | $2^7$ | 128 |
| 8 | $2^8$ | 256 |
| 9 | $2^9$ | 512 |
| 10 | $2^{10}$ | 1024 |

*Tabla 1.4. Combinaciones posibles según el número de bits empleados*

## 1.4.3 Códigos usuales para datos

Una característica común a todos los sistemas de transmisión de mensajes hoy en día es que la información digital (caracteres o símbolos) se envía de una manera codificada, es decir, cada elemento se representa siempre de igual manera y con la misma duración dependiendo del código elegido.

En el ámbito popular quizás el código más conocido es el "Alfabeto Morse". Sin embargo, no resulta práctico para ser empleado por máquinas automáticas debido a la diferente longitud de cada carácter. A raíz del aumento de estos, se desarrollaron nuevos códigos, entre los que destacó el "Baudot". Este usaba el mismo número de elementos para representar cada carácter, por lo cual era adecuado para su uso con sistemas automáticos. El código Baudot, no obstante, tenía una gran limitación impuesta por los sistemas electromecánicos de la época que consistía en el uso de solo cinco elementos, con lo que el número máximo de combinaciones diferentes era de 32, lo cual era insuficiente para representar el alfabeto y los diez dígitos decimales además de los diferentes signos de puntuación. Este problema se resolvió desdoblando cada elemento en dos diferentes, según el estado de una tecla de control.

El progresivo incremento en el número y la complejidad de los sistemas automáticos en diferentes sectores de la sociedad hizo imperiosa la necesidad de nuevos códigos. En la década de los años 60 se desarrollaron varios, entre los que cabe destacar los dos siguientes:

— ASCII (*American Standard Code for Information Interchage*), definido por los organismos de normalización: ANSI en Estados Unidos, y por el ISO (*Internacional Standardization Organization*).

— EBCDIC (*Extended Binary-Code-Decimal Interchange Code*), desarrollado por IBM y primariamente usado para enlaces entre dispositivos y grandes ordenadores, para comunicaciones síncronas.

### 1.4.3.1 EL CÓDIGO ASCII

Todos los ordenadores funcionan con tecnología digital. Cada vez que pulsamos una tecla, el teclado se comunica con el ordenador mandándole ceros y unos. Pero, ¿cuántos? Imaginemos que hemos decidido que cada vez que se pulsa una tecla, el teclado manda 5 bits al ordenador: con 5 bits, podría mandar treinta y dos combinaciones diferentes, que son las combinaciones posibles ($2^5$) que se pueden formar con ellos y que servirían para el alfabeto, 30 letras, pero no podría decir si son mayúsculas o si son minúsculas y faltarían los números. Con 6 bits ya se permiten 64 combinaciones y tenemos el abecedario con mayúsculas y con minúsculas, pero siguen faltando los números y también los signos de puntuación.

De manera que lo mínimo que ha de mandar han de ser 7 bits y se tienen ya 128 combinaciones (las letras mayúsculas, las letras minúsculas, las letras acentuadas, los números, los signos de puntuación, etc.), tal como se aprecia en la tabla 1.5.

Lo que pasa es que si queremos utilizar algunos símbolos adicionales, probablemente con 128 nos quedemos cortos, así que se usan 8 bits que son nada menos que 256 combinaciones ($2^8$). Esto va a permitir todas las letras, todos los números, todos los gráficos y alguna letra griega para fórmulas matemáticas, según un código que se llama Código Estándar Americano de Intercambio de Información o Código ASCII, que puede ser de 7 (128 caracteres) o de 8 bits (256 caracteres).

| | | | | Código ASCII de 7 bits | | | | | | | |
|---|---|---|---|---|---|---|---|---|---|---|---|
| | | | | 7  0 | 0 | 0 | 0 | 1 | 1 | 1 | 1 |
| | | | | 6  0 | 0 | 1 | 1 | 0 | 0 | 1 | 1 |
| *4* | *3* | *2* | *1* | 5  0 | 1 | 0 | 1 | 0 | 1 | 0 | 1 |
| 0 | 0 | 0 | 0 | NUL | DLE | SP | 0 | @ | P | ' | P |
| 0 | 0 | 0 | 1 | SOH | DC1 | ! | 1 | A | Q | a | Q |
| 0 | 0 | 1 | 0 | STX | DC2 | " | 2 | B | R | b | R |
| 0 | 0 | 1 | 1 | ETX | DC3 | # | 3 | C | S | c | S |
| 0 | 1 | 0 | 0 | EOT | DC4 | $ | 4 | D | T | d | T |
| 0 | 1 | 0 | 1 | ENQ | NAK | % | 5 | E | U | e | U |
| 0 | 1 | 1 | 0 | ACK | SYN | & | 6 | F | V | f | V |
| 0 | 1 | 1 | 1 | BEL | ETB | ' | 7 | G | W | g | W |
| 1 | 0 | 0 | 0 | BS | CAN | ( | 8 | H | X | h | X |
| 1 | 0 | 0 | 1 | HT | EM | ) | 9 | I | Y | i | Y |
| 1 | 0 | 1 | 0 | LF | SUB | * | : | J | Z | j | Z |
| 1 | 0 | 1 | 1 | VT | ESC | + | ; | K | [ | k | { |
| 1 | 1 | 0 | 0 | FF | FS | , | < | L | \ | l | : |
| 1 | 1 | 0 | 1 | CR | GS | _ | = | M | ] | m | } |
| 1 | 1 | 1 | 0 | S0 | RS | . | > | N | ^ | n | ~ |
| 1 | 1 | 1 | 1 | S1 | US | / | ? | O | _ | o | DEL |

*Tabla 1.5. Representación de los caracteres del Código ASCII - 128 (27)*

Con este código, además de los bits del mismo, cuando se realiza una transmisión se suele enviar un bit más (denominado bit de paridad) que sirve para verificar de una manera muy sencilla si se ha producido o no algún error durante la misma. Este método no es muy eficaz, ya que si se produce un doble error, no lo detecta y por eso existen otros métodos más sofisticados de detección e, incluso, corrección de errores. Así pues, se puede ver también nombrado como código ASCII de 8 bits a un código ASCII de 7+1 (este último de paridad).

## 1.4.4 Bytes

Todos los ordenadores tienen un estándar de cómo se mandan las letras y los caracteres de un teclado o los gráficos que es el código ASCII. Los ordenadores se manejan de 7 en 7 o de 8 en 8 bits, no mandan un bit solo, normalmente mandan ocho que es un carácter y lo guardan en memoria. La "a" se guarda en memoria como 8 bits o sea que cada sitio de memoria necesita el sitio de ocho bits. Los ordenadores modernos que van más rápidos pueden mandar dos caracteres a la vez, 16 bits, 32, etc., pero siempre son módulos múltiplos de 8. Tan importante y tan frecuente es mandar los bits de ocho en ocho que se ha buscado un nombre específico para representar el conjunto de 8 bits: octeto o *byte* del anglosajón. El bit se representa con una letra "b" minúscula y el *byte* como una "B" mayúscula.

Ya hemos sido capaces de convertir nuestros números en bits, utilizando solo el cero y el uno. Muchas veces, por comodidad, en lugar de permitir que el número ocho tenga 4 bits, el siete 3, el uno 1..., se igualan todos al mismo número de bits, por ejemplo, siempre 8 bits. Para ello se incluyen ceros a la izquierda que no tienen ningún valor. Normalmente, se unifica el número de bits, porque es mucho más cómodo para su tratamiento por los ordenadores y demás dispositivos digitales de comunicaciones.

Con esta técnica se pueden representar números negativos, los decimales, quebrados, etc. Por ejemplo, para los negativos se pone un bit antes que es el bit del signo. Si es un cero, da valor positivo y si es un uno, negativo. Los decimales se ponen diciendo cuál es la parte entera, dónde está la coma y cuál es la otra parte. Siendo su manejo igual que en las matemáticas normales. Todos los ordenadores se manejan por dentro con números y letras representados por bits. Y con 8 bits la telefonía digital, con 8 bits el teclado del ordenador, es decir, con esa idea de *bytes*.

Pongamos un ejemplo –teléfono digital– para ver cómo es todo el proceso completo de transmisión de un extremo a otro.

Recordemos, lo primero que hace el teléfono digital es convertir la voz en una señal eléctrica (voltios) mediante el micrófono. Después esa señal analógica resultante la digitaliza: la muestrea, cuantifica y la codifica en paquetes de 8 bits (el cero si usamos 8 bits sería 00000000; el tres sería 00000011; el cinco sería 00000101, etc.). Estas secuencias de ceros y unos serán lo que transmita el teléfono digital hacia la línea.

¿Cómo se transmite esa secuencia de ceros y unos por una línea? Pues ya sabemos cómo. Los saltos solo se pueden producir en momentos establecidos, o sea, cada 15,625 microsegundos y las secuencias de ceros y unos, correspondientes a los valores de las muestras 0, 3, 5, etc., son: 00000000, 00000011, 00000101, etc. Luego si viésemos los voltios que pasan por una línea telefónica digital, lo que veremos serán ceros y unos.

Cuando el teléfono al otro extremo recibe la secuencia de ceros y unos, lo primero que hace es agruparlos de 8 en 8, puesto que sabe que cada grupo de ocho es un valor de una muestra de la señal. A continuación los toma por orden y los traduce a valores digitales: el 0, el 3, el 5, etc. Estas muestras las introduce en un circuito, convertidor digital analógico (D/A), que recompone la señal original uniendo la línea de puntos imaginaria que ha resultado y esta señal, convenientemente tratada, llega hasta el altavoz que la reproduce. Este es el proceso que sigue la telefonía digital, semejante al de la televisión o la radio digital.

Si en lugar de una conversación telefónica queremos transmitir música, necesitamos mayor calidad y para ello hay que recomponer la señal con más exactitud. En el caso de los CD, en lugar de 8.000, se toman 44.100 muestras por segundo. Además, se toman muchos más valores, hasta 64.000, lo que requiere 16 bits, en lugar de los 8 que se utilizan para la voz, con lo que el valor de la muestra (número finito de valores) coincidirá mucho más con el valor real de la señal (número infinito de valores). Por lo tanto, disminuye en gran medida la incertidumbre y mejora la calidad.

## 1.5 VELOCIDAD DE TRANSFERENCIA

En telefonía, si en un segundo hay 8.000 muestras y cada muestra tiene 8 bits, el número total de bits que tenemos en un segundo son: 8.000 muestras × 8 bits, 64.000 bits (64 kbit/s). Partiendo de este hecho, por el cable de un teléfono digital van 64.000 bits por segundo y eso es algo equivalente al ancho de banda que utilizamos para el mundo analógico. En la telefonía antigua, en el mundo analógico, se habla del ancho de banda, entre 300 y 3.400 Hz; en el mundo digital hablamos de velocidad de transferencia de datos, medida en bits por segundo.

Hablar, por tanto, del ancho de banda de un teléfono digital es incorrecto. Lo correcto es hablar de la velocidad que tiene esta línea telefónica. La velocidad estándar de la línea telefónica digital es 64 kbit por segundo (kbit/s o kbps) que es la velocidad básica de un circuito digital. Por esta razón, desde siempre, los circuitos digitales se miden en múltiplos de 64 kbit/s. El circuito telefónico de 2 Mbit/s es un circuito de 30 canales de 64 kbit/s.

| Sonido digital | Velocidad |
|---|---|
| Telefonía (voz) | 64 kbit/s (8.000 muestras por segundo × 8 bits por muestra) |
| *Compact Disc* (música) | 705 kbit/s × 2 (estéreo) (44.100 muestras por segundo × 16 bits por muestra) |

*Tabla 1.6. Velocidad requerida por dos tipos distintos de sonido digital*

El estándar en el mundo digital, la unidad más pequeña en línea digital es 64.000 bit/s (56 kbit/s en EE.UU.). Cuando nos referimos a un canal, una línea telefónica o fibra óptica de 2,5 Gbit/s, expresamos la velocidad de transferencia que en el fondo está compuesta de múltiples canales de 64 kbit/s.

Existe otro estándar para la telefonía (circuitos) digital, utilizado básicamente en EE.UU. que utiliza también 8.000 muestras por segundo pero las codifica con 7 bits en lugar de 8. Esto hace que la calidad del sonido sea inferior pero en cambio, la velocidad de transmisión aumenta ya que en este caso son suficientes 56 kbit/s (8.000 × 7 = 56.000), en lugar de los 64 kbit/s, resultando las redes algo más económicas. Las velocidades superiores se forman por agregación de canales de 56 kbit/s en lugar de los de 64 kbit/s utilizados en Europa.

En el CD digital con 44.100 muestras, codificadas por 16 bits, mediante una sencilla multiplicación obtenemos 705.600 (705 kbit/s) por cada canal y como hay dos canales el CD da 1,4 millones de bits por segundo. Cantidad equivalente a unos 22 circuitos telefónicos de 64 kbit/s, 22 canales de voz. La televisión necesita 200 millones de bit/s, suficiente para unas 310 conversaciones telefónicas. En el mundo analógico era todavía peor, para mandar un canal de televisión hay que quitar más de mil canales de voz y por esa razón no se permitían transmisiones de televisión y radio por las líneas telefónicas. La radio y la TV ocupan tanto, requieren tanta información, que se transmiten por el aire mediante ondas electromagnéticas, para no ocupar los canales disponibles en la red telefónica.

# 1.6 COMPRESIÓN DE LAS SEÑALES

En la actualidad se mandan cantidades ingentes de información a través de las redes de telecomunicaciones, ¿pero cuáles son los cambios que lo hacen posible? Por una parte porque las redes son cada vez mejores y ya permiten millones de bits por segundo (Git/s); el segundo cambio ha venido propiciado por las técnicas de compresión para reducir el tamaño ocupado por las señales.

En audio el sistema de compresión más conocido se llama MP3, muy utilizado en Internet para mandar canciones, que consiste en la posibilidad de reducir la información sin que el oído o el ojo aprecien la diferencia, mientras que en vídeo es MPEG, que permite, por ejemplo, a la televisión digital reducir, a una cincuentava parte, el ancho de banda necesario para la emisión de los canales.

Para no mandar una enorme cantidad de información de audio, se comprime y en lugar de 1,4 Mbit/s solo se requieren 128 kbit/s (12 veces menos), que es lo que hace el estándar MP3, que permite de esta manera, a una velocidad normal de Internet, recibir una canción en un minuto en lugar de tener que esperar varios minutos para que se descargue completamente, obteniendo así una grata experiencia para el usuario.

## 1.6.1 El estándar MPEG

El nombre MPEG proviene de la génesis de la técnica; para hacer este sistema se convocó a un grupo de expertos en temas de imágenes en movimiento a los que, en inglés, se llamó *Motion Pictures Expert Group*. En primera instancia se pidió a ese grupo que hiciera una compresión muy fuerte: que de los 207 Mbit/s llegara a 1,5 Mbit/s, dividir o comprimir por 138. El resultado fue el MPEG-1. Este es el método que se usa para almacenamiento y reproducción en ordenadores, en los CD-ROM. Un sistema que comprime tanto que pierde calidad. Siendo esta equivalente a la de un vídeo VHS (peor que la calidad de televisión).

Posteriormente se le pidió al mismo grupo que desarrollase un estándar nuevo, con un nuevo requerimiento: comprimir de tal modo que no se notara la diferencia entre una imagen sin comprimir y una comprimida. Los expertos llegaron al estándar MPEG-2 que, dependiendo de la dificultad de compresión de la imagen, requiere del orden de 3 Mbit/s a 6 Mbit/s.

Las dificultades en la compresión provienen de la cantidad de movimiento, del detalle y la disparidad de colores. Cuanto menores sean estos factores más fácil resultará comprimir. La aplicación práctica del MPEG-2 ha establecido un estándar para la transmisión de TV digital en torno a los 4 Mbit/s, lo cual ofrece un buen compromiso entre imágenes fáciles y difíciles de comprimir.

MPEG-3 es el nombre de un grupo de estándares de codificación de vídeo y audio diseñado para tratar señales HDTV en un rango de entre 20 a 40 Mbits/s, mientras que MPEG-4 es un método para la compresión digital de audio y vídeo de mejores prestaciones, que se introdujo en 1998. Los usos de MPEG-4 incluyen la compresión de datos audiovisuales para la web (*streaming*) y distribución de CD, voz (teléfono, videoconferencia) y difusión de aplicaciones de televisión.

### 1.6.1.1 EL DOLBY DIGITAL

Para los que tengan un oído muy fino y no se conformen con un equipo de sonido normal existe un sistema denominado Dolby Digital que consigue una calidad extraordinaria, siempre que la instalación esté adecuadamente realizada y todos los equipos de la cadena cumplan las especificaciones que se exigen. Este sistema es válido para audiciones en casa (se puede conectar al televisor o al DVD) y también en salas de cine.

El Dolby Digital (también conocido como AC-3) es un sistema denominado de 5.1 canales debido a que proporciona 5 canales independientes (izquierdo, derecho, central, *surround* izquierdo y *surround* derecho); todos ellos reproducen una gama de 20 a 20.000 Hz, frente al Dolby Surround cuya gama va de los 100 a los 7.000 Hz.

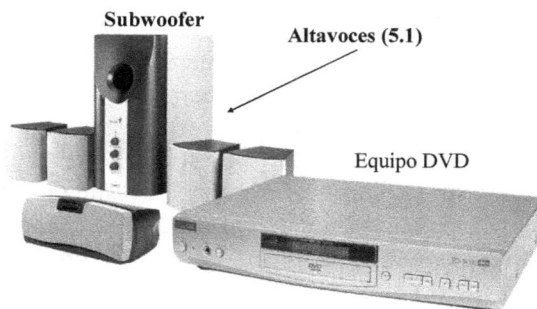

*Figura 1.9. Equipo de home cinema que soporta el estándar Dolby Digital*

Además, el sistema puede proporcionar un canal *subwoofer* (3-120 Hz) opcional e independiente. A pesar de que los cinco canales proporcionan un ancho total de banda que abarca todo el espectro audible, se añade un canal para los efectos sonoros de Baja Frecuencia (LFE, el canal 1) para aquellos aficionados que exigen sonidos graves particularmente poderosos, que casi se perciben físicamente.

Como los graves son muy difíciles de conseguir −requieren un altavoz muy grande− pero tienen la ventaja de que no son nada directivo, lo que se hace es poner solo un altavoz para graves, en cualquier sitio de la sala de audición.

Además, el sistema Dolby Digital aumenta la separación entre canales y la capacidad de que sonidos individualizados lleguen desde múltiples direcciones al oyente.

## 1.7 EL MENSAJE DATOS

Por datos se entiende una secuencia estructurada de caracteres que representa una información. El patrón de tráfico típico es aleatorio y a ráfagas.

¿Cómo se mandan los datos? De ordenador a ordenador, del cajero automático al banco. Los datos hoy día salen de ordenadores o de equipos similares y por ello ya tenemos una ventaja: los datos ya están digitalizados y así se transmitirán. En el caso del teléfono, empezaba a mandar una serie de ceros y unos, 64.000 por segundo y el teléfono ya sabía que los tenía que ir agrupando de ocho en ocho. En el caso del CD mandamos una cantidad de bits y el CD ya sabe que los tiene que ir agrupando de 16 en 16 (en este caso cada muestra son 16 bits).

## 1.7.1 Protocolo de comunicaciones

En el caso de los datos habrá que definir cómo son: si van a ser letras o números, van a ser de 8 bits o de 10. Por ejemplo, cuando vamos a un cajero y metemos la tarjeta, el cajero lo primero que tendrá que decir al banco es: te voy a mandar una información (es el inicio del mensaje), tendrá que comunicar la información útil y tendrá que especificar el final del mensaje. Probablemente, entre los datos se mande alguno para comprobar que la transmisión está bien, algún dato de prueba que no tiene nada que ver ni con nuestro número de tarjeta ni con lo que queremos hacer. El proceso de cómo es el inicio del mensaje, cómo es el final del mensaje y cuántos bits se mandan, cuáles son los bits de prueba, todo esto es lo que se llama un acuerdo, entre el cajero y el ordenador del banco, que tiene el nombre técnico de "protocolo". Cuando se transmiten datos, hay que emplear un protocolo.

El protocolo es, por lo tanto, el acuerdo de cómo se mandan los datos.

Lo segundo que hay que hacer es decir los datos que se mandan: lo primero es el número de cuenta, o en este caso lo primero es el número de cajero; lo segundo es el tipo de mensaje, pedir saldo, sacar dinero; lo tercero es el número de cuenta corriente, esto es una especie de plantilla, y eso es lo que se llama la estructura, de manera que al mandar datos, hay que decir cuál es el acuerdo de cómo te los mando y cuál es la plantilla en la que van a ir.

| Nº cajero | Tipo mensaje | Nº cuenta corriente | Importe |
|:---:|:---:|:---:|:---:|
| 2 *bytes* | 1 *byte* | 20 *bytes* | 10 *bytes* |

*Tabla 1.7. Ejemplo de datos enviados por un cajero automático*

En el ejemplo que utilizamos, el cajero envía primero 2 *bytes* (16 bits) para especificar el número de cajero. Lo siguiente es 8 bits, para decir qué tipo de mensaje, 20 para el número de cuenta y 10 para definir el importe de la operación. Lo interesante del ejemplo es que un cajero cuando hacemos una operación manda unos cientos de bits o unas decenas de *bytes* y la operación dura unos segundos.

De manera que un cajero transfiere 200, 500... bits, mientras que la telefonía digital implica transmisiones de 64.000 bit/s. Si tuviéramos que hacer un *ranking* de velocidad necesaria, lo que menos velocidad necesita normalmente son los datos, lo siguiente es la voz, después la música y finalmente el vídeo.

## 1.7.2 Protocolo TCP/IP (Internet)

Este protocolo se comentará con mayor detalle en otro capítulo, pero ahora haremos una breve exposición del mismo ya que es uno de los más importantes hoy en día, tanto para el acceso a Internet como para otras aplicaciones.

El protocolo TCP/IP es uno de los protocolos más ampliamente usados en todo el mundo. Ello es debido a que es el protocolo usado por Internet (la red de redes) y porque su uso está muy extendido en UNIX. Su origen proviene de hace ya 30 años, la época en que se diseñaron los primeros estándares de lo que hoy constituye Internet. TCP/IP no es un único protocolo, sino toda una y, aunque está estructurada en capas o niveles, no sigue el modelo de interconexión de sistemas abiertos de la Organización Internacional de Estandarización (ISO), pero tiene cierta similitud con él, como se aprecia en la tabla 1.8.

| Estructura en niveles | |
|:---:|:---:|
| **Arquitectura Internet** | **Modelo OSI** |
| Proceso de aplicación | Aplicación |
| | Presentación |
| | Sesión |

| Control de la Transmisión (TCP) | Transporte |
| --- | --- |
| Internet (IP) | Red |
| Acceso a la subred | Enlace de datos |
| | Físico |

*Tabla 1.8. Arquitectura de Internet comparada con el modelo OSI de ISO,*
*donde se aprecia una estructura en capas o niveles*

El nivel inferior de la arquitectura Internet, conocido como acceso a la subred, agrupa las funciones de los niveles físico, de enlace de datos y parte del de red de OSI.

El siguiente nivel, llamado **nivel Internet**, se corresponde con el subnivel encargado de la interconexión de redes dentro del nivel de red de OSI. El protocolo IP es el más importante y su objetivo es conseguir la conectividad de un extremo a otro en redes heterogéneas.

El nivel **control de la transmisión** se corresponde exactamente con el nivel de transporte de OSI. A este nivel tenemos el protocolo TCP que garantiza la correcta entrega de los paquetes de información y el protocolo UDP, orientado a redes sin conexión, que no garantiza el orden en que se reciben los paquetes.

El último nivel, **proceso de aplicación**, está algo indefinido ya que tradicionalmente TCP/IP se ha limitado a dar un servicio de intercambio de datos. Sin embargo, existen algunos protocolos estandarizados para la realización de aplicaciones comunes, como son FTP para la transferencia de ficheros y SMTP para el correo electrónico.

## 1.7.2.1 PROTOCOLOS SLIP Y PPP

SLIP (*Serial Line IP*) y PPP (*Point to Point Protocol*) son dos protocolos muy populares para las conexiones de Internet temporales entre los PC de usuarios y los proveedores de servicios de Internet. Se pueden usar estos protocolos también para las conexiones entre *routers* sobre líneas dedicadas en la subred de Internet.

El protocolo SLIP, desarrollado en 1984, es muy sencillo pero tiene algunos problemas:

- No provee ninguna detección de errores.

- Soporta solamente IP.

- Funciona solo sobre líneas no sincronizadas.

- Cada lado tiene que saber la dirección IP del otro de antemano.

- Carece de todo sistema de autenticación.

- Es muy poco conocido por los usuarios.

- Hay muchas versiones incompatibles.

El protocolo PPP se usa para corregir las deficiencias de SLIP. Aporta, fundamentalmente, tres cosas:

- Un sistema de formar tramas que distingue entre el fin de una trama y el inicio de la próxima y que también maneja la detección de errores.

- Un protocolo de control del enlace para subir una conexión, probarla, negociar opciones y bajarla. Puede operar sobre líneas síncronas y asíncronas.

- Un método para negociar opciones del nivel de red que es independiente del protocolo de nivel de red usado.

## 1.8 EL MENSAJE TEXTO

El siguiente tipo de mensaje es el texto. Esta es una clasificación histórica en telecomunicaciones que habrá que ir suprimiendo. Antes, en telecomunicaciones, se mandaban telegramas o télex pero hoy en día se transmite por fax, aunque poco, correo electrónico, o cualquier otro método.

El texto es una secuencia de bits que tiene significado en conjunto (una página de un libro, un recibo, unas instrucciones, un manual, etc.), no responde a una estructura prefijada y el patrón de tráfico es predecible.

## 1.8.1 El télex

El télex el algo del pasado; la desconexión de la última central de télex que existía en España, concretamente en León, se produjo el 1 de junio de 2009. Un télex era una especie de máquina de escribir que se conecta a una línea, la línea télex, permitiendo entablar una comunicación o enviar un mensaje a un corresponsal en cualquier otro lugar. Cuando se escribe una "a" a él le sale una "a" y cuando una "b", le sale una "b", todo esto a la escalofriante velocidad de 50 bit/s.

El télex era la cosa más lenta del mundo (y ahora mucho más) aunque hay que decir a su favor que era muy seguro y que la red télex alcanzaba todos los rincones del mundo. Además, como solo mandaba cinco bits, solamente podía enviar o letras o números. Cuando se necesita transmitir números en el télex hay que avisar a la máquina del otro extremo del cambio a números, para ello hay una tecla de cambio de letras a números. Por si fuera poco, estamos limitados a transferir letras en mayúscula o letras en minúscula, no se puede elegir porque solo hay treinta y dos combinaciones diferentes (recordemos, combinaciones de 5 bits).

## 1.8.2 El fax

Hoy en día los textos se mandan, normalmente, por ordenador o por correo electrónico (*e-mail*), y se transmiten como datos. También se pueden enviar textos por fax aunque en realidad el fax trata la información como si fueran gráficos.

El servicio facsímil o de fax se refiere a la transmisión de documentos (imágenes) que llegan al receptor como una reproducción fiel de los originales. Su funcionamiento se basa en la conversión de una imagen (texto, fotografía o dibujos) en una serie de impulsos eléctricos digitales que son transmitidos a distancia mediante un módem, a través de la red telefónica conmutada. En el punto de destino un equipo de características similares al emisor realiza el proceso inverso, reproduciendo el documento original de una forma fiel.

Con el fax no se manda la "b" como tal "b" sino como una sucesión de puntos negros. Imaginemos una página de fax, imaginemos que selecciono una línea y dentro de esa línea, unas palabras (figura 1.10). Como vemos, la transmisión es el resultado de un muestreo de todo el texto del documento, descompuesto en sucesivas exploraciones.

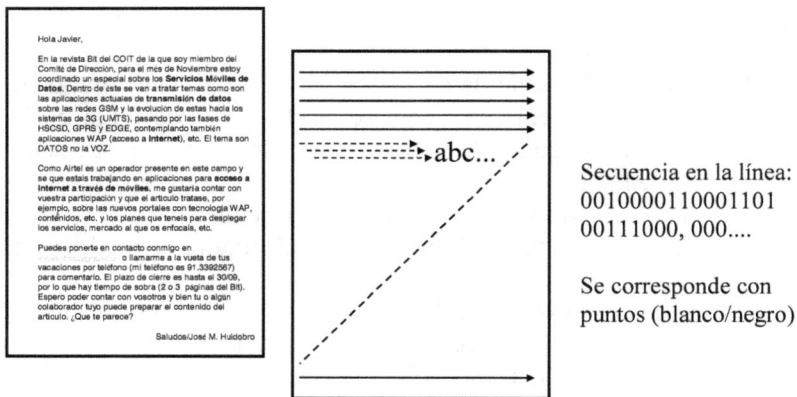

*Figura 1.10. Muestreo de una página de texto para ser enviada por fax*

Cuando lo que se ve es un punto blanco, se manda un cero (0) y cuando se ve un punto negro, se manda un uno (1); se estaría mandando una secuencia del tipo: ...00011000011001100111011000011...

El muestreo (señal resultante de ceros y unos) circula a una velocidad de 9.600 bit/s, o 14.400 bit/s, cuando el equipo se conecta a líneas analógicas, y una página DIN A4 tarda aproximadamente un minuto en transferirse. El hecho de enviar la información punto a punto permite mandar letras, dibujos o gráficos (la imagen fija, por ejemplo, una fotografía, es un gráfico).

La resolución estándar para los faxes del Grupo III es una exploración de 3,85 líneas por milímetro, con 1.728 puntos en una línea horizontal de 210 mm. La resolución vertical se puede ver mejorada si se disminuye la velocidad, llegando al doble (resolución fina) o, incluso, al cuádruple en resolución extra fina, permaneciendo la horizontal con el mismo valor. Existen algunos faxes que pueden transmitir en color, tardando algo más en la transmisión, pero no son habituales y debido a su alto precio solamente se utilizan para algunas aplicaciones especiales.

Para enviar un fax, el usuario coloca el documento en el terminal, selecciona el destino y pulsa el botón de inicio. A partir de este momento se negocian las condiciones de envío y se procede a la transmisión del mismo, como si de una comunicación de datos se tratase. Una vez se ha finalizado, se obtiene confirmación del resultado "correcto" o "incorrecto" del envío.

## 1.8.2.1 ESTÁNDARES PARA EL FAX

La evolución tecnológica experimentada a partir de la década de los 70 ha sido constante, apareciendo entonces el facsímil o fax del Grupo I y del Grupo II, ya en 1980 el del Grupo III, y en 1984 el del Grupo IV, conocido también como fax digital o para RDSI.

**GRUPO I**
Constituyen la primera generación de facsímiles, utilizaban transmisión analógica, modulación en frecuencia y un tiempo de 4 a 6 minutos para enviar un documento de tamaño A4. Hoy en día no se utilizan.

**GRUPO II**
Transmisión analógica, con incorporación de técnicas de compresión en la modulación y un tiempo de envío de 3 minutos para una página A4. También están en desuso.

**GRUPO III**
Incorpora la transmisión digital, técnicas de modulación en fase y permite una velocidad de hasta 14.400 bit/s. Ofrece una resolución típica de 200×200 puntos por pulgada (dpi/*dots per inch*) y el envío de una página A4 implica menos de 1 minuto. Son los de uso común en el mercado.

**GRUPO IV**
Este facsímil digital, con gran resolución (400x400 puntos), requiere de la RDSI para su utilización. Emplea tecnología láser, papel normal y permite el color. La velocidad de transmisión es muy alta, 48 o 64 kbit/s, transfiriendo una página A4 en 3 segundos.

# 1.9 LA IMAGEN

La imagen puede ser, como se ha visto, fija (gráficos) o en movimiento (vídeo).

Las imágenes fijas como las fotografías, los cuadros, etc., son más fáciles de tratar que las imágenes que sirven para representar sensación de movimiento.

El ejemplo típico de imagen en movimiento lo tenemos en el cine o en la televisión, por tanto, utilizaremos esta última para introducir y explicar muchos de los conceptos que vienen a continuación. Por razones obvias, el cine no es un ejemplo adecuado para explicar procesos o tecnologías en telecomunicaciones, puesto que su soporte tradicional es la película de celuloide. Sin embargo, veremos que tiene cierta relación con algunos conceptos que se verán seguidamente.

## 1.9.1 La imagen en movimiento

La manera de emitir una imagen en TV es dividiéndola en líneas. En la TV a cada imagen se le suele llamar cuadro.

Cada imagen se descompone en 576 líneas, es el estándar. Corrientemente se habla de 625 líneas que son las que se transmiten aunque solo se vean 576. El patrón americano es de menos líneas, en EE.UU. incluso hubo un estándar de 450 líneas. El estándar mundial de la TV digital se ha concretado más y son 576 líneas, ya no se hace el engaño de contar que hay 625.

Imaginemos que son 625, porque de verdad nuestro televisor está barriendo la pantalla 625 veces: el haz de electrones (en los tubos de rayos catódicos que utilizaremos como ejemplo para explicar el proceso, ya que en los modernos televisores de plasma, LCD o LED, la situación es muy distinta) que ilumina al tubo recorre la pantalla 625 veces por imagen. Esas imágenes que se componen de 625 líneas tienen que dar sensación de movimiento. La sensación de movimiento se consigue superponiendo una imagen detrás de otra muy rápido de tal modo que la retina no es capaz de descubrir que son imágenes diferentes. El final de una se confunde con el principio de otra debido a un fenómeno llamado persistencia de la retina que consigue que no se me borre una imagen hasta la aparición de otra nueva. Ese fue el invento del cine, poner las imágenes una detrás de la otra a una cadencia de 24 imágenes cada segundo.

En la televisión son 25 imágenes por segundo en lugar de 24, que parece lo más fácil porque así se podrían compartir formatos sin problema, pero se pasan 25 por una comodidad técnica; debido a la frecuencia de la electricidad o frecuencia de la red.

La corriente que nos ilumina es corriente alterna a 50 Hz, o 50 ciclos por segundo. En Europa para la TV se ha elegido la mitad de esa frecuencia, mientras que en EE.UU., donde la frecuencia es de 60 Hz, la televisión da 30 imágenes por segundo. Al emitir a la mitad de la frecuencia de red se simplifica mucho el procedimiento de sincronizar. Cogemos la mitad de la frecuencia de red, que es la misma en toda España, y listo.

Otra disparidad entre el cine y la televisión es que el cine es luz que se proyecta sobre una pantalla, mientras que en la TV lo que se ve es la luz directamente y eso causa dos diferencias importantes:

La primera es la mezcla de colores. La mezcla de colores en el arte gráfico, la luz sobre una pantalla difiere de la mezcla en la TV, que es luz directa sobre los ojos.

La segunda diferencia importante proviene de que en el cine proyectamos 24 imágenes por segundo sobre una pantalla, lo cual no causa problemas a la vista del espectador. Sin embargo, en la TV son 25 imágenes de luz por segundo que impactan directamente sobre los ojos; si no hiciéramos nada, eso causaría una sensación incómoda de parpadeo. Veríamos 25 rayos de luz sobre los ojos que darían sensación de movimiento, sin duda, pero causarían cansancio visual al espectador. Para evitar esto, en la TV se utiliza el truco de conseguir 50 golpes de luz por segundo, 50 imágenes por segundo. Pero como para el movimiento bastan 25, no se mandan el doble de imágenes por segundo ya que, como nos podemos imaginar, los costes aumentarían enormemente.

Luego el problema planteado es: tenemos 25 imágenes por segundo pero se quieren conseguir 50 impactos luminosos sobre los ojos. ¿Cómo hacerlo? Una solución puede ser repetir las imágenes dos veces. Se recibe una imagen, se guarda en el televisor y se pone dos veces. Vemos 50 imágenes al precio de 25, la sensación de movimiento está asegurada y se elimina el parpadeo. La solución es tan buena que existen televisores así, televisores de 100 y 200 Hz, que se anuncian como tales. Ahora es muy fácil de hacer, pero cuando se inventó la televisión no se podía porque no existía sistema de almacenamiento de imágenes. Se almacenaban en las películas de cine nada más, no existía el vídeo, un invento de los años 60.

Se inventó un sistema de 25 imágenes por segundo, pero que daba 50 impactos luminosos. El truco fue mandar 50 medias imágenes por segundo que se ven como si fueran imágenes completas. Primero nos da las líneas impares, después las líneas pares, las entrelaza y así forma la imagen que repite en ciclos de 50 veces por segundo. Técnica que recibe el nombre de entrelazado.

Con las tecnologías modernas no hace falta entrelazar. Entrelazar es complejo, hace falta que las líneas pares caigan exactamente en medio de las impares. Cuando se dice que la pantalla del ordenador no está entrelazada (NE) es que actualmente hay monitores que no lo necesitan.

El proceso seguido en televisión es el que se representa en la figura 1.11, consistente en: primera imagen dos mitades, segunda imagen, otras dos mitades. La imagen es lo que se llama cuadro, en televisión cuadro 1, cuadro 2. Las líneas impares se denominan campo impar y las pares campo par. De manera que en televisión se dice: cuadro 1 campo 1, cuadro 1 campo 2. La secuencia es: cuadro 1 campo 1 de líneas impares, cuadro 2 campo 2 de líneas pares... y así se va haciendo y así se transmite la televisión. De manera que la televisión en nuestra casa va transmitiendo la línea 1, la 3, la 5 y luego, después de llegar en la última a la 312,5 (línea 313 o 311), pasa a la 2, 4, 6, etc.

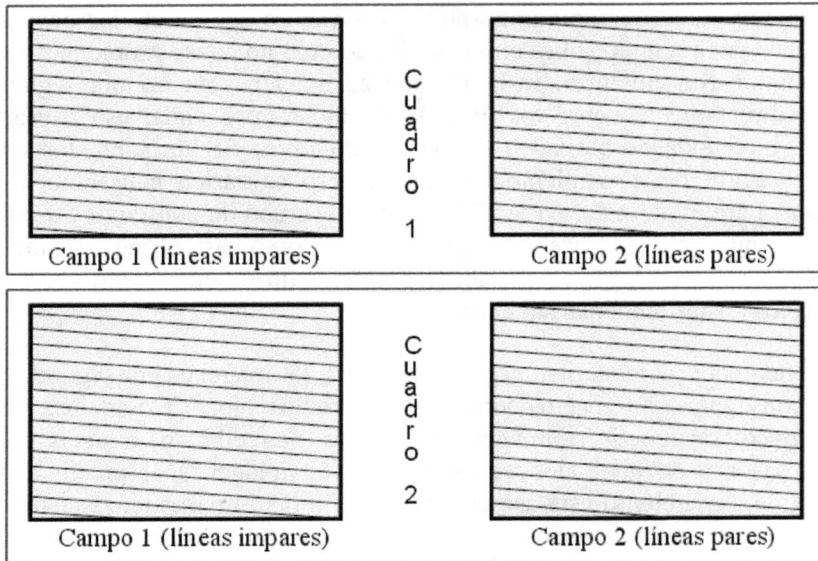

| Campo 1 (líneas impares) | Cuadro 1 | Campo 2 (líneas pares) |

*Figura 1.11. Entrelazado de imágenes en la televisión*

En la técnica de blanco y negro la cámara de televisión explora línea a línea la imagen; cuando ve un punto blanco, asigna pocos voltios y cuando ve un punto negro, da muchos voltios. Cuando ve puntos grises, da valores intermedios.

En el otro lado la pantalla del televisor invierte el proceso; así, por ejemplo, el tubo de televisión (CRT) –en la actualidad, siendo sustituido por pantallas planas de plasma, LCD o LED– lanza un haz muy fino de electrones que va recorriendo las líneas y choca con la pantalla luminiscente al estar recubierta por una capa de fósforo (figura 1.12); cuando chocan electrones, el fósforo se pone fluorescente y cuando no hay electrones, el fósforo se mantiene apagado. Va recorriendo la pantalla del televisor un haz de electrones que puede ser cero (ningún electrón, el punto negro) o muchos electrones (punto blanco) o algo intermedio (punto gris), que va formando la imagen (figura 1.12).

En los televisores en color, en lugar de un único haz, existen tres haces distintos, uno por cada uno de los colores básicos (rojo, verde, azul) y la pantalla tiene fósforo de tres tipos distintos para representar los tres colores básicos.

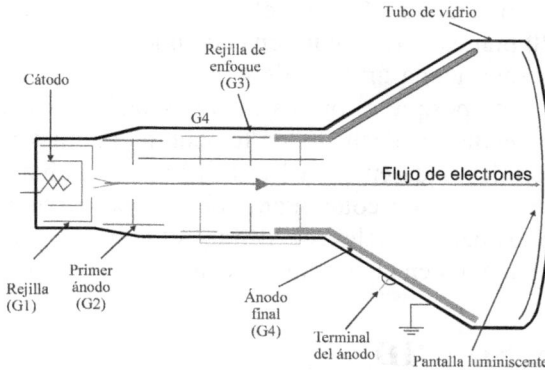

**Electrodos del tubo de imagen**

*Figura 1.12. Tubo receptor de televisión que muestra el camino seguido por los electrones hasta llegar a la pantalla luminiscente*

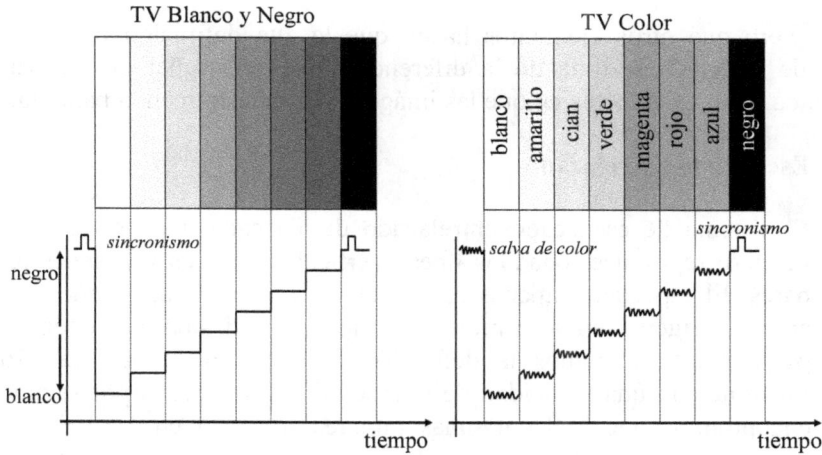

*Figura 1.13. Conversión de la imagen en señal eléctrica en la TV analógica*

## 1.9.1.1 TRATAMIENTO DE LA SEÑAL DIGITAL. EL COLOR

¿Qué se hace en la televisión digital? Se envían tres señales de color, igual que en el mundo analógico, pero igual que en todo el mundo digital, la imagen ya no está compuesta por líneas sino por muestras. Resultando que una pantalla de televisión digital no es una sucesión de líneas, sino muestras (puntos) alineadas.

Para seguir con el estándar analógico de 576 líneas visibles, el sistema de televisión de definición estándar (SD) en el sistema PAL tiene una definición de 720×576 píxeles (720 puntos horizontales en cada línea y 576 puntos verticales), lo que hace que una imagen tenga un total de 414.720 píxeles. Las señales de color hay que cuidarlas menos porque el ojo es menos sensible al color, y por ello se toman a la mitad de detalle; es decir, todos los puntos de nuestro televisor digital contienen información detallada en cuanto a la señal de iluminación, pero solo los puntos impares reciben señal de color. Para subsanar la carencia de información cromática en los puntos pares el televisor deduce el color de ese punto basándose en una media entre el que tienen el anterior y el siguiente (interpolación).

## 1.9.2 Definición. SD y HD

Cuanto mayor sea el número de píxeles, mayor será la resolución y más precisos serán los detalles de las imágenes. Los televisores de definición estándar (SD) cuentan con 720×576 píxeles, es decir, 576 líneas de 720 píxeles (720×480 en EE.UU., donde usan el sistema NTSC), mientras que las pantallas de los televisores de alta definición cuentan con muchos más: los hay desde el doble (1080×720 o *HD Ready*), hasta los más avanzados de 1920×1080 o *Full HD* (cinco veces más).

¿Pero qué otros elementos hacen que la alta definición proporcione tal calidad de imagen? Se trata de la diferencia entre una señal progresiva y una entrelazada. Esto es la forma en que las imágenes se muestran en la pantalla.

**Escaneado entrelazado**

El sistema de escaneado entrelazado divide cada imagen en dos partes. Primero reproduce todas las líneas verticales impares y después todas las pares. El espectador apenas es consciente del artificio, ya que recombina ambas imágenes en su cerebro. Le queda, eso sí, una cierta sensación de parpadeo. Si tomamos la definición estándar en Europa, la 576i, que funciona con una velocidad de refresco de 50 imágenes por segundo, nos encontramos que 288 columnas impares se crean en 1/50 de segundo, seguidas de las 288 pares en el mismo lapso. Por tanto, obtenemos un cuadro completo con una frecuencia de 25 veces por segundo.

**Escaneado progresivo**

El escaneado progresivo es más avanzado, por contra, genera todas las líneas verticales en orden consecutivo (1, 2, 3…). Si tenemos la misma velocidad de refresco, el resultado es el doble de definición, ya que toda la imagen será creada 50 veces por segundo. Permite ver todos los detalles de la pantalla al mismo tiempo.

*HD Ready* dispone de una resolución mínima de 720 líneas para mostrar contenido de alta definición. Admite formatos de vídeo de alta definición de 720p y 1080i, pero puede no admitir la resolución real de fuentes de 1080p más avanzadas.

*Full HD, HDTV o HD Ready 1080p.* La resolución de pantalla cumple los requisitos de *HD Ready* y, además, cuenta con 1920×1080 píxeles. Muestra contenidos de 1080i y 1080p sin distorsión. La diferencia entre 1080p y 1080i es que con el formato "p" cada fotograma es proyectado por todas las líneas progresivamente, obteniéndose mejor visualización, mientras que con el formato "i" cada fotograma es proyectado por la mitad de las líneas, pares o impares alternamente, o de forma entrelazada.

Las pantallas LCD de retroiluminación LED (*Light Emitting Diode*) muestran datos o información al usuario, tanto estáticos como en movimiento. En la actualidad, este tipo de pantallas es el habitual en los aparatos de televisión y ordenadores personales, por las ventajas que aporta en cuanto a calidad de imagen, tamaño y menor consumo que otras, tales como las TFT (LCD de matriz activa).

Otro tipo de pantallas se componen de paneles o módulos de leds (diodos emisores de luz) monocromáticos (de un solo color) o policromáticos (por leds RGB, colores primarios: rojo, verde y azul). Dichos módulos, en conjunto, forman píxeles y de esta manera se pueden mostrar caracteres, textos, imágenes y vídeo, dependiendo de la complejidad de la pantalla y el dispositivo de control.

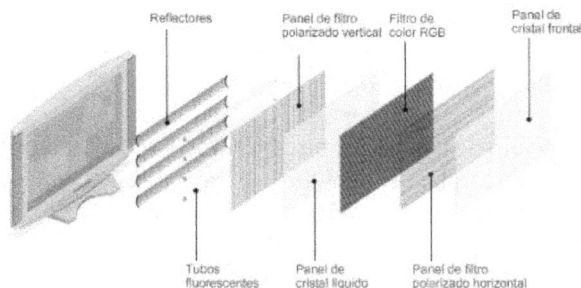

*Figura 1.14. Pantalla LCD de televisión*

# 1.10 LA TELEVISIÓN DIGITAL

La televisión analógica ha dado paso a la televisión digital y, ya, en muchos países la primera ha sido completamente reemplazada por la otra, bien en su formato terrestre (TDT o DVB-T), por satélite (DVB-S) o por cable (SVB-C).

Se ha estandarizado el formato 16/9, más ancho de pantalla. Todo va hacia el mundo digital, básicamente debido a tres ventajas:

- Se unifica el sistema para radio, teléfono y TV, se envía todo en el mismo formato, ceros y unos. Por lo tanto, la misma red vale para mandar voz, datos, música y televisión. Son las redes multi-servicios. Los operadores, actualmente, por sus redes mandan digitalmente teléfono, acceso a Internet, televisión, radio y otros servicios.

- Se emplean las mismas técnicas que en los ordenadores (los ordenadores funcionan con ceros y unos), se pueden mandar datos o se puede mandar voz. Por la red va lo mismo y todos los aparatos de las redes son comunes a las técnicas de los ordenadores (digital) y, por lo tanto, proporciona una importantísima economía de escala. Los ordenadores cada vez son más potentes y tienen mayor capacidad de memoria, eso permite a las redes aprovecharse de su tecnología y dar muchas prestaciones a muy alta velocidad con muy pocos errores.

- Capacidad de enviar más cantidad de información en el mismo tiempo, en el mismo ancho de banda o espectro. Pero eso es algo inherente no solo a la digitalización, sino también a las técnicas de compresión que se están utilizando hoy en día en los circuitos digitales.

De esta manera obtenemos tres ventajas con la utilización de la tecnología digital: unificación de sistemas, precio más barato por economía de escala e insensibilidad al ruido y distorsión. Y una ventaja adicional por la técnica de compresión, más capacidad que antes en el mismo espacio.

Entre las principales limitaciones que nos encontrábamos en la televisión analógica era que cada vez que la señal era regenerada en un repetidor se introducía ruido, degradando la calidad de la señal, y que no era posible reducir el ancho de banda de la señal para aprovechar mejor el espectro radioeléctrico, ya que este es fijo. La televisión digital viene a solucionar estos problemas: digitalizar la señal permite regenerarla en cada repetidor sin pérdida de calidad y sin introducción de ruido; además, una de las principales ventajas que ofrece la televisión digital es la posibilidad de reducir el ancho de banda que ocupa un programa o canal de televisión, gracias a técnicas de compresión como MPEG-4 (HDTV), o MPEG-2, siendo este último estándar el adoptado para la TV digital de definición estándar.

También, la compresión de la señal de TV es importantísima en las redes de transmisión de TV digital sobre ADSL utilizando el protocolo IP (IPTV), ya que con la compresión se puede incluir un mayor número de programas en el mismo ancho de banda y se permite dar servicio a un mayor número de usuarios.

## 1.10.1 La televisión digital terrestre

La televisión, en España, se empezó a emitir regularmente en octubre de 1956. Desde entonces la tecnología ha cambiado mucho, se ha pasado del blanco y negro al color, del VHF al UHF, los monitores de tubo (CRT) ya son recuerdo del pasado y se han sustituido por los planos (LCD, TFT y LED), se han introducido las emisiones por satélite y el número de canales ha crecido también, pero la auténtica revolución ha llegado con la televisión digital y, en particular, la terrestre, más conocida por TDT, según la norma DVB-T (*Digital Video Broadcasting-Terrestrial*), que posee un formato de hasta 1920×1080 píxeles, e incorpora el formato HDTV (Televisión de Alta Definición) digitalizado en base al MPEG-2/4.

*Figura 1.15. Logo de la TDT*

La Televisión Digital Terrestre (TDT) es una nueva técnica de difusión de las señales de televisión, que ha sustituido a la televisión analógica en toda la Unión Europea antes del año 2012. En las transmisiones de TDT, la imagen, el sonido y los contenidos interactivos se transforman en digital y esa información se envía mediante ondas electromagnéticas terrestres, que son captadas a través de las antenas de televisión convencionales.

Los aspectos legales para la puesta en marcha de la TDT se concretaron en el año 2005, con previsión de la desaparición de todas las emisiones en analógico (el famoso "apagón") en todo el territorio nacional el 3 de abril de 2010, dos años antes de la fecha obligatoria, por lo que antes de ese momento tendría que estar disponible la infraestructura para dar servicio al 95% de la población y los usuarios tendrían que implementar las medidas necesarias para seguir viendo la nueva TDT.

La televisión digital, que nos puede llegar por cable (DVB-C) de ONO y a través de ADSL (por ejemplo, el servicio Movistar de Telefónica), satélite (DVB-S) o por el aire (DVB-T), es un medio más eficiente de emitir televisión que el actual sistema analógico, ya que podemos recibir más canales, con mayor calidad de imagen y sonido envolvente (Dolby Digital 5.1) y añadir interactividad, puesto que los usuarios pueden elegir la programación que más se ajuste a sus gustos.

Para ello, la imagen, el audio y los datos se transforman en información digital, es decir, en ceros y unos (bits). Al tratarse de una transmisión digital se pueden aplicar procesos de compresión para que ocupe menos y corrección de errores en la transmisión, lo mismo que se hace con el MP3 para el tratamiento de las canciones.

Así, pues, la capacidad de espectro (ancho de banda) que necesita la TDT es mucho menor que la actual analógica, lo que permite que su utilización sea mucho más eficiente y el resultado más visible para los espectadores es un incremento en la oferta del número de canales disponible. En el mismo espacio que ocupaba un canal analógico, se pueden ofrecer 4 o más canales digitales.

Pero, además, la digitalización implica una recepción sin ruidos, nieve, interferencias, ni dobles imágenes, asegurando de este modo la correcta recepción de los contenidos que los espectadores estén visualizando, pero esto también tiene su inconveniente, pues en caso de que la señal recibida sea muy mala, no se vería ninguna imagen. O se ve perfecto o no se ve.

El cambio de la TV analógica a la TDT puede requerir ciertos cambios en la instalación de recepción colectiva (en el caso de que no cumpla la actual normativa sobre ICT) o individual de la antena para adaptarla a las nuevas frecuencias de emisión y, en su caso, la compra de un nuevo aparato preparado para TDT o la colocación de un adaptador (decodificador o *set-top box*), para poder recibir las nuevas emisiones. La misma antena con la que contamos puede seguir utilizándose, pero en algunas ocasiones habrá que realizar algunas operaciones en la cabecera de la antena, e incluso reorientarla, por lo que es aconsejable consultar con una empresa instaladora de telecomunicaciones autorizada.

## 1.10.1.1 EL SINTONIZADOR DIGITAL TDT

La Televisión Digital Terrestre (TDT) permite que el telespectador pueda disponer de nuevos canales gratuitos, con una mejor calidad de imagen y sonido, y de nuevas aplicaciones interactivas y para ello el sintonizador es el elemento más importante. Si no está incorporado y se requiere uno externo, su precio varía desde los 30 hasta los 200 euros. Estos equipos cuentan con prestaciones avanzadas, con formatos de vídeo de más calidad; en concreto, algunos canales se podrán preparar para transmitir en formato 16:9 en lugar del formato 4:3, aproximándose al empleado en las proyecciones cinematográficas. También destaca el efecto en la recepción del sonido, que será parecido al que produce la tecnología *Dolby Sorround* y *Home Cinema Video*, mientras que la calidad de la imagen se asemejará a la del DVD. Con estos receptores el telespectador podrá interactuar con los canales y decidir qué tipo de contenidos y servicios desea obtener, a través de la Guía Electrónica de Programación (EPG).

Así, pues, el sintonizador digital de TDT, también llamado descodificador (decodificador) TDT o STB (*Set-Top Box*) si es externo, y que no hay que confundir con un descodificador de TV digital por satélite o cable, es el dispositivo que posibilita la recepción en el hogar de la televisión digital terrestre y todas sus ventajas: los servicios interactivos, el acceso condicional o la televisión de alta definición. Básicamente, se encarga de recibir la señal de televisión digital terrestre (TDT), comprueba que tenga permiso para mostrarla, ya que pudiese haber canales de pago, y envía la señal de forma analógica al televisor para que la presente.

Pero, es más, los sintonizadores TDT pueden aportar otras funciones y, así, hay unidades Combo TDT + Satélite, TWIN con doble sintonizador para ver un canal TDT y grabar otro, MHP con las últimas especificaciones, grabación con disco duro y función DVR, con audio digital y salida SPDIF, etc. La TDT de pago es interactiva, y por lo tanto requiere de un canal de retorno para escoger los programas que se deseen ver y efectuar los pagos.

Los sintonizadores externos (figura 1.16), en realidad, no son más que un paso intermedio hasta que los televisores digitales se comercialicen (de hecho ya la normativa exige que todos los televisores que se fabriquen lo lleven integrado). Entre los principales fabricantes de ellos cabe destacar: Netgem, Panasonic, Philips, Samsung, Siemens, Sony, Thomson y Televés.

*Figura 1.16. Decodificador para TDT*

La conexión del sintonizador es muy sencilla: por un lado se conecta mediante un cable coaxial a la antena convencional y, por otro, por medio de los euro-conectores, al aparato de televisión (TV) y al grabador de vídeo (VCR), por lo que es muy conveniente que al adquirir uno nos fijemos en que lleva dos euro-conectores y no solamente uno. Además, estos aparatos suelen disponer de una toma de datos (puerto RS-232 o USB) para conectarlos a un ordenador y poder actualizar su *firmware* a través de él, actualizando el software. Además, algunos poseen salida multi-vídeo CVBS, RGB. Se manejan con un mando a distancia.

En definitiva, el sintonizador de TDT nos permite ver todos los nuevos canales digitales terrestres, aquellos que sean gratuitos y los de pago si tenemos los permisos correspondientes, y, así, aprovechar nuestros viejos receptores de televisión analógicos. Su instalación es muy sencilla y no requiere de conocimientos especializados para ello, siendo lo mismo que la de un vídeo.

Existen en el mercado sintonizadores (minireceptores) diminutos para ir directamente al euro-conector del televisor analógico, como el que se muestra en la figura 1.17, con lo que ahorramos espacio, aunque sus prestaciones son reducidas.

*Figura 1.17. Decodificadores externos para TV y PC*

También, existen decodificadores para convertir nuestro ordenador en un receptor de televisión digital (figura 1.17), que se conectan a un puerto USB de nuestro PC, de sobremesa o portátil, por lo que no necesitan de alimentación externa y disponen de una pequeña antena para recibir la señal y de un mando a distancia para su programación. Su precio ronda los 20-25 euros.

Estos receptores TDT para PC son de dimensiones reducidas, con una interfaz USB 2.0. No necesitan fuente de alimentación externa y captura y comprimen en formato MPEG-2 (DVD). Disponen de tabla de programación de grabaciones, *time shifting* o pausa de TV en vivo, Guía Electrónica de canales (EPG), muestreo de canales de forma automática y permiten capturas de pantalla.

# Capítulo 2

# MEDIOS DE TRANSMISIÓN

## 2.1 MEDIOS DE TRANSMISIÓN

Para llevar a cabo una conversación telefónica se precisan, además del teléfono y las centrales de conmutación, unos medios de transmisión de enlace. A través de estos medios se constituyen los circuitos individuales que van a poner en comunicación el terminal de un usuario con el de otro, proporcionando un circuito normalizado, conforme a unos estándares determinados, extremo a extremo. Para el envío de la música o de las imágenes, sucede algo similar: hace falta un medio para transmitir el mensaje a distancia, lo que constituye la telecomunicación.

El medio físico de transmisión empleado para enviar el mensaje, formado por las señales estudiadas en el capítulo anterior, es lo que veremos a continuación.

Ya tenemos el mensaje, convertido en una señal eléctrica que se puede expresar por su nivel en voltios, digitales o analógicos, aparte de por su frecuencia y otros parámetros, que ahora tenemos que mandar. ¿Por dónde podemos hacerlo?

Hay, básicamente, cuatro sistemas; el más antiguo y abundante es el par de hilo de cobre (en muchas ocasiones, en telegrafía se utilizaba un único conductor ya que el retorno de la señal se hacía por la tierra, que también es conductora, ahorrando con ello mucho dinero en la instalación del tendido).

El siguiente es el cable coaxial. También podemos utilizar ondas de radio, bien mediante estaciones situadas únicamente en la Tierra, o bien combinando estas con un satélite. Por último, tenemos la opción que supuso un cambio revolucionario: enviar luz en lugar de voltios a través de una fibra óptica.

Los medios de transmisión pueden ser: **guiados** si las ondas electromagnéticas van encaminadas a lo largo de un camino físico; **no-guiados** si el medio es sin encauzar (aire, agua, etc.).

**Simplex** si la señal es unidireccional; **half-duplex** si ambas estaciones pueden transmitir pero no a la vez; **full-duplex** si ambas estaciones pueden transmitir simultáneamente.

En resumen, los medios físicos de transmisión, más comunes, guiados y no guiados, son:

- **Par de cobre**
- **Cable coaxial**
- **Fibra óptica**
- **Ondas de radio**
- **Satélites de comunicaciones**

## 2.2 EL PAR DE COBRE

**Par de hilo de cobre**. Sistema tradicional para enviar electricidad: dos hilos de conductores de cobre, paralelos o trenzados, que pueden encontrarse apantallados o no, es decir, recubiertos o no de un material también conductor de la electricidad, pero sin contacto con los dos hilos interiores.

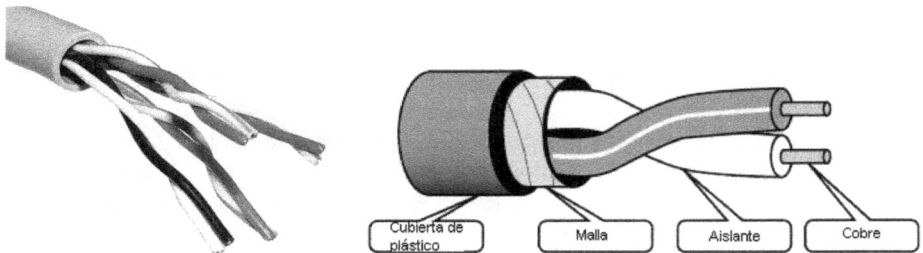

Cubierta de plástico    Malla    Aislante    Cobre

*Figura 2.1. Cable de pares de hilo de cobre, utilizado para comunicaciones*

Los dos hilos de cobre tienen la ventaja de que son muy fáciles de hacer; así, un par de hilos de cobre es lo que une el teléfono de nuestra casa con la central telefónica en el barrio. Es lo que llamamos normalmente el bucle local, el tramo final, la última milla, línea de abonado, etc.

El bucle local está obsoleto desde el punto de vista técnico, pero no será dado por obsoleto porque hay muchísimos en el mundo. Solo en España hay del orden de 18 millones de bucles de abonados con par de hilo de cobre, enterrados, y por lo tanto no se van a sacar. Se dice que la red telefónica mundial constituye la mayor mina de cobre del mundo. Además, para mandar la señal del teléfono es suficiente; luego veremos que incluso vale para algunas cosas más.

Los pares de hilo de cobre de varios usuarios pertenecientes al mismo edificio se unen al salir del mismo y van todos juntos en un solo cable de muchos pares de hilo de cobre hasta llegar a la central telefónica local, lo que constituye las redes de telefonía de planta exterior.

El bucle de abonado es siempre a dos hilos y se emplea tanto para llevar a cabo la transmisión como para la recepción. Este par de hilos, al llegar a la central urbana, se transforma mediante un elemento (una especie de transformador) llamado "bobina híbrida" a cuatro hilos, separándose entonces las señales en una y otra dirección, ya que al ser la unión con las centrales situadas en otras ciudades a través de sistemas de transmisión, estos necesitan cuatro hilos para transmitir la conversación debido a que emplean circuitos amplificadores que actúan en un único sentido, para reducir su coste.

## 2.2.1 Interferencia entre pares

Si el par de hilo de cobre de nuestro teléfono fuera unido al par de hilo de cobre de nuestro vecino y fueran así todo el rato, en ese tramo que hay hasta la central se produciría un fenómeno de inducción o de interferencia: una conversación se mezclaría con la otra, con lo cual oiríamos lo que dice nuestro vecino, y él oiría lo que decimos nosotros. Para evitar ese fenómeno molesto, en vez de ir paralelos, los hilos de cobre se envían trenzados y por eso se llama hilo o par de cobre trenzado, en inglés *Twisted Copper Pair* (TCP).

Además, a lo largo del camino se hace lo que se llama transposición, es decir, se va cambiando el orden en que van los pares para que la pequeña inducción que aún pueda haber no sea siempre sobre el mismo par. Varios pares, identificados cada uno por códigos de colores, agrupados en estrella o en cuadretes, según como se alineen, se van uniendo en grupos de cables más gruesos para formar cables mayores, de hasta varios cientos (mazos de cables).

En el interior de los hogares ya no hace falta llevarlo trenzado puesto que la distancia a recorrer es pequeña y, además, no hay otros circuitos que interfieran. Por lo tanto, el cable de teléfono interior es un par de hilos de cobre paralelos, similar al que usamos para el resto de equipos eléctricos, solo que más finos. Normalmente, los estándares en España son de 0,5 o de 0,4 mm, cada uno.

En la acometida interior se identifican cada uno de los conductores mediante un resalte visible dispuesto longitudinalmente en uno de ellos, aunque no suele ser necesario hacerlo, ya que el orden en el que se conectan se puede invertir sin que ocurra nada.

Para la acometida exterior, que sufre las inclemencias del tiempo, se emplea un cable, formado por dos conductores de acero aleado con cobre de calibre 1 mm dispuestos en paralelo, que lleva un alambre de acero galvanizado en el caso en que sea aéreo. Los cables de abonado desde la central agrupan muchos pares (por ejemplo, 600) y se van multiplexando en cables más pequeños hasta llegar a la manzana o al inmueble.

La gran desventaja de este par de cobre es que cabe muy poca información. De hecho, si le pedimos a Telefónica una segunda línea telefónica prefiere ponernos un segundo par de hilo de cobre antes de la complejidad de mandar otra comunicación telefónica por el mismo par, que es algo posible técnicamente (por ejemplo, con la RDSI), pero que sale más caro.

En aplicación práctica, el par de hilo de cobre sirve para un circuito de teléfono o de fax. También vale para enviar datos a baja velocidad, acceso a Internet por medio de ADSL, o videoteléfono de baja calidad. En España existe una aplicación que se llama "hilo musical" que consiste en mandar varios canales de audio por el mismo hilo telefónico y el usuario selecciona el que quiere escuchar.

## 2.2.1.1 AGRUPACIÓN EN MAZOS DE CABLES

A modo de ejemplo, los cables de pares, de uso muy común en la planta telefónica, llevan conductores de cobre, con un calibre de 0,5 mm. La cubierta está constituida por una cinta de aluminio y una funda exterior de polietileno, llevando en algunos casos una cinta de acero como refuerzo.

Estos cables de pares se construyen reuniendo los conductores de cobre, convenientemente aislados, en pares que a su vez son torsionados con 25 pasos diferentes a fin de reducir los desequilibrios de capacidad par-par, que dan lugar a diafonía entre pares. Los cables, con un máximo cada uno de 25 pares, se cablean en capas concéntricas y si se requieren más de 25 pares, se agrupan unidades de 25 pares hasta conseguir la cantidad necesaria, atando cada grupo mediante una ligadura (hilo no higroscópico) distinta a fin de identificarlo dentro del conjunto, y añadiendo un par piloto (negro/blanco), pudiéndose dividir en subunidades más pequeñas cuando sea preciso, pero siempre tratando de obtener un núcleo cilíndrico.

## 2.2.2 Bobinas híbridas

La misión de las bobinas híbridas es adaptar el circuito de dos hilos del bucle de abonado al circuito interurbano formado por cuatro hilos –un par para transmisión y otro para recepción–, tal y como se muestra en la figura 2.2. Si esta adaptación fuese perfecta no habría retorno de señal en ninguno de los dos sentidos, pero esto, normalmente, no ocurre ya que la impedancia de cada bucle de abonado es diferente por serlo su longitud. Por tanto, se producen desacoplamientos que hacen que parte de la señal transmitida en el extremo receptor se induzca en el circuito contrario. Siendo el resultado una señal que se mezcla con la generada en dicho extremo y que es captada como un eco que, dependiendo de la magnitud, puede resultar muy molesto.

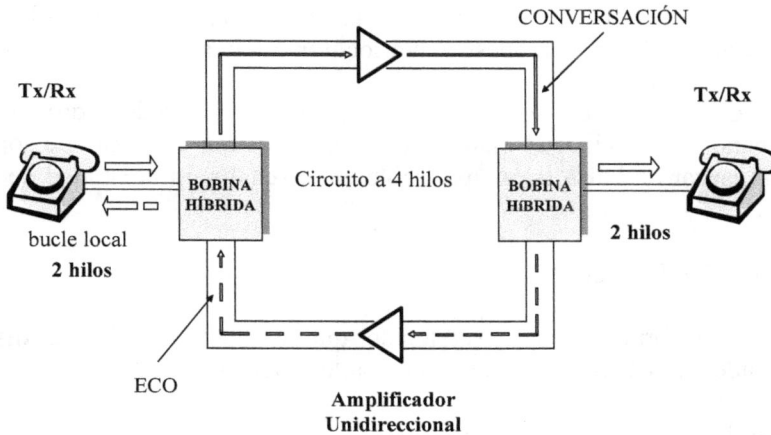

*Figura 2.2. La misión de las bobinas híbridas es adaptar el circuito de dos hilos del bucle de abonado a los cuatro hilos que conforman un circuito interurbano*

Por esta causa se hace necesario el empleo de circuitos "supresores de eco" que o bien abren el circuito de retorno para evitar que la señal inducida llegue al emisor, o bien introducen pérdidas altas en el mismo para que llegue muy debilitada y no moleste. El inconveniente que presentan es que con su empleo solamente se puede mantener la conversación en un único sentido, lo que convierte la línea en semidúplex.

Posteriormente, se han introducido los "canceladores de eco" cuya función es similar pero ejecutada de forma diferente: introducen filtros adaptativos que eliminan toda la señal de retorno que tenga parecido con la emitida, permitiendo mantener la conversación en ambos sentidos de manera simultánea.

## 2.2.3 Ancho de banda y velocidad de transmisión

El ancho de banda de un sistema indica la cantidad de información, medida en frecuencia o en bits, que es capaz de transmitir por unidad de tiempo. Transmitir una imagen requiere transferir mucha mayor cantidad de información por unidad de tiempo que una conversación.

La anchura de banda de una señal debe limitarse a la de los equipos y medios de acceso a la red que la procesan. Se expresa en Hercios (analógico) o en bits por segundo (digital).

Para que una conversación telefónica sea inteligible y se pueda distinguir al interlocutor, todo el sistema debe tener capacidad para transmitir el margen de frecuencias entre los 300 y 3.400 Hz con la mínima distorsión posible. De esta forma, la señal vocal llegará a nuestro interlocutor con una calidad adecuada.

Visto el ejemplo del sistema telefónico, la asimilación de lo que significa el ancho de banda es sencilla: el margen de frecuencias que es capaz de soportar el sistema sin causar una distorsión apreciable en la señal para la calidad de servicio establecida.

- **Ancho de banda**

De esta forma, queda establecido que el ancho de banda disponible –normalizado– en los circuitos del servicio telefónico es de:

3.400 - 300 = 3.100 Hz (Hercios)

En los servicios de telecomunicación en los que la señal es digital, como, por ejemplo, la transmisión de datos a través de una red de conmutación de paquetes, el ancho de banda no se indica en Hercios sino que se mide en bit por segundo. Los proveedores de telecomunicaciones ofrecen servicios en los que el acceso a sus redes se contrata en función del ancho de banda que necesita el usuario: 2.400 bit/s, 9.600 bit/s, 64 kbit/s, 2 Mbit/s, etc.

En este punto tenemos que recordar la fórmula del logaritmo. Aunque en este caso lo usaremos en base 2, en lugar del más común que es en base 10. Utilizando logaritmos convertimos multiplicaciones y divisiones en sumas y restas, resultando más sencillo para operar.

El **logaritmo** "c" de un número "a" en base "b" es el número al que hay que elevar "b" para que nos dé "a". Veámoslo con un ejemplo:

**$Log_b$ a  será igual a "c", si      $b^c$ = a**

$Log_2$ 8 será igual a 3, ya que $2^3$ = 8

$Log_{10}$ 100 será igual a 2, ya que $10^2$ = 100

La velocidad de transmisión que se puede alcanzar sobre un determinado circuito se define como el número máximo de bits que se transmiten por segundo (bit/s) y su límite viene dado por el ancho de banda del mismo y por la relación señal/ruido que presente, según una de las dos siguientes fórmulas:

**$C = 2B \ log_2 \ n$**

Donde C representa la capacidad de transferencia máxima del canal expresado en bit/s, W el ancho del canal en Hz y el parámetro "n" el número de estados posibles de señalización en la línea, concepto que trataremos más adelante.

En una línea en la que existe ruido la fórmula es, según el teorema postulado por el científico Shannon en los años 40:

**$C = B \ log_2 \ (1+S/N)$**

En la que **S/N** (*Signal/Noise*) es la relación entre el nivel de la señal útil y del ruido presente en la línea. Para un ancho de banda de 3.100 Hz y un nivel de señal 1.000 veces superior al ruido, resulta una capacidad teórica de 31.000 bit/s, aunque actualmente hay técnicas que permiten superar esta cifra.

- **La velocidad de transmisión**

La velocidad de transmisión o *bitrate* es el parámetro que mide el flujo máximo de bits que pueden transmitirse entre dos equipos de datos (por ejemplo, dos ordenadores) en un segundo. Por consiguiente, la velocidad viene dada en bit/s. Como puede comprobarse, este parámetro se puede confundir con el del ancho de banda, pero no tiene porqué ser así. En concreto, la velocidad de transmisión (Vt) se refiere exclusivamente a la velocidad con que los datos fluyen en la interfaz de entrada/salida del terminal.

**$V_t = 1/t \ log_2 \ n \ bit/s$**

En este caso, el parámetro "n" es el número de estados distintos en la línea. Para n=2 (estados 0 y 1) la velocidad de modulación coincide con la de transmisión; para n=4 (estados 00, 01, 10 y 11) es el doble; para n=3 (estados 000, 001, 010, 011, 1000, 1001, 1010, 111) cuatro veces más, etc.

- **Velocidad de modulación**

Por una línea de transmisión pueden enviarse señales que cambien de estado, como por ejemplo un bit se transmite como un "1" y el siguiente pasa a ser un "0".

Se define la velocidad de modulación (VM) como el número máximo de veces por segundo que puede cambiar el estado de la señal en la línea de transmisión, siendo el parámetro "t" la duración en segundos del intervalo significativo mínimo.

$$V_M = 1/t \text{ baudios}$$

Este parámetro es específico en el contexto de la línea de transmisión, es decir, solo se hace referencia a ella cuando se quiere indicar la velocidad a la que se están transfiriendo los datos por la línea de transmisión. Su unidad es el baudio, denominada así en honor a Baudot.

Existe una relación entre la velocidad de transmisión y la velocidad de modulación, que viene dada por la siguiente ecuación:

$$V_t = V_M \lg_2 n \text{ bit/s}$$

En el caso en que la señal solo tenga dos estados (0 y 1) entonces n=2 y resulta si aplicamos la fórmula Vt = VM, es decir, el número de bit/s coincide con el número de baudios. Si la señal tuviera 4 (modulación QPSK, por ejemplo) o más estados, cada uno de estos llevaría más de un bit de información. En este caso el número de bits transmitidos no coincide con el número de símbolos, sino que es un múltiplo de 2, según se deduce de la fórmula anterior.

## 2.2.4 ADSL. Más capacidad para el bucle de abonado

El mayor problema del par de hilo de cobre es su escasa capacidad. Considerando que está muy extendido y es muy costoso instalar nuevas redes, se está intentando aprovechar el par de hilo de cobre lo más que se pueda. Hay una tecnología, denominada xDSL (*Digital Subscriber Line*), línea de abonado digital, que permite acceder a Internet a alta velocidad. La veremos con detalle en otro apartado, y en este haremos solo un breve comentario.

Hoy en día, la tecnología ADSL es la mayoritariamente utilizada en los hogares para el acceso a Internet, superando con creces a otras como el cable, por su facilidad de instalación y las altas velocidades que alcanza, así como por precio.

El problema con ADSL (la variedad asimétrica de xDSL) es que es una técnica compleja, que requiere módems (*routers*) más complejos en casa del usuario y en la central del operador de telefonía. Requiere la instalación y configuración por parte de un operario o bien la puede hacer el propio usuario si posee los suficientes conocimientos técnicos. Además, puede tener problemas si la línea no es muy buena, ya que la velocidad depende de la distancia.

## 2.3 EL CABLE COAXIAL

El siguiente salto en capacidad es el cable coaxial (se utiliza tanto para transmitir señales analógicas como digitales) que está formado igualmente por dos hilos de cobre, dos conductores de cobre para que pasen electricidad: un conductor por el centro y el otro toma forma de malla y va rodeándolo (el típico cable de bajada desde la antena de TV hasta el receptor). Se separan para que no haya cortocircuito con un aislante de plástico, inyectado de forma continua o espaciadamente, formando una espiral o en anillas, y se cubren para su protección con un plástico externo. El conductor externo, en forma de malla, actúa como protector y confiere al conjunto un grado de inmunidad frente a interferencias muy superior al que tiene el par trenzado.

Debido al tipo de apantallamiento realizado, es decir, a la disposición concéntrica de los dos conductores, el cable coaxial es mucho menos susceptible a diafonías e interferencias que el par trenzado; además, se puede utilizar para cubrir mayores distancias, tiene mayor ancho de banda y posibilidad de conectar un número de estaciones en una línea compartida. Sus principales limitaciones son la atenuación, el ruido térmico y el ruido de intermodulación, este último aparece solo cuando se usan simultáneamente varios canales o bandas de frecuencias.

Los cables coaxiales individuales se agrupan en mazos para formar cables a su vez mayores y, en caso de ir enterrados en el lecho submarino, requieren de técnicas especiales de construcción para evitar las tensiones y ser atacados por la corrosión o mordidos por los peces u otros animales.

Coaxial significa "mismo eje", es decir, tanto el hilo fino como la malla tienen el mismo eje longitudinal. Un ejemplo muy extendido de este tipo es el cable que utilizamos para ver la televisión. Debido a su estructura permite mucha más capacidad de enviar información que el par trenzado, evitando también las pérdidas de potencia por radiación al exterior.

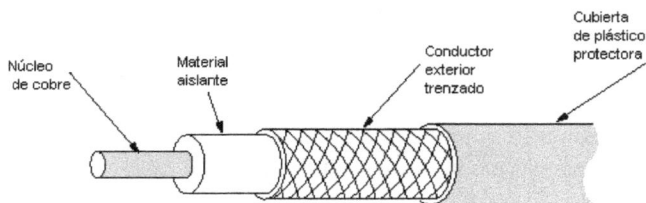

*Figura 2.3. Cable coaxial, formado por dos conductores concéntricos separados por un aislante*

La señal de televisión que no se puede transmitir por el par de hilo de cobre viaja perfectamente por un cable coaxial. De manera que ya hace mucho tiempo en telecomunicaciones de larga distancia se empezó a usar el cable coaxial. Se fue mejorando la capacidad y cuando dejó de usarse en larga distancia, principalmente debido a que se ha sustituido por la fibra óptica, daba una capacidad de hasta 7.680 circuitos telefónicos por un solo cable coaxial. Es una mejora evidente sobre el par trenzado que permite, por ejemplo, mandar a corta distancia cientos de canales de TV por un cable coaxial o una instalación de unos 50 canales en una ciudad.

No obstante, presenta varios inconvenientes frente al par de hilo de cobre: es más grueso, tiene de seis a diez milímetros de diámetro. Es más caro y más difícil de manejar; la soldadura es más compleja puesto que hay que dar continuidad al conductor interno y a la malla. Así que, normalmente, no se suelda y, en su lugar, se ponen conectores. Por lo tanto, para largas distancias también está obsoleto. De manera que el par de hilo de cobre y el cable coaxial van a quedar casi exclusivamente para el último tramo, desde la acera o azotea hasta nuestras casas. El cable coaxial principalmente para televisión o Internet a alta velocidad, y el par de hilo de cobre para telefonía, aunque con las técnicas xDSL se podrá emplear para cualquier otro tipo de transmisión, eso sí, siempre en distancias limitadas.

## 2.4 LA FIBRA ÓPTICA

La historia de la comunicación por la fibra óptica es relativamente corta, pues hasta el año 1977 no se instaló un sistema de prueba en Inglaterra; dos años después, se producían ya cantidades importantes de pedidos de este material. Antes, en 1959, como derivación de los estudios en física enfocados a la óptica, se descubrió una nueva utilización de la luz, a la que se denominó rayo láser, que fue aplicado a las telecomunicaciones con el fin de que los mensajes se transmitieran a velocidades inusitadas y con amplia cobertura. Sin embargo, esta utilización del láser era muy limitada debido a que no existían los conductos y canales adecuados para hacer viajar las ondas electromagnéticas provocadas por la lluvia de fotones originados en la fuente denominada láser.

Fue entonces cuando los científicos y técnicos especializados en óptica dirigieron sus esfuerzos a la producción de un conducto o canal, conocido hoy como la fibra óptica. En 1966 surgió la propuesta de utilizar una guía óptica para la comunicación. Esta forma de usar la luz como portadora de información se puede explicar de la siguiente manera: se trata, en realidad, de una onda electromagnética de la misma naturaleza que las ondas de radio, con la única diferencia de que la longitud de las ondas es del orden de micrómetros en lugar de metros o centímetros.

Actualmente, una fibra óptica es un finísimo hilo de vidrio muy puro (aunque también se construyen de plástico, por economía), con un diámetro entre cinco o diez micras, los antiguos eran de 50 micras. Para que se pueda manejar, al fabricarlos se rodean de más vidrio o plástico, pero este vidrio o plástico de fuera no es el que conduce la luz. De hecho, las dos partes de la fibra se construyen a propósito con un índice de refracción diferente, para que si la luz intenta salir, el vidrio de fuera actúe como un espejo y vuelva a meter el rayo para dentro (su índice de refracción haga que la luz se refleje y no salga al exterior). Externamente, se pone un recubrimiento para protección mecánica, para que no se estropee.

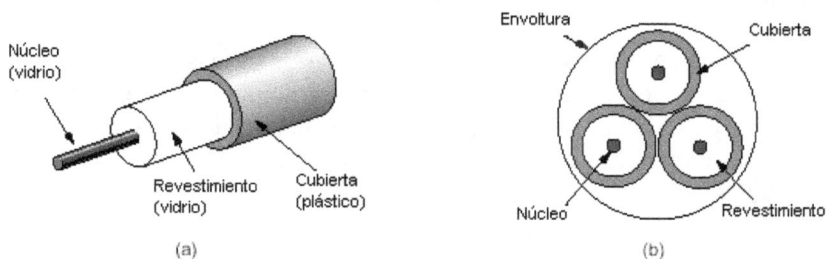

*Figura 2.4. Estructura de la fibra óptica, mostrando su constitución*

La fibra óptica permite transmitir comunicaciones a cientos de kilómetros sin necesidad de convertirla en electricidad para amplificarla, dado que ya existen amplificadores ópticos. Además, la cantidad de información que se puede transferir es muy grande, superior a la que se puede conseguir por cualquier otro medio.

## 2.4.1 Características de las fibras ópticas

Las principales características de la transmisión por fibra y cables de fibra se detallan seguidamente:

Permiten la multiplexación de múltiples señales en la misma fibra, utilizando diferentes frecuencias portadoras (FDM). De esta manera se incrementa la capacidad de transmisión.

Es una de las transmisiones más seguras, puesto que al no radiar energía al exterior resulta muy improbable la detección de la señal que está siendo transmitida. Siendo necesario para ello interferir en el sistema, algo bastante difícil de hacer sin que sea detectado, pues para ello habría que interrumpir el enlace durante un largo período de tiempo.

Tienen pocas pérdidas de potencia, debidas fundamentalmente a la absorción de la señal y no a la radiación. Por lo que se pueden conseguir enlaces de varias decenas de kilómetros sin necesidad de usar amplificadores de señal.

Puesto que la señal se transmite mediante fotones en lugar de electrones, este sistema resulta inmune a cualquier interferencia electromagnética procedente del exterior; esto significa ausencia total de ruido y, por tanto, errores en la transmisión. Al mismo tiempo se evita el riesgo de incendios y explosiones en instalaciones propensas a ellos.

El tamaño y peso de los cables de fibra óptica utilizados es muy pequeño, lo cual facilita enormemente su instalación, disminuyéndose el coste de la misma y de su posterior mantenimiento.

Es inmune a las condiciones climáticas externas, tales como agua, temperatura, etc., no presentando peligro alguno en su manipulación. Sin embargo, debido a fisuras en la cubierta protectora, puede penetrar la humedad en el interior del cable y deteriorar la fibra; para protegerla, se rellena el interior con un gel que evita la entrada de agua en el mismo.

Debido al perfecto aislamiento de la fibra del medio exterior, la tasa de error (porcentaje de bits erróneos) de la transmisión es muy baja; típicamente, de $10^{-9}$ frente a $10^{-6}$ en los cables de pares.

La utilización de circuitos semiconductores en los equipos transmisores y receptores provoca la continua evolución de estos, mejorándose las prestaciones de los mismos y disminuyendo sus costes, lo cual hace cada día más atractivo el uso de estos sistemas.

## 2.4.2 Conversión electro-óptica

¿Cómo convertimos la voz en luz? Directamente sería difícil, pero hemos visto que se puede convertir en una señal eléctrica (voltios) de una manera muy sencilla, tan solo hace falta un micrófono. Pasarla de electricidad a luz es aún más fácil y se hace mediante un diodo emisor de luz o LED (*Light Emitting Diode*). Cuando el LED recibe más voltios, da más luz, y cuando recibe menos voltios, da menos luz, lo mismo que hace una bombilla, solo que con mucha menos potencia y con una respuesta más rápida a las variaciones de voltaje. En el otro extremo, para realizar la conversión contraria, tenemos que poner un instrumento que invierta el proceso, una célula fotoeléctrica, o célula fotovoltaica o un fotodiodo.

Para la utilización de la fibra óptica la señal eléctrica se transforma en luminosa y, modulada en forma de pulsos, se transmite a través del núcleo hasta el receptor, donde es reconvertida de nuevo en eléctrica, sin que haya una gran pérdida de potencia. En la fibra óptica el ancho de banda puede ser superior a 2 Gbit/s, con atenuaciones muy bajas.

Las longitudes de onda (nanómetros) a las que la fibra presenta menos pérdida de potencia se denominan ventanas. Seguidamente se muestra la longitud de onda de la luz que se corresponde con cada una de ellas (donde la atenuación presenta un mínimo):

| 1.ª ventana | 2.ª ventana | 3.ª ventana |
|-------------|-------------|-------------|
| 850 nm      | 1.300 nm    | 1.550 nm    |

- **Fibra monomodo**

  Si en las fibras ópticas el diámetro del núcleo (entre 1 y 10 μm) es similar a la longitud de onda, solo un rayo de luz o modo puede viajar a través de ellas, denominándose a estas "fibras monomodo". Esta solución proporciona un gran ancho de banda. Las fibras monomodo se emplean normalmente en enlaces de larga distancia.

  Potencialmente, esta es la fibra que ofrece la mayor capacidad de transporte de información. Tiene una banda de paso del orden de los 100 GHz/km. Los mayores flujos se consiguen con esta fibra, pero también es la más compleja de implantar ya que sus pequeñas dimensiones implican un manejo delicado y entrañan dificultades de conexión, que requieren de una técnica sofisticada para la correcta soldadura de la fibra o el empleo de conectores especiales y caros. Son fibras que tienen el diámetro del núcleo en el mismo orden de magnitud que la longitud de onda de las señales ópticas que transmiten, es decir, de unos 5 a 8 mm. Si el núcleo está constituido de un material cuyo índice de refracción es muy diferente al de la cubierta, entonces se habla de fibras monomodo de índice escalonado. Véase la figura 2.5.

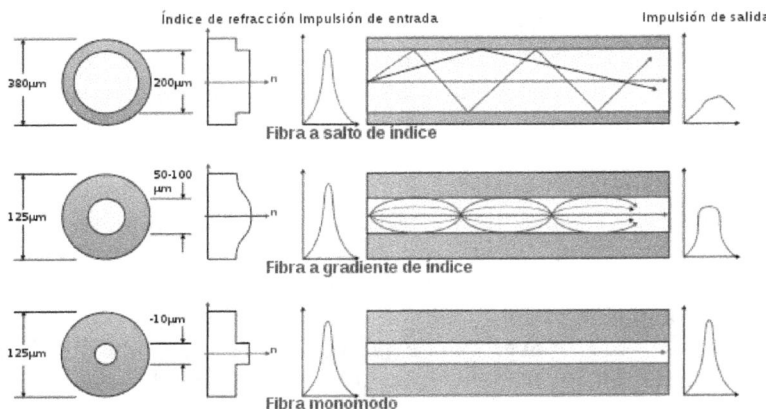

*Figura 2.5. Distintos modos de transmisión en la fibra óptica*

- **Fibra multimodo**

Para que se transmita en modo multimodo se precisa que el diámetro del núcleo sea muy superior a la longitud de onda de la señal luminosa a transmitir. Esta señal, que entra por un extremo de la fibra con diferentes ángulos, se ve refractada innumerables veces en su camino hacia el otro extremo, llegando, por tanto, con diferentes fases. Los diferentes ángulos de entrada dan lugar a los distintos modos, de ahí la denominación "fibra multimodo". En estas el diámetro del núcleo suele ser aproximadamente de 50 µm y el recubrimiento en torno a los 125 µm. Se utilizan para enlaces entre centrales urbanas o de corta distancia.

Las fibras multimodo de **índice de gradiente gradual** tienen una banda de paso que llega hasta los 500 MHz por kilómetro. Su principio se basa en que el índice de refracción en el interior del núcleo no es único y decrece cuando se desplaza del núcleo hacia la cubierta. Estas fibras permiten reducir la dispersión entre los diferentes modos de propagación a través del núcleo de la fibra. La fibra multimodo de índice de gradiente gradual de tamaño 62,5/125 µm (diámetro del núcleo/diámetro de la cubierta) está normalizada, pero se pueden encontrar otros tipos de fibras con una relación diferente.

Las fibras multimodo de **índice escalonado** están fabricadas a base de vidrio, con una atenuación de 30 dB/km, o plástico, con una atenuación de 100 dB/km. Tienen una banda de paso que llega hasta los 40 MHz por kilómetro. En estas fibras, el núcleo está constituido por un material uniforme cuyo índice de refracción es claramente superior al de la cubierta que lo rodea. El paso desde el núcleo hasta la cubierta conlleva, por tanto, una variación brutal del índice, de ahí su nombre de índice escalonado.

Si bien con la fibra óptica disfrutamos de las ventajas en términos de cantidad de información (hasta cientos de canales de TV) y de su reducido espacio (por un cable van cientos de fibras), también presenta algunos inconvenientes:

La soldadura es un problema. No solo porque soldamos componentes de cinco micras de diámetro que deben tener un acabado perfecto. Además, es vidrio, que tiene una soldadura a 1.000 grados y, por si fuera poco, esa soldadura de vidrio tiene que ser totalmente transparente. De manera que la soldadura en fibra óptica requiere una herramienta especial que tiene un microscopio y que se calienta por inducción. Debido a este inconveniente, en las fibras ópticas actuales, cada vez se tiende más a sustituir el vidrio por un plástico especial, para facilitar su manipulación y reducir coste. También se pueden utilizar conectores, en lugar de la soldadura, lo que es algo más sencillo, pero presenta algunas pérdidas de acoplamiento.

Las redes modernas son fibra óptica en la larga distancia, desde el operador hasta la manzana. De la manzana hasta las casas se transporta por cable coaxial o por par de hilo de cobre. De manera que la fibra óptica que presenta una gran capacidad de transmisión, un bajo peso y una gran seguridad, tiene el inconveniente de la soldadura y de sacar de una fibra muchas otras para la distribución de la señal.

## 2.4.2.1 EL LÁSER

Cuando la distancia es muy grande, hay que mandar un rayo de luz potente y los LED tienen poca potencia, sirven para una distancia de unos centenares de metros. Si tenemos que cubrir kilómetros, se necesita un rayo de luz mucho más potente, pero que quepa en cinco micras y no sufra una gran atenuación.

La luz es un fenómeno de radiación luminosa. En unos casos se consigue calentando un filamento de metal al rojo vivo (tungsteno es el más común) dentro de una ampolla en la que se ha hecho el vacío (bombillas). Otro sistema ioniza (hace conductor) el gas contenido en un tubo, y emite luz (tubos fluorescentes).

Ambos sistemas producen una radiación donde están presentes muchas frecuencias diferentes y en muchas fases diferentes. No coinciden todos los máximos a la vez y todos los mínimos a la vez.

La luz incandescente, la de una bombilla normal, es un fenómeno que se llama no-coherente, no tiene siempre la misma frecuencia ni la misma fase. Cada molécula de ese gas vibra, radia a una frecuencia diferente y en una fase diferente. La frecuencia en la luz determina el color, cada color tiene una frecuencia determinada. Luego están saliendo todas las frecuencias, provocando que la luz sea blanca. Cuando se quiere enviar un rayo a distancia la falta de coherencia hace que las ondas se interfieran entre ellas y se abran cada vez más, un fenómeno ya conocido en el siglo XIX.

Si queremos transmitir un haz de luz muy fino y que no tienda a abrirse a largas distancias, tendremos que conseguir una bombilla de luz coherente, que mantenga siempre la misma frecuencia, la misma fase. Para ello, en lugar de usar un filamento de tungsteno, se puede utilizar cesio o rubidio. En lugar de calentarlos o ionizarlos se les hace vibrar a través de ondas de radio y todos sus átomos vibran a la vez, a la misma frecuencia y en la misma fase.

Todos los átomos vibrando a la vez dan luz de un único color, el color de la frecuencia a la que vibren; luz coherente con la que se puede obtener un rayo que va a llegar todo lo lejos que se quiera. A esa fuente de luz coherente es a lo que llamamos el LASER (*Light Amplification by Stimulated Emission of Radiation* o amplificación de luz por una emisión estimulada de radiación). Por tanto, cuando se quiere transmitir a distancia por fibra óptica se utiliza el láser, quedando el LED para redes de muy pequeño alcance.

## 2.4.2.2 EMISORES DE INFRARROJOS

La transmisión de luz infrarroja se puede hacer directamente por el aire, sin necesidad de emplear ningún medio de transmisión. Este tipo de comunicación es muy habitual entre los PC y algunos periféricos o para conectarlos a una LAN, a través del puerto IrDA (infrarrojos), aunque la velocidad que se consigue no es muy elevada.

Los emisores y receptores de infrarrojos (luz no visible) deben estar alineados o estar en línea tras la posible reflexión del rayo en superficies como las paredes. Con los infrarrojos no existen problemas de seguridad ni de interferencias ya que estos rayos no pueden atravesar los objetos (paredes, por ejemplo). Tampoco es necesario permiso para su utilización (en microondas y ondas de radio sí es necesario obtener una licencia para asignar una frecuencia de uso).

La parte infrarroja del espectro electromagnético cubre el rango desde aproximadamente los 300 GHz (1 mm) hasta los 400 THz (750 nm). Puede ser dividida en tres partes:

- Infrarrojo lejano, desde 300 GHz (1 mm) hasta 30 THz (10 μm).

- Infrarrojo medio, desde 30 a 120 THz (10 a 2,5 μm).

- Infrarrojo cercano, desde 120 a 400 THz (2.500 a 750 nm).

## 2.4.3 WDM. Capacidad de la fibra óptica

La capacidad de transmisión de una fibra óptica es enorme; a finales del siglo XX ya había redes capaces de proporcionar cientos de TB por segundo. De hecho, quien limita la capacidad de transmisión no es la fibra, sino los aparatos que hay en los extremos. El aparato que convierte las conversaciones, las multiplexa y las envía en un rayo de luz, tiene una capacidad entre 2,5 y 10 Gbit/s, hasta 150.000 canales telefónicos simultáneos, datos a muy alta velocidad o cientos de canales de TV. WDM es la base de la tecnología en una red de transporte óptica.

No obstante, eso es solo el principio. La fibra óptica puede transportar más de un haz de luz, colores diferentes para que no se mezclen, para que al llegar al otro extremo se separen cada uno por su lado, algo relativamente fácil de conseguir mediante prismas. Así, se multiplica la capacidad de esa fibra. De hecho hay una tecnología **WDM** (*Wavelength Division Multiplexing*) o multiplexación por división de la longitud de onda, que permite mandar ocho rayos de luz diferentes (los colores se corresponden a frecuencias) en la misma fibra. La longitud de onda, como luego veremos, está asociada a la frecuencia y esta al color.

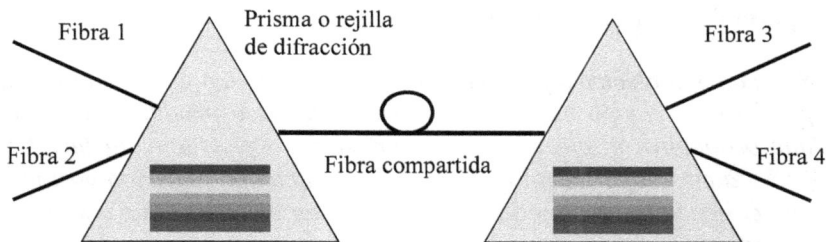

Diferentes longitudes de onda (una para transportar cada señal)

*Figura 2.6. WDM. Multiplexación por división de longitud de onda*

Por ese sistema, se multiplica la capacidad de la fibra sin tener que instalar nuevas fibras, con lo que el ahorro que se consigue suele ser muy importante.

Hoy en día, una mejora, el **DWDM** (*Dense WDM*) o WDM de alta capacidad, permite teóricamente hasta 128 colores (*lambdas*) diferentes por una misma fibra. Si por cada color pueden ir 150.000 conversaciones simultáneas, significa que por esa fibra pueden ir 19 millones de llamadas simultáneas. El límite práctico es inferior y los sistemas de DWDM que se están instalando permiten hasta 32 colores (*lambdas*) por una sola fibra.

## 2.5 ONDAS DE RADIO

Las ondas de radio (parte del espectro electromagnético) constituyen el cuarto de los sistemas de transporte de señales de telecomunicación. Su gran ventaja es que al no utilizar medios físicos para guiar la señal, ofrecen mucha mayor libertad y, también, un menor coste.

Las ondas de radio se propagan mediante una oscilación de campos eléctricos y magnéticos. Por ejemplo, los campos electromagnéticos, al "excitar" los electrones de nuestra retina, nos comunican con el exterior y permiten que nuestro cerebro "configure" el mundo en el que estamos.

Desde hace tiempo se conocen dos fenómenos que están interrelacionados entre sí: "un campo magnético variable genera a su alrededor un campo eléctrico variable" y viceversa, "un campo eléctrico variable genera un campo magnético variable".

El físico inglés Maxwell, en 1865, con la sola ayuda de papel y lápiz, nada de experimentos, fue capaz de imaginar y proponer esta relación. En su libro sobre la teoría que él llamaba de "Energía electromagnética" decía:

> Si un campo eléctrico produce un campo magnético y un campo magnético produce un campo eléctrico, el campo eléctrico producirá un magnético que producirá un eléctrico, es decir, se va a producir ahí una forma de energía en la cual basta que yo genere un campo eléctrico variable, para que él genere un magnético que a su vez un eléctrico, que a su vez genere un magnético, que a su vez...

Maxwell decía que las ondas electromagnéticas tenían que existir y que se iban a poder transmitir y dio las fórmulas que deberían cumplir, las famosas 4 leyes de Maxwell, especificando que el campo eléctrico era máximo cuando el campo magnético era mínimo, que son campos perpendiculares, la fórmula que los relacionaba; hizo toda una teoría basándose en los conocimientos que había en aquel momento de las ondas, de los campos eléctricos y magnéticos.

La comprobación empírica de la teoría se la debemos al físico alemán Hertz en 1887. Aunque el primero que encontró una aplicación comercial a este fenómeno fue el italiano Marconi, en 1895. A finales del siglo XIX ya se había inventado el teléfono y la telegrafía existía desde hacía 70 años y estaba muy extendida. Europa estaba comunicada con América por cables submarinos, pero con esto no se podía hablar con los barcos. De manera que la aplicación práctica que le dio Marconi fue hablar en código Morse por radio con los barcos, tanto es así que durante muchos años a esto se le llamó telegrafía sin hilos (TSH).

El punto de partida se inicia con el descubrimiento del electrón en 1897 por J.J. Thomson, dado a conocer ante la *Royal Institution* de Londres el 30 de abril del mismo año; no obstante, no fue hasta la exposición de la teoría científica del Dr. Lee de Forest sobre el funcionamiento de la válvula de tres electrodos (en 1920) que se empezaron a producir los avances más importantes y prácticos sobre la radio.

---

**La contribución de Marconi (1874-1937)**

A los 20 años de edad el joven italiano Guillermo Marconi (reconocido mundialmente como el padre de la radio), basándose en las experiencias de Hertz y Branly consiguió realizar un sistema emisor-receptor, utilizando respectivamente el carrete de Ruhmkorff y el cohesor de Branly.

Marconi conectó ambos aparatos a tierra y los dotó de antenas, consistentes en hilo de cobre suspendido en el espacio, de considerable longitud, lo cual hizo que la transmisión se realizara en onda larga, contrariamente a las experiencias de Hertz y Branly realizadas con ondas cortas.

---

¿Qué es lo que hizo Marconi? Lo primero, generar un campo eléctrico variable mediante un generador de electricidad, como los que producen la electricidad que usamos a 50 Hz, pero a muchísima más frecuencia, de miles de Hz (un oscilador o generador de radio). La corriente eléctrica que producía este generador la hacía pasar por unos hilos y al llegar a un determinado punto abría los hilos, uno en una dirección y otro en la opuesta. Normalmente, los ponía a gran distancia, por ejemplo, sujetos entre los mástiles de un barco, constituyendo una antena llamada un "dipolo". La electricidad llegaba hasta la base del dipolo, pasaba a ambos hilos y generaba alrededor un campo eléctrico variable a miles de hercios que, a su vez, generaba un campo magnético variable y así sucesivamente, resultando una onda electromagnética que se va transmitiendo por el espacio, tal y como se puede ver en la figura 2.7.

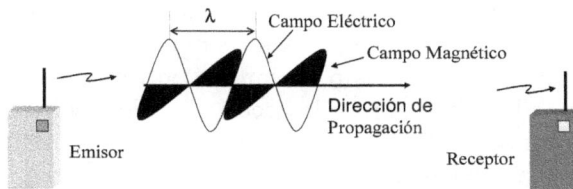

*Figura 2.7. Campo electromagnético en el espacio*

## 2.5.1 Enlace de microondas

Para la transmisión de señales vía radio de muy alta frecuencia (ondas electromagnéticas con una longitud de onda de centímetros) llamadas microondas, se utilizan dos estaciones, una emisora y otra receptora, que han de tener un enlace visual, es decir, visualizarse directamente entre sí, y que utilizan antenas parabólicas (conjunto de emisor/captador de señal y reflector) de dimensiones adecuadas, según la longitud de onda (frecuencia) de la señal a transmitir y de los márgenes de potencia disponibles.

El enlace puede ser tanto terrestre (entre dos estaciones situadas sobre el terreno) como espacial (utilizando un satélite de comunicaciones como repetidor intermedio de la señal). Un ejemplo actual de uso se da en los sistemas de transmisión punto-multipunto LMDS (acceso radio inalámbrico) y MMDS, el primero de los cuales permite cubrir con una única antena un círculo de entre 3 y 5 km de radio, mientras que con el segundo se alcanza una distancia mucho mayor.

Las microondas se suelen utilizar en sustitución del cable coaxial o las fibras ópticas ya que se necesitan menos repetidores y amplificadores, aunque se necesitan antenas alineadas. Se usan para transmisión de televisión, voz y datos.

La principal causa de pérdidas en estos sistemas es la atenuación debido a que las pérdidas aumentan con el cuadrado de la distancia (con cable coaxial y par trenzado son logarítmicas). La atenuación aumenta con las lluvias. Las interferencias son otro inconveniente de las microondas ya que al proliferar estos sistemas, puede haber más solapamientos de señales.

## 2.6 LOS SATÉLITES DE COMUNICACIONES

Los satélites de comunicaciones son unos complejos sistemas repetidores de la señal situados a gran distancia de la Tierra, desde los que se cubre una gran zona o incluso un continente. La transmisión se origina en un solo punto; desde una estación terrestre se envía hacia el satélite, que actúa como repetidor, reenviando la señal recibida desde múltiples estaciones. Debido al largo camino que ha de recorrer la señal, existe un retardo entre el momento de emisión y recepción (típicamente de 240 milisegundos, que es el tiempo que tarda la señal entre ir y volver, a la velocidad de la luz). Esto no influye en las transmisiones en un solo sentido, tales como radio y TV, pero sí lo hace en las bidireccionales, como pueden ser las conversaciones telefónicas y la transmisión de datos, empleándose canceladores de eco para evitar sus efectos.

## 2.6.1 Las órbitas satelitales

De la órbita a la que se sitúe el satélite dependerá, en cierta manera, el tipo de servicio prestado y el tamaño necesario de la antena para poder captar la señal con suficiente intensidad. La clasificación de los sistemas de satélites en función de la órbita en que se ubican, de menos a más cerca de la Tierra (figura 2.8), es la siguiente:

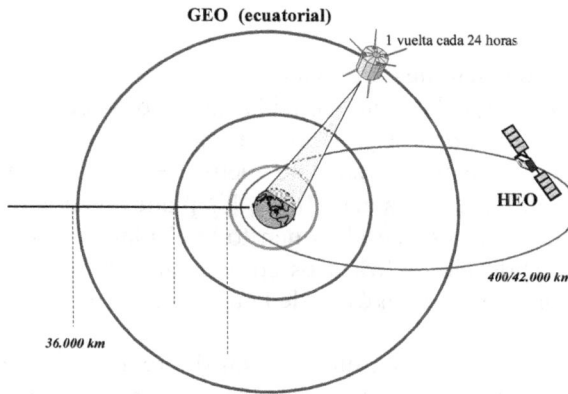

*Figura 2.8. Órbitas en las que se sitúan los satélites de comunicaciones*

- **GEO**

Abreviatura de Órbita Terrestre Geosíncrona. Los satélites GEO orbitan a unos 36.000 kilómetros sobre el plano del ecuador terrestre. A esta altitud, el período de rotación del satélite es exactamente 24 horas y, por lo tanto, parece estar siempre sobre el mismo lugar de la superficie del planeta. Esta órbita se conoce como órbita de Clarke, en honor al físico y escritor Arthur C. Clarke, que escribió por primera vez en 1945 acerca de la posibilidad de cubrir toda la superficie terrestre con solo tres satélites.

Un ejemplo de GEO lo tenemos en el proyecto Hispasat, del que en el año 2010 se lanzó el quinto satélite, el Hispasat 1E que se ubica en la ventana orbital 30° Oeste, junto al resto de la misma familia de Hispasat.

- **MEO**

Los satélites de órbita terrestre media se encuentran a una altura comprendida entre los 10.000 y 20.000 km. A diferencia de los GEO, su posición relativa respecto a la superficie terrestre no es fija, sino que se van desplazando a gran velocidad y dan varias vueltas al cabo del día. Al estar a una altitud menor, se necesita un número mayor de satélites para obtener cobertura mundial, pero la latencia (retardo de la señal debido a la propagación por el camino recorrido) se reduce substancialmente.

En la actualidad no existen muchos satélites MEO, la mayoría se utilizan para posicionamiento y navegación GPS (*Global Positioning System*).

- **LEO**

Las órbitas de satélites de baja altura prometen un ancho de banda extraordinario y una latencia reducida (unas pocas centésimas de segundo). Los LEO (*Low Earth Orbit*) orbitan generalmente por debajo de los 5.000 km, y la mayoría de ellos se encuentran mucho más abajo, entre los 500 y los 1.600 km. En la actualidad, los planes para lanzar constelaciones de cientos de satélites que abarquen todo el planeta están parados, ya que se han producido ciertos fracasos comerciales en la explotación de varias de ellas, debido en parte al éxito de la telefonía móvil celular.

Existen tres tipos de LEO, que ofrecen diferentes cantidades de ancho de banda. Los LEO pequeños están destinados a aplicaciones de bajo ancho de banda (de decenas a centenares de kbit/s), como los servicios de buscapersonas, e incluyen a sistemas como OrbComm. Los grandes LEO pueden manejar buscapersonas, servicios de telefonía móvil y algo de transmisión de datos (de cientos a miles de kbit/s). Los LEO de banda ancha (también denominados megaLEO) operan en la franja de los Mbit/s y entre ellos se encuentran SkyBridge y Teledesic.

La vida útil de un satélite depende de su órbita: cuanto más alta, mayor será, con un promedio entre 10 y 15 años para los GEO y de unos 5 para los LEO.

Para evitar interferencias entre las señales de unos y otros satélites, cuando operan dentro de la misma banda, hay que observar una cierta separación entre ellos, lo que limita el número máximo que puede situarse en una determinada órbita, dada la capacidad de resolución (discriminación) de los receptores. La CMR (Conferencia Mundial de Radiocomunicaciones), que se reúne cada 4 años, es la encargada de reservar las bandas de frecuencias para cada tipo de sistema de satélites y aplicación, siendo la UIT la que hace la asignación concreta a cada sistema comercial previamente a autorizar su lanzamiento.

Con un sistema LEO una zona cubierta cambia de satélite cada 20 minutos y con uno MEO unas dos horas, con lo que la probabilidad de que una llamada se complete en ese período es mayor y, por tanto, se ofrece mayor seguridad ya que no se necesita hacer traspaso de un satélite a otro.

La ventaja de los satélites es que permiten una cobertura global (mundial o regional), con una inversión inicial muy reducida comparada con la de otras tecnologías. Esto les permite alcanzar su equilibrio económico con una menor cuota de mercado. Sin embargo, la atenuación del camino de comunicación hace que se requiera una mayor potencia de emisión, tanto en el satélite como en el terminal de usuario, lo que hace a estos más grandes al tener que llevar una circuitería más potente, pesados (al requerir mayores baterías) y caros que los que se necesitan en servicios similares terrestres.

Dada, además, la competencia con servicios terrestres, con tecnologías cada vez más eficientes y una amplia cobertura, las constelaciones de satélites tienen un cierto riesgo económico en su plan de viabilidad.

| Nombre del proyecto | Tipo de órbita | Satélites operativos | Oferta de servicios |
|---|---|---|---|
| Globalstar | B-LEO | 48 | Voz (GSM), datos, fax, *paging* |
| ICO Global | MEO | 10 | Voz, datos, fax, *paging* |
| Iridium | B-LEO | 66 | Voz (GSM), datos, fax, *paging* |
| Odissey | B-LEO | 12 | Voz (GSM), datos, fax, SMS |
| SkyBridge | Broadband LEO | 80 | Bucle local de banda ancha |
| Teledesic | Broadband LEO | 840 | Servicios de banda ancha |
| Inmarsat 3 | GEO | 3 | Voz, datos, fax |

*Tabla 2.1. Distintos proyectos LEO y MEO, y sus características principales*

Dos proyectos muy interesantes de sistemas de satélites son Iridium (constelación de 66 satélites de comunicaciones) y Teledesic (constelación de 30 satélites). Mientras el primero, un fracaso comercial ya que en el verano de 1999 resultó en quiebra financiera, aunque se relanzó en el 2001 para mercados verticales, se orientaba principalmente a proporcionar telefonía compatible GSM, el segundo lo está, además, a dar servicios de banda ancha (*Internet in the sky*).

## 2.6.2 Los sistemas VSAT

VSAT (*Very Small Aperture Terminal*, terminal de apertura muy pequeña) es un sistema de comunicación con acceso directo a satélite para transmitir información entre terminales de una misma organización dispersa en un área geográfica amplia, o prestar servicios públicos. Una red VSAT suele tener una configuración en estrella: una estación maestra (*hub*) se encarga de enviar la señal hacia el satélite para que este la retransmita a todos los terminales VSAT de la red, mientras que cada terminal envía su señal al satélite que la retransmite a la estación maestra. Como ha de llegar a todos los terminales que tienen una pequeña antena, el enlace ascendente desde la estación maestra tiene que emitirse con una mayor potencia, mientras que el descendente proveniente de esos terminales puede tener una potencia muy baja, de ahí la necesidad de una estación maestra con una gran antena como centro de las comunicaciones en la red.

Esta estación es bastante cara, por lo que se comparte entre distintas redes VSAT de diferentes usuarios; aunque existen estaciones más pequeñas (*minihubs*) para usuarios individuales.

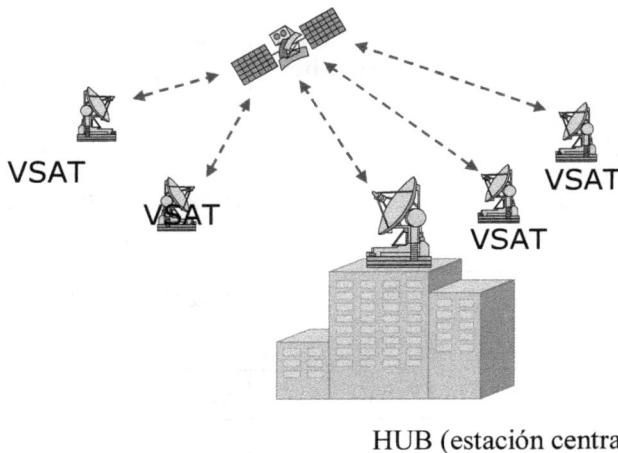

HUB (estación central]

*Figura 2.9. Sistema de comunicaciones (VSAT) por satélite*

Además, el fabricante de la estación maestra (la principal) impone el fabricante de las estaciones de usuario, que ha de ser el mismo, ya que los protocolos extremo a extremo son propietarios. Para la instalación y explotación de este tipo de redes hace falta una licencia especial; la suelen tener algunos operadores que proveen las redes a los usuarios finales. Estas licencias tienen validez para toda la Unión Europea, ya que no se puede limitar la instalación de terminales por satélite en otros países.

Esta estructura resulta bastante ineficaz y con limitaciones de calidad para algunas aplicaciones (por ejemplo, la voz), ya que las comunicaciones entre dos estaciones cualesquiera tienen que ser mediadas por la estación maestra, con 2 subidas y bajadas de la señal al satélite en cada dirección. Por ello están apareciendo redes en malla que no necesitan una estación maestra.

Los componentes de un terminal VSAT son: la antena parabólica (reflector más iluminador) y el LNB (*Low Noise Block* o ampliflicador y conversor de bajo ruido) que constituyen la unidad exterior, y el receptor de la señal o unidad interior que consta de los moduladores y demoduladores, el codificador y los puertos de conexión a los usuarios.

La antena parabólica suele tener un diámetro que oscila según el nivel de señal en el lugar de que se trate, directamente ligado a la potencia de emisión del satélite, la banda de frecuencia a la que trabaje y a la órbita en la que se encuentre.

El amplificador/conversor de bajo ruido es el elemento encargado de amplificar la energía electromagnética captada por la antena, ya que esta suele ser muy baja, manteniendo controlado el nivel de ruido, por lo que se emplean elementos de estado sólido para tener una relación señal/ruido alta. El receptor de señal recibe la señal procedente del amplificador/conversor y mediante su tratamiento produce otra adecuada para atacar el equipo de usuario.

Los servicios que se pueden ofrecer con estos sistemas VSAT son amplios. El ancho de banda que permiten es suficiente para la mayor parte de las aplicaciones y la gran ventaja que aportan es la de poder acceder a la red con independencia de la ubicación geográfica y física del usuario sin necesidad de tender ninguna red física de acceso hasta el mismo (se pueden instalar las antenas en tejados para dar servicio a oficinas remotas, en vehículos especiales para casos de contingencia, etc.).

Las aplicaciones de difusión de información son un caso típico del uso de estas redes, por ejemplo, para educación remota o vídeo empresarial, aunque si no se requiere interactividad se pueden dar esos servicios con antenas de solo recepción, caso de la difusión de TV al hogar.

## 2.6.3 El sistema de posicionamiento GPS

Tradicionalmente, los satélites se vienen utilizando para las comunicaciones a gran distancia, ya que, de una manera muy rápida, efectiva y económica, permiten dar servicio a una gran zona para la difusión de información, por ejemplo, televisión, o establecer un enlace punto a punto de gran capacidad para comunicaciones telefónicas o de datos; pero otra de sus aplicaciones es su empleo para la determinación de la posición de un determinado usuario u objeto, siendo el GPS (*Global Positioning System*) el nombre del sistema más extendido. Este sistema de navegación por satélite, además de ofrecernos una posición geográfica nos ofrece una referencia temporal muy precisa.

Los sistemas de posicionamiento –radiolocalización– por satélite se vienen utilizando desde hace más de una década. Tuvieron su origen en aplicaciones militares, pero hoy en día su uso se ha extendido a las civiles, contando con numerosos usuarios y aplicaciones para ellos. De estos sistemas, el más popular es el GPS y en la actualidad se está trabajando en el desarrollo de otro, más avanzado, llamado Galileo, que entrará en servicio, presumiblemente, en el año 2008.

El principio de funcionamiento del sistema GPS o Sistema de Posicionamiento Global es una constelación de 24 satélites (constituida por 6 planos orbitales con 4 satélites cada uno, inclinados 55° respecto al horizonte) situados en una órbita ICO (20.000 km con un período orbital de 12 horas) que transmiten continuamente información relativa al tiempo, sus órbitas, identificación, etc., de tal manera que los usuarios pueden calcular su posición en tres dimensiones (latitud, longitud y altura), rumbo y velocidad de desplazamiento, mediante un sencillo terminal receptor, en base al tiempo empleado por las señales en viajar desde cada satélite (triangulación) y medida de la desviación de la frecuencia de la señal recibida (medición Doppler). Estos datos pueden ser transmitidos, además, a través de una red GSM o UMTS a una posición de control, por lo que se puede tener información sobre la localización de cualquier objeto o persona, en cualquier punto del planeta.

Con esta configuración se asegura la visión simultánea, a cualquier hora del día, de al menos 4 satélites, por lo que siempre se podrán tener los datos necesarios para el cálculo; dado que los satélites se desplazan en sus órbitas es necesario cambiar de unos a otros para tener siempre la mejor referencia.

Cada satélite tiene su propio código, lo que permite extraer su posición actual en el espacio y en el tiempo para de ella, junto con la de otros dos, obtener los datos de localización y desplazamiento buscados.

Si se desea obtener la máxima precisión, los usuarios civiles pueden utilizar la modalidad denominada DGPS (*Differential GPS*) o GPS diferencial, que es un sistema que proporciona a los receptores de GPS correcciones a los datos recibidos de los satélites GPS, mediante un sistema de referencia en tierra cuya posición es conocida con exactitud. Estas correcciones, una vez aplicadas, proporcionan una mayor precisión en la posición calculada.

## 2.6.3.1 APLICACIONES DEL GPS

El origen de estos sistemas fue militar, pero ahora está disponible para aplicaciones civiles aunque con ciertas restricciones, ya que el sistema de satélites pertenece al gobierno de los Estados Unidos, quien permite su uso limitado para fines distintos al militar, pero siempre ejerciendo un cierto control.

Pero estos sistemas de posicionamiento, basados en satélite, están empezando a tener un serio competidor en los sistemas de localización que ofrecen los operadores móviles basados en la estructura celular de sus redes, ya que aunque estos últimos ofrecen una menor precisión, en muchas ocasiones su empleo se justifica, dado su menor coste.

La principal diferencia que presenta el sistema, según sea su uso militar o civil, es el de su resolución, ya que si en el primer caso tiene una gran precisión (del orden incluso de centímetros), para uso civil esta es menor.

*Figura 2.10. Aplicación del GPS para navegación, mostrando un tramo de vía*

El primer empleo comercial que se dio al sistema fue para la navegación marítima, siendo un elemento imprescindible en la dotación de cualquier navío; en este caso, basta con tener datos de posicionamiento en dos dimensiones, lo que reduce la complejidad y el coste del sistema. Otra de las aplicaciones es en la navegación aérea, donde ya sí se requiere un posicionamiento en tres dimensiones y dado su bajo coste se puede incorporar en cualquier tipo de aeronave.

Otra de las aplicaciones más extendida es para la navegación y el control del tráfico de vehículos, tanto de uso particular como de flotas de transporte: camiones, autobuses o ferrocarril. Disponiendo de uno de estos dispositivos en un vehículo es posible conocer en todo momento su posición y dirigirlo hacia un punto determinado o localizarlo en caso de robo o accidente. Este sistema, combinado con un mapa electrónico de la zona permite elegir la ruta más adecuada y dirigirnos hasta el lugar de destino, incluso haciendo las correcciones necesarias si nos desviamos de la ruta originalmente trazada.

También se utilizan en aplicaciones de guiado de cohetes y proyectiles, así como en topografía para la medida del terreno y desplazamientos de continentes. Otra aplicación curiosa es para el seguimiento de presos bajo libertad condicional o de maltratadores y evitar así que se acerquen a sus víctimas.

## 2.6.3.2 EQUIPOS GPS DE USUARIO

El equipo receptor debe ser capaz de seguir a un mínimo de 4 satélites si se quiere conseguir una navegación en 3 dimensiones. Los equipos ofrecen distintas prestaciones según operen con una sola frecuencia o se utilice el código denominado "P", de *Precise*. En este último caso se trataría de una aplicación militar del gobierno de Estados Unidos o de un usuario debidamente autorizado; pero como el código P es más largo y más rápido que el otro (C/A) se necesita utilizar un procesador más potente y, por tanto, más caro.

Los equipos domésticos utilizan el código "C/A" que es mucho más sencillo, y todo su hardware se simplifica mucho, resultando sumamente económico. Hay dos tipos de receptores:

- **Monocanal**, que tiene un solo canal receptor, y que rastrea los 4 satélites necesarios de uno en uno. A la hora de obtener los resultados utiliza la medida real de uno de ellos y las medidas extrapoladas de los otros tres.

- **Multicanal**, que tiene 4 o más canales paralelos, lo que le permite engancharse realmente a varios satélites simultáneamente. Son los más rápidos pero también caros.

Una de las características más importantes de los receptores GPS es la de poder grabar o marcar una determinada posición a través de la función *waypoint*, a la cual generalmente podremos asociar un nombre (o incluso un icono). A partir de esta función se pueden crear rutas (agrupación en secuencia de *waypoints*): una ruta contiene una posición de partida y una final, así como toda una serie de localizaciones intermedias a lo largo del trayecto. También, podemos hacer que sea el propio GPS el que grabe automáticamente nuestra ruta o "huella" a través de la función *track* (nuestro receptor grabará un punto cada vez que cambiemos de dirección), para que podamos volver, sin ningún problema, a nuestro punto de partida… como si fuésemos dejando piedrecillas o miguitas de pan por el camino.

Un GPS caro puede tener mayor número de canales, contener más memoria para almacenar más *waypoints*, tener pantalla en color, incorporar cartografía (mapas) o una base de datos de ciudades, puertos, etc., dentro de la unidad, o tener un software más sofisticado para ofrecer funciones extra, pero la precisión que ofrece es la misma que la que nos puede dar uno más económico.

Los terminales GPS monocanal apenas se utilizan pues son muy lentos para alcanzar un posicionamiento, porque hasta que no terminan de recabar la información completa de las efemérides (los datos) de un satélite, no pasan al siguiente y como se necesitan al menos 4 satélites para obtener una posición tridimensional, se pueden requerir un par de minutos para conseguirla.

Hoy en día, lo habitual es utilizar un receptor de varios canales paralelos, que cuando se enciende recibe al mismo tiempo las señales de todos los satélites (hasta 12) que están en el hemisferio celeste en ese momento. La mayor parte de las veces, le bastará medio minuto (o menos) para conseguir la posición exacta. Además, no perderá su posición en sitios muy arbolados porque aun cuando pierda la señal de uno o más satélites, siempre tendrá disponibles otros.

Combinados con mapas digitalizados del terreno o de las ciudades, permiten desplazarse con total seguridad, constituyendo un sistema de ayuda muy importante para la conducción en los desplazamientos por países extranjeros en los que desconocemos las rutas. Es por ello que muchos vehículos ya lo incorporan, no solo los de gama alta, a pesar de que su precio es todavía alto; nos guían mediante la imagen y por voz nos indican los cambios de dirección con antelación suficiente para poderlos realizar.

Hay incluso muchos teléfonos móviles que incorporan una aplicación GPS y muchos automóviles los llevan ya de serie junto con planos digitales del territorio, siendo realmente útiles cuando se combinan con el acceso a Internet para acceso a servicios e información basados en la posición y seguridad ante accidentes o robos ya que permite localizar al usuario o al vehículo desaparecido.

También, tenemos el sistema *eCall*, que transmite al 112 la posición del vehículo ante un accidente grave sin necesidad de que sea activado manualmente – activa tan pronto como este percibe un choque de gravedad–, y que podría ser obligatorio para los vehículos que se vendan en la Unión Europea a partir de 2015.

## 2.7 EL ESPECTRO ELECTROMAGNÉTICO

Se denomina espectro electromagnético a la distribución energética del conjunto de las ondas electromagnéticas. Así, el espectro electromagnético es una representación de todas las radiaciones de origen electromagnético que existen en la naturaleza, ordenadas según su frecuencia o su longitud de onda. Por conveniencia se divide el espectro en varias regiones atendiendo a su frecuencia (bandas de frecuencia).

Se extiende desde la radiación de menor longitud de onda, como los rayos gamma y los rayos X, pasando por la luz ultravioleta, la luz visible y los rayos infrarrojos, hasta las ondas electromagnéticas de mayor longitud de onda, como son las ondas de radio.

## 2.7.1 Bandas de frecuencia

El espectro cubre la energía de ondas electromagnéticas que tienen longitudes de onda diferentes. Para su estudio, el espectro electromagnético se divide en segmentos o bandas, como se puede ver en la tabla 2.2.

| Banda | Longitud de onda (m) | Frecuencia (Hz) | Energía (J) |
|---|---|---|---|
| Rayos gamma | < 10 pm | > 30,0 EHz | > $20 \cdot 10^{-15}$ J |
| Rayos X | < 10 nm | > 30,0 PHz | > $20 \cdot 10^{-18}$ J |
| Ultravioleta extremo | < 200 nm | > 1,5 PHz | > $993 \cdot 10^{-21}$ J |
| Ultravioleta cercano | < 380 nm | > 789 THz | > $523 \cdot 10^{-21}$ J |
| Luz Visible | < 780 nm | > 384 THz | > $255 \cdot 10^{-21}$ J |
| Infrarrojo cercano | < 2,5 μm | > 120 THz | > $79 \cdot 10^{-21}$ J |
| Infrarrojo medio | < 50 μm | > 6,00 THz | > $4 \cdot 10^{-21}$ J |
| Infrarrojo lejano/submilimétrico | < 1 mm | > 300 GHz | > $200 \cdot 10^{-24}$ J |
| Microondas | < 30 cm | > 1 GHz | > $2 \cdot 10^{-24}$ J |
| Ultra Alta Frecuencia - Radio | < 1 m | > 300 MHz | > $19.8 \cdot 10^{-26}$ J |
| Muy Alta Frecuencia - Radio | < 10 m | > 30 MHz | > $19.8 \cdot 10^{-28}$ J |
| Onda Corta - Radio | < 180 m | > 1,7 MHz | > $11.22 \cdot 10^{-28}$ J |
| Onda Media - Radio | < 650 m | > 650 kHz | > $42.9 \cdot 10^{-29}$ J |
| Onda Larga - Radio | < 10 km | > 30 kHz | > $19.8 \cdot 10^{-30}$ J |
| Muy Baja Frecuencia - Radio | > 10 km | < 30 kHz | < $19.8 \cdot 10^{-30}$ J |

*Tabla 2.2. División del espectro electromagnético*

La energía electromagnética en una longitud de onda particular λ (en el vacío) tiene una frecuencia asociada f y una energía fotónica E. Así, el espectro electromagnético puede expresarse en términos de cualquiera de estas tres variables, que están relacionadas mediante ecuaciones. De este modo, las ondas electromagnéticas de alta frecuencia tienen una longitud de onda corta y energía alta; las ondas de frecuencia baja tienen una longitud de onda larga y energía baja. Generalmente, la radiación electromagnética se clasifica por la longitud de onda.

La división actual del espectro electromagnético en bandas de frecuencia va desde 30 kHz hasta 300 GHz, aunque, probablemente, en el futuro se pueda extender por la parte alta. Por convenio, el valor final de cada tramo es igual al valor del principio multiplicado por 10: de 30 a 300 MHz es un tramo; otro de 300 a 3.000 MHz, que son 3 GHz; de 3 GHz a 30 GHz, etc.

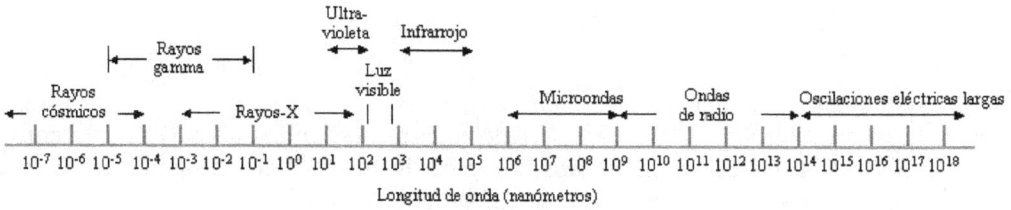

*Figura 2.11. División del espectro electromagnético*

El nombre de cada tramo viene determinado por las siglas que en inglés indican su frecuencia. A la baja frecuencia se le llama LF y al siguiente tramo MF o frecuencia media. Posteriormente viene la HF o alta frecuencia. La VHF es la parte que va de 30 a 300 MHz, donde está la FM y parte de la televisión. Después tenemos la UHF, tiene un rango de 300 a 3.000 MHz, que se utiliza una parte para la telefonía móvil y otra parte para la televisión. La siguiente, de 3 a 30 GHz, SHF o Super Alta Frecuencia, es la que utilizamos para comunicarnos con los satélites. La última, la Extra Alta Frecuencia, entre 30 y 300 GHz, básicamente para experimentación, y sin aplicaciones comerciales apenas.

En la figura 2.12 se muestran los diferentes campos electromagnéticos que tenemos a nuestro alrededor y en los que nos hallamos. En la parte baja del espectro se concentran las emisiones de radio y televisión, mientras que en la parte alta están las microondas, la luz visible y los rayos X, gamma y cósmicos. En la misma figura se muestran las radiaciones "ionizantes" –que pueden causar cierto perjuicio a nuestra salud–, y las "no ionizantes", como las de radio y televisión, que son inocuas siempre y cuando se respeten los límites de exposición establecidos por los organismos competentes en la materia.

*Figura 2.12. Utilización de parte del espectro electromagnético*

## 2.7.2 La longitud de onda

Las bandas en que se divide el espectro vienen divididas por frecuencias. Pero todo fenómeno vibratorio, todo fenómeno cíclico, además de la frecuencia tiene asociado otro concepto denominado longitud de onda, tanto el sonido como las ondas electromagnéticas. Vamos a explicarlo primero con el sonido, y luego, exactamente la misma fórmula se aplica al espectro radioeléctrico:

Imaginemos un silbato de 1.000 Hz. Si nos ponemos a silbar, provocaríamos una sucesión de presiones/depresiones en el aire que se transmiten a 340 m/s y cuyo extremo, esa presión, viene dado una vez por milésima de segundo (1.000 Hz). La longitud de onda es la distancia que hay entre esas dos sobrepresiones próximas que van viajando. Para calcularla basta con aplicar la fórmula física de: el espacio es igual a la velocidad por el tiempo (e = v×t).

Así, la longitud de onda, que se representa con la letra griega lambda ($\lambda$), será igual a la velocidad por el tiempo que dura un ciclo; la velocidad es la del sonido, 340 m/s, y el tiempo, en el ejemplo que estamos poniendo, es una milésima de segundo, es decir, el tiempo es la inversa de la frecuencia (t = 1/f). De manera que la fórmula es: longitud de onda igual a la velocidad dividida por la frecuencia, cuya representación matemática es:

**$\lambda$ (longitud de onda) = v (metros por segundo)/f (ciclos por segundo)**

En el caso propuesto, ¿cuál es la velocidad del sonido? 340 m/s; ¿y cuál es la frecuencia? 1.000 Hz, pues aplicando la fórmula resulta:

Longitud de onda (pitido a 1.000 Hz) = 340/1.000 = 0,34 m = 34 cm.

En el caso de las ondas electromagnéticas la fórmula permanece invariable y la velocidad es constante: la de la luz, que es también una onda electromagnética.

**$\lambda$ (longitud de onda) = v/f = 300.000 km/s dividido por f (Hz)**

La velocidad de la luz es de 300.000 km/s. Si dividimos por la frecuencia en Hz (ciclos/segundo), obtendremos un resultado en metros. Una frecuencia de 300 MHz, trescientos millones de Hz, tendrá una longitud de onda de un metro. Y, subsecuentemente, a mayor frecuencia menor longitud y viceversa.

La longitud de onda de una onda describe cuán larga es la onda. La distancia existente entre dos crestas o valles consecutivos es lo que llamamos longitud de onda. Las ondas de agua en el océano, las ondas de aire, y las ondas de radiación electromagnética tienen longitudes de onda.

La letra griega λ (lambda) se utiliza para representar la longitud de onda en ecuaciones. La longitud de onda es inversamente proporcional a la frecuencia de la onda. Una longitud de onda larga corresponde a una frecuencia baja, mientras que una longitud de onda corta corresponde a una frecuencia alta.

La longitud de onda de las ondas de sonido, en el rango que los seres humanos pueden escuchar, oscila entre menos de 2 cm (aproximadamente una pulgada), hasta aproximadamente 17 metros (56 pies). Las ondas de radiación electromagnética que forman la luz visible tienen longitudes de onda entre 400 y 700 nanómetros (luz morada) y 700 (luz roja) nanómetros ($10^{-9}$ metros).

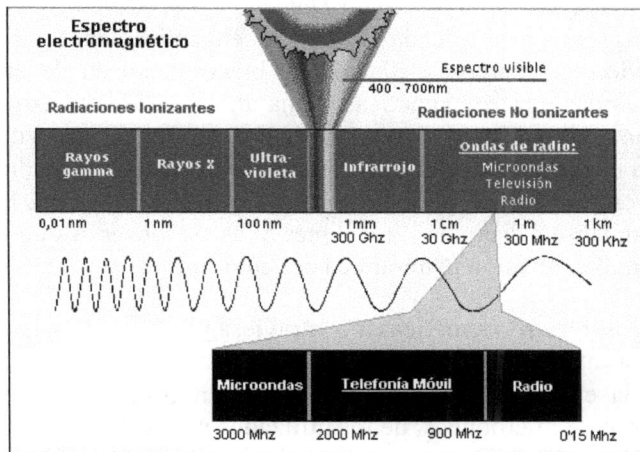

*Figura 2.13. Espectro radioeléctrico. Relación entre frecuencias y longitudes de onda, para las ondas de radio*

En la figura 2.13 se puede ver que la longitud de onda en la banda de VHF (para la TV) está comprendida entre 1 m y 10 m, razón por lo que se llaman ondas métricas. A las ondas de la banda HF se les llaman ondas decamétricas porque se miden en decámetros, a las de la banda MF hectométricas, a las de LF kilométricas, entre un kilómetro y 10 kilómetros. Las ondas utilizadas en telefonía móvil (en la banda de UHF) tienen una longitud de unos pocos centímetros.

En el otro sentido, hacia las frecuencias más elevadas, las ondas son decimétricas, centimétricas o microondas, milimétricas. Todavía, en España, el Decreto de las emisoras de FM suele decir asignación de frecuencias a emisoras de radio en modulación de frecuencia en ondas métricas. De hecho cuando se empezaron a usar estas ondas electromagnéticas, a finales del XIX y principios del XX, la clasificación no se hacía por frecuencias como ahora, se hacía por longitud de onda. Se decía onda larga, onda corta, etc., y, todavía hoy, aún algunos dicen radio de onda larga, onda media, onda corta.

## 2.7.2.1 EL RADAR

Las ondas electromagnéticas viajan por el aire a la velocidad de la luz (300.000 km/s) y si se encuentran por el camino un espejo rebotan. Para las ondas electromagnéticas el encontrarse un conductor de electricidad es como encontrarse un espejo, de manera que si esa onda de radio se encuentra un conductor (un trozo de hierro, cobre, aluminio, etc.), rebota y vuelve.

El RADAR (acrónimo de *Radio Detection And Ranging*), cuya aplicación práctica se consiguió en la década de los 30 en aplicaciones militares para la detección de aviones y barcos y fijación de blancos, consta de un emisor muy concentrado de ondas electromagnéticas y una antena receptora asociada. El radar envía un impulso de onda electromagnética y espera a que vuelva; en caso afirmativo se ha encontrado por el medio un metal. Además, si medimos el tiempo que ha tardado en ir y volver, podemos saber a qué distancia está. En el radar los impulsos se mandan en distintas direcciones y así se observa qué es lo que hay alrededor, teniendo una visión panorámica del entorno.

Las ondas electromagnéticas no atraviesan los metales, simplemente se reflejan, pero sí atraviesan o penetran en otros materiales a más o menos profundidad, y la energía que llevan se va perdiendo en forma de calor, como ocurre en un horno de microondas, de los utilizados para calentar los alimentos.

## 2.7.2.2 LA ONDA CORTA

La onda corta, también conocida como SW (del inglés *Short Wave*) o HF (*High Frequency*) es una banda de radiofrecuencias comprendidas entre los 3 MHz y los 30 MHz (longitud de onda comprendida entre 100 y 10 m) en la que transmiten (entre otras) las emisoras de radio internacionales para transmitir su programación al mundo y las estaciones de radioaficionados.

Las ondas electromagnéticas siguen un camino que puede ser recto o curvo, dependiendo de su frecuencia. Cuanta más alta es la frecuencia más recto es el camino, porque es cuando más se parecen a las ondas de la luz. Así que la UHF y de ahí para arriba se propagan en línea recta. Mientras que las ondas de muy baja frecuencia, las de onda larga, pueden doblarse y, siguiendo el terreno, pueden incluso dar la vuelta al mundo (una emisora de onda larga en China puede oírse en Madrid, con tal de que tenga potencia suficiente). Por el contrario, las ondas de radio o de TV en muy alta frecuencia requieren que se vean el emisor y el receptor.

Así, para que lleguen lejos, como la Tierra es redonda y no atraviesan obstáculos, hay que poner las antenas en un sitio muy alto. De manera que las ondas de baja frecuencia pueden llegar a miles o cientos de kilómetros, y las de alta frecuencia no pueden viajar nada más que unos pocos kilómetros, 60 o 70 que es lo que se ve en el horizonte.

Curiosamente, la onda corta es de las que ya empiezan a transmitirse en línea recta y, sin embargo, se usa para llegar de España a América. ¿Qué ocurre en la onda corta? Lo que ocurre es que se manda hacia el cielo, en lugar de hacerlo "apuntando" al destino; en la parte alta de la atmósfera hay un conductor que hace que esa onda corta rebote y vuelva hacia la Tierra, llegando así a su destino, que puede estar fuera del alcance visual.

Esa parte alta de la atmósfera recibe el nombre de ionosfera, porque está constituida por iones, que se forman por la incidencia de la luz del sol (fotones) sobre las moléculas y son como una malla que obliga a rebotar a la onda corta.

Un ión es un átomo o molécula al que se le ha arrancado un electrón. Cuando se crea un ión, se dice que se ioniza la materia. De acuerdo a los postulados de la física cuántica, las radiaciones electromagnéticas constituyen tanto una propagación de ondas como de partículas, denominadas fotones. Estas partículas no tienen masa, pero sí energía que es directamente proporcional a la frecuencia de la emisión. Si esta energía, al transferirse parcialmente a la materia, es suficiente para arrancar un electrón a los átomos y moléculas que la constituyen, se crean iones.

El problema se presenta cuando queremos hablar por radio con un satélite, hay que pasar la ionosfera. La ventaja es que la ionosfera no es maciza, está formada por iones separados algunos centímetros, decímetros. Una onda de una longitud grande no pasa por esa especie de malla, rebota; pero sí puede pasar una onda de longitud de onda muy corta, de centímetros.

De manera que para comunicarnos con satélites tenemos que ir a ondas de muy pequeña longitud, entre 1 y 10 cm, que se corresponden con frecuencias muy altas. Por ejemplo, la TV por satélite nos llega en unos 12 GHz, más o menos, requiriendo de antenas parabólicas para concentrar y amplificar la débil señal que se recibe debido a la gran distancia a la que se encuentra el satélite reemisor.

Servicios que utilizan el espectro:

Los servicios que se ofrecen utilizando el espectro radioeléctrico son muchos y variados. Algunos de ellos son los que se enumeran a continuación:

– Telefonía móvil

  o   Hogar y oficina: teléfonos inalámbricos.

  o   Ciudad y carreteras (teléfono móvil celular).

  o   Resto del mundo (teléfonos vía satélite).

  o   Datos móviles.

– Televisión (decenas de canales)

  o   Analógica VHF y UHF.

  o   Digital.

– Radio (decenas de emisoras)

  o   Amplitud modulada (OM, OL, OC).

  o   Frecuencia Modulada (FM).

  o   Radio Digital (DAB).

La telefonía móvil utiliza ondas de radio, y hoy por hoy tiene tres niveles, según sea el alcance: dentro de casa, la inalámbrica, que llamamos en Europa DECT por ser este el principal estándar digital; la de la calle que cubre un poco más, que es la celular, como el GSM que se usa en Europa, o la del resto del mundo, que se hace vía satélite para dar amplia cobertura, que llamamos LEO.

Otras aplicaciones del espectro electromagnético se dan en el envío de datos por móviles, cada vez más, y así el acceso a Internet por teléfonos móviles es por datos móviles (la técnica hoy por hoy es usar GSM, solo o combinado con GPRS con una aplicación especial que se llama WAP); se envía televisión en VHF y UHF si es analógica, o la digital con decenas de canales, en la difusión de radio OM, OL, OC con modulación de amplitud (AM) o la de modulación de frecuencia (FM), o la nueva radio digital que se llama DAB (*Digital Audio Broadcasting*).

Internacionalmente, cada frecuencia tiene asignado un uso específico, cada servicio solo se puede dar en una determinada banda de frecuencias y, en todo el mundo, está regulado el uso del espectro, ya que es un bien escaso, para que no haya interferencias. En España es el Ministerio de Industria, Energía y Turismo (MINETUR) el responsable de su gestión a través de la Secretaría de Estado de Telecomunicaciones y para la Sociedad de la Información (SETSI), a cuya página Web (*http://www.minetur.es*) se puede acudir para consultarlo, y es el CNAF (Cuadro Nacional de Asignación de Frecuencias) el documento que marca la pauta a seguir, y que incluye las normas UN (Utilización Nacional).

Por ejemplo: aviones con aeropuertos en 120 MHz, la policía nacional 170 MHz, los taxis 450 MHz. En el caso de la televisión, las bandas de VHF están dejándose de usar a nivel mundial porque ocupan una zona muy interesante para comunicaciones móviles, telefonía móvil, etc. De ahí que se otorguen muy pocas licencias de UMTS (*Universal Mobile Telecommunications System* o Sistema Universal de Comunicaciones Móviles). El espectro es un bien limitado.

## 2.8 LAS ANTENAS

Ya hemos adelantado que una antena es, por ejemplo, un dipolo, ese es el inicio de la antena básica. Vamos a poner dos o tres casos de antenas diferentes para que se vea cómo se adapta la filosofía del dipolo a diferentes antenas, pero antes veremos cómo es el diagrama de radiación típico de emisión de una antena (figura 2.14) de las utilizadas en telecomunicaciones.

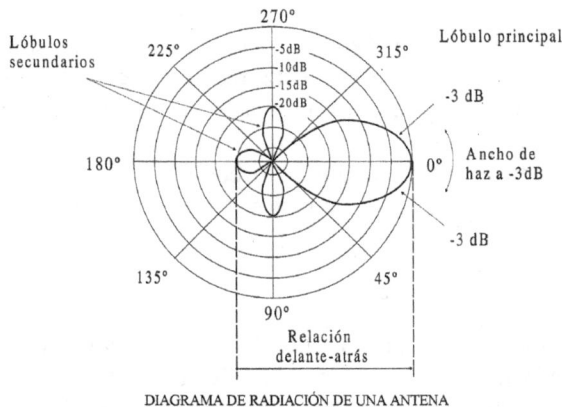

*Figura 2.14. Diagrama de radiación horizontal típico de una antena y principales parámetros a tener en cuenta*

El lóbulo de emisión principal, en el que se concentra la mayor potencia, se suele encontrar en el frente (0°) y se mide entre aquellos puntos en que la potencia se reduce a la mitad (caída 3 dB) y existen otros –secundarios– en otras direcciones, pero con mucha menor potencia. También, emiten en vertical con una anchura de haz típica de 10 grados. Este tipo de antenas –direccionales– se emplean cuando se conoce la posición del receptor y, en este caso, lo que interesa es emitir toda la potencia posible en esa dirección y ninguna en las restantes, ya que es energía que se pierde y que, además, puede causar interferencias en otras emisiones.

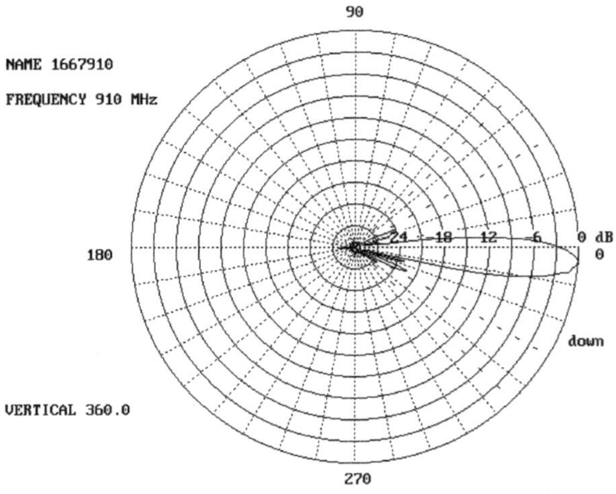

*Figura 2.15. Diagrama de radiación vertical de una antena en la banda 900 MHz*

Otras antenas emiten por igual en todas direcciones, como es el caso del dipolo, y en este caso el diagrama en horizontal no presenta lóbulos. Este tipo de antena se emplea cuando se quiere difundir la señal en cualquier dirección, ya que no se sabe dónde puede estar el receptor. También, cuando se quiere captar emisiones que provengan de cualquier dirección, ya que la antena se suele comportar de manera similar tanto en emisión como en recepción.

## 2.8.1 El dipolo

El dipolo aporta su máxima efectividad cuando mide la mitad de la longitud de onda de la frecuencia a transmitir. Por ejemplo, una emisora de FM que está alrededor de los 100 MHz emite una longitud de onda de entre un metro y 10, exactamente 3 metros, la antena ideal de FM es una antena de 1,5 metros. En la TV de VHF la frecuencia es más baja, aquí es del orden de los 60 MHz, con longitudes de onda del orden de 5 m, por lo tanto, la longitud de la antena será de 2,5 metros. El tamaño puede ser una objeción a la hora de manejar el dipolo.

Para obviar este inconveniente se pliegan ambos polos sobre sí mismos. El dipolo plegado tiene un poco menos de efectividad, es decir, recibe peor los voltios o envía un poco menos de señal, pero la diferencia no es significativa. Es más, la diferencia de potencial entre los dos extremos de un dipolo es 0 (ambos suben y bajan de voltios a la vez). Por lo tanto, se pueden unir, añadiendo a su ventaja en cuanto a tamaño un aumento importante de robustez. Esto ha convertido al dipolo plegado en un tipo de antena muy utilizado, sobre todo, en radio y televisión.

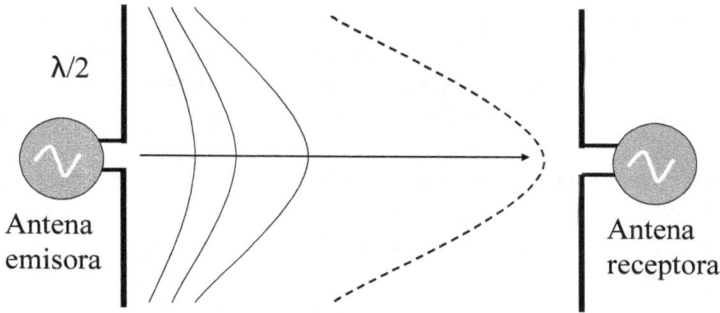

*Figura 2.16. Antena dipolo. El dipolo es el elemento físico que permite la emisión-
recepción de las señales radioeléctricas*

Yagi, un japonés, descubrió que poniendo trocitos de hierro cada vez más
cortos delante del dipolo, el comportamiento de la antena era mejor, más directivo,
tanto en emisión como en recepción. De manera que añadió varios elementos a una
distancia y de una longitud determinadas. Las nuevas partes, que no están unidas
eléctricamente, se denominan elementos parásitos. Este tipo de antena se llama
Yagi, en honor de su inventor y, como se ve, es un dipolo plegado.

*Figura 2.17. Antena Yagi. La ganancia de la antena se puede regular mediante la
disposición de elementos "parásitos" colocados a distancia de los elementos activos*

También hay antenas Yagi en las que el dipolo es plegado. Incorporan
delante unos elementos parásitos, directores, y unos elementos detrás que se llaman
reflectores. Esto provoca que la antena sea más directiva. Es más efectiva en la
dirección que apunta, sea transmitiendo o recibiendo y menos en las otras
direcciones. Así, evita interferencias no deseadas, concentrándose en recibir la
señal requerida de una manera más eficaz. Se usan principalmente en TV y en FM.

Cuando la antena tiene que ser mucho más larga, imaginemos una radio de
onda media (OM) que transmita a 1 MHz. La longitud de onda es de 300 m y la
antena tiene que ser la mitad de la longitud de onda, 150 m. Para transmitir en

condiciones óptimas, necesitamos una antena de 150 m. Unas antenas tan altas, normalmente, se instalan en vertical y hay que colocar la entrada de la emisora en medio, a 75 metros sobre el nivel de la tierra. Si emitimos a menor frecuencia, por ejemplo, 500 kHz, la longitud que resulta para la antena es de 300 metros.

Para evitar trabajar con instrumentos tan grandes, se utiliza una técnica parecida a la que usan las maquilladoras para que haya más luz en el espejo: utilizar la superficie terrestre (la buena noticia es que esta es conductora) como espejo. Si hacemos eso, resulta que una emisora de radio ve la mitad del dipolo como un dipolo completo, porque hemos sido capaces de meter un espejo (el plano de tierra actúa como un espejo para la señal emitida), y se comporta igual que él.

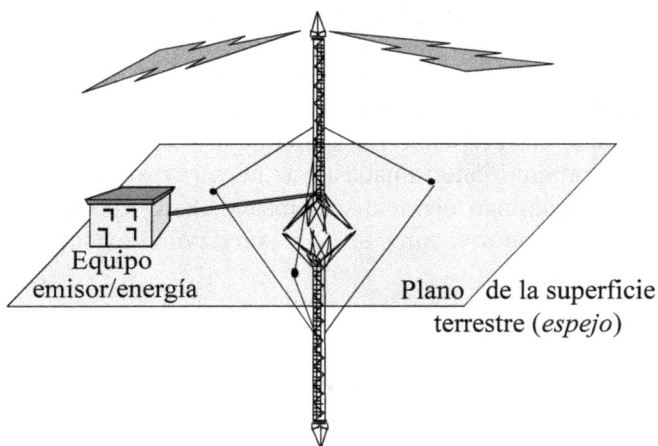

Figura 2.18. Antena monopolo. Una superficie conductora, la Tierra, hace de espejo

¿Cómo funciona esto entonces?

La Tierra es conductora de la corriente eléctrica, sobre todo si está húmeda, aunque mucho peor que un metal; la salida de la emisora (inyección de la señal a radiar) se pone entre la antena y la tierra y transmite a su máxima potencia; es la mejor transferencia de energía porque tiene media longitud de onda. Estas antenas se hacen de metal muy robusto para resistir y se fijan a la tierra mediante tirantes aislantes, para que los voltios con que la alimentamos no se vayan a la Tierra.

Los tirantes técnicamente se denominan riostras o vientos. El medio dipolo también recibe el nombre de monopolo o mástil radiante, porque es el propio mástil el que hace de antena. Como en todo, existen ventajas e inconvenientes. Así, las frecuencias más altas requieren antenas más pequeñas, pero su alcance es menor.

## 2.8.2 La parabólica

¿Qué pasa cuando nos ocurre el caso contrario y tenemos una antena diminuta? Por ejemplo, la TV por satélite emplea frecuencias del orden de los 12 GHz, una longitud de onda de aproximadamente 2,5 cm. La antena encargada de recibir la energía que transmite el satélite, que está a 36.000 km de distancia, debe medir 1,25 cm. Luego, la energía enviada por el satélite llega debilísima y se encuentra una antena ridícula. Eso sí, toda la energía electromagnética la convierte en onda eléctrica porque es una antena de perfecta media longitud de onda, aunque es tan pequeña que no se vería la televisión. Una posible solución sería poner un dipolo más grande, no estaría bien adaptado, pero desde luego va a recibir mucha más energía. No sirve porque la ganancia en energía supondría una excesiva pérdida de eficiencia y estamos en las mismas.

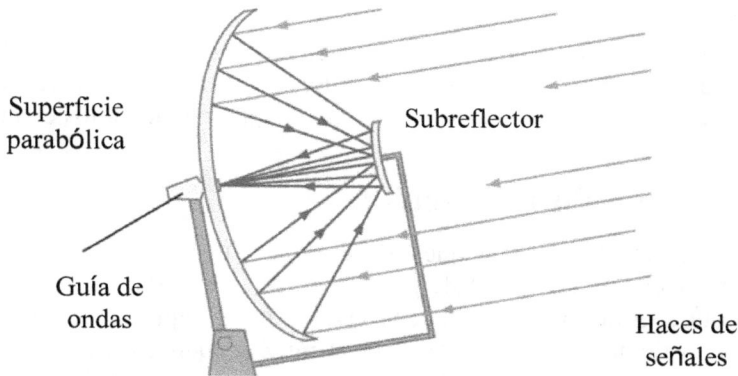

Figura 2.19. Antena parabólica. La parábola es un reflector que canaliza la radiación hacia un excitador

La solución es que la onda eléctrica proveniente del satélite en todas direcciones encuentre un sitio donde se refleje precisamente sobre el dipolo. Eso hace que todas estas ondas electromagnéticas se concentren en un punto. Utilizamos como reflector una parábola (todas las paralelas que chocan con ella rebotan hacia un mismo punto); el punto donde se concentran los haces se denomina foco de la parábola y es donde se coloca el dipolo. Su tamaño puede ser muy pequeño, caso de las que tenemos en casa para ver la TV, o muy grande, como las utilizadas en el seguimiento de satélites.

## 2.9 TECNOLOGÍA DE LOS SATÉLITES DE COMUNICACIONES

Por acabar con el tema de las ondas electromagnéticas vamos a hablar un poco de la tecnología de los satélites de comunicaciones. Para ver la TV en UHF hay que tener las emisoras situadas en puntos suficientemente elevados, porque la antena receptora y la transmisora han de tener contacto visual. Si las condiciones geográficas son adversas, se requiere un número altísimo de reemisores (solo en España hay 1.600 antenas, en montes, para poder cubrir todo el terreno).

La idea de utilizar los satélites para transmitir ondas de radio se le ocurrió a Arthur Clarke, físico y escritor de ciencia ficción, mucho antes de que se lanzaran los satélites. Clarke discurrió la idea de poner satélites en órbita, para cubrir toda la Tierra, hacia los años 40. El primer satélite se lanzó en el año 1957.

Los satélites artificiales son unos elementos con un peso de algunas toneladas. La rotación que ejercen alrededor de la Tierra genera una fuerza centrífuga que evita su caída a pesar de la gravedad, manteniéndolos en órbita.

### 2.9.1 Puesta en órbita del satélite

Supongamos un satélite que orbite entre 500 y 1.000 km de distancia, relativamente poco, su velocidad de giro ha de ser muy alta o se caería. Cuando está a esa altura, gira dando una vuelta cada 2 horas, aproximadamente, lo que significa que el tiempo que está a la vista es muy pequeño. Entonces se lanza un segundo satélite que aparezca cuando el primero desaparece por el horizonte y, con tres satélites, siempre está cubierta la zona.

El problema es que se necesitan al menos dos antenas parabólicas (una para el actual y otra en espera del próximo) para poder seguir a los satélites sin perder cobertura. Estos son los satélites que se han usado durante mucho tiempo en telecomunicaciones, con enormes antenas parabólicas, porque en aquel momento la potencia de transmisión de los satélites era muy pequeña. Parabólicas de hasta 30 m de diámetro, que se mueven para poder seguir al satélite.

Como el sistema era muy caro, surgió la idea de poner el satélite más lejos. Cuanto más lejos esté, menos atracción de la Tierra y puede ir más despacio porque sufre una menor fuerza de atracción. Arthur Clarke ya había ideado colocar los satélites a 36.000 km de modo que su velocidad pudiera establecerse a una vuelta cada 24 horas, el mismo período que la Tierra, con lo que parecerá quieto para un espectador. Esto es, un satélite geosíncrono. Si se sitúa sobre el Ecuador, entonces se denomina geoestacionario. La dificultad estriba en la tecnología para poner directamente un satélite a 36.000 km.

Para subsanar esta dificultad, se estaciona el satélite en su órbita final en varias fases. En la primera se lanza y se sitúa a 1.000 km, órbita de aparcamiento. Una vez ahí, en un momento determinado, se arranca un pequeño cohete que tiene dentro que lo saca de esta órbita y lo lleva a una órbita elíptica (ya está fuera de la atmósfera y de la gran atracción de la Tierra). El punto más próximo a la Tierra de la nueva órbita es donde estaba y el punto más lejano es donde quiere ir. En este punto, se vuelve a arrancar el cohete para que tome la órbita nueva, que quedará establecida a 35.786 km de distancia. Mediante esos tres pasos, órbita de aparcamiento, órbita elíptica o de transferencia y órbita geoestacionaria, en un par de días se puede colocar un satélite en su órbita.

Como el espacio válido para estacionar satélites es limitado, la Unión Internacional de Telecomunicaciones asigna un espacio a cada país para situar sus satélites. Siendo muy importante que estos no se muevan de su órbita.

## 2.9.2 Bandas de frecuencias

Los nombres más comunes para ciertas bandas frecuenciales datan de antes de la Segunda Guerra Mundial. Aunque el IEEE (*Institute of Electrical and Electronic Engineers*) se esfuerza por imponer una convención de nombres estándares fáciles de usar, lo cierto es que la mayoría de las personas del sector se refieren a los segmentos del espectro de radio por una clasificación de bandas basadas en letras que son a menudo imprecisas.

En la Segunda Guerra Mundial, los desarrolladores de radares de los Estados Unidos y Gran Bretaña nombraron partes del espectro con letras, tales como la banda L, banda C, banda Ku o banda Ka. Las letras fueron escogidas de forma aleatoria, para que el enemigo no pudiera saber sobre lo que estaban hablando. Durante los siguientes años hubo grandes discrepancias sobre los nombres y sus inconsistencias.

Los organismos FCC (*Federal Communication Commission*) e UIT (Unión Internacional de Telecomunicaciones) se encargan de gestionar el espectro. Las bandas de frecuencia utilizadas comúnmente en las comunicaciones por satélite comerciales son la banda C y la banda Ku.

La banda C se refiere al margen 5,9-6,4 GHz para el canal ascendente y 3,7-4,2 para el descendente. La banda C proporciona transmisiones de más baja potencia que la Ku pero de más cobertura geográfica, con un plato de la antena receptora más grande, del orden de 3 metros, aunque también con un mayor margen de error de apuntamiento.

La banda Ku utiliza el margen 14-14,5 GHz para al canal ascendente y 11,7-12,2 GHz para el descendente. Esta banda proporciona más potencia que la C y, en consecuencia, el plato de la antena receptora puede ser más pequeño, del orden de 1,2 metros de diámetro, pero la cobertura es menor.

| Bandas | Rango de frecuencias | Servicio | Principales usos |
|---|---|---|---|
| VHF | 30-300 MHz | FIJO | Telemetría |
| UHF | 300-1.000 MHz | MÓVIL | Navegación, militar |
| L | 1-2 GHz | MÓVIL | Emisión de audio, radiolocalización |
| S | 2-4 | MÓVIL | Navegación |
| C | 4-8 | FIJO | Voz, datos, imágenes, TV |
| X | 8-12 | FIJO | Militar |
| Ku | 12-18 | FIJO | Voz, datos, imágenes |
| K | 18-27 | FIJO | TV, comunicación intersatélite |
| Ka | 27-40 | FIJO | TV, comunicación intersatélite |

*Figura 2.20. Bandas de frecuencias para las comunicaciones por satélite*

La elección entre una u otra banda viene dada en función del análisis del propósito final de la transmisión y del tipo de mercado al que se desea llegar. En este sentido, la banda C está más orientada a los usuarios de los servicios residenciales, para llegar a antenas domésticas. Esta banda es vulnerable a las interferencias terrestres, especialmente en áreas urbanas.

Existe actualmente una banda de frecuencias emergente en el sector civil que proviene del ámbito militar. Se trata de la banda Ka, que opera entre 27 y 31 GHz, con la que se espera paliar la creciente saturación de las bandas C y Ku. Cabe citar, finalmente, en este contexto de las bandas de frecuencia la banda EHF (*Extremely High Frequency*), en el margen 20-100 GHz, dedicada al sector de defensa aunque susceptible de uso civil.

Cuando las zonas donde se va a recibir las señales están controladas por una determinada entidad, como es el caso de una red corporativa, se utiliza normalmente la banda Ku; debido a su elevada potencia puede utilizar antenas más pequeñas, más baratas y más fáciles de instalar, lo que hace que esta banda sea especialmente utilizada en el sector empresarial. Además, a la banda Ku no le afectan las interferencias terrestres, pero sí las condiciones meteorológicas (lluvia, niebla, etc.), que producen distorsiones y ruido en la transmisión. Esto se puede solucionar mediante la utilización de antenas más grandes o aumentando la potencia de emisión, pero ello resulta en un precio más elevado.

## 2.9.3 Elementos de las redes satelitales

Los sistemas vía satélite son capaces de proveer servicios de comunicaciones virtualmente a cualquier parte del mundo sin discriminación en precios o geografía. Ninguna otra tecnología –incluyendo fibra óptica– puede conseguir este objetivo, y ninguna puede lograr la promesa de universalidad geográfica.

Los sistemas tradicionales de comunicaciones vía satélite se basan en que las señales se transmiten entre las diferentes estaciones:

**Terrestres**: mediante un satélite situado en una determinada órbita de la Tierra. Estas señales viajan sobre una onda portadora en el margen de microondas, que permite transportar grandes cantidades de información al mismo tiempo que puede concentrarse en haces extremadamente estrechos, lo que las hace especialmente apropiadas para las comunicaciones vía.

**Satelitales**: cuando el satélite recibe el haz de las señales, estas son extremadamente débiles debido al camino recorrido porque debe amplificarlas para compensar las pérdidas de potencia sufridas durante la transmisión por el espacio; tras amplificar el haz lo retransmite a la Tierra, en concreto, a las estaciones receptoras que deben recibir la señal. En este sentido, el satélite actúa como una estación repetidora en el espacio.

Cuando el satélite está diseñado únicamente para esta función de repetidor, es decir, para acoger la señal y retransmitirla otra vez a la Tierra, se dice que el satélite es transparente. Los avances en la tecnología han permitido agregar a esta función básica inherente, funciones de valor añadido en términos de control y comando de los circuitos de microondas del satélite, así como el procesamiento *on-board*, entre otros.

Un sistema de comunicaciones por satélite está compuesto por los siguientes elementos:

- Satélite de comunicaciones.

- Centro de control.

- Estación terrena.

**Satélite de comunicaciones**: constituye el punto central de la red y su función es la de establecer comunicaciones entre los diversos puntos de la zona a la que atiende. Está compuesto esencialmente por conjuntos de repetidores de señales radioeléctricas o transpondedores (formados por receptor, amplificador y transmisor) y por sistemas de apoyo. Los equipos de comunicaciones, incluyendo antenas y repetidores, constituyen la carga útil del satélite. Entre los sistemas de apoyo, se pueden mencionar: control térmico, sistema de energía, estructura, sistema de propulsión, sistema de control y sistema de estabilización.

En un sistema puede haber más de un satélite, uno en servicio y otro de reserva (que puede estar en órbita o en tierra), o bien uno en servicio, otro de reserva en órbita y un tercero de reserva en tierra. La posición adoptada dependerá de la fiabilidad que se pretenda obtener.

**Centro de control**: que también se le llama Estación TT&C (Telemediación, Telemando y Control), realiza desde tierra el control del satélite.

Posee todos los equipos necesarios para mantener al satélite en su posición orbital, posibilitando la realización desde tierra de todas las operaciones necesarias para tal fin. Esta estación se halla ubicada dentro de la zona de servicio y es propiedad del dueño del satélite.

**Estación terrena**: forma el enlace entre el satélite y la red terrestre conectada al sistema. Un sistema puede operar con algunas decenas o centenas de ellas, dependiendo de los servicios brindados.

Existen distintos tipos de estaciones terrenas en función del servicio a que las mismas estén destinadas:

- *Estación master*: se encarga de la gestión del sistema y habitualmente se encuentra ubicada en el nudo principal de la red.

- *Estaciones de alto tráfico, tráfico medio y bajo*: según el número de canales de transmisión y recepción que atiendan.

- *Estaciones rurales*: de bajo costo.

- *Estaciones TVRO* (*TV Receive Only*): que permiten solo la recepción de una o varias señales de TV y/o de radiodifusión sonora.

En el contexto de la transmisión se utilizan dos conceptos fundamentales: el enlace ascendente o *uplink* y el enlace descendente o *downlink*. El modo en que se utilizan estos enlaces es el siguiente: en la estación terrestre, la señal se superpone a la portadora a una determinada frecuencia y se envía al satélite (enlace ascendente); en el satélite, una vez que se ha amplificado la señal, se superpone a una portadora a una frecuencia diferente de la anterior y se envía a la Tierra (enlace descendente).

# 2.10 INFRAESTRUCTURAS EN EDIFICIOS

Dentro de los distintos medios físicos que se utilizan en telecomunicaciones, hay un caso muy especial que requiere cierta dedicación, como es el de las infraestructuras de comunicaciones en el interior de edificios, denominado ICT (Infraestructuras Comunes de Telecomunicaciones).

En este apartado no vamos a estudiar con detalle todas las posibilidades que existen, ni vamos a entrar en el Reglamento de ICT, sino que vamos a dar algunas nociones acerca de lo que es un sistema de cableado estructurado. Es decir, una instalación de cables por el interior del edificio válida para soportar las comunicaciones de voz, datos y vídeo, dentro del mismo, válida para los servicios actuales y los que puedan aparecer en el futuro.

Es habitual que los miembros de una empresa, al menos los que realizan tareas de gestión o administrativas, trabajen juntos compartiendo un espacio físico común, si puede ser en el mismo edificio para facilitar la comunicación entre ellos. En este entorno juegan un papel fundamental los sistemas de comunicaciones que permiten establecer el intercambio de información de manera casi instantánea entre los distintos departamentos y entre las personas que trabajan en cada uno de ellos.

La complejidad de las comunicaciones dentro de un edificio y la creciente movilidad de los usuarios, con continuos cambios dentro de la organización, exige un sistema capaz de afrontar eficazmente este reto; así surgen los sistemas de cableado estructurado que proporcionan una conectividad universal y el ancho de banda necesario para soportar todas las aplicaciones. Sin necesidad de recablear cada vez que se produce un cambio de cualquier naturaleza.

La red de área local o LAN que da servicio a cualquier empresa es la parte más visible de uno de estos sistemas de cableado estructurado; pero hay que considerar que habitualmente no trabajamos solo con las comunicaciones de datos, que no todas van a través de la LAN, sino que existen las de voz y las de control y supervisión de otra serie de elementos como son las centrales de alarmas, climatización, vídeo, etc. Existe una tendencia hacia la integración de todas ellas bajo una infraestructura común para obtener una mayor eficacia en su operación.

La unión de esfuerzos de los principales fabricantes de informática, comunicaciones y productos electrónicos, ha permitido el desarrollo y elaboración de normativas y estándares que han dado lugar a sistemas de interconexión lo más abiertos posible. Esto último quiere decir que el medio (la infraestructura de comunicaciones) sea independiente de protocolos, de los equipos de conexión o de fabricantes y viceversa.

Hasta hace apenas 15 años era inexistente la normativa para la instalación de cables en los edificios, salvo para los de energía eléctrica: conforme se necesitaba una nueva conexión se tendía el cable adecuado. Bien por el servicio de mantenimiento del edificio o por el suministrador del servicio correspondiente (datos, telefonía, alarmas, etc.), con lo que cables y más cables se iban acumulando. Ya que los que quedaban fuera de servicio se dejaban instalados por resultar más cara su retirada, y cualquier cambio en la organización significaba tener que recablear.

Preocupados por esta confusión y para acabar con ella, varios organismos como BICSI, EIA, NPFA, TIA y UL, empezaron a emitir normas que asegurasen la compatibilidad entre los diversos fabricantes y el rendimiento de la instalación en su conjunto, incluyendo los propios cables, los conectores y su instalación.

Así, surgen los sistemas de cableado estructurado como una solución para proporcionar un medio fiable y duradero de enlace entre todos los sistemas que componen la infraestructura de comunicaciones, que garantiza la compatibilidad para la conectividad de redes multivendedor.

## 2.10.1 Sistema de cableado estructurado

Un "sistema de cableado estructurado" es aquel que permite identificar, reubicar y cambiar en todo momento, con facilidad y de forma racional, los diversos equipos que se conectan al mismo. Sobre la base de una normativa completa de identificación de cables y componentes, así como el empleo de cables y conectores, de las mismas características para todos los equipos.

Los sistemas de cableado estructurado se distinguen especialmente por dos características principales: **modularidad** y **flexibilidad**. La primera tiene en cuenta el crecimiento, las modificaciones y la localización y corrección de averías. La segunda, se refiere a poder admitir cualquier topología de red de área local, versatilidad en velocidad de transmisión y soportar equipos de diferentes marcas o fabricantes.

La distribución física de un sistema de cableado estructurado es en estrella en el ámbito de planta y/o edificio, simplificando cualquier ampliación, ya que las estaciones de trabajo se añaden hacia el exterior desde un nodo central. Además, la localización y corrección de averías es una tarea fácil gracias a dicha modularidad.

Una aplicación básica de un sistema de cableado estructurado es el **precableado**, consistente en que el cable instalado sirve para todos los equipos a conectar, presentes o futuros. Las ventajas se derivan precisamente del uso del mismo, ya que se minimiza el esfuerzo en la remodelación de la red, en el crecimiento de la misma y en los costes de mantenimiento. Obviamente, antes de conectar un equipo al cableado, se tiene que haber conformado la red que lo soporte, tal y como se muestra en la figura 2.21.

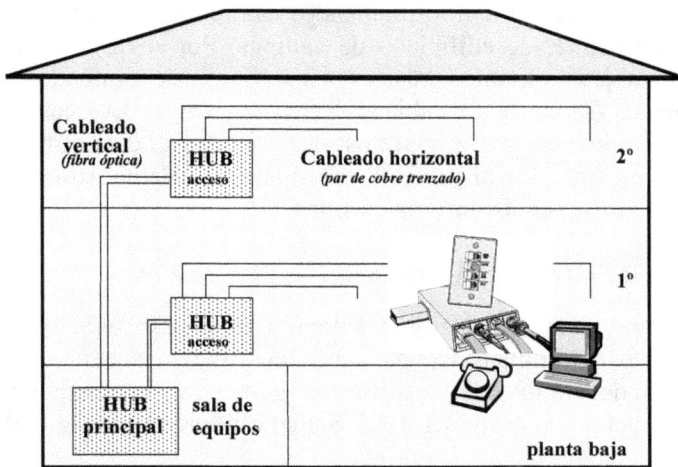

*Figura 2.21. Distribución vertical y horizontal del cableado dentro de un edificio*

Con un sistema de cableado estructurado se facilita la resolución de problemas al estar los puntos de conexión perfectamente localizados e identificados y se dispone de una infraestructura lógica, racional y ordenada de cables y componentes para dar servicios a todos los usuarios; esta infraestructura tiene un coste inicial alto, pero si se realiza con previsión, pueden conseguirse sustanciales ahorros (en tiempo y dinero), cuando haya necesidad de añadir nuevos equipos, lo que suele ser práctica común en los edificios destinados a oficinas.

En la actualidad, la regulación sobre ICT (Infraestructuras Comunes de Telecomunicaciones), que se explicará detenidamente en el último capítulo del libro, cubre estos sistemas en viviendas y otros centros, como oficinas, para el acceso a los servicios proporcionados por los operadores.

## 2.10.1.1 PANELES DE CONEXIÓN Y/O DISTRIBUCIÓN

La distribución física del cableado en estrella, bien a nivel de planta de edificio o de campus, necesita de un punto en el que coincidan todos los brazos o segmentos de cableado, que configuran la misma.

Tal punto de encuentro suele estar formado por un panel, o paneles de conexión con sus entradas y salidas, que tienen conectadas sus bocas activas con cables latiguillos (*patch cord*) para el "encaminamiento" de las comunicaciones en las distintas partes del edificio y realizar cuantas conexiones se desee entre los diferentes equipos, de una manera rápida y sencilla.

Las normas que regulan los cableados estructurados llaman a estos puntos distribuidores de planta, de edificio o de campus. Por seguridad, los paneles de distribución se ubican en unos cuartos específicos, denominados comúnmente "cuartos técnicos" o "cuartos de cableado" (*wiring closet*). Los cableados que van desde el distribuidor hasta los puestos de trabajo se denominan **subsistema horizontal**, los que unen los distintos distribuidores de planta, **subsistema vertical** y los que unen a estos, **subsistema de campus**.

## 2.10.1.2 LONGITUDES MÁXIMAS. CATEGORÍAS

Conforme a las normas y estándares internacionales que regulan los cableados, quedan determinadas unas longitudes máximas para cada uno de los niveles, que no deben excederse a fin de garantizar la compatibilidad de la instalación con cualquier equipo terminal, actual o futuro. Véase la tabla 2.3.

| Categoría | Funcionalidad |
|-----------|---------------|
| CLASE A | Conexiones de voz y datos para aplicaciones de baja frecuencia hasta 100 kHz. Típicamente telefonía. |
| CLASE B | Conexiones de datos para aplicaciones con un ancho de banda hasta 1 MHz. Ejemplo, la RDSI. |
| CLASE C (3) | Conexiones de datos para aplicaciones con un ancho de banda hasta 16 MHz. Por ejemplo, Ethernet y Token Ring. |

| CLASE D (5) | Conexiones de datos para aplicaciones con un ancho de banda <100 MHz. Típicamente FDDI sobre pares trenzados y ATM. |
|---|---|
| CLASES E y F (6 y 7) | Conexiones de datos para aplicaciones de hasta 200 y 600 MHz. Aplicaciones como ATM a 622 Mbit/s y 1,2 Gbit/s, o Giga Ethernet a 1 Gbit/s. |

*Tabla 2.3. Distintas Clases de un sistema de transmisión*

## 2.10.2 Cables de cobre de pares trenzados

En el interior de los edificios, los cables de pares de cobre son los más usados para distribuir las señales hasta los usuarios, pues como hemos visto, en distancias cortas tienen una alta capacidad. Para distancias más largas se utiliza la fibra óptica, pero en este caso, el único tipo de cables del que vamos a hablar serán los pares de cobre.

- **UTP** (*Unshielded Twisted Pair*)

Iniciales de *Unshielded* (EE.UU.) o *Unscreened* (Gran Bretaña) *Twisted Pair*. En definitiva, cables de pares trenzados sin apantallar. En el pasado estos cables eran los llamados de voz (*voice grade*) para distinguirlos de los de datos (*data grade*), siendo los telefónicos los más extendidos. Actualmente, la mejora continuada de los cables UTP y la estandarización de los mismos ha permitido su clasificación en categorías (categorías 1 a 7 –1 y 2 para voz, y desde la 3 hasta la 7 para datos–, como ya se vio al definir categorías).

El par trenzado sin apantallar ha ganado terreno como medio de transmisión para redes de área local, debido a ser el más barato, tanto por él mismo como su instalación, debido al bajo coste de su conectorización.

De no especificar lo contrario, la impedancia característica (una media de la oposición al paso de corriente a su través cuando se aplica un voltaje) de estos cables es de 100 ohmios (también hay los UTP de 120 ohmios). Aunque la normativa permite menor cantidad de pares, lo usual es que el cable UTP tenga 8 hilos conductores formando cuatro pares trenzados, siendo de esta manera adecuados para soportar la RDSI cuando sea necesario. Su mayor empleo es en el subsistema horizontal, mediante la utilización de conectores tipo RJ-45, muy fáciles de montar.

- **Cables STP** (*Shielded Twisted Pair*)

Son las iniciales de *Shielded* (*Shielded* en EE.UU. y *Screened* en Gran Bretaña) *Twisted Pair*. O sea, un cable en el cual los conductores de cobre van trenzados por parejas y cada pareja cubierta por una fina capa metálica – típicamente de aluminio– que hace de pantalla. Un ejemplo de este tipo de cable es el IBM tipo 1 de 150 ohmios de impedancia característica y de 4 hilos, formando dos pares trenzados cada par de estos. Es más caro que el UTP, pero presenta la ventaja de poder superar los 100 Mbit/s. Se emplea conjuntamente en el subsistema horizontal y vertical, aunque no por todos los fabricantes.

- **Cables FTP** (*Foiled Twisted Pair*)

Iniciales de *Foiled Twisted Pair* o pares trenzados envueltos por una lámina, que sería su traducción literal. Realmente significa cables UTP envueltos todos ellos por una lámina metálica (generalmente de aluminio), que hace de pantalla. Esta reduce las emisiones al exterior del propio cable y le protege de las interferencias que se le pudieran inducir por radiaciones. En resumen, pretende mejorar su Compatibilidad Electromagnética (EMC/*Electro Magnetic Compatibility*) y sus Interferencias por emisiones Electromagnéticas (EMI/*Electro Magnetic Interference*).

Un hecho a destacar es que para cumplir los requerimientos EMC no se necesita un cable apantallado pudiendo uno UTP cumplir perfectamente con ellos. El modo de instalación del cableado influye directamente en su posterior comportamiento (bueno o malo) frente a las radiaciones.

- **Cables S-UTP**

Estas iniciales designan un cable que combina las ventajas del STP con las del UTP. Es un cable UTP recubierto con una malla y una lámina metálica; este doble apantallamiento le permite satisfacer mejor las exigencias de la normativa europea sobre EMC y EMI, al presentar una mejor protección frente a radiaciones de alta y baja frecuencia.

# 2.11 ICT. INFRAESTRUCTURAS COMUNES DE TELECOMUNICACIONES

La instalación de Infraestructuras Comunes de Telecomunicaciones (ICT) para el acceso a los servicios de telecomunicación en el interior de los edificios supone un paso adelante muy importante al facilitar la incorporación a las viviendas, sobre todo las de nueva construcción; pero también las que se rehabiliten en su totalidad, de las nuevas tecnologías a través de estas infraestructuras de calidad de forma económica y transparente para los usuarios.

La legislación que las regula, aun tratándose de una legislación de tipo técnico, tiene sentido social y pretende facilitar el acceso a servicios de telecomunicaciones tales como telefonía en sus distintas modalidades, Internet, telecomunicaciones por cable, radiodifusión sonora y televisión analógicas, digitales, terrenales o por satélite, etc., tanto actuales como las que puedan salir en el futuro.

Con esta normativa se pretende facilitar el acceso de los ciudadanos a todo tipo de servicio de Telecomunicación que suele ser de uso común en los hogares, relacionados con el estudio, el ocio y el entretenimiento, o profesional. Disponiendo de unas infraestructuras preparadas para ello, no se requiere la instalación de ninguna nueva, con lo que la disponibilidad es inmediata y, además, su coste debe ser menor ya que es compartida por varios servicios y por toda la comunidad de vecinos en donde se halla instalada.

---

### Real Decreto-Ley 1/1998 de 27 de febrero

*El Real Decreto-Ley 1/1998 establece un nuevo marco jurídico en la materia que, desde la perspectiva de un marco de libre competencia, permite dotar a los edificios de instalaciones suficientes para atender los servicios de Telefonía, Radio y Televisión, y Telecomunicaciones por Cable y facilita la planificación de dichas infraestructuras de manera que faciliten la implantación de futuros servicios y la introducción de nuevas tecnologías para el acceso a la Sociedad de la Información.*

*Reconoce el derecho de los copropietarios y arrendatarios a instalar las diferentes infraestructuras para beneficiarse de manera inmediata de los nuevos servicios de Telecomunicación, conectarse a ellas o adaptar las existentes.*

---

Con la aplicación del Decreto-Ley se evitan las instalaciones individuales, el tendido de los cables que afectan a la estética de las fachadas y patios de las viviendas. Se dispone de unos puntos de acceso comunes para todos los operadores y se garantiza poder ofrecer los servicios con calidad y sin interferencias.

El Real Decreto-Ley se ha venido desarrollando con la publicación de los correspondientes reglamentos y normativa técnica a lo largo de los años para adecuarlo a las nuevas exigencias, siendo el último reglamento en aparecer el **Real Decreto 346/2011 de 11 de marzo**, que se publicó en el BOE de 1 de abril de 2011, y que recoge algunas modificaciones sobre el anterior, pero entre medias ha habido otras, como se muestra seguidamente.

– El **Real Decreto 401/2003 de 4 de abril** por el que se aprueba un nuevo Reglamento regulador de las ICT.

– La **Orden CTE/1296/2003 de 14 de mayo** desarrolla el Reglamento regulador de las ICT aprobado por el Real Decreto 401/2003.

– La **Orden ITC/1142/2010 de 29 de abril** a su vez desarrolla este Reglamento regulador anterior.

– La **Orden ITC 1644/2011 de 10 de junio** incide en el Proyecto Técnico y establece determinados modelos de documentación.

## 2.11.1 Elementos técnicos que constituyen la ICT

Los elementos técnicos que conforman una ICT y su estructura son los que se muestran en la figura 2.22. Sus características se explican a continuación, para los diferentes servicios que se contemplan.

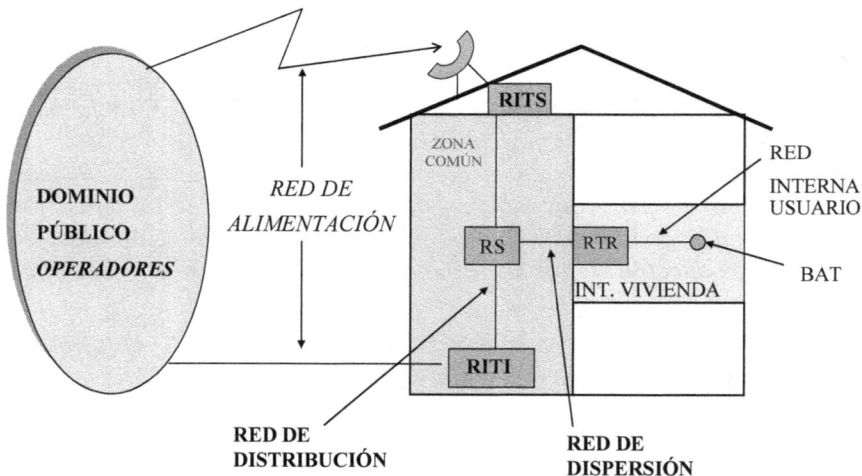

*Figura 2.22. Los elementos técnicos que conforman una ICT y su estructura*

• **Televisión y radiodifusión**

Sistema de captación, compuesto de los siguientes elementos:

– Antenas colectivas para recepción de señales de radio y TV terrenales.

– Previsión de espacio para las antenas de TV digital por satélite.

Equipamiento de cabecera, compuesto de:

- Amplificadores.

- Mezcladores de las señales terrenales y de satélite.

Red de distribución de señal formada por: cable coaxial, derivadores y distribuidores de planta. Punto de acceso al usuario y red interna del edificio hasta las bases de toma (con un mínimo de 2). Todo ello preparado para permitir la distribución de la señal, de manera transparente, entre la cabecera y la toma de usuario en la banda de frecuencias comprendida entre 47 y 2.150 MHz.

Si se decide incorporar una o dos plataformas digitales, las señales de una de ellas se mezclarán con las de televisión terrenal, cada una en un cable, de forma que a la entrada de la vivienda se encuentren las señales correspondientes que podrán ser utilizadas por el usuario previo contrato con el operador correspondiente.

- **Telefonía**

Un registro principal equipado con regletas situado en el Recinto de Instalaciones de Telecomunicaciones Inferior (RITI). Este dispone de espacio para que los operadores de telefonía puedan montar sus regletas de entrada a las cuales conectarán la red de alimentación y desde las cuales tenderán los puentes correspondientes hasta las regletas de salida para dar servicio a los abonados.

Una red de cable que discurre por todo el edificio hasta el punto de acceso al usuario situado a la entrada de la vivienda y la red interna del edificio hasta las bases de toma en número de una por cada dos estancias o fracción (excluidos trasteros y baños) con un mínimo de 2.

- **Telecomunicaciones por cable**

Un espacio en el RITI especialmente señalizado para que cada operador de cable pueda montar sus registros principales desde donde pueda establecer la red de distribución, en estrella, a los abonados.

Un registro a la entrada de la vivienda a donde podrá llegar con el cable correspondiente y de donde parten conductos hasta los registros especiales para bases de toma en número de una por cada dos estancias o fracción (excluidos trasteros y baños) con un mínimo de 2.

- **Infraestructura**

Una arqueta de entrada situada en la acera frente al edificio. Una canalización externa desde la arqueta hasta el pasamuros, registro de enlace y canalización de enlace hasta el RITI, un recinto situado en la parte baja del edificio, dotado de suficiente espacio para ubicar los equipos antes citados.

Una canalización formada por tubos rígidos, que partiendo desde el RITI llega hasta el Recinto de Instalaciones de Telecomunicaciones Superior (RITS) con ramificaciones practicables en cada rellano de viviendas desde las cuales accede a todas y cada una de las viviendas, en cantidad suficiente para acomodar los cables de los diferentes servicios.

Un recinto RITS situado en la parte alta del edificio, dotado de suficiente espacio para ubicar los equipos antes citados. Se hace una canalización de entrada desde la cubierta del edificio hasta el RITS para el paso de cables.

El conjunto de elementos necesarios para asegurar la distribución de las señales desde el equipo de cabecera hasta las tomas de usuario se estructura en tres tramos: **red de distribución, red de dispersión y red interior**; con dos puntos de referencia: **punto de acceso al usuario y toma de usuario**.

- **La red de distribución** es la parte de la red que enlaza el equipo de cabecera con la red de dispersión. Comienza a la salida del dispositivo de mezcla que agrupa las señales procedentes de los diferentes conjuntos de elementos de captación y adaptación de emisiones de radiodifusión sonora y televisión, y finaliza en los elementos que permiten la segregación de las señales a la red de dispersión (derivadores). Presenta topología árbol-rama.

- **La red de dispersión** es la parte de la red que enlaza la red de distribución con la red interior de usuario. Comienza en los derivadores que proporcionan la señal procedente de la red de distribución, y finaliza en los puntos de acceso al usuario. Está formada por dos cables coaxiales, que dejan pasar las emisiones terrestres en la banda 47 a 862 MHz, y en el resto, desde 950 hasta los 2.150 MHz, se sitúan, de manera alternativa, las emisiones de satélite, cuando existan.

- **La red interior de usuario** es la parte de la red que, enlazando con la red de dispersión en el punto de acceso al usuario, permite la distribución de las señales en el interior de los domicilios o locales de los usuarios. Está formada por un solo cable coaxial.

- **El punto de acceso al usuario (PAU)** es el elemento donde comienza la red interior del domicilio del usuario, permitiendo la delimitación de responsabilidades en cuanto al origen, localización y reparación de averías. Se ubicará en el interior del domicilio del usuario y permitirá a este la selección del cable de la red de dispersión que desee.

- **La toma de usuario (Base de Acceso de Terminal)** es el dispositivo que permite la conexión a la red de los equipos de usuario para acceder a los diferentes servicios que esta proporciona. En cada vivienda debe haber una BAT por cada dos estancias, excluidos baños y trasteros, con un mínimo de dos, que se reduce a una en el caso de locales y oficinas.

## 2.11.2 Hogar digital

Conforme se va a realizar el despliegue de Infraestructuras de Acceso Ultrarrápido (IAU), se ha hecho necesaria la modificación de la legislación vigente en materia de Infraestructuras Comunes de Telecomunicaciones. Su propósito es facilitar la incorporación de las funcionalidades del Hogar Digital a las viviendas, apoyándose en las soluciones aplicadas para cumplir el objetivo de las IAU.

Al facilitar la introducción del Hogar Digital en la vivienda, se contribuye a los objetivos del Código Técnico de la Edificación (CTE), el Reglamento de Instalaciones Térmicas de los Edificios (RITE), y la Certificación Energética de Edificios de fomentar el ahorro y la eficiencia energética en la edificación puesto que el Hogar Digital aporta soluciones concretas que permiten un uso eficiente de la energía.

### Definición del Hogar Digital y sus áreas de servicios

Una posible definición de lo que el Hogar Digital es puede ser la siguiente: el lugar donde, mediante la convergencia de infraestructuras, equipamientos y servicios, son atendidas las necesidades de sus habitantes en materia de confort, seguridad, ahorro energético e integración medioambiental, comunicación y acceso a contenidos multimedia, teletrabajo, formación y ocio.

El Hogar Digital, algo más que domótica, requiere de un conjunto de infraestructuras y equipamientos que faciliten el acceso a los servicios existentes y muchos otros que se prevé llegarán en el futuro. Básicamente, estos consisten en: una línea de acceso de banda ancha; imprescindible para servicios como vídeo bajo demanda (VoD) o televigilancia, redes domésticas para la interconexión de los dispositivos de la vivienda y una pasarela residencial (*home gateway*) que es el elemento que integra las redes domésticas y las interconecta con el exterior.

Para la interconexión de ordenadores y periféricos utilizaremos la red de datos interior de la vivienda, mientras que para conectar los dispositivos multimedia, se puede disponer de una red específica, que permita la conexión de estos a Internet y al resto de dispositivos de datos, mientras que los sensores y actuadores necesarios para la automatización de las distintas funciones de la vivienda se interconectarán entre sí mediante la red de automatización y control.

El Hogar Digital ofrece a sus habitantes servicios obtenidos gracias a las Tecnologías de la Información y las Comunicaciones (TIC) en las áreas de: comunicaciones, eficiencia energética (diversificación y ahorro energético), seguridad, control del entorno, acceso interactivo a contenidos multimedia (relativos a teleformación, ocio, teletrabajo, etc.) y ocio y entretenimiento.

# Capítulo 3

# TECNOLOGÍAS DE COMUNICACIONES

## 3.1 LAS TÉCNICAS DE CONMUTACIÓN

La conmutación es el proceso por el cual se pone en comunicación un usuario con otro, a través de una infraestructura de comunicaciones común, para la transferencia de información.

Los tres servicios fundamentales que emplean técnicas de conmutación son el telefónico, el telegráfico y el de datos, pudiendo utilizar una de las tres técnicas de conmutación actuales: de circuitos, de mensajes y de paquetes, si bien los dos primeros suelen emplear las dos primeras, respectivamente, y el tercero cualquiera de las tres. Existen diferencias en el tiempo que se tarda en enviar un mensaje a través de una red compuesta de "n" nodos, debido fundamentalmente al establecimiento de la conexión y las técnicas de comprobación.

La transmisión digital se conoce desde hace mucho tiempo bajo la forma telegráfica, que fue una de las primeras maneras utilizadas en comunicaciones eléctricas. Justamente, por ese motivo, el de usar señales digitales, permitió que se materializaran primero las centrales de conmutación de télex que en telefonía.

El progreso tecnológico impulsó una verdadera evolución para las aplicaciones telefónicas en la década de los setenta. Las señales telefónicas son esencialmente analógicas por naturaleza y su conversión digital implica transformaciones sucesivas (muestreo-cuantificación y codificación).

Las ventajas de la transmisión digital son dobles: por una parte la economía material que implica el desarrollo tecnológico y por otra parte la digitalización de la información transmitida permite mezclar muy fácilmente, en el mismo multiplexor, señales de distinta naturaleza: telefonía, facsímil, datos, etc., y, así, permite obtener la integración de servicios sobre la misma infraestructura de red.

## 3.1.1 Conmutación de circuitos

En la conmutación de circuitos a cada comunicación se le asigna un camino físico transparente, de manera exclusiva, durante todo el tiempo que dura la comunicación. Requiere fases de establecimiento y liberación de la llamada. Es apta para tráfico constante durante un largo período de tiempo, o sensible al retardo, como es la voz.

El concepto de conmutación de circuitos lo vamos a ver con un ejemplo muy sencillo. Si queremos hablar por teléfono con otra persona que se encuentra, por ejemplo, en México, llamamos por teléfono a nuestra central de barrio (central urbana); esta detecta que es una llamada para México porque empieza por 35 y la dirige a la central internacional de Telefónica, que a su vez la manda hacia la de México; todo ello a través de la señalización entre usuario y las centrales y de estas entre sí (véase la figura 3.1).

La conmutación de voz, hoy por hoy, es de circuitos: cuando hablamos por teléfono significa que el operador telefónico nos pone en comunicación, con todas las conmutaciones intermedias necesarias, en base al número que hemos marcado. El proceso lleva un tiempo, en torno a algunos segundos, mucho menos de los minutos e incluso horas que llevaba cuando el proceso era manual a través de operadoras y había que solicitar la conferencia con mucha antelación.

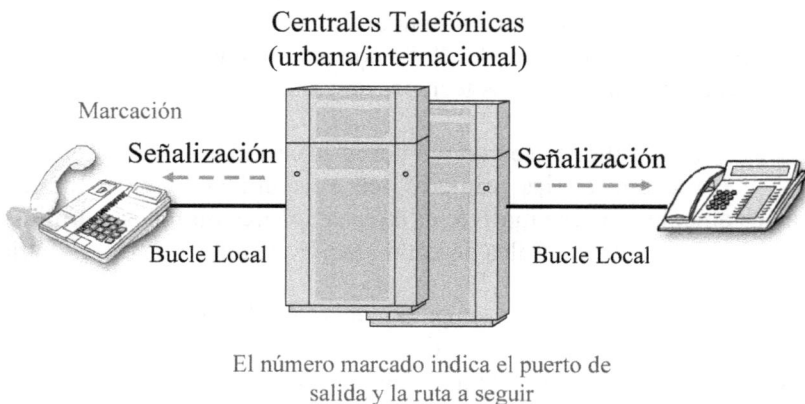

Figura 3.1. Proceso de establecimiento de una comunicación telefónica

Una vez que estamos hablando, ese circuito (en realidad, dos circuitos, uno de ida para hablar y otro de vuelta para oír) queda en exclusiva para nuestro uso durante todo el tiempo que dura la conversación. Una primera desventaja es la disposición de un circuito de ida y uno de vuelta en exclusiva, pagado por nosotros, cuando nosotros no estamos utilizando los dos a la vez nunca. Mientras hablamos utilizamos el circuito de ida y cuando escuchamos, el de vuelta. Así mismo cuando se está en silencio, ninguno de los dos circuitos se usa, pero estamos pagando por los dos. De manera que es un sistema bastante ineficaz.

Si lo usamos para Internet, todavía peor. Cuando llega una página de Internet, si no bajamos una nueva, no hay transferencia, estamos leyendo datos ya transmitidos y, sin embargo, seguimos pagando. Así la conmutación de circuitos presenta un primer problema: su ineficacia (gran parte de la red en desuso durante mucho tiempo). El segundo es que si todos los circuitos disponibles están ocupados, aunque no circule información, no se permite la entrada de nuevos usuarios y la red se colapsa.

En cualquier caso, siguiendo con esta idea, tomemos el ejemplo de 100 personas hablando con Barcelona o 100 personas entrando en Internet desde Barcelona a un servidor de Madrid o viceversa. Hay tres maneras de hacerlo: podríamos establecer 100 líneas entre Madrid y Barcelona, pero ya hemos visto antes que eso no se hace, eso se denomina por conductor exclusivo (el camino se establece de forma real y permanente). Lo más frecuente en el mundo analógico es emplear la técnica de multiplexación por división de frecuencia, FDM. En el mundo digital no se puede usar esa técnica y se utiliza una diferente que se llama de multiplexación por división de tiempo, TDM (*Time Division Multiplexing*), que veremos en el apartado siguiente.

Para cada conexión entre dos estaciones, los nodos intermedios dedican un canal lógico a dicha conexión. Para establecer el contacto y el paso de la información de una a otra a través de los nodos intermedios, se requiere:

- **Establecimiento del circuito**: el emisor solicita a un cierto nodo el establecimiento de la conexión hacia una estación receptora. Este nodo es el encargado de dedicar uno de sus canales lógicos a la estación emisora. Este nodo es el encargado de encontrar los nodos intermedios para llegar a la estación receptora, y para ello tiene en cuenta ciertos criterios de encaminamiento, coste, etc.

- **Transferencia de datos**: una vez establecido el circuito exclusivo para esta transmisión (cada nodo reserva un canal para esta transmisión), se transmite desde el emisor hasta el receptor conmutando sin demoras de nodo en nodo (ya que estos tienen reservado un canal lógico para ella).

- **Desconexión del circuito**: una vez terminada la transferencia, el emisor o el receptor indican a su nodo más inmediato que ha finalizado la conexión, y este nodo informa al siguiente de este hecho y luego libera el canal dedicado. Así de nodo en nodo hasta que todos han liberado este canal dedicado.

Debido a que cada nodo conmutador debe saber organizar el tráfico y las conmutaciones, estos deben tener la suficiente "inteligencia" como para realizar su labor eficientemente. La conmutación de circuitos suele ser bastante ineficiente ya que los canales están reservados aunque no circulen datos a través de ellos. Solo para tráfico de voz puede ser un método bastante eficaz ya que el único retardo es el establecimiento de la conexión, y luego no hay retardos de nodo en nodo (al estar ya establecido el canal y no tener que procesar ningún nodo ninguna información), pero para la transmisión de datos, a ráfagas, es muy ineficaz, ya que el canal puede permanecer desocupado la mayor parte del tiempo.

## 3.1.1.1 CONMUTACIÓN EN EL ESPACIO Y EN EL TIEMPO

La técnica de conmutación de circuitos se divide en: espacial, con matrices físicas de conmutación que unen circuitos localizados espacialmente, por ejemplo, barras conductoras en vertical y horizontal (sistema *Crossbar*); y temporal, con dispositivos programables que mueven la información entre registros de memoria de un ordenador, según cadencias temporales.

La conmutación consiste en el establecimiento de un circuito físico (caso espacial) o lógico (caso temporal) previo al envío de información, que se mantiene abierto durante todo el tiempo que dura la misma. El camino se elige, de entre los múltiples disponibles, empleando diversas técnicas de señalización encargadas de establecer, mantener y liberar dicho circuito, que veremos con detalle al comentar las redes de telecomunicación. Básicamente son dos: por canal asociado, si viaja en el mismo canal, o por canal común, si lo hace por otro distinto.

## 3.1.1.2 TÉCNICA DE MULTIPLEXACIÓN TDM

Supongamos que tenemos tres teléfonos digitales A, B y C. La técnica TDM consiste en que, tal y como se ve en la figura 3.2, el teléfono A va mandando bits a una velocidad estándar establecida de 64.000 bits por segundo (en el ejemplo la secuencia 0101011), así cada 15,625 μs manda un nuevo bit a la central telefónica que lo recibe en un aparatito y detecta inmediatamente si es un 0 o 1. Los otros dos teléfonos del ejemplo proceden de igual manera y la central es capaz de ir reconociendo la información procedente de cada uno de ellos porque sabe que entre uno y otro bit de cada canal transcurre el período de tiempo determinado. De este modo se toman muestras, que van ordenadas, cíclicamente de cada uno de los tres canales. Cuanto más pequeñas las hagamos, más conversaciones podremos enviar por el mismo circuito, separándose en el extremo contrario.

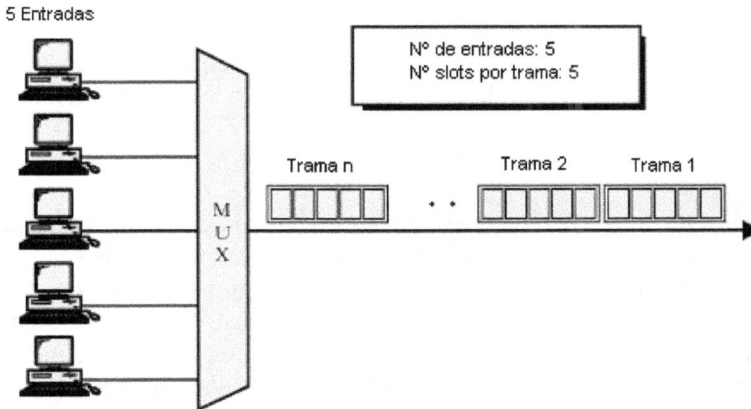

*Figura 3.2. Multiplexación por división en el tiempo*

Las nuevas líneas que se establecen entre ciudades son digitales, y las que eran analógicas se han convertido, o están a punto de serlo, a digitales. Nuestro teléfono es analógico, la línea hasta la central de telefonía es analógica, así que en esta lo primero que se hace es convertirlo en digital y así ya la comunicación va a donde sea, a la ciudad que sea o al país que sea, y al llegar al otro extremo, se convierte de nuevo en analógico para entregarlo al receptor. Es decir, que hoy por hoy las redes son digitales en su parte de tránsito entre ciudades y, sin embargo, son todavía analógicas en el tramo hasta nuestras casas, aunque también hay digitales (las RDSI), pero no son muchas.

La tendencia actual es que las líneas de larga distancia sean digitales, pero manteniendo tecnología analógica en los extremos para que sean compatibles con el gran parque de teléfonos que existe. Por lo tanto, la señal ha de ser convertida a digital y transformada de nuevo a analógica para su emisión/recepción extremo a extremo. También se comienza a dar servicios enteramente digitales aunque esto no es muy frecuente.

Con la multiplexación por división en el tiempo se pueden meter muchas conversaciones a base de que los bits se acorten y no se les deja tanto tiempo como el estándar permite, que son unos 16 microsegundos. Con esta técnica se permiten hasta 150.000 llamadas o impulsos por segundo, pero para ello las redes tienen que estar muy bien sincronizadas, ya que si no, se producirían errores, debido a la mezcla de varias conversaciones entre sí, haciéndose ininteligibles.

## 3.1.2 Conmutación de mensajes

La conmutación de mensajes es un método basado en el tratamiento de bloques de información, dotados de una dirección de origen y otra de destino, por lo que pueden ser tratados por los centros de conmutación de la red (con técnica temporal). En los centros de conmutación son almacenados –hasta verificar que han llegado correctamente a su destino– procediendo a su retransmisión en caso de un fallo en la recepción. Es una técnica empleada con el servicio télex y en algunas de las aplicaciones de correo electrónico.

Como los mensajes pueden llegar en cualquier momento, esta técnica requiere del establecimiento de "colas" de mensajes, en espera de ser transmitidos por un canal disponible. Esto puede ocasionar congestión de la red en caso de estar mal dimensionada, haciendo inadecuada la técnica para una comunicación interactiva, como es la que tiene lugar cuando vamos a retirar dinero (entre el cajero automático y el ordenador de nuestro banco), ya que los retardos pueden resultar muy altos. El ejemplo más típico de una red que emplea este tipo de técnica es la red télex, que ya apenas se utiliza.

## 3.1.3 Conmutación de paquetes

Esta técnica es similar a la anterior, solo que fragmenta los mensajes en otros más cortos y de longitud máxima, llamados paquetes o celdas, lo que permite el envío de los mismos sin necesidad de esperar a recibir el mensaje completo. Cada uno de estos paquetes contiene información suficiente sobre la dirección, tanto de origen como de destino, así como para el control del mismo en caso de que suceda alguna anomalía en la red.

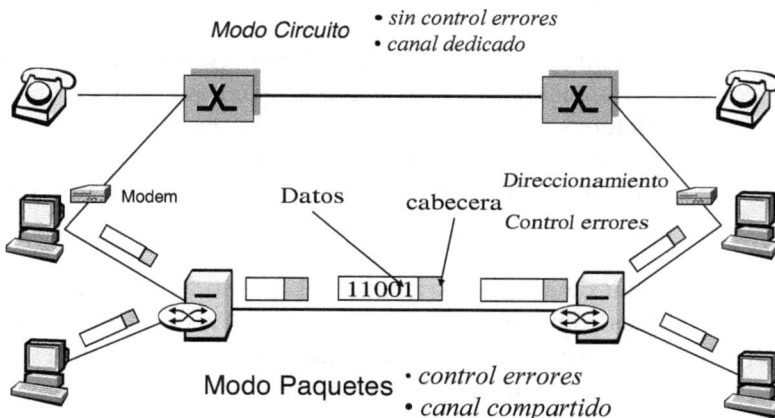

Figura 3.3. Diagrama de la conmutación de paquetes

Los paquetes se envían en secuencias, sin esperar a la confirmación de la recepción correcta de uno para enviar el siguiente. Así permanecen muy poco tiempo en la memoria del nodo o central de conmutación y la transmisión resulta muy rápida, permitiendo aplicaciones de tipo conversacional, como son las de consulta a bases de datos, el acceso a Internet o voz sobre IP.

En muchos de los sistemas de conmutación de paquetes hay una carga de proceso en los nodos de la red, debida al almacenamiento y reenvío, que si bien introduce un retardo menor que la conmutación de mensajes, en algunas situaciones es una limitación muy acusada. Igualmente, el hecho de que cada paquete viaje aislado de los demás puede producir que en recepción la información llegue desordenada, con lo cual si se quiere fiabilidad total, será necesario introducir mecanismos de control.

Se utiliza ampliamente en telecomunicaciones, por las muchas ventajas que reporta. Por otro lado, y pese a los inconvenientes mencionados, estos sistemas suponen un aumento considerable en la eficiencia de las redes, haciendo posible mantener más de una comunicación simultáneamente por un mismo enlace. Lo veremos a continuación mediante algunos ejemplos prácticos.

## 3.1.3.1 VENTAJAS DE LA CONMUTACIÓN DE PAQUETES

Como se ha mencionado, la conmutación de paquetes es un servicio en el que la información de usuarios se divide (segmenta) y se agrupa con otra adicional (encapsula) en unidades, paquetes, de longitud variable pero con un tamaño máximo. Es apta, fundamentalmente, para datos y, también, para voz y/o vídeo.

La conmutación de circuitos ha cambiado hacia la de paquetes. La idea consiste en hacer que esas 100 personas que están conectándose desde Barcelona a Internet por 100 líneas vayan por una sola línea. Cuando alguien pide una página, se envía por una línea común, pero la información se envía en una especie de sobre que indica el remite y el destino. Es lo que se denomina un paquete. De manera que va llegando información por la misma línea, de mucha gente, pero de cada una que llega se conocen los datos necesarios para que se redistribuya el tráfico.

La conmutación de paquetes es un sistema que evita el colapso. En casos de congestión, las redes se vuelven más lentas, pero no pasa nada, dentro de unos límites. Si se hace muy lenta, indudablemente, hay que mejorar la red.

Las ventajas de la conmutación de paquetes frente a la de circuitos: es mucho más eficaz, admite muchos más usuarios y desde luego no hay colapso de la red. En la tabla 3.1 se muestran las más importantes.

---

1.  La eficiencia de la línea es mayor: ya que cada enlace se comparte entre varios paquetes que estarán en cola para ser enviados en cuanto sea posible. En conmutación de circuitos, la línea se utiliza exclusivamente para una conexión, aunque no haya datos a enviar.

2.  Se permiten conexiones entre estaciones de velocidades diferentes: esto es posible ya que los paquetes se irán guardando en cada nodo conforme lleguen (en una cola) y se irán enviando a su destino a la velocidad correspondiente.

3.  No se bloquean llamadas: ya que todas las conexiones se aceptan, aunque si hay muchas, se producen retardos en la transmisión.

4.  Se pueden usar prioridades: un nodo puede seleccionar de su cola de paquetes en espera de ser transmitidos, aquellos que lo van a ser en primer lugar según ciertos criterios de prioridad.

---

*Tabla 3.1. Algunas de las ventajas de la conmutación de paquetes*

Tiene alguna otra ventaja: cada paquete puede seguir el camino que sea, el que en cada momento vea más libre o el que está disponible en caso de ruptura del habitual (ruta alternativa), y luego se irán recibiendo todos y, como van numerados, se pueden reordenar en destino. El problema, si llegan en tiempos diferentes y tenemos que ordenarlos, es que se pierde algo de tiempo, lo que no afecta a los datos, pero sí a la voz.

Cuando mantenemos una conversación telefónica utilizando una red de paquetes, previamente tenemos que haber digitalizado la voz y haberla convertido en paquetes. De cada palabra, por ejemplo, mandamos la primera sílaba en un paquete, la segunda en otro, la tercera en otro, etc. La única pega es que si el sistema es lento, o los paquetes siguen caminos distintos, podría llegar la tercera sílaba después de la cuarta y hay que esperar y recomponerlo, porque, si no, nuestro interlocutor no se enteraría de lo que le decimos. Luego este sistema está muy bien para datos, pero si se quiere usar en voz, tiene que ser muy rápido, para que dé tiempo a colocar los paquetes en orden. Si lo que se quiere es mandar vídeo, que va a muchísima más velocidad (4 Mbit/s), entonces se requiere recolocar los paquetes con igual optimización en la rapidez.

## 3.2 EVOLUCIÓN DE LA CONMUTACIÓN DE PAQUETES

De una manera muy rápida, a continuación, se explica cuál ha sido la evolución en el sistema de envío de paquetes en España:

**Técnica de datagramas**: cada paquete se trata de forma independiente, es decir, el emisor enumera cada paquete, le añade información de control (por ejemplo, número de paquete, nombre, dirección de destino, etc.) y lo envía hacia su destino. Puede ocurrir que por haber tomado caminos diferentes, un paquete con número, por ejemplo, 6, llegue a su destino antes que el número 5. También puede ocurrir que se pierda el paquete número 4. Todo esto no lo sabe ni puede controlar el emisor, por lo que tiene que ser el receptor el encargado de ordenar los paquetes y saber los que se han perdido (para su posible reclamación al emisor), y para esto, debe tener el software necesario.

**Técnica de circuitos virtuales**: antes de enviar los paquetes de datos, el emisor envía un paquete de control que es de petición de llamada. Este paquete se encarga de establecer un camino lógico de nodo en nodo por donde irán uno a uno todos los paquetes de datos. De esta manera, se establece un camino virtual para todo el grupo de paquetes. Este camino virtual será numerado o nombrado inicialmente en el emisor y será el paquete inicial de petición de llamada el encargado de ir informando a cada uno de los nodos por los que pase de que más adelante irán llegando los paquetes de datos con ese nombre o número. De esta forma, el encaminamiento solo se hace una vez (para la petición de llamada). El sistema es similar a la conmutación de circuitos, pero se permite a cada nodo mantener multitud de circuitos virtuales a la vez.

### 3.2.1 El protocolo X.25 (paquetes)

El primer sistema, utilizando esta técnica, en España lo instaló Telefónica para ellos solos y no era estándar, luego se fue cambiando, se llamaba RSAN (Red Secundaria de Alto Nivel). Hace bastante tiempo que ya no existe. El X.25 fue el primer sistema internacionalmente utilizado, llegando a alcanzar unas 100.000 líneas solo en España. Aunque, en realidad, no se puede hablar de líneas, sino de puntos de entrada (puertas de acceso) en la red X.25. Hoy día, su uso es residual.

El X.25, paradójicamente, tiene la ventaja de que cuando nació era para redes malas, las redes de entonces eran ruidosas (todavía no había fibra óptica). En la voz eso es aceptable, se deduce el sentido de la sílaba o se repite la información y listo. Pero cuando mandamos paquetes, algo que son diez bits va a durar milisegundos y como haya un poco de ruido en ese momento, se estropeó el paquete y puede que toda la información. Por tanto, el X.25 lo que hace con los paquetes, cada vez que llegan a un sitio, es comprobar si han llegado bien. Para ello se mandan unos bits de prueba; si un paquete llega bien a un nodo, entonces se envía al siguiente nodo en la red y se pide el envío del siguiente, pero si no, se pide la retransmisión del que ha llegado mal. Es un sistema muy seguro, pero la necesidad de confirmación en cada nodo lo hace lento.

## 3.2.2 Frame Relay (tramas)

Como se ha visto, X.25 era muy práctico, pero se ha quedado obsoleto porque las redes actuales son mucho mejores, no fallan tanto. La evolución fue hacia el siguiente sistema, *Frame Relay* (Retransmisión de Tramas), en el cual el paquete se transfiere de un extremo a otro sin comprobaciones en los nodos intermedios. Solo se comprueba si ha llegado bien o no en el destino; si ha llegado mal se pide que se envíe otra vez, pero como ocurre tan pocas veces, en redes de buena calidad, compensa dado que hemos ahorrado tiempo en cada nodo.

Otra ventaja importante es que si hay pocos usuarios utilizando la red, podemos aprovechar la capacidad sobrante para enviar a una velocidad superior a la que hemos contratado hasta que entre más gente en la red y entonces se limita a la velocidad de compromiso, a la velocidad contratada.

Aparte de otras ventajas comerciales, la mayor velocidad, debido a las razones comentadas, hicieron que *Frame Relay* fuese, hace algunos años, el estándar de la conmutación por paquetes en telecomunicación. *Frame Relay* era suficientemente rápido como para permitir mandar voz, pues puede reorganizar las sílabas en el tiempo, pero no permitía la transferencia de vídeo.

## 3.2.3 ATM (Modo de Transferencia Asíncrona)

El siguiente sistema, el sistema que han concebido las operadoras de telecomunicación y los fabricantes que les diseñan y fabrican los equipos de red, para conseguir una mayor velocidad, se llama ATM.

ATM es un modo de transferir los paquetes a gran velocidad. Lo primero que hace ATM es formar todos los paquetes de igual tamaño, igual de grandes. En los otros dos métodos, como el paquete puede ser más grande o más pequeño, hay que mandar información de inicio y de fin de paquete. Aquí ya no hace falta, los paquetes son todos de exactamente 53 *bytes* y reciben el nombre de células o celdas. Por lo tanto, no hace falta especificar principio y final de paquete. Además, los nodos se hacen, a propósito, de paso rapidísimo.

Cuando llega el paquete se conoce origen y destino. Todo alrededor de ese sistema está pensado para que los paquetes vayan a toda velocidad. Y, obviamente, solo se comprueba si han llegado bien al final (igual que en *Frame Relay*). Al igual que en *Frame Relay*, sobre redes modernas esto mejora la velocidad. Luego el ATM es el ideal para paquetes, súper rápido, permite mandar voz, datos o imagen.

La velocidad nominal de ATM es de 155,52 Mbit/s, bastante elevada, pero admite otras, superiores e inferiores.

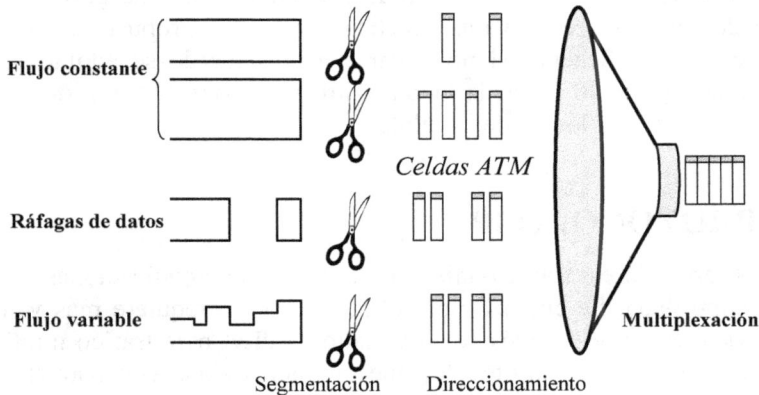

*Figura 3.4. Formación de los paquetes o celdas –todos iguales– en ATM*

Al estar basado ATM en paquetes de longitud reducida y fija, se simplifica en gran medida el diseño de los conmutadores, se reduce el retardo de proceso – puede efectuarse por hardware– y se disminuye su variabilidad, lo que resulta esencial para aquellos servicios sensibles al mismo, como los de voz o vídeo. Las células con una longitud fija también implican el uso de *buffers* (memorias) de longitud fija para gestionar las congestiones y, por extensión, técnicas de control más sencillas.

## 3.2.3.1 COMPOSICIÓN DE LOS PAQUETES (CÉLULAS) ATM

En 1990 se publicaron las primeras recomendaciones que normalizaban los aspectos de las redes ATM, y se definió el formato de una célula ATM como compuesto por una cabecera (*header*) de 5 *bytes* y un campo de información (*payload*) de 48, de lo que resultan 53 *bytes*. Resulta curioso ver cómo se llegó a este tamaño de la célula: fue una solución de compromiso, ya que teniendo en cuenta el retardo de empaquetado y la eficiencia de transmisión, resulta que a menor tamaño menos retardo debido al procesamiento, pero menor eficiencia y viceversa.

Así, a la hora de soportar el tráfico telefónico, el CCITT (Comité Consultivo Internacional de Telegrafía y Telefonía) que era el organismo competente en ese momento, estableció que el retardo global en una comunicación no fuese superior a 24 milisegundos, para mantener una calidad de servicio aceptable y evitar el eco, pero que utilizando canceladores de eco este límite podía extenderse.

En Europa, donde no suele haber canceladores de eco, se propuso un tamaño de 32 *bytes*, pero en Estados Unidos, donde debido a las grandes distancias el empleo de canceladores era una práctica común, se propusieron 64 *bytes*, en orden a mejorar la eficacia. Al no llegarse a un acuerdo se adoptó la decisión salomónica de utilizar 48 *bytes*, la media aritmética entre 32 y 64, que añadidos a los 5 de la cabecera dan los 53 de la célula.

## 3.3 EL PROTOCOLO IP

Los operadores tradicionales de redes de comunicaciones tienen una evolución controlada. Se empezó por X.25, cuando se requiere más velocidad se migra a *Frame Relay* y después se da el salto a ATM para tráfico multimedia de alta velocidad. Existe otro protocolo, que también trabaja con paquetes, IP, que vamos a ver a continuación y que es el más importante actualmente, habiendo conseguido reemplazar a todos los demás, siendo el estándar de comunicación.

### 3.3.1 Origen y evolución de Internet

El mundo de IP (*Internet Protocol*) tiene una evolución totalmente diferente al mundo X.25 o ATM. No son los operadores de telecomunicación y sus fabricantes los que van acordando la evolución tecnológica hacia un sentido. Fue el Departamento de Defensa Americano (DoD) que necesitaba una red segura para abrir sus centros de investigación. Querían una red que soportara la destrucción de algunos de sus nodos, puesto que la información podría ir por otro camino. Una red difícil de interceptar puesto que la información no va toda completa, una parte va por un lado y otra por otro. De manera que discurrieron una red a la que llamaron ARPANET, en la que la información se dividía en fragmentos que se transmitían por diferentes caminos. En resumidas cuentas, un sistema de paquetes.

El sistema de paquetes de ARPANET se llegó a estandarizar para que todo el ejército de EE.UU. usara la misma red. Pero llegó un momento en que el Ministerio de Defensa no la consideró estratégica. Probablemente, ya tenía otra red secreta, y en vez de destruirla o abandonarla, se la cedió a las universidades para que la utilizaran. Estas la rebautizaron DARPA y después se pasó a llamar Internet.

Internet estuvo en las universidades americanas en los años ochenta y en los noventa se pensó en darle un uso comercial universal.

ARPANET tenía un sistema de formar paquetes que se llamó protocolo Internet, IP. El protocolo Internet es una manera de hacer paquetes como se componen en Internet, pero no es mandarlos por Internet. Enviarlos por Internet implica otro protocolo complementario, que es el protocolo TCP, que se ocupa de transmitirlos.

Así que cuando alguien dice que tiene una red IP, no significa necesariamente que vaya por Internet, puede ser una red suya. Muchos grandes operadores de telecomunicaciones poseen una red propia, por la cual mandan la información en paquetes, utilizando el protocolo IP.

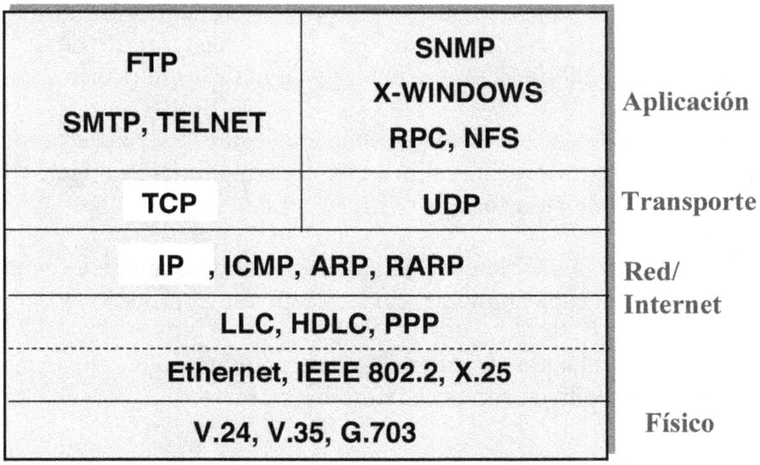

| FTP<br>SMTP, TELNET | SNMP<br>X-WINDOWS<br>RPC, NFS | Aplicación |
|---|---|---|
| TCP | UDP | Transporte |
| IP , ICMP, ARP, RARP | | Red/ |
| LLC, HDLC, PPP | | Internet |
| Ethernet, IEEE 802.2, X.25 | | |
| V.24, V.35, G.703 | | Físico |

*Figura 3.5. El protocolo IP, junto con TCP, constituyen la base de Internet*

Cuando el sistema se generaliza, empieza a ver que está bien: funciona bien, es práctico y es barato de hacer porque es lo que se usa para unir ordenadores; en esa época el mundo de la informática está ya muy desarrollado. Por lo tanto, cobra gran importancia rápidamente y se extiende mucho su empleo. Los productores de equipos de paquetes IP, inicialmente, no tenían nada que ver con los fabricantes de telecomunicaciones; no eran Siemens, ni Nortel, ni Lucent, ni Ericsson... eran otros fabricantes que venían de la informática, tales como Cisco, Bay Networks, Ascend, etc., pero hoy en día ya son todos los que lo han adoptado. ¿Qué es mejor, mandar paquetes por redes IP, por X.25 o por *Frame Relay*? En esa batalla, la balanza se inclinó definitivamente hacia los paquetes IP, porque su modo de transmisión es muy eficaz.

## 3.3.2 Funcionamiento de TCP/IP

El protocolo IP está en todos los ordenadores y dispositivos de encaminamiento y se encarga de retransmitir datos desde un ordenador a otro pasando por todos los dispositivos de encaminamiento necesarios. Por el contrario, TCP está implementado solo en los ordenadores y se encarga de suministrar a IP los bloques de datos y de comprobar que han llegado a su destino.

—   Cada ordenador debe tener una dirección global a toda la red. Además, cada proceso debe tener un puerto o dirección local dentro de cada ordenador para que TCP entregue los datos a la aplicación adecuada.

—   Cuando, por ejemplo, un ordenador A desea pasar un bloque desde una aplicación con puerto 1 a una aplicación con puerto 2 en un ordenador B, TCP de A pasa los datos a su IP, y este solo mira la dirección del ordenador B, pasa los datos por la red hasta el IP de B y este los entrega a TCP de B, que se encarga de pasarlos al puerto 2 de B.

—   La capa IP pasa sus datos y bits de control a la de acceso, que llegan a la red con información sobre qué encaminamiento coger, y esta es la encargada de pasarlos a la red.

—   Cada capa va añadiendo bits de control al bloque que le llega, antes de pasarlo a la capa siguiente. En la recepción, el proceso es el contrario.

—   TCP adjunta datos de: puerto de destino, número de secuencia de trama o bloque y bits de comprobación de errores.

—   IP adjunta datos a cada trama o bloque de: dirección del ordenador de destino y de encaminamiento a seguir.

—   La capa de acceso a la red adhiere al bloque: dirección de la subred de destino y facilidades como puede ser la prioridad.

—   Cuando el paquete llega a su primera estación de encaminamiento, esta le quita los datos puestos por la capa de acceso a la red y lee los datos de control puestos por IP para saber el destino, luego que ha seleccionado la siguiente estación de encaminamiento pone esa dirección y la de la estación de destino junto al bloque y lo pasa a la capa de acceso a la red.

## 3.3.3 Direccionamiento en IP

Para que dos máquinas cualesquiera conectadas a la red Internet se puedan comunicar mediante la familia de protocolos TCP/IP, es necesario que tengan asignadas una determinada dirección unívoca, que permita a los *routers* dirigir los paquetes desde su origen hasta su destino. La dirección que identifica a una máquina dentro de Internet es su dirección IP.

Las direcciones del protocolo de Internet, o direcciones IP, son identificadores numéricos únicos que se asignan a cada dispositivo conectado a la red global. El protocolo original IPv4 (RFC 791) fue desarrollado a inicios de la década de los 80 y se basó en un sistema de 32 bits capaz de generar más de 4.200 millones de direcciones IP, aunque no todas se utilizan para la conexión a la red, ya que hay ciertos rangos que están reservados a otras funciones. Y, aunque el protocolo IPv4 funciona razonablemente bien, para superar sus limitaciones, incorporar algunas mejoras de seguridad y calidad de servicio, y evitar el colapso de Internet en el futuro, surgió IPv6.

Una dirección IP no deja de ser una puerta de acceso a Internet, todo equipo que se conecta a Internet lo hace a través de una dirección IP que se conecta a la dirección IP de otro equipo. Cuando se contrata un servicio de conexión a Internet, con cualquier proveedor del mercado, este asigna una dirección IP pública por la que el usuario puede conectarse a Internet. Este direccionamiento es una combinación de cuatro grupos de números, del 0 al 255, separados por puntos, lo que en términos informáticos es una longitud de palabra de 32 bits que permite unos 4.200 millones de combinaciones posibles y cada una de estas opciones puede corresponder a una página Web, aunque no todas las combinaciones llevan a una página, ya que, como se ha comentado, algunos rangos se utilizan para otras funciones y otros son exclusivos para implementarlos como redes privadas (192.168.XXX.XXX).

Las direcciones IP (versión 4, la más extendida hoy en día) tienen una longitud de 32 bits divididas en dos campos: el campo de subred, que identifica la subred a la que está conectado el sistema; y el campo de sistema, que identifica al equipo dentro de la subred. La representación de las direcciones IPv4 sigue el esquema "x.x.x.x", donde x es un valor decimal de 8 bits, es decir, puede tomar el valor 0-255. Un ejemplo de dirección IP es "136.255.151.252".

La solución adoptada por los proveedores de servicios Internet (ISP) para solventar los problemas de disponibilidad de direcciones IP ha sido proporcionar a sus clientes direcciones IP privadas, es decir, no reconocidas en Internet, mediante mecanismos de traslación de direcciones o NAT (*Network Address Translation*). Es decir, se usa una sola dirección IP pública para toda una red privada. No obstante, muchas aplicaciones son incapaces de ser utilizadas mediante este tipo de direcciones, especialmente las relacionadas con la autentificación y la seguridad de las comunicaciones.

El rango de posibles direcciones IPv4 está a punto de agotarse, una de las razones que está impulsando la introducción de IPv6. Entre otras muchas mejoras, en IPv6 el espacio de direcciones se incrementa de 32 a 128 bits. Así, mientras el espacio de direccionamiento total en IPv4 es de $2^{32}$, en IPv6 lo es de $2^{128}$. Las direcciones IPv6 se escriben como ocho grupos de cuatro dígitos hexadecimales.

### 3.3.3.1 PUERTOS

Un ordenador puede estar conectado con distintos servidores a la vez; por ejemplo, con un servidor de transferencia de ficheros y un servidor de correo. Para distinguir las distintas conexiones dentro de un mismo ordenador se utilizan los puertos.

Un puerto es un número de 16 bits, por lo que existen 65.536 puertos en cada ordenador. Las aplicaciones utilizan estos puertos para recibir y transmitir mensajes. Los números de puerto de las aplicaciones cliente son asignados dinámicamente y generalmente son superiores al 1.024. Cuando una aplicación cliente quiere comunicarse con un servidor, busca un número de puerto libre y lo utiliza.

En cambio, las aplicaciones servidoras utilizan unos números de puerto prefijados. Los números de puerto menores a 1.024 se llaman puertos bien conocidos y se reservan para servicios estándar. Están definidos en la RFC 1700; algunos de los más usuales son: 20 para FTP (datos), 21 para FTP (control), 23 para Telnet, 25 para SMTP, 53 para DNS, 80 para HTTP, etc.

Las aplicaciones o servicios "escuchan" en el puerto que les ha sido asignado. Por ello, si no se toman precauciones en estas escuchas, el puerto estará abierto a señales entrantes y puede ser vulnerable desde el exterior. Este problema lo podemos evitar con un *firewall*, que monitorizará las señales entrantes y bloqueará aquellas que el sistema no ha pedido de forma específica. Muchos *firewalls* también pueden vigilar el tráfico de salida impidiendo conexiones salientes sin permiso. Esto es muy útil cuando queremos protegernos de troyanos u otros programas maliciosos como son los *spyware* y/o *adware*.

# 3.4 LA TRANSMISIÓN

Transmisión es el envío de un mensaje (señal) de un punto origen a otro destino, de una ciudad a otra, por ejemplo. La señal puede seguir un camino previamente establecido o este se puede ir definiendo sobre la marcha, según las condiciones del entorno. Además, puede ser analógica, como es la que se realiza a través de los módems, o digital, como la mayoría de las que se realizan actualmente entre ordenadores, teléfonos móviles, etc.

Inicialmente, la transmisión analógica era en banda base o multiplexada en frecuencia (FDM) cuando los medios lo permitían (banda ancha). El número de canales y frecuencias que se utilizaban para telefonía, pues ya no se usan, viene dado en la tabla 3.2.

| Nº de canales | Frecuencias (kHz) |
|---|---|
| 12 (grupo) | 60-108 |
| 60 (supergrupo) | 312-552 |
| 960 (mastergrupo) | 60-4.028 |
| 5.760 (supermastergrupo) | 60-24.168 |

*Tabla 3.2. Multiplexación FDM-Grupo de 12 canales*

En la multiplexación por división de frecuencia se agrupan los canales de 12 en 12 en el margen de frecuencias 60-108 kHz y se denomina Grupo, cinco de esos grupos conforman un Supergrupo, 5 de ellos un Mastergrupo y cinco para hacer un Supermastergrupo. Hoy en día, para utilizar la misma línea para varios canales, se multiplexa por división del tiempo. Según dos estándares digitales denominados Jerarquía Digital Plesiócrona y Jerarquía Digital Síncrona.

En las pasadas décadas, numerosas administraciones de telecomunicaciones de todo el mundo, con la idea de ofrecer un mejor y más barato servicio a los usuarios, deciden promover el empleo de la tecnología digital en las redes públicas, con la introducción de nueva tecnología para renovación de la planta instalada, tanto de las centrales de conmutación como de los medios de transmisión. Así, durante las décadas de los 80 y 90, muchos países realizaron grandes inversiones para ello.

## 3.4.1 Jerarquía Plesiócrona

Inicialmente, las redes transmitían los bits tan sincronizados como era posible, pero como las redes no estaban perfectamente sincronizadas, los orígenes de tiempo de las señales digitales no eran coincidentes, lo que podía dar lugar a errores. Por lo tanto, recibieron el nombre de redes casi sincronizadas (plesiócronas). Contaban con una capacidad de emisión de 140 millones de bit/s, mientras que las redes modernas transmiten miles de millones.

La definición académica es: *La Jerarquía Plesiócrona consiste en que todas las señales de reloj de los flujos de información de un nivel que son afluentes del de otro de nivel superior, así como el reloj de este, son completamente independientes. Por este motivo hay que introducir mecanismos que compensen más que probables desviaciones de los distintos flujos.*

### 3.4.1.1 ESTÁNDARES DE TRANSMISIÓN

En estas redes plesiócronas el número de líneas se combinaba según unos estándares. La de menor capacidad contaba con 30 líneas, después la capacidad iba aumentando de cuatro en cuatro; 120, 480 y, finalmente, 1.920 líneas. A esta cantidad de circuitos lo llamamos jerarquías. De manera que capacidades estándares de redes casi sincronizadas se denominan jerarquías digitales plesiócronas o PDH (*Plesiochronus Digital Hierarchy*).

Vamos a ver con detalle la primera jerarquía: 30 circuitos de voz por una sola línea. Esto implica que por esa línea tienen que ir 30 circuitos de voz. Cada circuito de voz requiere 64.000 bit/s; y multiplicando 30 por 64, da 1.920, 1.920 kbit/s. Cuando pedimos una línea de 30 canales de voz, que es la jerarquía digital plesiócrona más pequeña, solicitamos los 30 circuitos. En esa línea se reservará un circuito más para sincronismo (sincronizar es muy difícil), y se reserva un canal más para señalización (qué líneas están libres, cuáles están ocupadas o comunicando, etc.). En definitiva, esa línea requiere 1.920 + 64 + 64 = 2.048 kbit/s que puestos en Mbit/s serán 2,048 Mbit/s (línea que comúnmente llamamos de 2 megas). Cuando hablamos de una línea de 30 circuitos, siempre son 32. Aunque 2 de ellos no sirven para transmitir información porque los reserva el operador.

La primera jerarquía recibe el nombre de línea de 2 Mbit/s, luego vendría la de 8 Mbit/s, la siguiente, cuatro veces más, sería de 32 pero hay que meter más bits para sincronización y señalización y se usan 34 Mbit/s, y la última utiliza 140 Mbit/s. En la figura 3.6 se puede ver la evolución desde la PDH a la SDH y FTTH.

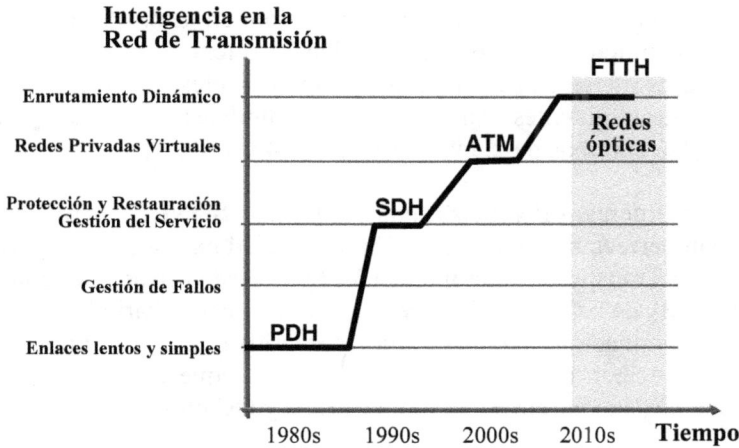

*Figura 3.6. Evolución desde la Jerarquía Digital Plesiócrona (PDH) a FTTH*

En estas redes había tres estándares diferentes para Europa, Japón y América. Refiriéndose al estándar europeo 2, 8, 34 y 140 son las líneas E1, E2, E3 y E4. En Estados Unidos el estándar inicial es 1,5 Mbit/s, son 24 canales de 56 kbit/s. Esta diferencia provoca dos desventajas principales:

– El entrelazado basado en bits, no en *bytes*, provoca una pérdida de identificación de canal, lo que complica mucho insertar o extraer canales de una trama.

– Hay una falta de estándar global (sistemas T en América y sistemas E en Europa).

## 3.4.2 Jerarquía Digital Síncrona

Hemos visto las jerarquías digitales de redes antiguas, plesiócronas, que aún se siguen utilizando y son las primeras que nacieron. Cuando se comenzó a transformar las redes –en Europa se empezaron a usar hacia 1992– se fijó un mismo estándar a escala mundial.

En esos momentos, la tecnología permitía una mejor sincronización de las redes. De manera que esas redes modernas ya son redes bien sincronizadas y se las llama **síncronas**. El nombre que le hemos dado en Europa a los diferentes estándares es el de Jerarquía Digital Síncrona o SDH (*Synchronous Digital Hierarchy*). Los americanos han adoptado otro nombre, SONET (*Synchronous Optical Network*), red óptica sincronizada (porque normalmente van por fibra óptica).

En las distintas jerarquías de transmisión en uso, PDH y SDH, ¿qué velocidades se admiten, y cuántos circuitos hay? Lo tenemos en la tabla 3.3, en la cual, las cuatro primeras son las jerarquías digitales plesiócronas, 30, 120, 480 y 1.920, y las cuatro siguientes son las jerarquías digitales síncronas, las SDH, con estos números tan extraños de 2.349, 9.396, 37.584 y 150.336.

Existen ligeras diferencias entre SDH y SONET, pero los sistemas respectivos son perfectamente compatibles. La unidad básica de transporte en SDH es el Módulo de Transporte Síncrono (**STM-1**), que se corresponde con el *Optical Carrier-3* (**OC-3**) de SONET, del que pueden agruparse varios; siendo ATM la técnica de conmutación habitual que se utiliza en este tipo de redes. Indistintamente reciben el nombre de STM u OC, lo que dependerá más bien del lugar en el que nos encontremos: STM en Europa y OC en América.

Las jerarquías síncronas más relevantes son: STM-1 (155,520 Mbit/s), STM-4 (622,080 Mbit/s), SMT-16 (2.488,320 Mbit/s) y STM-64 (9.953,280).

Existen más niveles, que no se muestran en la tabla, tales como OC-1, OC-2, etc., puesto que las jerarquías digitales síncronas son muy numerosas, pero las más utilizadas son las cuatro que se citan. El estándar suele ser conocido por 155 y 622 Mbit/s; 2,5 y 10 Gbit/s, común para Japón, América y Europa.

| Jerarquía | Velocidad total (Mbit/s) | Velocidad útil (Mbit/s) | Circuitos |
|---|---|---|---|
| E-1 | 2,048 | 1,920 | 30 |
| E-2 | 8,448 | 7,680 | 120 |
| E-3 | 34,368 | 30,720 | 480 |
| E-4 | 139,264 | 122,880 | 1.920 |
| OC-3 (STM-1) | 155,520 | 150,336 | 2.349 |
| OC-12 (STM-4) | 622,080 | 601,344 | 9.396 |
| OC-48 (STM-16) | 2.488,320 | 2.405,376 | 37.584 |
| OC-192 (STM-64) | 9.953,280 | 9.621,504 | 150.336 |

*Tabla 3.3. Jerarquías digitales y número de circuitos que admiten*

La Jerarquía Digital Síncrona o SDH, normalizada por la UIT-T, es un sistema de transmisión que resuelve varias de las limitaciones de la antigua red de transmisión plesiócrona, la más importante: *la sincronización*. Entre sus características cabe resaltar:

– Es un estándar de transmisión mundial.

– Las tramas de SDH pueden transmitirse por fibra óptica y par de cobre.

– Cada trama está identificada por un puntero para su localización.

– El entrelazado es por *byte*, lo que permite tener perfectamente identificados los canales, siendo sencillo extraerlos e insertarlos.

– Presenta una gestión eficaz de la red.

Las jerarquías digitales de concentración son estándares de empaquetar, de meter los circuitos sobre estas jerarquías y con estas agrupaciones. La velocidad inicial en SDH era de 2,5 Gbit/s, que permite 37.000 conversaciones simultáneas. Posteriormente se cuadruplicó esa velocidad, alcanzando 10 Gbit/s. Si se desea obtener más capacidad, hoy en día, se puede utilizar las técnicas GPON y DWDM.

## 3.4.3 GPON (Gigabit PON)

El acrónimo FTTx es conocido ampliamente como *Fibre-To-The-x*, donde "x" puede denotar distintos destinos. Los más importantes son: FTTH (*home*), FTTB (*building*), y FTTN (*node*). En FTTH o fibra hasta el hogar la fibra llega hasta la casa u oficina del abonado. En cambio, en FTTB la fibra termina antes, típicamente en el interior o inmediaciones del edificio de los abonados. En FTTN la fibra termina más lejos de los abonados que en FTTH y FTTB, típicamente en las inmediaciones del barrio. La elección de una arquitectura u otra dependerá fundamentalmente del coste unitario por usuario final y del tipo de servicios que quiera ofrecer el operador.

En una arquitectura FTTB y FTTN, el enlace de fibra óptica se establece entre una oficina central y un punto de distribución intermedio. Desde este punto de distribución intermedio, se accede a los abonados finales del edificio o de la casa, generalmente mediante la tecnología VDSL2 (*Very high bit-rate Digital Subscriber Line 2*) sobre par de cobre. De este modo, el tendido de fibra puede hacerse de forma progresiva, en menos tiempo y con menor coste, reutilizando la infraestructura ya existente del bucle de cobre.

GPON es la estandarización de las redes PON (*Passive Optical Network*) a velocidades superiores a 1 Gbit/s. La UIT-T empezó a trabajar sobre GPON (*Gigabit PON*) en el año 2002. La principal motivación de GPON era ofrecer mayor ancho de banda, mayor eficiencia de transporte para servicios IP, y una especificación completa adecuada para ofrecer todo tipo de servicios. GPON permite ofrecer servicios con grandes requerimientos de ancho de banda y calidad de servicio (televisión de alta definición, vídeo bajo demanda, videoconferencia, *cloud computing*, etc.), junto a voz sobre IP e Internet, sobre una única infraestructura.

Su naturaleza punto a multipunto resulta en ahorros significativos en la instalación de la fibra óptica y en interfaces ópticos. Además, PON no requiere de dispositivos electrónicos u optoelectrónicos activos para la conexión entre el abonado y el operador y, por lo tanto, supone una inversión y unos costes de mantenimiento considerablemente menores.

GPON está estandarizado en el conjunto de recomendaciones UIT-T G.984.x (x = 1, 2, 3, 4). Las primeras recomendaciones aparecieron durante los años 2003 y 2004, y ha habido continuas actualizaciones en años posteriores. La velocidad más utilizada por los actuales suministradores de equipos GPON es de 2,488 Gbit/s de bajada y de 1,244 Gbit/s de subida. Sobre ciertas configuraciones se pueden proporcionar hasta 100 Mbit/s por usuario.

La red de GPON consta de un OLT (*Optical Line Terminal*) ubicado en las dependencias del operador, y las ONT (*Optical Networking Terminal*) en las dependencias de los abonados para FTTH. La OLT consta de varios puertos de línea GPON, cada uno soportando hasta 128 ONT (típicamente hasta 64). En las arquitecturas FTTN las ONT son sustituidas por MDU (*Multi-Dwelling Units*), que ofrecen habitualmente VDSL2 hasta las casas de los abonados, reutilizando así el par de cobre instalado pero, a su vez, consiguiendo las cortas distancias necesarias para conseguir velocidades simétricas (cada vez más importante, pues el usuario residencial se ha convertido en generador de contenidos y, además, permite la interconexión de empresas) de hasta 100 Mbit/s por usuario individual.

Para conectar la OLT con la ONT con datos, se emplea un cable de fibra óptica para transportar una longitud de onda de bajada. Mediante un pequeño divisor pasivo que divide la señal de luz que tiene a su entrada en varias salidas, el tráfico de bajada originado en la OLT puede ser distribuido.

Puede haber una serie de divisores pasivos 1 x n (donde n = 2, 4, 8, 16, 32, o 64) en distintos emplazamientos hasta alcanzar a los clientes. Esto es una arquitectura punto a multipunto, algunas veces descrita como una topología en árbol. Los datos de subida desde la ONT hasta la OLT −que son distribuidos en una longitud de onda distinta para evitar colisiones en la transmisión de bajada− son agregados por la misma unidad divisora pasiva, que hace las funciones de combinador en la otra dirección del tráfico. Esto permite que el tráfico sea recolectado desde la OLT sobre la misma fibra óptica que envía el tráfico de bajada.

Para el tráfico de bajada se realiza un *broadcast* óptico, aunque cada ONT solo será capaz de procesar el tráfico que le corresponde o para el que tiene acceso por parte del operador, gracias a las técnicas de seguridad AES (*Advanced Encryption Standard*). Para el tráfico de subida los protocolos basados en TDMA (*Time Division Multiple Access*) aseguran la transmisión sin colisiones desde la ONT hasta la OLT. Además, mediante TDMA solo se transmite cuando sea necesario, por lo cual, no sufre de la ineficiencia de las tecnologías TDM donde el período temporal para transmitir es fijo e independiente de que se tengan datos o no disponibles.

La fibra proporcionará grandes beneficios para los usuarios del hogar digital. Además de un acceso a mejores servicios, favorecerá el que haya varios dispositivos conectados simultáneamente a Internet sin disminuciones de ancho de banda. El considerable incremento del ancho de banda de subida permitirá por ejemplo, acceder a los vídeos grabados por una cámara IP a una velocidad mucho mayor que con otras tecnologías.

## 3.5 TRATAMIENTO DE LA SEÑAL

Llamamos tratamiento de la señal a ciertas operaciones que realizamos sobre ella para tener más comodidad, más capacidad, más fiabilidad, etc. El primer tratamiento, el más frecuente, es la digitalización; otros son la compresión y la modulación. Los iremos viendo con mayor o menor detalle, según se hayan explicado ya antes, o sean relevantes para entender otros procesos posteriores.

| Tratamiento de la señal |
| --- |
| Digitalización |
| Compresión (sonido, imagen, datos y texto) |
| Codificación xDSL |
| Modulación |

*Tabla 3.4. Diferentes formas de tratamiento de la señal*

- **Cifrado de los mensajes**

Aunque no directamente relacionadas con la señal, sino más bien con el mensaje, tenemos las técnicas de codificación y cifrado, mediante las cuales se tratan los mensajes, se codifican, se cifran, para mantenerlos secretos. La codificación consiste en establecer una correspondencia entre símbolos originales y los nuevos, a través de una tabla. Mientras que el cifrado consiste en calcular un nuevo mensaje, a partir del original, mediante un algoritmo determinado que se le aplica.

Para cifrar los mensajes se utiliza, junto con el algoritmo, una clave o combinación de ellas, que pueden ser públicas o privadas. El cifrado protege contra ataques pasivos pero no contra la falsificación de datos o transacciones, por lo que es necesaria la autentificación, proceso que consiste en añadir una información que permita verificar que no ha sido manipulado.

## 3.5.1 La digitalización

Desde que aparecieron los ordenadores digitales, ha existido la tendencia de digitalizar la información, vocal, textos e imágenes, tanto estáticas como en movimiento, con el objetivo de integrarla en un mismo formato. La digitalización de los sistemas de conmutación y de transmisión, iniciada en la década de los setenta, es un proceso que aún hoy continúa debido a que es un proceso lento por la enorme inversión que se ha de realizar. Sin embargo, la digitalización de los sistemas informáticos y de la propia información es un proceso imparable y dentro de pocos años el adjetivo digital será redundante.

Una de las principales razones para la digitalización de los sistemas es la de poder manejar la información independientemente de cuál sea su origen y, por tanto, derivar en la total integración de los mismos.

Existen varios métodos para la digitalización de las señales analógicas, siendo el más extendido el de Modulación por Impulsos Codificados, conocido como MIC en español o como PCM (*Pulse Code Modulation*) en inglés. Este sistema digitaliza la señal telefónica y la transmite por la línea junto con el resto de señales, utilizando una técnica de multiplexación por división en el tiempo.

Aunque al explicar la digitalización dimos por hecho 8.000 muestras y ocho bits por muestra (velocidad de un circuito telefónico digital, 64 kbit/s), en algunos casos, se pueden utilizar otras velocidades, con otras tecnologías que permiten menos bits por segundo.

Así, además de la PCM, tenemos la DM (*Delta Modulation*) que llega hasta 32 kbit/s, otra más rápida es la CSVD (*Continous Variable Slope DM*) que es una técnica predictiva que disminuye los requisitos de velocidad hasta 16 kbit/s e incluso 8 kbit/s, pero hay muchas técnicas diferentes. Se puede transmitir la voz a solo 5 kbit/s por segundo aunque la calidad no es muy buena. Hay más sistemas de digitalización que los que hemos contado, pero el estándar es el de 64 kbit/s, como consecuencia de 8 bits por muestra y 8.000 muestras por segundo.

## 3.5.2 La compresión

La técnica de compresión se puede aplicar a cualquier tipo de mensaje, para reducir significativamente el espacio que ocupa en bits; así su almacenamiento y transmisión requerirán menos capacidad.

| Mensaje | Técnica de compresión |
|---------|----------------------|
| **Sonido** | Enmascaramiento. Los sonidos de cierta frecuencia y amplitud ocultan a nuestro oído otros que les acompañan. Por ejemplo: MP3. |
| **Imagen** | Se basa en la diferente resolución del ojo a ciertos colores (mínimo para el verde y máximo para el amarillo) en la parte de una imagen que se repite; y en la predicción del movimiento. Ejemplo: MPEG 1 y 2. |
| **Datos y texto** | Codificación de patrones. En una cadena de datos se busca el carácter que más se repite, y se codifica con menos de 8 bits. |

*Tabla 3.5. Distintas técnicas utilizadas para comprimir los mensajes*

Los estándares de compresión MPEG, cada uno de los cuales puede contemplar varios niveles o capas (*layers*), son:

- **MPEG-1**: codificación de imágenes en movimiento y audio asociado para medios de almacenamiento digital hasta 1,5 Mbit/s.

- **MPEG-2**: codificación genérica de imágenes en movimiento e información de audio asociada.

- **MPEG-3**: la planificación original contemplaba su aplicación a sistemas HDTV; finalmente fue incluido dentro de MPEG-2.

- **MPEG-4**: codificación de objetos audiovisuales.

### 3.5.2.1 COMPRESIÓN DE AUDIO

Vamos a ver cómo es posible mandar la música de un *Compact Disc*, que requiere una velocidad muy grande, 1,4 Mbit/s con solo 128.000 bit/s, por medio del formato MP3. Lo que se hace para comprimir la música es detectar en cada instante qué sonidos están enmascarados (el oído no los oye porque hay otros que resaltan más que ellos y no dejan apreciarlos, bien porque su amplitud sea mayor o porque su frecuencia esté muy próxima, o por una combinación de ambas situaciones), y no se registra ni envía la información correspondiente a ellos.

El proceso consiste en dividir en bandas de frecuencia todo el espectro audible, y se van eliminando aquellas frecuencias que están enmascaradas. Recordemos que en el CD se toman 44.100 muestras por segundo, es decir, que teóricamente se puede hacer el proceso anterior 44.100 veces por segundo. Teóricamente, porque efectivamente, en los agudos se va a esa velocidad, pero en los graves se pueden tomar menos muestras.

Dejando solo la información susceptible de ser apreciada por el oído conseguimos una compresión de hasta por 12, sin que la diferencia sea perceptible. No obstante, hemos de considerar que algunos individuos poseen una curva de enmascaramiento más baja y sí notarán alguna pequeña diferencia, al igual que otras personas no lo advertirán aunque comprimamos más la información. Por eso, hay diferentes grados de compresión.

- **El estándar MP3**

El estándar del MP3 es comprimir por un factor 12, utilizando las curvas de enmascaramiento normales, sin que sea notado por la mayoría de las personas. Se puede comprimir mucho más, en vez de 128 kbit/s hay sistemas que comprimen a la mitad, 64 kbit/s o incluso menos, pero entonces la merma de calidad es fácilmente perceptible por el usuario. Los dispositivos que almacenan música en este formato, por ejemplo, el famoso iPod, reciben el nombre genérico de MP3.

Este sistema fue desarrollado en principio por la empresa Philips mediante un contrato con la Unión Europea. Un contrato dentro del proyecto Eureka para definir la radio digital. El proyecto se llamó MUSICAM.

Philips desarrolló dos sistemas MUSICAM: el sistema normal, este de 128 es el estándar (capa dos) y otro estándar mucho más reducido (capa uno), que pierde calidad. Luego, en América, la AT&T desarrolló un método parecido que lo que hacía era comprimir un poco menos y mejorar la calidad. De la unión de ambos sistemas, el europeo MUSICAM y el americano, salió un mejor procedimiento, normalmente denominado capa tres, asociado con la compresión de sonido en televisión.

A MPEG-1 capa tres se le llama MPEG-3 o, simplemente, MP3. El MP3 es un sistema de compresión de audio definido como estándar que comprime a 128 kbit/s, al igual que el "capa dos" pero con mejor calidad. Este es el sistema de compresión que se emplea en la televisión digital, en Internet y en la radio digital.

## 3.5.2.2 COMPRESIÓN DE VÍDEO

En audio se aprovecha un defecto del oído, una característica del oído, que enmascara sonidos. En vídeo, dada su enorme compresión (por 50, en el estándar, y por 100, en el MPEG-1), no se aplica tan solo una técnica, sino una combinación de ellas, para conseguir un grado de compresión mucho mayor.

En vídeo se combinan tres técnicas para comprimir:

- **El primer sistema**, que suprime detalles que el ojo no distingue, se usa también en fotografía (imágenes estáticas). En imágenes inmóviles se llama JPEG (*Joint Potography Expert Group*, o Unión de Grupo de Expertos de Fotografía), resultado del trabajo común de diversas asociaciones de fotografía del mundo unidas para llegar a un estándar común. En vídeo, es MPEG (*Motion Pictures Expert Group*, o Grupo de Expertos de Imágenes en Movimiento). Su funcionamiento es así:

  Hay detalles que el ojo no capta. Por ejemplo, el ojo no distingue perfectamente si una imagen es muy pequeña, las diferentes gamas de color. Aprovechando esta característica, en el caso de los colores, en lugar de enviar cada punto codificado con 8 bits (256 combinaciones diferentes, que no se van a distinguir) se definen solo con 5 bits (32 tonos de color que son más que suficientes). Lo mismo ocurre con los tonos de grises (el ojo es más sensible al gris que al color) y en lugar de mandarlo con 10 bits (1.024 tonos) bastan 7 bits para un correcto visionado (128 tonos de gris).

  También se suprimen los detalles que resulten inapreciables. Ello se hace agrupando los puntos en bloques de 8×8, es decir, de 64 puntos, y analizándolos mediante un programa de ordenador que decide lo que podemos eliminar. El procedimiento más habitual utiliza la *transformada discreta del coseno*, DCT (*Discret Cosine Transformer*).

  Con este método se puede comprimir por 10 (no se nota diferencia), por 20 (aún buena calidad) y hasta por mucho más, dependiendo de la calidad que desee obtener. En una máquina de fotos digital estándar, una imagen que ocupa 5 *Mbytes* puede ser reducida a 300 *kbytes* sin diferencias perceptibles.

- **El segundo sistema**, grupo de cuadros, consiste en aprovechar las imágenes estáticas: imaginemos un informativo en el que hay un locutor dando una noticia. Como en TV se emiten 25 imágenes por segundo, estamos enviando 25 veces por segundo la cara del locutor que, probablemente, necesite esa cadencia puesto que la está moviendo. Pero el resto de elementos en pantalla permanecen estáticos, el fondo, la corbata, la mesa, etc.

Por lo tanto, podemos reducir la cantidad de información transmitida. La emisora de cada 12 imágenes solo emite 1 y el televisor deduce las intermedias. Para corregir los puntos en los que halla cambios la emisora envía la información requerida únicamente para los elementos cambiantes de la imagen, con el subsiguiente ahorro de capacidad.

El grupo de cuadros que recibe este nombre, porque a las imágenes en televisión se las llama cuadros, lo que hace es agrupar los cuadros de 12 en 12 y solo mandar uno. El ahorro de capacidad dependerá del tipo de imágenes que estemos tratando, cuanto menos cambiantes sean estas, mayor el ahorro. Pero el estándar puede reducir desde por 5, lo cual es muy frecuente, hasta por 12 en caso de elementos muy estáticos.

Entre ambos métodos ya tenemos un factor entre 50 y 100 de compresión. Eso genera un retraso, porque el televisor no puede empezar a componer la emisión hasta que ha recibido la imagen 13. Por lo tanto, en la descompresión del sistema MPEG se tarda medio segundo. El audio en este tipo de televisión se manda con medio segundo de retraso, se retarda para que la imagen vaya junto con el sonido. Lo cual a veces provoca fallos de ajuste y el audio no se corresponde a la imagen visual.

- **El tercer sistema** (denominado vector movimiento) se aplica si en las imágenes hay algo que se mueve muy frecuentemente. El método en este caso deduce el movimiento, algo que es relativamente fácil pues la imagen se ha dividido en bloques de 8×8 puntos. Las imágenes en movimiento se envían menos veces por segundo, recomponiéndolas en la recepción y, al igual que en el procedimiento anterior, la emisora manda la corrección.

Con el sistema de vector movimiento, solo se comprime si hay algo que se mueve, como un avión en vuelo, lo que es frecuente, pero la compresión que se consigue es más pequeña puesto que además solo se comprime en una parte de la pantalla. La media resulta en una compresión a por dos o por tres.

**El estándar MPEG-2**

MPEG-2 es una combinación de las tres técnicas vistas con anterioridad. Cuando se comprime relativamente poco, para que el ojo no lo perciba, la media de compresión que sale es 50, por lo que se pueden pasar las imágenes que requerían 207 millones de bits por segundo al orden de 4 Mbit por segundo.

El grupo de expertos primero desarrolló un estándar mucho más reducido, que comprimía mucho más, desde los 207 hasta 1,5 Mbit/s, que se conoce como MPEG-1. En realidad, el MPEG-1 comprime a velocidad estándar fija, sea cual sea el resultado final, mientras que el MPEG-2 es capaz de adaptar la velocidad según la calidad que se desee obtener. Si se requiere mucha calidad, para una imagen muy quieta, bastarían 2 o 3 Mbit/s; para una imagen muy dinámica y con mucho detalle, a lo mejor se necesitan 6 o 7 Mbit/s.

Las emisoras, para no tener que estar adaptándolo a cada momento suelen transmitir a una velocidad fija, por ejemplo, a 4Mbit/s. Para mantener esta capacidad las diferentes técnicas se van compensando en la emisión. Así si la imagen se mueve mucho, el detalle puede ser más pequeño, etc.

Todos los sistemas digitales de televisión emiten a través de MPEG-2 y aplican como estándar de audio el MPEG-1 capa tres, el polémico MP3, por las dudas acerca de la legalidad de su uso.

## 3.5.2.3 COMPRESIÓN DE DATOS

Los dos sistemas de compresión que hemos visto, el de audio y el de vídeo, se denominan "compresión con pérdidas", porque se pierde información. No es perceptible, si está bien hecha, pero perdemos información. Evidentemente, con los datos no es aceptable perder información porque afecta significativamente a la recepción del mensaje. No se puede omitir nada de información. Necesitamos realizar una compresión sin pérdidas.

El sistema más frecuente es redefinir los caracteres más repetidos: en una página, probablemente, sean los espacios, así al espacio, en lugar de dedicarle ocho bits, se le dedican solo dos, el espacio es el 01. Supongamos que el siguiente carácter que más se repite es la "a", que será 101, 3 caracteres. De igual modo operaremos sobre los símbolos más repetidos. Como resultado cada vez que hay que mandar un espacio se manda 01, nada más, con lo cual estamos ahorrando los otros seis bits que no se transmiten, hemos hecho un código diferente. Ya no están homogeneizados todos los caracteres a ocho bits, sino que los que más se repiten se definen con menos bits. Este proceso, que puede parecer complicado, se hace automáticamente.

El más típico de estos sistemas de compresión se llama código Huffman que es el nombre del ingeniero que lo desarrolló. Por este sistema no se puede comprimir mucho, porque hay muchos caracteres que no se pueden transformar a solo dos, tres, cuatro... bits, pero se reduce aproximadamente a la mitad. De manera que los programas de ordenador que duplican la capacidad del disco duro, en realidad, almacenan la información en el disco duro comprimida a la mitad.

# 3.6 CODIFICACIÓN XDSL

De las diferentes tecnologías que usamos en telecomunicaciones, la compresión es una de las que más ha avanzado. Permite emitir cuatro canales de televisión por donde antes se transmitía uno. La digitalización es bastante más antigua y es una técnica consolidada. La siguiente tecnología es la de codificación en xDSL, la "x" define el carácter cambiante de los bucles de abonado digital o DSL (*Digital Subscriber Line*).

El bucle de abonado constituido por pares de cobre tiene serias limitaciones para soportar aquellos servicios que requieren un gran ancho de banda. Por su propia constitución tiene una atenuación muy creciente con la frecuencia y la distancia. Permite ofrecer un canal analógico de 4 kHz sin necesitar amplificación, suficiente para mantener una conversación, o mediante el empleo de módems o adaptadores de terminal RDSI puede llegar a soportar un flujo de datos de 56 o 128 kbit/s, respectivamente.

No obstante, las tecnologías DSL convierten ese antiguo bucle de abonado en algo mucho más útil: un bucle de abonado digital con mayor capacidad. Esto se efectúa mediante la instalación de módems en los extremos (en realidad son codificadores) que permiten multiplicar la capacidad de la línea. Hay diversas maneras de hacerlo y esta variedad da lugar a diferentes tecnologías, cuyas características se aprecian en la tabla 3.6.

Las ventajas para el operador con el uso de esta tecnología son varias: por una parte, se descongestionan las centrales y la red telefónica, ya que el flujo de datos se separa en origen del telefónico (van superpuestos pero diferenciados), y se reencamina desde la entrada de la central local por una red de datos. Por otra parte, se puede ofrecer el servicio de manera individual solo para aquellos clientes que lo requieran, sin necesidad de reacondicionar todas las centrales locales.

Dada la dedicación exclusiva (no compartida) de la parte de acceso de cada usuario, es una buena alternativa para poder ofrecer tarifa plana de acceso a Internet, algo que todos los operadores ofrecen actualmente.

| Nombre tecnología | Concepto | Velocidad DL (Mbit/s) | Velocidad UL (Mbit/s) | Distancia máxima |
|---|---|---|---|---|
| IDSL | *ISDN DSL* | 0,128 | 0,128 | 6 km |
| HDSL | *High-Data Rate DSL* | 1,544 | 1,544 | 4 km |
| SDSL | *Symetric DSL* | 1,544 | 1,544 | 3 km |
| ADSL | *Asymetric DSL* | 8 | 1 | 4 km |
| RADSL | *Rate Adaptative DSL* | 7 | 1 | 6 km |
| VDSL | *Very-High DSL* | 51,84 | 2,3 | 300 m |

*Tabla 3.6. Diferentes tipos de tecnologías dentro de la familia DSL*

## 3.6.1 IDSL

En lo que cambia la definición de la familia de tecnologías DSL es en la primera letra. La primera letra hace referencia a la aplicación. Por ejemplo, si la primera letra es la "i", IDSN, que es como dicen en inglés a nuestra RDSI, la red digital de servicios integrados, que en inglés se llama *Integrated Services Digital Network*. Luego el IDSL consiste en que por un bucle abonado de par de hilo de cobre normal pueda funcionar la red digital de servicios integrados, que necesita 128 kbit/s en ambos sentidos.

Cuando se emplea esta técnica, el bucle de abonado tiene que ser corto; si es muy largo, no funciona, porque es un par de hilo de cobre. Solo puede tener hasta 6 kilómetros. Prácticamente no se emplea, ya que ha sido superada por otras.

## 3.6.2 HDSL

El HDSL, en que la H viene de *High Data Rate*, alta velocidad de datos, permite nada menos que 1,5 Mbit/s en ambos sentidos (1,5 Mbit/s es la jerarquía digital plesiócrona más baja americana, la nuestra son 2 Mbit/s). Puede operar hasta en 4 kilómetros sin necesidad de emplear repetidores, pero usa dos pares de cobre, uno para la ida y otro para la vuelta. Si queremos esto mismo pero usando un solo par de hilo de cobre, tenemos la tecnología SDSL. También es simétrica, pero con una cobertura de solo 3 kilómetros, porque toda la información circula por un único par de hilo de cobre, que, además, soporta el servicio telefónico básico, por lo que resulta adecuada para el mercado residencial.

### 3.6.3 ADSL

La más conocida de todas las tecnologías xDSL es la ADSL. "A" de asimétrico, puesto que considera que muchos usuarios necesitan recibir un gran volumen de información, tal como vídeo o un programa que "bajemos" de la red. Pero, sin embargo, las necesidades hacia el operador son menores (llamar por teléfono o pedir una página de Internet necesitan muy poca capacidad relativa). Luego hacia el usuario circula nada menos que hasta a 8 Mbit/s DL (*Down Link*), la velocidad de unas dos películas en MPEG-II, y hacia la central UL (*Up Link*) solo 1 Mbit/s. Todo ello por un par de hilo de cobre de hasta cuatro kilómetros.

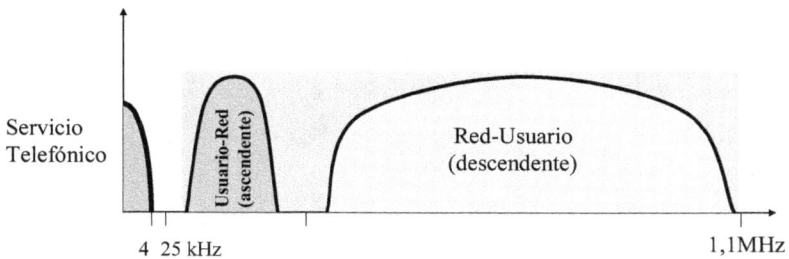

*Figura 3.7. La codificación ADSL utiliza dos bandas de frecuencia y la voz se separa de los datos mediante el splitter (filtro paso-bajo y paso-alto)*

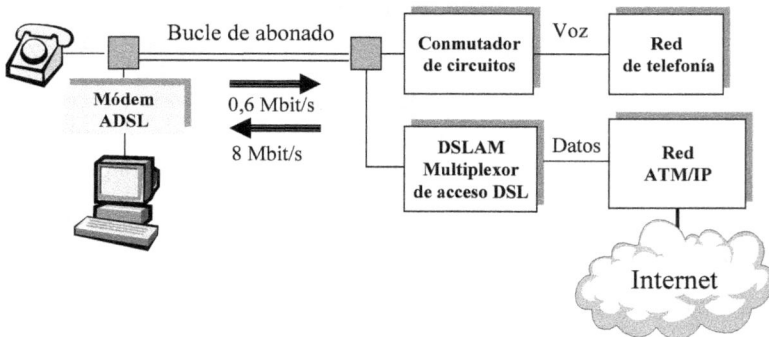

*Figura 3.8. Utilización de ADSL en el bucle de abonado*

El servicio ADSL no es siempre posible, aunque el usuario final lo demande. Es necesario, previamente, que el instalador compruebe si la distancia a la central telefónica de la que depende es menor que un determinado valor (aproximadamente 3 km). Este valor viene determinado por la atenuación máxima que soporta el estándar de acceso, por ser la atenuación muy dependiente de la frecuencia y estar trabajando con un valor mayor.

Esto explica que el caudal máximo que se puede conseguir mediante los módems DSL varíe en función de la longitud del bucle y las características del mismo. Antes de aceptar la instalación, el operador hace una prueba de nuestra línea para determinar si es posible que la instalación de DSL cumpla unos requisitos mínimos, según el resultado de las medidas.

### 3.6.3.1 ADSL2+

Desde el año 2006 comenzaron a desplegarse comercialmente versiones mejoradas de ADSL, conocidas como ADSL2 y ADSL2+. ADSL2 añade nuevas características y funcionalidades destinadas a mejorar el rendimiento e interoperabilidad, y añade soporte para nuevas aplicaciones, servicios, y escenarios de despliegue. Entre los cambios hay mejoras en la velocidad de datos y distancias alcanzadas, adaptación de velocidad, consumo, autodiagnóstico, etc. Por otro lado, ADSL2+ dobla prácticamente las velocidades de ADSL, pudiendo alcanzar hasta 20 Mbit/s de bajada y 1 Mbit/s de subida. No obstante, las velocidades reales que ofrecen las operadoras son sensiblemente inferiores a las contratadas, ya que dependen mucho de las condiciones del par de cobre y de la distancia a la central.

Este aumento de velocidad es posible gracias a que se utiliza un mayor ancho de banda para la transmisión y, así, mientras que los módems ADSL operan en un margen de frecuencias que va desde los 25 kHz hasta 1,1 MHz, en el caso de ADSL2, el límite superior se amplía hasta alcanzar los 2,2 MHz.

## 3.6.4 VDSL

La más rápida de toda la familia xDSL es la denominada VDSL (*Very high Data Rate DSL*), que permite alcanzar varias decenas de Mbit/s hacia la casa del usuario, pero por el contrario alcanza solo unos pocos cientos de metros. La velocidad de acceso es bastante más alta que la alcanzada con ADSL2+.

Se trata de una evolución del ADSL, que puede suministrarse de manera asimétrica (52 Mbit/s de descarga y 12 Mbit/s de subida) o de manera simétrica (26 Mbit/s tanto en subida como en bajada), en condiciones ideales sin resistencia de los pares de cobre y con una distancia muy corta a la central. La tecnología VDSL utiliza 4 canales para la transmisión de datos, dos para descarga y 2 para subida, con lo cual se aumenta la potencia de transmisión de manera sustancial.

VDSL2 cumple la norma UIT-T G.993.2. Es el estándar de comunicaciones DSL más reciente y avanzado. Está diseñado para soportar los servicios conocidos como *Triple Play*, incluyendo voz, vídeo, datos, televisión de alta definición (HDTV) y juegos interactivos. Puede ofrecer más de 200 Mbit/s.

## 3.7 LA MODULACIÓN

La modulación es un proceso que consiste en combinar una señal que representa los datos (moduladora) con otra (portadora). La señal obtenida (señal modulada) es susceptible de ser transmitida por un medio por el que, en un principio, no se podría hacer. En definitiva, la modulación permite la adaptación de una señal a un medio de transmisión, siendo una tecnología muy frecuente en telecomunicaciones, se aplica en radio, en televisión y en informática.

La técnica de modulación permite hacer viajar algunas informaciones por sitios por donde no viajarían en condiciones normales. Por ejemplo, si queremos ir en coche de París a Londres, viajamos por las carreteras y, de pronto, al llegar al Canal de la Mancha el coche no puede pasar. ¿Qué hacemos? Subir el coche a un *ferry* y entonces el *ferry* lo lleva. Pues eso es lo que hacemos en la modulación: algo que no puede viajar, lo subimos a un portador, y ya puede viajar.

El objeto de la transmisión se denomina **señal moduladora** y a lo que le permite viajar es la **señal portadora**. Por ejemplo, si deseamos enviar música muy lejos, caso de la radio, no nos sirve con un enorme altavoz, los que estuvieran cerca se quedarían sordos pero el sonido no llegaría más que unos centenares de metros. Sin embargo, las ondas de radio se pueden transmitir muy lejos pero el oído humano no las puede oír, no están en nuestro rango de frecuencias. La modulación combina lo que deseamos emitir con las ondas de radio que lo transportarán.

Las técnicas de modulación, en el mundo analógico y digital, son:

– **Modulación de Amplitud**.

– **Modulación de Frecuencia**.

– **Modulación de Fase**.

Podemos caracterizar una onda, en un instante dado, por su **frecuencia** (Hercios), **amplitud** (voltios) y **fase** (grados respecto a un origen de tiempos); por tanto, estos parámetros son los únicos que podemos variar para que incorporen la información que debe transmitir la onda portadora.

La portadora es una onda sinusoidal caracterizada por su amplitud (A), frecuencia (f) y fase ($\varnothing$), según la siguiente relación:

**F (t) = A cos (2 f.t + $\varnothing$)**

## 3.7.1 Modulación de Amplitud (AM)

a) Modulación de Amplitud | b) Modulación de Frecuencia

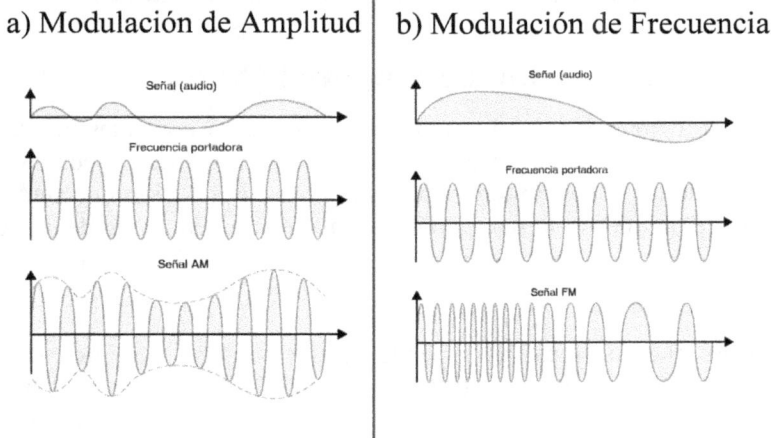

*Figura 3.9. a) y b) Modulación de amplitud AM y de frecuencia FM*

En la parte central de la figura 3.9 a) tenemos las ondas de radio (señal portadora) y en la parte de arriba la señal moduladora. Por medio de la modulación se transforma la amplitud a las ondas de radio para que esta vaya al ritmo de la música, al ritmo de lo que quiero enviar. Una vez en destino hemos de extraer la música de la señal modulada, lo cual es muy sencillo mediante un diodo (un componente electrónico semiconductor) que incorpora cualquier aparato de radio.

## 3.7.2 Modulación de Frecuencia (FM)

Con la tecnología de amplitud modulada se cambia la amplitud de la señal portadora al ritmo de lo que se quiere oír, se emite por el aire y con un simple circuito se consigue recuperar la señal. Hay otro sistema de enviarlo, que además resulta tecnológicamente más perfecto, que envía la señal mediante variaciones en la frecuencia, tal como se representa en la figura 3.9 b).

Este método aumenta o disminuye la potencia según la fuerza del sonido a transportar, si el sonido es fuerte, frecuencia más alta, y viceversa. El circuito que recupera el sonido original de esa frecuencia variable, también muy sencillo, recibe el nombre de discriminador. De manera que cuando escuchamos una emisora de frecuencia modulada, lo que recibimos no es 92,7 MHz, estamos recibiendo una frecuencia que está variando. El estándar es que puede variar 75 kHz hacia abajo y 75 kHz hacia arriba. Es decir, estaremos oyendo algo que está entre 92,775 MHz y 92,625 MHz, esto es, el margen de frecuencias que transmite la emisora.

Con métodos digitales el proceso es similar al visto para el mundo analógico, pero con ciertas particularidades ya que transmitimos en código binario.

## 3.7.3 Modulación Digital de Amplitud (ASK)

Vamos a imaginar que estamos en nuestra casa con nuestro ordenador y queremos conectarnos con el banco para saber cómo está nuestra cuenta corriente. En la mayoría de los casos no tendremos una línea digital, sino que será una línea telefónica analógica desde la que podemos llamar a la central de datos del banco. La línea telefónica transmite sonidos, entre 300 y 3.400 Hz, sin embargo, los ordenadores operan en código binario.

Puesto que la línea solo puede emitir sonidos, se intercala entre el ordenador y la línea algo que transforme a ondas de sonido el lenguaje binario. Por ejemplo, que cuando tengamos que enviar un 0 emita un sonido suave y cuando tengamos que mandar un uno envíe un sonido más fuerte. Es decir, ponemos un modulador, la técnica es la misma, pero variando la amplitud.

Esta modulación que recibe el nombre de modulación en amplitud, para definir su naturaleza digital se denomina ASK (*Amplitude-Shift Keying*) por similitud al uso del manipulador del código Morse (*Morse key*) en telegrafía. A cada valor de la señal de datos se le hace corresponder diferentes valores de amplitud de la señal portadora. Esta modulación no se suele emplear en la comunicación de datos debido a que es muy sensible al ruido eléctrico y los errores resultantes originarían un rendimiento muy bajo en la transmisión de información.

## 3.7.4 Modulación Digital de Frecuencia (FSK)

La modulación FSK (*Frequency-Shift Keying*) es una forma de modulación angular de amplitud constante, similar a la modulación en frecuencia convencional, excepto que la señal modulante es un flujo de pulsos binarios que varía, entre dos niveles de voltaje discreto, en lugar de una forma de onda analógica que cambia de manera continua.

En los sistemas de modulación FSK, la señal moduladora hace variar la frecuencia de la portadora, de modo que la señal modulada resultante codifica la información asociándola a valores de frecuencia diferentes.

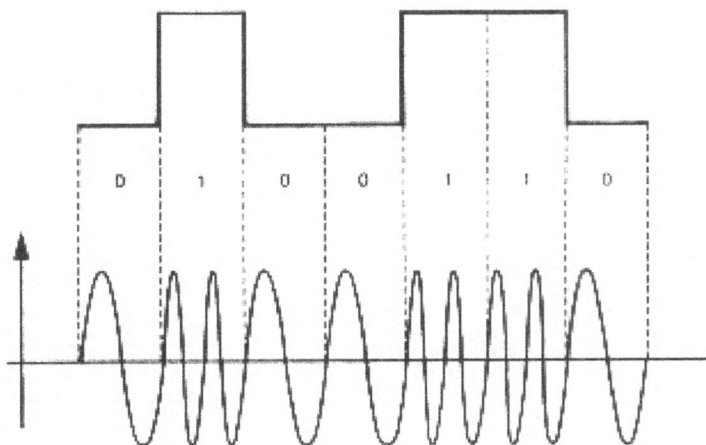

*Figura 3.10. Modulación de frecuencia (FSK): los ceros (0) y los unos (1) se transforman en cambios de frecuencia*

## 3.7.5 Modulación Digital de Fase (PSK)

La tercera de las técnicas en modulación digital que se utiliza es cambiar la fase, el punto donde comienza la onda. Si la onda empieza hacia arriba, es el 0, fase 0; si la onda empieza hacia abajo, fase 180, fase uno.

Cambiando la fase se pueden enviar ceros y unos. A cada valor de la señal de datos se le hace corresponder diferentes valores de la fase de la señal portadora. Normalmente, se compara la fase del ciclo en un período con la fase del ciclo en el período siguiente, con lo que se obtiene una modulación con desplazamiento de fase diferencial (DPSK).

Independientemente de la técnica utilizada, la base es siempre la misma, situar en los extremos un modulador que cambie la amplitud, la frecuencia o la fase, y un aparato que invierta la operación a la llegada de la señal. De tal modo, la combinación para comunicarnos mediante nuestro ordenador a través de la línea telefónica es un conjunto de MODulador-DEModulador comúnmente conocido como MÓDEM, un equipo para la transmisión de datos que, en el sentido de transmisión convierte las señales digitales en analógicas capaces de ser transportadas por la red y, en el sentido de recepción, realiza el proceso inverso para recuperar los datos transmitidos.

| Moduladora | Parámetro variado | Nombre | Uso |
|---|---|---|---|
| Analógica | Amplitud | AM | Radio AM, TV vídeo |
|  | Frecuencia | FM | Radio FM, TV audio |
|  | Fase | PM |  |
| Digital | Amplitud | ASK | Transmisiones digitales por RTC (módems) |
|  | Frecuencia | FSK |  |
|  | Fase | PSK |  |

*Tabla 3.7. Técnicas de modulación, según el parámetro que se varía*

Los módems actuales combinan la modulación en amplitud, fase y frecuencia. Lo más frecuente de encontrar son combinaciones de modulación en amplitud y modulaciones de fase, resultando que cada vez que se emite un sonido son enviados varios bits. De esta manera se multiplica la velocidad del módem.

El módem detecta el mensaje, agrupa los bits y transmite el tipo de sonidos (tonos) que corresponde a cada combinación, de las cuales hay hasta 64 diferentes, consiguiendo una velocidad de 57.600 bits/s, lo cual se corresponde con el estándar V.90 y el V.92 aparecido en el año 2001. Desde entonces los módems no han evolucionado, ya que existen otras técnicas que permiten velocidades mucho más elevadas, como son los *routers* ADSL, la fibra óptica FTTH, el cable coaxial o las comunicaciones inalámbricas y celulares, tales como el Wi-Fi o la 3G y 4G.

## 3.8 EL MÓDEM

El módem es el dispositivo ideal para el intercambio de datos a larga distancia sobre uno de los medios de transmisión más utilizados como es la Red Telefónica Básica (RTB), con una amplia cobertura y un coste bajo; puesto que esta ha sido concebida para la transmisión de señales vocales –analógicas– y no de datos –digitales–, se hace necesario transformar las señales proporcionadas por los ordenadores o terminales con el fin de adaptarlas a las características de los circuitos telefónicos, que tienen un ancho de banda limitado. Esto se consigue mediante el empleo, en ambos extremos, de los módems, compatibles entre sí, algo que se consigue si cumplen las mismas recomendaciones establecidas, desde hace bastantes años, por el CCITT para este tipo de dispositivos.

De una manera muy simple (figura 3.11), los módems permiten establecer una comunicación de datos desde cualquier lugar con una toma de teléfono.

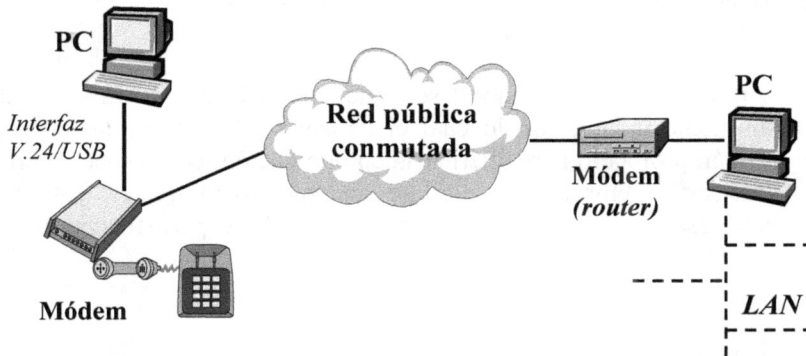

*Figura 3.11. Transmisión de datos a través de la red telefónica pública (RTC) mediante el empleo de módems*

## 3.8.1 Métodos para el envío de la señal

El intercambio de las señales (de control y de información) entre dos equipos se puede realizar de distintas maneras, teniendo en cuenta no solo aspectos físicos, sino lógicos, veámoslos:

### 3.8.1.1 TRANSMISIÓN SERIE Y PARALELO

El envío de una secuencia de datos entre dos dispositivos se puede realizar de dos maneras diferentes: **serie,** cuando los datos se transfieren bit a bit utilizando un único canal y **paralelo,** en el caso en que todos los bits de un carácter se transmitan simultáneamente, utilizando tantos canales como bits lo formen.

La transmisión en serie se emplea cuando la distancia entre el transmisor y el receptor es grande, en orden a economizar recursos. Mientras que la transmisión en paralelo, mucho más rápida, se emplea en el caso de distancias muy reducidas – buses de interconexión, cables de impresora, etc.–, resultando más costosa.

### 3.8.1.2 TRANSMISIÓN SEMIDÚPLEX Y DÚPLEX

Según sea el modo de intercambiar los mensajes: simple, semidúplex y dúplex.

- **Simple**: la transmisión se efectúa en un único sentido. En este caso uno de los terminales siempre emite y el otro siempre recibe. Ejemplo: la TV o la radio, ya que los usuarios se limitan a ver y oír la emisión.

- **Semidúplex**: la transmisión se lleva a cabo en ambos sentidos, de manera alternativa. Es necesario un protocolo para el control del sentido de la transmisión. Mientras un terminal emite, el otro está en silencio. Ejemplo: el télex.

- **Dúplex**: la transmisión se puede realizar en ambos sentidos simultáneamente, con lo cual el emisor y el receptor no necesitan de ningún protocolo para alternar la comunicación, como sucedía en el caso anterior. Ejemplo: el teléfono, aunque para poder entender una conversación uno de los interlocutores debe permanecer en silencio mientras el otro habla.

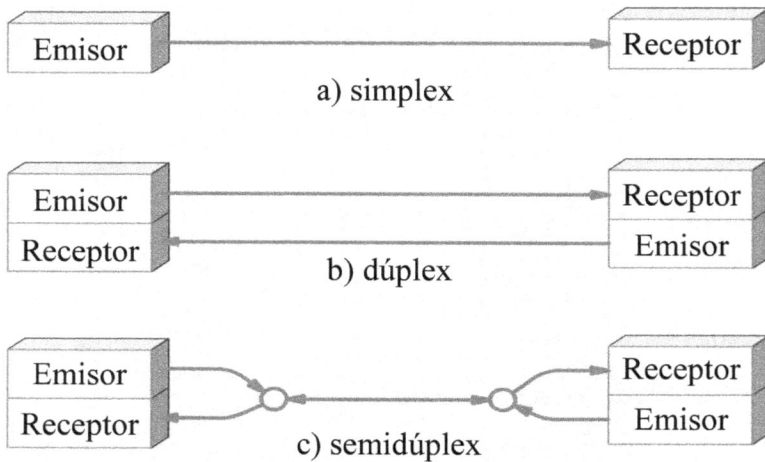

*Figura 3.12. Distintos modos de transmisión*

## 3.8.1.3 TRANSMISIÓN ASÍNCRONA Y SÍNCRONA

Dependiendo del método empleado para la sincronización entre el equipo transmisor y el receptor, tenemos dos tipos diferentes de transmisión: asíncrona y síncrona.

- **Asíncrona**: aquel en que las señales que forman una palabra del código se transmiten precedidas por un bit de arranque (*start*) y seguidas de al menos un bit de parada (*stop*). Entre dos caracteres puede mediar cualquier separación. Es un tipo de transmisión adecuado para comunicaciones simples.

- **Síncrona**: los datos fluyen del transmisor con una cadencia fija y constante, marcada por una base de tiempos. La separación entre caracteres es siempre un múltiplo entero de bits. Este tipo es el habitual en las comunicaciones digitales ya que consigue una eficiencia mucho más elevada, aunque técnicamente es más complicada de implementar.

## 3.8.1.4 TRANSMISIÓN A 2 Y 4 HILOS

Es importante resaltar la diferencia entre un circuito (línea de comunicación) a 2 y a 4 hilos, ya que muchas veces se confunde con la capacidad del circuito para establecer una comunicación semidúplex o dúplex.

- **Línea a dos hilos (2h)**. Está constituida, en todo o en parte de su recorrido, por un solo circuito físico (un par de conductores). Se suele utilizar en circuitos urbanos para el enlace entre la central pública de conmutación y los usuarios. La línea puede ser a dos hilos y permitir una comunicación dúplex, por ejemplo, utilizando distintas bandas de frecuencia para uno y otro sentido de transmisión.
- **Línea a cuatro hilos (4h)**. Está constituida, en todo su recorrido, por dos circuitos físicos (dos pares de conductores), uno dedicado a la transmisión y el otro a la recepción. Se utiliza en circuitos interurbanos para el enlace entre las centrales y, normalmente, la comunicación es dúplex, aunque no siempre ya que ello depende, además, de la propia capacidad del medio de los equipos de transmisión en todo el enlace, del modo de operar de los terminales de usuario que se utilicen.

Para aplicar esta denominación no es necesaria la existencia física de los hilos conductores, sino que puede hacerse en referencia a canales. Por ejemplo, cuando se utilizan sistemas múltiplex, por división en frecuencia o temporal, en los que varios canales comparten un mismo medio físico; cada canal lógico equivale entonces a un circuito a 2 hilos.

## 3.8.1.5 TASA DE ERROR

El concepto de tasa de error está ligado a la calidad ofrecida por el proveedor de telecomunicaciones en un servicio dedicado a la transmisión de señales digitales. El proveedor facilita el acceso a su servicio de transmisión de datos con una tasa de error determinada SLA (*Service Level Agreement*). De esta forma, si queda fijada la calidad del servicio en una tasa de error de $10^{-6}$, de $10^{-7}$, significa que por cada millón, por cada 10 millones de bits transmitidos existirá, por término medio, un bit erróneo. La tasa de error depende, principalmente, de la calidad en la infraestructura de transmisión y conmutación por la que circula la señal, existiendo distintos métodos para anular su efecto nocivo.

## 3.8.2 Normativa de la UIT-T (CCITT)

La normalización internacional establecida por la Unión Internacional de Telecomunicaciones-T, o, en inglés, ITU-T, antiguo CCITT, en su serie de recomendaciones "V" define y fija, para cada tipo de módem, una serie de características de tal forma que puedan conectarse entre sí productos de diferentes fabricantes, aun habiendo utilizado tecnologías desiguales. Es bastante usual denominar a los módems por la serie "V" del CCITT a la que pertenecen; entre las más importantes figuran las que se muestran en la tabla 3.8.

| Norma | Características |
|---|---|
| **V.22bis** | 2.400/1.200/600 bit/s en dúplex; muy utilizada hace años. |
| **V.23** | 1.200/75 bit/s en dúplex. Se utilizó en aplicaciones interactivas, tal como el servicio videotex. |
| **V.29** | 9.600 bit/s en semidúplex, utilizada principalmente en las comunicaciones de fax, incluso hoy en día. |
| **V.32** | 9.600/7.200/4.800 bit/s en dúplex, consigue una velocidad muy alta sobre las líneas telefónicas. Fue muy popular, igual que su versión V.32 bis. |
| **V.34 (bis)** | 28.800 bit/s en dúplex sobre líneas analógicas a 2 hilos, aunque una versión posterior permitía alcanzar hasta los 33.600 bit/s. |
| **V.90 y V.92** | Funcionan a 56 kbit/s en sentido descendente y algo menos en sentido ascendente. Son las últimas normas en aparecer. |

*Tabla 3.8. Serie de normas "V" del CCITT, relativas a los módems*

## 3.8.3 Módems asíncronos y síncronos

En la transmisión de las señales digitales que reciben los módems, es imprescindible que ambos extremos estén sincronizados de alguna manera para poder recuperar la señal sin errores. Esto implica la necesidad de disponer de una base de tiempos común, a fin de que el receptor detecte correctamente la señal que le ha enviado el emisor. Se emplean dos convenios de sincronismo: asíncrono y síncrono.

### 3.8.3.1 TRANSMISIÓN ASÍNCRONA

En las transmisiones con módem a baja velocidad (menos de 1.200 o 2.400 bit/s) conviene, por razones económicas, que el emisor transmita un carácter cuando esté disponible para su transferencia e independientemente del tiempo transcurrido desde la transmisión del último carácter.

Como los caracteres que componen el mensaje se transmiten independientemente unos de otros, el receptor ha de sincronizar su base de tiempos con cada carácter que recibe, es decir, se le ha de indicar el inicio y el final del carácter (figura 3.13), lo que se hace añadiendo un bit de arranque o bit *start* al inicio del carácter y un/unos bits de parada o bits *stop* al final del mismo.

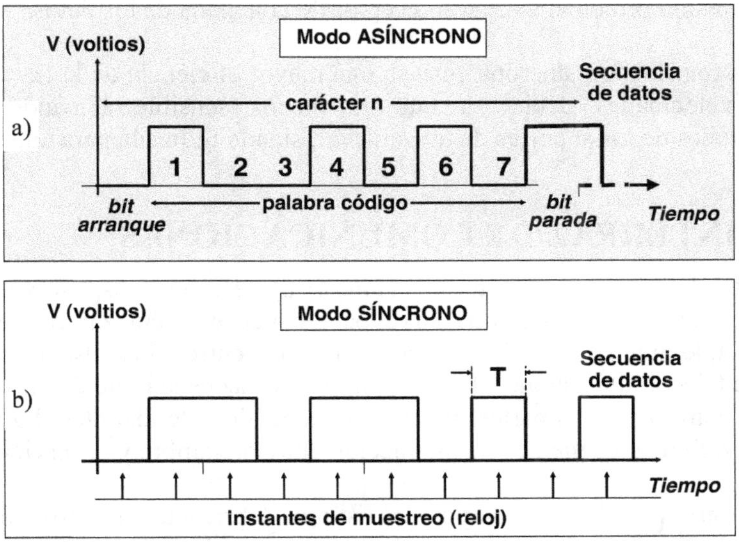

*Figura 3.13. Representación de una señal asíncrona*

La eficiencia de este tipo de transmisión es baja ya que a cada carácter de información se le añaden de dos a tres bits de sincronismo que no llevan información, por lo tanto, está en torno a un 60-70%.

## 3.8.3.2 TRANSMISIÓN SÍNCRONA

La transmisión síncrona es un método de comunicación en el que los datos se transfieren en bloques, sin necesidad de los bits de inicio y final entre cada *byte*. La sincronización se consigue enviando una señal de reloj junto con los datos y pautas de bit especiales (de sincronismo) para denotar el inicio de cada bloque.

En este tipo de transmisión todas las señales digitales se transfieren consecutivamente y tienen la misma duración. Los datos fluyen del emisor al receptor con una cadencia fija y constante, marcada por una base de tiempos común para todos los elementos que intervienen en la transmisión (reloj). En el destino se reconstruye la señal de reloj de origen a partir de la señal recibida, mediante un proceso de detección de cambios en los flancos de subida y bajada de los impulsos.

En la transmisión síncrona se suprimen los bits de arranque y parada que acompañan a cada carácter en la asíncrona. Sin embargo, la transmisión síncrona mantiene unas señales preliminares que se denominan *bytes* de sincronización o banderas (*flags*) que suelen ir duplicados para conseguir una certeza absoluta, siendo su misión principal alertar al receptor de la llegada de los datos.

La transmisión síncrona entraña una mayor eficiencia de la línea y permite mayores velocidades debido a que es menos sensible al ruido y demás imperfecciones de los soportes de transmisión, siendo utilizada para alta velocidad.

## 3.9 LA INTERFAZ DE COMUNICACIONES

La definición de interfaz (*interface*) es: un dispositivo (circuito, convertidor, adaptador, etc.) que sirve para conectar o enlazar dos equipos, al objeto de que intercambien información (datos) entre ellos usando una red o sistema de telecomunicaciones. En general, la interfaz es la parte de un sistema que interactúa entre otras dos partes, física o conceptualmente distintas. La interfaz de usuario se refiere a los medios de interacción entre el hombre y el servicio.

La proliferación de equipos de distintos fabricantes ha causado que estos hayan tenido que ponerse de acuerdo sobre las normativas de interconexión de sus equipos. Muchas asociaciones de estándares han dictado normas y recomendaciones a las que los diseñadores de dispositivos de comunicación se acogen con el fin de garantizar que los equipos que producen se entenderán con los otros fabricantes. Este problema fue resuelto inicialmente por la asociación de estándares EIA con el estándar RS-232, que es el adoptado con más frecuencia para transmisiones serie, especialmente utilizado por gran parte de los módems. El equivalente del CCITT está compuesto por las normas V.24 (+V.28) que definen tanto las características eléctricas como las funcionales de la conexión. Algunos módems actuales, como los utilizados en ADSL, presentan un bus USB o Ethernet para la conexión con otros dispositivos, en lugar de la interfaz V.24.

## 3.9.1 V.24. Aspectos mecánicos, eléctricos y funcionales

La normativa más extendida para la transmisión de señales digitales, durante muchos años, ha sido la definida por el UIT-T en su recomendación V.24 que tiene su equivalente en la RS-232 (*Recommended Standard*) de la EIA

(*Electronic Industry Association*), renombrada como EIA-232 en el año 1991, aunque sigue utilizándose la primera denominación ya que está muy arraigada. En la actualidad está siendo reemplazada por el bus USB, ampliamente utilizado.

El módem se conecta con el ordenador o terminal a través de un cable de comunicaciones, y a la línea telefónica mediante un RJ-11. Además, ha de cumplir una serie de requisitos, estandarizados, para el intercambio de señales, pues de otro modo la comunicación sería imposible. Al conjunto que define la conexión, tanto mecánica como eléctrica, entre dos dispositivos (terminales o sistemas) de acuerdo a un estándar, es a lo que se denomina interfaz de comunicaciones.

| Patilla | Nombre | Circuito | Sentido |
|---------|--------|----------|---------|
| 1 | FG | 101 | -- |
| 2 | TD | 103 | ⇒ DCE |
| 3 | RD | 104 | DTE ⇐ |
| 4 | RTS | 105 | ⇒ DCE |
| 5 | CTS | 106 | DTE ⇐ |
| 6 | DSR | 107 | DTE ⇐ |
| 7 | SG | 102 | -- |
| 8 | DCD | 109 | DTE ⇐ |
| 15 | TC | 114 | DTE ⇐ |
| 17 | RC | 115 | DTE ⇐ |
| 20 | DTR | 108 | ⇒ DCE |
| 22 | RI | 125 | DTE ⇐ |
| 24 | (TC) | 113 | ⇒ DCE |

*Tabla 3.9. Señales características de la interfaz DTE/DCE*
*en la recomendación V.24/V.28 (RS-232)*

A nivel físico (eléctrico), como se ha dicho, la interfaz comúnmente empleada por los módems es la definida por la recomendación V.24/V.28 del CCITT (*International Telegraph and Telephone Consultative Committee*), que tiene su equivalencia en la norma RS-232 de EIA. La distribución de patillas y circuitos se muestra en la tabla 3.9.

Los aspectos más importantes de la norma V.24, que define las características funcionales, se complementan con la norma V.28 –características eléctricas– y la ISO 2110 –mecánicas–, estando casi siempre asociadas en la definición de la interfaz de que se trate. Veamos a continuación cada uno de ellos:

- **Aspectos mecánicos**

La interconexión se efectúa mediante dos conectores estandarizados de 25 patillas (aunque también se utilizan en algunos casos de 9 para reducir espacio), siendo macho el que incorpora el ETD y hembra el conector del ETCD, aunque este criterio se puede contravenir en algunas ocasiones. Se conecta cada una de las patillas mediante un cable, constituyendo cada conexión un circuito de enlace, identificado por un número determinado. En la figura 3.14 se puede ver la distribución de las patillas.

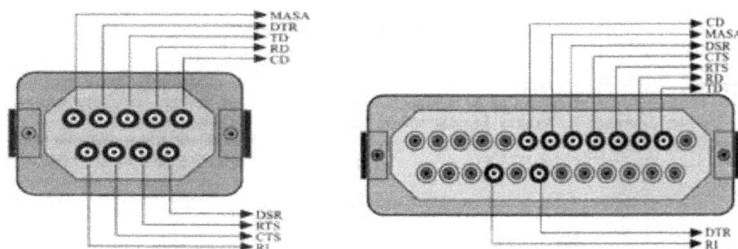

*Figura 3.14. Conector típico de la interfaz V.24 (de 9 y de 25 patillas)*
*y sus principales señales*

- **Aspectos eléctricos**

Las características eléctricas de esta interfaz se describen con todo detalle en las recomendaciones V.10, V.11 y V.28. Cada una específica para un tipo de aplicación, siendo la más utilizada la V.28, que hace referencia a circuitos de enlace asimétricos para uso con equipos que emplean tecnología de circuitos discretos y es la adoptada por la mayoría de los módems.

La distancia máxima que soporta esta interfaz, con un cable estándar, es de 15 metros (50 pies), aunque para velocidades bajas, o si se emplea un cable de baja capacidad y apantallado, puede superarla ampliamente, llegando a alcanzar hasta 100 metros.

La señal de trabajo suele ser de unos 12 voltios, admitiéndose cualquier otra dentro del margen +3 a +25 y -3 a -25, siendo el comprendido entre +3 y -3 (lo que se denomina zona umbral) no utilizable para evitar problemas de ruido.

- **Aspectos funcionales**

Los circuitos necesarios para establecer el diálogo entre los equipos se pueden clasificar en cuatro clases diferentes: datos, sincronización, control y tierra.

| INTERFAZ V.24 | | Tensión negativa (-3 a -25) voltios | Tensión positiva (+3 a +25) voltios |
|---|---|---|---|
| Circuitos de datos | Estado binario | 1 | 0 |
| | Situación señal | MARCA | ESPACIO |
| Circuitos de control | | *OFF* (abierto) | *ON* (cerrado) |

*Tabla 3.10. Principales características en la interfaz V.24*

Normalmente, en un enlace no se emplean todos los circuitos, sino que se hace uso de un número limitado de ellos, que varía en función de que sea una transmisión asíncrona o síncrona y de que los equipos a conectar posean mayor o menor grado de inteligencia para efectuar el control de la transmisión mediante el propio protocolo lógico, sin necesidad de control físico.

## 3.9.2 El bus USB

USB (*Universal Serial Bus*) es un bus de expansión externa con capacidades de *Plug & Play* para entrada/salida de datos en serie a gran velocidad. Una de las principales novedades de USB era la posibilidad de configurar periféricos en los PC de forma rápida y sencilla, sin tener que abrir carcasas o instalar *drivers*. Las compañías que desarrollaron la especificación USB constituyeron el USB-IF (*USB-Implementers Forum*) [www.usb.org] en 1995, con el fin de proporcionar soporte en el desarrollo y adopción de USB. En la actualidad cuenta con más de 800 miembros.

Hoy en día, todos los PC, portátiles, tabletas, etc., incorporan puertos USB en los que conectar nuestros periféricos o dispositivos (memorias, discos duros, cámaras de fotos, teclados, ratones, impresoras, *webcams*, etc.). El objetivo inicial de USB era paliar las carencias del puerto PS/2 –empleado para el ratón y el teclado–, RS-232 (serie) y paralelo –empleado para el módem y la impresora–, pues estas interfaces tenían un conector más grande y que ocupaba más espacio, permitían una velocidad de transferencia muy baja, no ofrecían capacidades de autoconfiguración y solo permitían conectar un dispositivo al mismo tiempo.

USB consigue velocidades muy por encima de las que se pueden transmitir con ambos tipos de puertos y conectar un mayor número de dispositivos. Los dispositivos *High-Speed USB* o USB 2.0 permiten alcanzar velocidades de 480 Mbit/s, frente a los 12 Mbit/s que alcanzaba el USB original o USB 1.0, permitiendo así la conexión de, prácticamente, cualquier dispositivo, desde videocámaras y discos duros externos. USB 3.0 o *SuperSpeed USB*, aparecido en 2008, va un paso más allá, y además de mejorar la eficiencia en potencia de USB 2.0, alcanza velocidades de hasta 5 Gbit/s. Cada nueva tecnología es compatible con la versión anterior y usa los mismos cables y conectores. USB es además un estándar que permite conectar hasta 127 dispositivos partiendo de un único conector. Además permite añadir dispositivos "en caliente", esto es, sin apagar el ordenador o el dispositivo que se va a conectar.

*Figura 3.15. Disposición de los puertos USB en un ordenador*

USB transfiere señales y energía a los periféricos utilizando un cable de 4 hilos apantallado. El calibre de los conductores destinados a alimentación de los periféricos varía desde 20 a 26 AWG, mientras que el de los conductores de señal es de 28 AWG. La longitud máxima de los cables es de 5 metros. Si se desea conectar más de un dispositivo al mismo puerto, se emplean los concentradores USB (o USB *hub*). Estos dispositivos también se emplean para soportar mayores distancias, pues puede haber un total de 5 en cascada; es decir, la distancia máxima soportada con conexión USB es de 25 metros. Se puede construir una pequeña LAN entre dos PC usando USB.

También se ha definido un USB inalámbrico, que soporta una conectividad de alta velocidad muy robusta empleando la plataforma *WiMedia MB-OFDM Ultra-wideband* (UWB) desarrollada por la WiMedia Alliance [*www.wimedia.org*]. El USB inalámbrico soporta hasta 480 Mbit/s a 3 metros y 110 Mbit/s a 10 metros.

# 3.10 EL MODELO OSI DE REFERENCIA

Para acabar este capítulo, veremos el modelo OSI (*Open Systems Interconnection*), que ha tenido, y aún sigue teniendo, una especial relevancia en cuanto a la conexión de equipos y redes de comunicaciones. Aunque dada la velocidad a la que avanza el mundo de las telecomunicaciones, surgen estándares, no normalizados por ningún organismo oficial, pero que son los utilizados (estándares de facto).

El modelo de referencia para la Interconexión de Sistemas Abiertos, OSI, fue aprobado por el ISO (*International Organization for Standardization*) en el año 1984, bajo la norma ISO 7498. Con posterioridad, el CCITT lo incorporó a las recomendaciones de la serie "X" bajo la denominación X.200.

El modelo OSI surgió ante la necesidad imperante de interconectar sistemas de distintos fabricantes, cada uno de los cuales empleaba sus propios protocolos para el intercambio de señales. El término "abierto" se seleccionó con la idea de realzar la facilidad básica del modelo, frente a otros modelos "propietarios" y, por tanto, cerrados.

El sistema de comunicaciones del modelo OSI estructura el proceso en varias capas que interaccionan entre sí. Una capa proporciona servicios a la capa superior siguiente y toma los servicios que le presta la siguiente capa inferior.

## 3.10.1 Ventajas del modelo OSI

Los estándares OSI describen las reglas que deben seguir los equipos de comunicaciones, para que el intercambio de datos sea posible dentro de una infraestructura que esté compuesta por una gran variedad de productos de diferentes suministradores.

A partir de este modelo se han desarrollado una gran familia de protocolos para que diferentes tipos de ordenadores puedan trabajar y comunicarse conjuntamente sobre diversos tipos de redes.

Con el objetivo de definir un estándar flexible y con posibilidad de ampliarse, los organismos de normalización concluyeron que una buena manera para conseguirlo era descomponer en varios módulos la enorme complejidad de un proceso de comunicación entre dos aplicaciones. Cada módulo se ocupa de unas tareas específicas por lo que resulta mucho más fácil realizar cambios en una parte sin que se tenga que alterar el resto de las especificaciones. Así, el modelo consta de siete módulos o niveles: aplicación, presentación, sesión, transporte, red, enlace y físico.

Las ventajas teóricas más importantes que resultan de la utilización del estándar OSI son:

- Conectividad en todo el mundo sin tener que instalar pasarelas.

- Fácil integración de productos en la red.

- Un punto de vista único a la hora de configurar la seguridad.

- Amplio margen en la elección de suministradores lo que permite una mayor competencia entre estos y, consecuentemente, precios más bajos.

- Mejores posibilidades de sobrevivir a las nuevas generaciones tecnológicas sin elevados costes de conversión.

Pese a las ventajas citadas anteriormente, los protocolos OSI no están siendo muy utilizados. Otros protocolos, como por ejemplo TCP/IP y SNMP, están mucho más extendidos en las empresas que los estándares OSI. Las razones más ampliamente admitidas del porqué de esta situación son las siguientes:

- Los protocolos OSI no habían sido testados ampliamente antes de ser estandarizados y no están basados, en la práctica, en una red de ordenadores a gran escala. Por el contrario, TCP/IP se ha utilizado con profusión desde la década de los 70, cuando se empezó a desarrollar Internet.

- Los estándares OSI son, comparados a los estándares Internet y los RFC (*Ready for Comments*), muy caros y difíciles de obtener.

- El modelo de referencia es demasiado complejo y con muchos niveles.

- La definición de dos protocolos alternativos e incompatibles en el nivel de red de OSI (X.25 que está orientado a conexión e IP que es el modo sin conexión) no ayuda a construir, mantener y utilizar una red totalmente interconectada.

- Existe un amplio acuerdo en que la configuración del nivel de red sin conexión como la existente en Internet (datagrama) es técnicamente superior a X.25 (orientado a conexión), al menos en lo que se refiere a la técnica del mejor esfuerzo (*best effort*).

## 3.10.2 Estructura en niveles de OSI

El modelo OSI está compuesto por una serie de 7 niveles (capas), cada uno de ellos con una funcionalidad específica, para permitir la interconexión e interoperatividad de sistemas heterogéneos. La utilidad del mismo radica en la separación que en él se hace de las distintas tareas que son necesarias para comunicar dos sistemas independientes.

Es importante señalar que este modelo no es una arquitectura de red en sí mismo, dado que no especifica, en forma exacta, los servicios y protocolos que se utilizarán en cada nivel, sino que solamente indica la funcionalidad de cada uno de ellos.

Sin embargo, ISO también ha generado normas para la mayoría de los niveles, aunque estas, estrictamente hablando, no forman parte del modelo OSI, habiéndose publicado todas ellas como normas independientes. Los siete niveles del modelo OSI se muestran en la tabla 3.11.

| Nivel | Función |
|---|---|
| 7. Aplicación | Datos normalizados |
| 6. Presentación | Interpretación de los datos |
| 5. Sesión | Diálogos de control |
| 4. Transporte | Integridad de los mensajes |
| 3. Red | Encaminamiento |
| 2. Enlace | Detección de errores |
| 1. Físico | Conexión de equipos |

*Tabla. 3.11. Niveles y funciones del modelo de referencia OSI de ISO*

Los tres niveles inferiores están orientados al acceso del usuario (comunicaciones de datos); el cuarto nivel al transporte extremo-a-extremo de la información, y los tres superiores a la aplicación (figura 3.16).

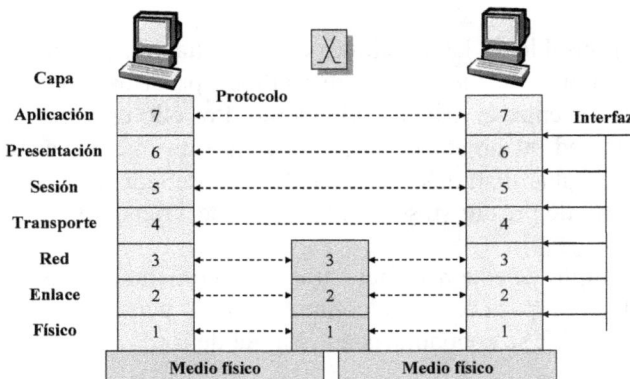

*Figura 3.16. Estructura de capas del modelo OSI y funciones de interconexión*

### Nivel 1 - Físico

El nivel físico, el más bajo y más antiguo, proporciona los medios mecánicos –eléctricos, funcionales y de procedimiento– de establecimiento y desactivación de las conexiones físicas para la transmisión de bits entre entidades de enlace de datos. La misión básica de este nivel consiste en transmitir bits por un canal de comunicación, de manera que cuanto envíe el transmisor resulte en una correcta recepción en destino. A este nivel pertenecen las normas: V.24 y V.35.

### Nivel 2 - Enlace

El objetivo de este nivel es facilitar los medios funcionales y de procedimiento para establecer, mantener y liberar conexiones de enlace de datos entre entidades de red.

Las funciones básicas que realiza este nivel están orientadas a resolver los problemas planteados por la falta de fiabilidad de los circuitos de datos. Los datos recogidos del nivel de red se agrupan en tramas para su transmisión. Las tramas incluyen bits de redundancia y control para corregir los errores de transferencia. Además, el nivel de enlace regula el flujo de las tramas, para sincronizar su emisión y recepción. En resumen, sus funciones son las siguientes: sincronización y entramado, establecimiento y desconexión del enlace, control de flujo y detección y recuperación de errores.

### Nivel 3 - Red

El nivel de red proporciona los medios para establecer, mantener y liberar la conexión, a través de una red compuesta de enlaces y nodos. También dota de los medios funcionales y de procedimiento para el intercambio de unidades de datos del servicio de red entre entidades de transporte por conexiones de red.

Es el responsable de las funciones de conmutación y encaminamiento de la información; proporciona los procedimientos precisos necesarios para el intercambio de datos entre el origen y el destino. Por ello es necesario que conozca la topología de la red, al objeto de determinar la ruta más adecuada. Cuando los extremos están en rutas distintas, el nivel de Red deberá resolver las diferencias entre las redes, a fin de prestar su servicio al nivel de Transporte.

Como ejemplo de este nivel tenemos las recomendaciones X.25, X.32, X.3, X.28, X.29 del CCITT para redes de conmutación de paquetes. El protocolo IP, si siguiese el modelo OSI, se encuadraría en el nivel de Red.

Desde el punto de vista del estudio de las redes, este nivel es uno de los más significativos.

## Nivel 4 - Transporte

El nivel de transporte efectúa la transferencia de datos entre entidades de sesión y las libera de toda otra función relativa a conseguir una transferencia de datos segura y económica.

Su misión básica es la de optimizar los servicios del nivel de red y corregir las posibles deficiencias en la calidad del servicio, con el auxilio de mecanismos de recuperación en caso de condiciones anormales en los niveles inferiores. Proporciona los procedimientos de transporte precisos, con independencia de la red o del soporte físico empleado.

Este nivel está muy relacionado con la calidad del servicio ofrecido por la red, ya que si no es suficiente, será este nivel el encargado de establecer el puente entre las carencias de la red y las necesidades del usuario.

## Nivel 5 - Sesión

El nivel de sesión tiene por objeto proporcionar el medio necesario para que las entidades de presentación en cooperación organicen y sincronicen su diálogo y procedan al intercambio de datos. Para ello el nivel proporciona los servicios precisos para establecer una conexión de sesión entre dos entidades de presentación y facilitar interacciones ordenadas de transferencia de datos. Su función básica consiste en realizar el encuadrado de la dirección de sesión hacia el usuario con las direcciones de transporte orientadas a la red y gestionar y sincronizar los datos intercambiados entre los usuarios de una sesión, así como informar sobre incidencias.

## Nivel 6 - Presentación

Permite la representación de la información que las entidades de aplicación comunican o mencionan en su comunicación. Es el responsable de que la información se entregue al proceso de aplicación de manera que pueda ser entendida y utilizada. A este nivel pertenecen el código ASCII y el HTML.

La función de este nivel es la de proporcionar los procedimientos precisos, incluyendo aspectos de conversión, cifrado y compresión de datos, para representar la información de acuerdo a los dispositivos de presentación del usuario (pantallas, impresoras, etc.).

Además de posibilitar un transporte seguro, fiable y económico entre dos puntos de la red, una vez que los niveles anteriores han resuelto el problema de la transmisión de datos y el establecimiento de la sesión de trabajo.

### Nivel 7 - Aplicación

Al ser el nivel más alto del modelo de referencia, el nivel de aplicación es el medio por el cual los procesos de aplicación acceden al entorno OSI. Por ello, este nivel no interactúa con uno más alto.

Proporciona los procedimientos que permiten a los usuarios ejecutar los comandos relativos a sus propias aplicaciones. Los procesos de las aplicaciones se comunican entre sí por medio de las entidades de aplicación asociadas, controladas por protocolos de aplicación y utilizando los servicios del nivel de presentación.

## 3.11 EL PROCESO DE ESTANDARIZACIÓN

Con el propósito de buscar una estructura y un método de funcionamiento que permitieran conocer los problemas planteados por las nuevas tecnologías de comunicación, así como también las demandas de los usuarios, en 1865 se fundó la Unión Internacional de Telegrafía, que fue la primera organización intergubernamental e internacional que se creó. Sin lugar a duda, este fue el primer esfuerzo para estandarizar las comunicaciones en varios países.

Años más tarde, en 1884 al otro lado del Atlántico, en Estados Unidos se funda la IEEE (*Institute of Electrical and Electronics Engineers*), organismo encargado hoy en día de la promulgación de estándares para redes de comunicaciones. En 1906, en Europa se funda la IEC (*International Electrotechnical Commission*), organismo que define y promulga estándares para ingeniería eléctrica y electrónica. En 1918 se funda la ANSI (*American National Standards Institute*), otro organismo de gran importancia en la estandarización estadounidense y mundial.

En 1932, al fusionarse dos entidades de la antigua UIT, se crea la Unión Internacional de Telecomunicaciones, entidad de gran importancia hoy en día encargada de promulgar y adoptar estándares de telecomunicaciones. Por otra parte, en 1947 pasada la Segunda Guerra Mundial, es fundada la ISO, entidad que engloba en un ámbito más amplio estándares de varias áreas del conocimiento. Actualmente, existe una gran cantidad de organizaciones y entidades que definen estándares.

Un estándar, tal como lo define la ISO, "son acuerdos documentados que contienen especificaciones técnicas u otros criterios precisos para ser usados consistentemente como reglas, guías o definiciones de características para asegurar que los materiales, productos, procesos y servicios cumplan con su propósito".

Por lo tanto, un estándar de telecomunicaciones "es un conjunto de normas y recomendaciones técnicas que regulan la transmisión en los sistemas de comunicaciones". Queda bien claro que los estándares deberán estar documentados, es decir, escritos en papel, con objeto de que sean difundidos y captados de igual manera por las entidades o personas que los vayan a utilizar, aunque últimamente la tendencia es a mantenerlos en formato electrónico, por ejemplo, PDF, para que sea más fácil, rápida y menos costosa su distribución, a través de Internet o de soporte en CD-ROM o DVD.

## 3.11.1 Tipos de estándares

Existen tres tipos de estándares: **de facto**, **de jure** y los **propietarios**.

- **De facto**. Los estándares **de facto** son aquellos que tienen una alta penetración y aceptación en el mercado, pero aún no son oficiales.

- **De jure**. Un estándar **de jure** u oficial, en cambio, es definido por grupos u organizaciones oficiales tales como la ITU, ISO, ANSI, entre otras.

- **Propietarios**. Específicos (propiedad) de una determinada empresa.

La principal diferencia en cómo se generan los estándares de jure y facto, es que los estándares de jure son promulgados por grupos de gente de diferentes áreas del conocimiento que contribuyen con ideas, recursos y otros elementos para ayudar en el desarrollo y definición de un estándar específico. En cambio, los estándares de facto son promulgados por comités de una entidad o compañía que quiere sacar al mercado un producto o servicio; si este tiene éxito, es muy probable que una organización oficial lo adopte y se convierta en estándar de jure.

Por otra parte, también existen los estándares propietarios que son propiedad absoluta de una corporación o entidad y su uso todavía no logra una alta penetración en el mercado. Esta práctica era bastante común en la década de los 70 entre las empresas informáticas, tales como IBM, Sperry, Bull, NCR, etc., no tanto entre las de comunicaciones, y cabe destacar que aún existen algunas compañías que trabajan con este esquema solo para ganar clientes y de alguna manera "atarlos" a los productos que fabrica. Si un estándar propietario tiene éxito, al lograr más penetración en el mercado, puede convertirse en un estándar de facto e inclusive convertirse en estándar de jure al ser adoptado por un organismo oficial. Un ejemplo clásico del éxito de un estándar propietario es el conector RS-232, concebido en los años 60 por la EIA (*Electronics Industries Association*) en Estados Unidos. La amplia utilización de la interfaz EIA-232 dio como resultado su adopción por la UIT, quien describió las características eléctricas y funcionales de la interfaz en las recomendaciones V.28 y V.24 respectivamente. Por otra parte, las características mecánicas se describen en la recomendación 2110 de la ISO.

## 3.11.2 Organizaciones que establecen estándares

Básicamente, existen dos tipos de organizaciones que definen estándares: las organizaciones oficiales y los consorcios de fabricantes.

El primer tipo de organismo está integrado por consultores independientes, integrantes de departamentos o secretarías de estado de diferentes países u otros individuos. Ejemplos de este tipo de organizaciones son la UIT, ISO, ANSI, IEEE, IETF, IEC, entre otras.

Los consorcios de fabricantes están integrados por compañías fabricantes de equipos de comunicaciones o desarrolladores de software que, conjuntamente, definen estándares para que sus productos entren al mercado de las telecomunicaciones y redes (por ejemplo, ATM Forum, Frame Relay Forum, Gigabit Ethernet Alliance, ADSL Forum, Wi-Fi Alliance, UMTS Forum, etc.). Una ventaja de los consorcios es que pueden llevar más rápidamente los beneficios de los estándares promulgados al usuario final, mientras que las organizaciones oficiales tardan más tiempo en liberarlos.

Un ejemplo característico es la especificación *Fast Ethernet* (100 Base-T). La mayoría de las especificaciones fueron definidas por la Fast Ethernet Alliance, quien transfirió sus recomendaciones a la IEEE. La totalidad de las especificaciones fueron liberadas en dos años y medio. En contraste, a la ANSI le llevó más de 10 años liberar las especificaciones para FDDI (*Fiber Distributed Data Interface*), lo mismo que le sucedió al GSM (*Groupe Speciale Mobile*), dentro de la CEPT (*Conférence Européen de Postes et Telecommunications*) para la especificación del estándar de telefonía móvil digital GSM, que constaba de más de 8.000 páginas.

Otro aspecto muy importante de los consorcios de fabricantes es que estos tienen un contacto más cercano con el mundo real y los productos reales. Esto reduce el riesgo de crear especificaciones que son demasiado ambiciosas, complicadas, y costosas de implementar, por lo que al final acaban en el olvido.

El modelo de capas OSI (*Open Systems Interconnection*) de la organización ISO es el ejemplo clásico de este problema. La ISO empezó a diseñarlas a partir de una hoja de papel en blanco tratando de diseñar estándares para un mundo ideal sin existir un impulso comercial para definirlas. En cambio, los protocolos del conjunto TCP/IP fueron desarrollados por personas que tenían la imperiosa necesidad de comunicarse (los RFC constituyen unos documentos esenciales en todo este proceso), y ese fue su éxito y el de la red Internet, que hoy alcanza una amplísima difusión.

Los consorcios de fabricantes promueven la interoperatividad teniendo un amplio conocimiento del mercado, lo que redunda en su beneficio y en el de los usuarios ya que estos pueden elegir la oferta que mejor se adapte a sus necesidades.

## 3.11.2.1 ORGANISMOS OFICIALES DE ESTANDARIZACIÓN

En Estados Unidos, donde se aglutinan la mayoría de las organizaciones, la mejor manera para saber si una organización de estándares es oficial consiste en conocer si la organización está avalada por la ISO. La ANSI, IEEE y IETF, todas ellas están reconocidas por la ISO y, por lo tanto, son organismos oficiales. En el resto del mundo, aquellas organizaciones avaladas por la UIT o ISO son organizaciones oficiales.

Algunas de las organizaciones de estándares más importantes son:

**La Unión Internacional de Telecomunicaciones**

La UIT es el organismo oficial más importante en materia de estándares en telecomunicaciones y está integrado por tres sectores o comités: el primero de ellos es la UIT-T (antes conocido como CCITT, Comité Consultivo Internacional de Telegrafía y Telefonía), cuya función principal es desarrollar bosquejos técnicos y estándares para telefonía, telegrafía, interfaces, redes y otros aspectos de las telecomunicaciones.

La UIT-T envía sus bosquejos a la UIT y esta se encarga de aceptar o rechazar los estándares propuestos. El segundo comité es la UIT-R (antes conocido como CCIR, Comité Consultivo Internacional de Radiocomunicaciones), encargado de la promulgación de estándares de comunicaciones que utilizan el espectro electromagnético, como son la radio, televisión UHF/VHF, comunicaciones por satélite, telefonía móvil, microondas, etc. El tercer comité, UIT-D, es el sector de desarrollo, encargado de la organización, coordinación técnica y actividades de asistencia.

## El IEEE

Fundado en 1884, el IEEE es una sociedad establecida en los Estados Unidos que desarrolla estándares para las industrias eléctricas y electrónicas, particularmente en el área de redes de datos. Los profesionales de redes están particularmente interesados en el trabajo de los comités 802 del IEEE. El comité 802 (80 porque fue fundado en el año de 1980, y 2 porque fue en el mes de febrero) enfoca sus esfuerzos en desarrollar protocolos de estándares para la interfaz física de las conexiones de las redes locales de datos, las cuales funcionan en la capa física y enlace de datos del modelo de referencia OSI.

Estas especificaciones definen la manera en que se establecen las conexiones de datos entre los dispositivos de red, su control y terminación, así como las conexiones físicas como cableado y conectores.

## La Organización Internacional de Estándares

La ISO es una organización no-gubernamental establecida en 1947, tiene representantes de organizaciones importantes de estándares alrededor del mundo y actualmente conglomera a más de 100 países. La misión de la ISO es "promover el desarrollo de la estandarización y actividades relacionadas con el propósito de facilitar el intercambio internacional de bienes y servicios y para desarrollar la cooperación en la esfera de la actividad intelectual, científica, tecnológica y económica". Los resultados del trabajo de la ISO son acuerdos internacionales publicados como estándares internacionales. Tanto la ISO como la ITU tienen su sede oficial en Suiza.

# Capítulo 4

# REDES FIJAS DE COMUNICACIONES

## 4.1 CLASIFICACIÓN DE LAS REDES DE COMUNICACIONES

En este capítulo veremos, básicamente, cómo son las redes según su extensión geográfica: redes de área local o entorno local, y redes de área extendida o entorno amplio. También, dentro de esta clasificación general, haremos otra en función de que se destinen a dar servicios de voz o de datos ya que, tradicionalmente, estos se han cubierto a través de redes diferentes, aunque cada vez hay una mayor convergencia entre ambos servicios. Al final del capítulo estableceremos las diferencias entre cuatro nomenclaturas de redes porque pueden dar lugar a confusión: públicas, virtuales, privadas e híbridas y explicaremos algunos de los protocolos habituales en redes de datos.

La clasificación de las redes, según su cobertura geográfica, se divide entre las de **entorno local**, unión de un edificio, un campus universitario, un grupo de fábricas, y las de **entorno amplio**, que pueden cubrir cualquier extensión, desde una ciudad al mundo entero. Así, tenemos los siguientes tipos:

- **PAN**: red de área personal, limitada a unos pocos metros (hasta 10).

- **LAN**: entorno reducido, limitado a unos pocos cientos de metros.

- **MAN**: entorno de una ciudad (hasta varios kilómetros).

- **WAN**: red de área amplia, sin límite de cobertura.

## 4.2 REDES DE ÁREA LOCAL

Aunque la tecnología permite, mediante técnicas digitales, mandar la voz y los datos por la misma línea, en casi todos los entornos locales se siguen transmitiendo por diferentes caminos. Simplemente, por una cuestión de coste y de comodidad; es más barato y sencillo poner un cable para el teléfono y otro para el ordenador que transferir ambas señales por un mismo cable y tener que poner en cada mesa de despacho un separador de datos y voz. Por tanto, a nivel local se siguen utilizando redes separadas, voz por una parte, datos por otra.

A las redes de datos que unen ordenadores se les suele llamar LAN (*Local Area Network*). Hay varios sistemas de LAN, pero los más conocidos son: el del tipo Ethernet, que sobre un cable (bus) va uniendo todos los ordenadores y terminales, que es la red más usada para interconectar ordenadores. El otro sistema (*ring*) adopta una estructura en anillo, en el que cada ordenador se conecta a otro y este a otro y así sucesivamente, que es bastante menos utilizado.

Ethernet fue desarrollada gracias a un acuerdo, en la década de los 70, entre Xerox, Intel y Digital Equipment Corporation (DEC).

Las redes en anillo, cuyo ejemplo más significativo es la *Token Ring*, fueron desarrolladas por IBM, aunque hay sistemas de anillo más modernos y eficaces que el de IBM. Otro método que tuvo cierto protagonismo hace unos años era el FDDI, un sistema de anillo mediante fibra óptica.

## 4.2.1 Características de las redes

Las redes de área local son redes de propiedad privada, dentro de un solo edificio o recinto, que varían desde unos 10 metros hasta unos pocos kilómetros de extensión. Se utilizan para conectar ordenadores personales y estaciones de trabajo en oficinas, organizaciones y fábricas, con el objeto de compartir recursos y comunicar usuarios (figura 4.1). Operan a una velocidad entre 10 Mbit/s y 10 Gbit/s, tienen bajo retardo y muy pocos errores.

Se distinguen de otro tipo de redes por su tamaño, tecnología de transmisión y topología. Utilizan redes de difusión en vez de conmutación y no hay nodos intermedios, sino que el medio es único y compartido.

En todas las redes de área local nos encontraremos siempre un **modo de transmisión/modulación** (banda base o banda ancha), **protocolo de acceso** (TDMA, CSMA/CD, *Token Passing*, FDDI), un **soporte físico** (cables de pares trenzados con o sin pantalla, coaxiales o fibra óptica), y una **topología** (bus, anillo, estrella y malla).

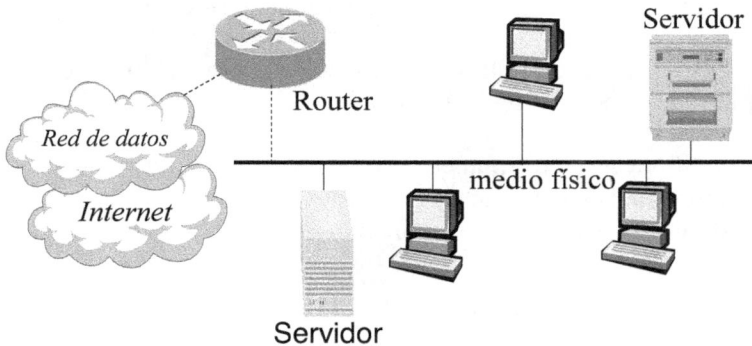

*Figura 4.1. Topología típica de una LAN*

Las características más importantes que definen a las LAN, además del área geográfica que abarcan, son las siguientes:

- La velocidad de transmisión de los datos dentro de una red local es elevada (típicamente de 100 Mbit/s).

- La tasa de error de transmisión de los bits es inapreciable (del orden de 1 bit erróneo por cada 100 millones de bits transferidos).

- No se requiere ningún tipo de licencia para su instalación, incluso si utilizan la radio como medio de transmisión, ya que su alcance es limitado y se encuentra siempre dentro de un recinto privado.

**Posibilidades que se obtienen de su empleo**

Son numerosas las ventajas que aporta la conexión en red local; destacamos como más importantes las siguientes:

- Mantener bases de datos actualizadas instantáneamente y accesibles desde distintos puntos.

- Facilitar la transferencia de archivos entre miembros de un grupo de trabajo.

- Compartir periféricos (impresoras, discos ópticos, escáneres, etc.).

- Disminuir el costo del software comprando licencias de uso múltiple en vez de muchas individuales.

- Facilitar la copia periódica de respaldo de los datos.

- Comunicarse con otras redes públicas, como es Internet, y compartir un servicio de correo electrónico.

- Multiplicar el número de usuarios que pueden acceder simultáneamente a un recurso o información, con un nivel de calidad suficiente y a un precio razonable.

## 4.2.2 Topología de las redes

El término "topología" se refiere al diseño de la red, bien sea esta física o lógica. La topología de la red se refiere a la representación geométrica de los distintos enlaces entre los dispositivos o nodos. Existen, básicamente, cuatro topologías diferentes para la construcción de una red de área local:

- **Topologías en bus** y **en árbol**: en la topología en bus todas las estaciones se encuentran conectadas directamente a un medio de transmisión lineal o bus. Se permite la transmisión en dúplex y esta circula en todas direcciones a lo largo del bus, pudiendo cada estación recibir o transmitir. Hay terminales pasivos en cada extremo del bus para que las señales no se reflejen y vuelvan al bus.

  La topología en árbol es similar a la de bus, pero se permiten ramificaciones a partir de un punto llamado raíz, aunque no se permiten bucles.

  Los problemas asociados a estas dos topologías son que, ya que los datos son recibidos por todas las estaciones, hay que dotar a la red de un mecanismo para saber hacia qué destinatario van los datos. Además, ya que todas las estaciones pueden transmitir a la vez, hay que implantar un mecanismo que evite que unos datos interfieran con otros. Para solucionar estos problemas, los datos se parten en tramas con una información de control en la que figura el identificador de la estación de destino. Cada estación de la LAN está unívocamente identificada. Para evitar el segundo problema (la superposición de señales provenientes de varias estaciones), hay que mantener una cooperación entre todas ellas, y para eso se utiliza información de control en las tramas.

- **Topología en anillo**: la red consta de una serie de repetidores (simples mecanismos que reciben y retransmiten información sin almacenarla) conectados unos a otros en forma circular (anillo). Cada estación está conectada a un repetidor, que es el que pasa información de la red a la estación y de la estación a la red. Los datos circulan en el anillo en una sola dirección. La información también se divide en tramas con identificadores sobre la estación de destino. Cuando una trama llega a un repetidor, este tiene la lógica suficiente como para reenviarla a su estación (si el identificador es el mismo) o dejarla pasar si no es el mismo. Cuando la trama llega a la estación origen es eliminada de la red.

- **Topología en estrella**: en este caso, se trata de un nodo central del cual salen los cableados para cada estación. Las estaciones se comunican unas con otras a través del nodo central. Hay dos maneras de funcionamiento de este nodo: este nodo es un mero repetidor de las tramas que le llegan (cuando le llega una trama de cualquier estación, la retransmite a todas las demás), en cuyo caso, la red funciona igual que un bus; otra manera es de repetidor de las tramas pero solo las repite al destino (usando la identificación de cada estación y los datos de destino que contiene la trama) tras haberlas almacenado.

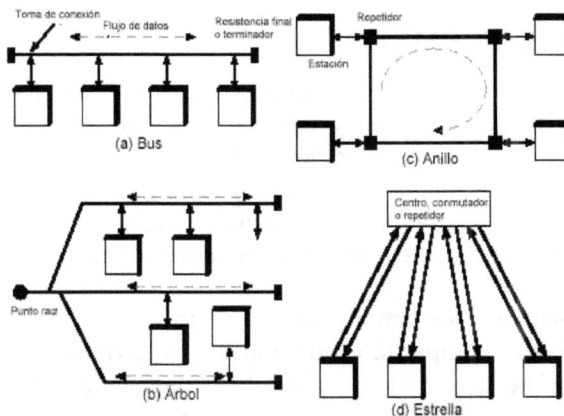

*Figura 4.2. Diferentes topologías empleadas con las redes de área local*

## 4.2.3 Métodos para el acceso al medio

Al ser la red local un medio compartido, se hace necesario fijar unas reglas que definan la manera de cómo los distintos usuarios tienen acceso al mismo, para evitar conflictos y asegurar a cada uno igual oportunidad de acceso. Este conjunto de reglas es el denominado *método de acceso al medio*.

Los métodos de acceso al medio más utilizados en las LAN son: CSMA/CD para las tipo "bus" y Paso de Testigo para las de "anillo" (figura 4.3).

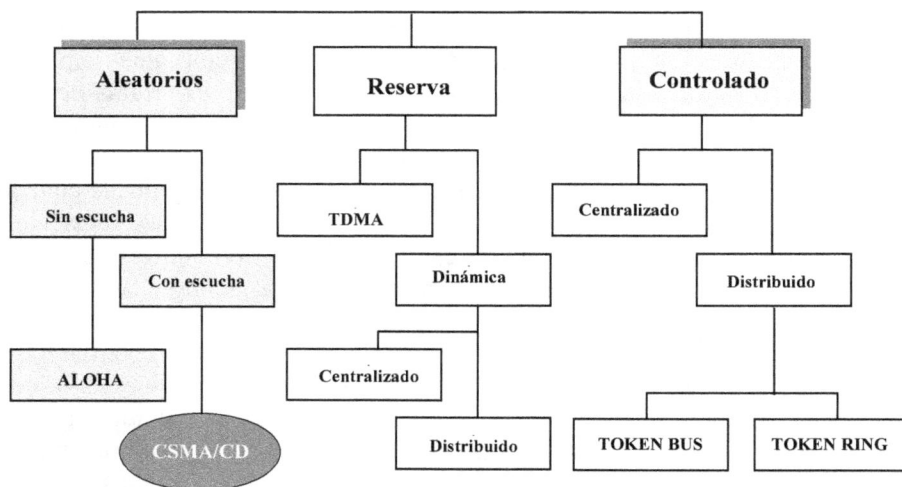

*Figura 4.3. Protocolos de acceso al medio empleados en las LAN*

## 4.2.3.1 EL MÉTODO CSMA/CD

CSMA/CD (*Carrier Sense Multiple Access/Collision Detection*) o acceso múltiple con escucha de portadora y detección de colisión. Es el protocolo de acceso al medio que utilizan las redes Ethernet (las más implantadas en el mercado). Dispone de una topología lógica de bus. Esto significa que la red puede estar físicamente dispuesta en bus o en estrella, pero su configuración a nivel funcional es de un medio físico compartido por todos los terminales.

Su funcionamiento es simple: un ordenador antes de transmitir analiza el medio de transmisión compartido por todos los terminales conectados para comprobar si ya existe una comunicación. Esta precaución se toma para que la posible transmisión que se esté realizando en ese momento no sea interferida por la que se quiere transmitir. Si no detecta ninguna comunicación, comienza la transferencia y, en caso contrario, esperará un tiempo aleatorio antes de comenzar de nuevo el proceso.

En el caso de que dos o más ordenadores transmitan al mismo tiempo se produce una colisión, es decir, las señales se interfieren mutuamente quedando inservibles para su correcta recepción por sus respectivos destinatarios. Al estar percibiendo una señal ininteligible, los terminales implicados en la colisión cancelan la transmisión en curso para, a continuación, transmitir una secuencia especial de bits, denominada señal de atasco, cuya misión es garantizar que la colisión dura lo suficiente para que sea detectada por el resto de terminales de la red.

Cada vez que ocurre una colisión, los terminales comienzan su proceso de transmisión después de un período aleatorio de espera, para reducir la probabilidad de una nueva. Cuantos más terminales haya, más probables son las colisiones, por lo que estas redes tienen serias limitaciones si el número de ellos es muy elevado.

## 4.2.3.2 EL MÉTODO PASO DE TESTIGO

Paso de Testigo (*Token Passing*). Este método consiste en que existe una trama pequeña llamada testigo que circula por la red cuando no hay ninguna estación transmitiendo. Si una estación desea transmitir, cuando le llega el testigo, lo coge, le cambia un cierto bit y le añade la trama de datos, enviando la trama obtenida a su destino. Como el testigo ya no existe, las demás estaciones no pueden transmitir. Cuando la trama enviada da toda la vuelta a la red, es captada otra vez por el emisor y este introduce un nuevo testigo en la red; de esta manera ya es posible que otra estación pueda emitir.

Para baja carga de la red este sistema es poco eficiente, pero para cargas altas es un sistema muy eficiente y equitativo. Una desventaja seria es que se pierda el testigo, pues entonces toda la red se bloquea. Los bits que se modifican en el anillo indican si la trama que acompaña al *token* ha llegado a su destino, si no ha llegado o si ha llegado pero no se ha copiado. Esta información de control es muy importante para el funcionamiento del sistema.

# 4.2.4 La normativa 802.X del IEEE

En 1985, bajo el patrocinio de IEEE (Instituto de Ingenieros Eléctricos y Electrónicos), nace el denominado Proyecto IEEE 802, para establecer un estándar que posibilite la comunicación entre equipos de diferentes fabricantes. Bajo este proyecto de normalización el IEEE ha desarrollado una serie de estándares (IEEE 802.X) en los que define los aspectos físicos (cableado, topología física y eléctrica) y de control de acceso al medio de redes locales.

Estos estándares son internacionalmente reconocidos (por los organismos ANSI, ISO, etc.), siendo adoptados por ISO en su serie equivalente ISO 8802.X.

**Algunas Normas 802.X del IEEE**

- **IEEE 802.1**: precisa la relación existente entre los niveles del modelo OSI y los definidos por el IEEE para sus redes locales. También, analiza métodos de gestión de red y direccionamiento.

- **IEEE 802.2**: define el protocolo LLC (*Logical Link Control* o Control del Enlace Lógico). Está a nivel 2 del modelo OSI.

- **IEEE 802.3**: concreta diferentes tipos de red (denominadas genéricamente redes Ethernet) que tienen en común la utilización del mismo protocolo de acceso al medio MAC (CSMA/CD), con velocidad de 10 a 10.000 Mbit/s.

- **IEEE 802.4**: define redes de anillo lógico en un bus físico (también se puede configurar el anillo lógico con una topología física de estrella) y con protocolo MAC de paso de testigo (*Token Bus*). Este tipo de redes ya no se utiliza en oficinas, pero sí en entornos industriales, donde se necesita un control automatizado de procesos. Existen diferentes niveles físicos para esta norma y la velocidad va de 1,5 a 10 Mbit/s.

- **IEEE 802.5**: redes de anillo lógico en un anillo físico (también se puede configurar el anillo lógico sobre una topología física de estrella) y con protocolo MAC de paso de testigo (*Token Ring*). La norma prevé distintos niveles de prioridad (codificados mediante unos bits incluidos en el testigo). La velocidad es de 16 Mbit/s.

- **IEEE 802.8**: también llamada FDI (*Fiber Distributed Data Interface*); es una de las normas definidas por el organismo de normalización americano ANSI y que ha sido adoptada por el IEEE y el ISO. La red consta de un doble anillo de fibra óptica, cada uno en un sentido para la transmisión diferente. La velocidad de transmisión es de 100 Mbit/s.

- **IEEE 802.11**: Normativa referida a las redes locales inalámbricas, que trata de la normalización de medios como la radio de espectro expandido, radio de banda estrecha, infrarrojos y transmisiones sobre líneas de potencia. Su aplicación más conocida es en las redes Wi-Fi.

- **IEEE 802.15**: Normativa que se aplica a las redes personales de muy corta distancia. Se conoce como Bluetooth y es un caso muy particular. La frecuencia de radio con la que trabaja está en el rango de 2,5 GHz con espectro ensanchado (*spread spectrum*) y saltos de frecuencia (*frequency hopping*), lo que permite brindar seguridad y robustez.

- **IEEE 802.16**: se trata de una especificación para las redes de acceso metropolitanas inalámbricas de banda ancha publicada inicialmente en abril del año 2002. En esencia recoge el estándar de facto WiMAX. Hace uso del espectro de frecuencias desde 2 hasta 11 GHz para la comunicación de la última milla (de la estación base a los usuarios finales) y ocupando frecuencias entre 11 y 60 GHz para las comunicaciones con línea vista entre las estaciones base (*backhaul*).

## 4.3 RED LOCAL ETHERNET

Ethernet es el principal estándar y el más popular para redes de área local. Su historia comienza en 1970, sobre la base de los experimentos de Robert Metcalfe con la recién estrenada ARPANET y la introducción de mejoras en el protocolo ALOHA que se utilizaba para la transmisión por radio entre diversas islas de Hawai para aumentar su rendimiento. Durante un período de 10 años trabajando para la compañía Xerox, con la ayuda de algunos colaboradores, Metcalfe sentó las bases de lo que son las comunicaciones en una LAN. El objetivo era conseguir un medio de comunicación entre ordenadores, a medio camino entre las lentas redes telefónicas de larga distancia existentes, y las de alta velocidad que se instalaban en las salas de computación para unir entre sí sus distintos elementos.

Ethernet es una red de área local, ampliamente extendida, con topología en bus (su topología se muestra en la figura 4.4). Se ajusta al estándar IEEE 802.3, siendo el protocolo de acceso al medio el CSMA/CD (acceso múltiple con escucha del medio de transmisión y detección de colisiones).

La velocidad inicial era de 10 Mbit/s, aunque esta ha ido aumentando con el paso del tiempo. Así, con el estándar Fast Ethernet se alcanzan los 100 Mbit/s, con el Gigabit Ethernet se llega a 1 Gbit/s y con el 10 GbE se alcanzan los 10 Gbit/s. Recientemente, en el año 2010, el IEEE ha ratificado el estándar 802.3ba que contempla una velocidad de 40 Gbit/s, destinada a las aplicaciones de CPD y servidores, y otra de 100 Gbit/s para la interconexión en las redes troncales.

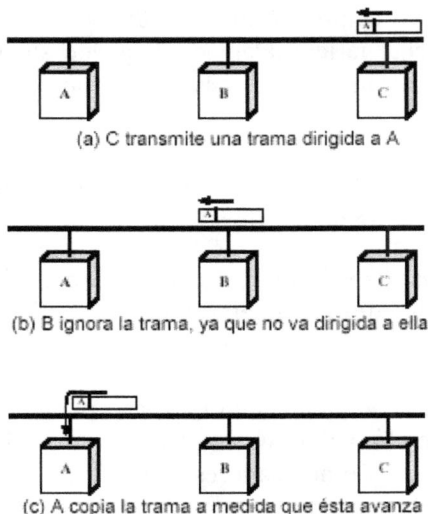

(a) C transmite una trama dirigida a A

(b) B ignora la trama, ya que no va dirigida a ella

(c) A copia la trama a medida que ésta avanza

*Figura 4.4. Esquema de una red local Ethernet, y envío de tramas*

## 4.3.1 Versiones del estándar

A lo largo de los años han ido apareciendo diversas especificaciones relativas a este estándar, que utilizan distinto tipo de cableado y ofrecen prestaciones diferenciadas. El número al inicio indica la velocidad en Mbit/s que se alcanza, la cifra después de Base, el número de centenas de metros que alcanza, y la letra, el tipo de cableado que se utiliza, que puede ser de cable de pares o de fibra óptica (si no se especifica, se entiende que es coaxial).

Las especificaciones más comunes son las que se explican a continuación:

–   **10Base-5** (*Thick Ethernet*): sobre cable coaxial "amarillo" o grueso de 50 Ohmios acepta hasta 100 puestos de trabajo sobre una longitud máxima de 500 metros. La conexión entre el bus y la tarjeta adaptadora de red en el ordenador se realiza mediante *transceivers* conectados por un cable AUI (*Attachment Unit Interface*) con conectores en ambos extremos. Hasta un máximo de 5 segmentos pueden interconectarse por medio de repetidores.

–   **10Base-2** (*Thin Ethernet*): sobre coaxial fino RG58 –llamado *cheapernet*– acepta hasta 30 puestos de trabajo, espaciados un mínimo de 0,5 metros, sobre una distancia máxima de 185 metros. En este caso la conexión al bus se realiza en el propio ordenador, mediante una tarjeta adaptadora, por medio de un conector coaxial BNC de bayoneta en "T".

–   **10Base-T**: sobre cable de pares trenzados sin apantallar (UTP), con topología física en estrella cuyo centro es un *hub* 10Base-T. Cada estación de trabajo, con su correspondiente tarjeta adaptadora, puede situarse a una distancia de hasta 100 metros, realizándose la conexión por medio de conectores modulares RJ-45.

–   **10Base-F**: sobre fibra óptica, en lugar de coaxial, admite más de 4 repetidores y permite configuraciones más complejas.

–   **100Base** y **1000Base**: son estándares de Ethernet (Fast Ethernet y Gigabit Ethernet, respectivamente) que operan a una velocidad de 100 Mbit/s y 1.000 Mbit/s sobre fibra óptica y cable de pares.

**Fast Ethernet** es compatible con Ethernet, pudiendo ambos coexistir en la misma red, debido a que el nivel MAC empleado con CSMA/CD es independiente de la velocidad, necesitándose adaptadores específicos para cada caso y cable de categoría 5. Muchas de las tarjetas actuales de red son duales y soportan tanto 10 como 100 Mbit/s, por lo que un mismo terminal puede conectarse a cualquier red.

**Gigabit Ethernet** es una extensión de las normas Ethernet de 10 y 100 Mbit/s que ofrece en modo semidúplex o dúplex un ancho de banda de 1 a 10 Gbit/s, asegurando la compatibilidad con la base instalada de Ethernet y Fast Ethernet. La normalización de 1GbE se llevó a cabo por el grupo de trabajo 802.3z del IEEE que finalizó el estándar en junio de 1998, mientras que la de 10 GbE lo fue en el año 2002 por el 802.3ae. El principal objetivo era ampliar la capacidad de las redes troncales o *backbone* tanto de las redes LAN, MAN y WAN.

El mayor cambio en 10 Gigabit Ethernet es que se ha eliminado el protocolo de acceso al medio CSMA/CD, ya que se implementa tan solo en dúplex (la transmisión y recepción de datos se realizan por cables distintos), con el fin de no empeorar las longitudes de los segmentos en los que se utiliza este protocolo. Por otro lado, el medio físico empleado es, por lo general, la fibra óptica.

## 4.3.1.1 WLAN. REDES LOCALES INALÁMBRICAS

Una WLAN (*Wireless LAN*) es un sistema de comunicaciones de datos que transmite y recibe datos utilizando ondas electromagnéticas, en lugar del par trenzado, coaxial o fibra óptica utilizado en las LAN convencionales, y que proporciona conectividad inalámbrica de igual a igual o P2P (*Peer to Peer*), dentro de un edificio, de una pequeña área residencial/urbana o de un campus universitario.

Así pues, podemos tener una red Ethernet montada sobre una conexión radio, o mixta, combinando elementos cableados con inalámbricos. El estudio de las WLAN lo veremos con más detalle en el capítulo siguiente.

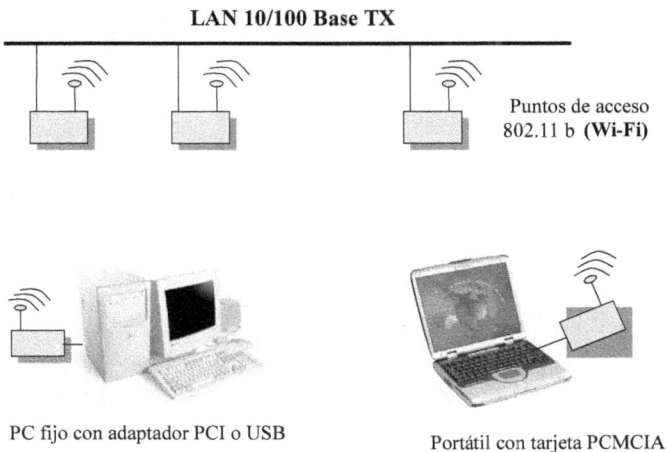

*Figura 4.5. Esquema de una red Wi-Fi*

Dentro de las redes inalámbricas actuales, la más conocida es Wi-Fi, que es el nombre que se utilizaba, originalmente, para referirse al estándar IEEE 802.11b, que hace mención a redes locales inalámbricas con una velocidad de 11 Mbit/s, aunque en la actualidad se aplica a cualquier tipo de WLAN que siga el estándar 802.11. La tecnología WLAN no requiere cableado y tiene un coste relativamente bajo, siendo muy fácil y rápida de implementar. Tampoco se requiere de licencia alguna para su uso ya que las bandas de frecuencias que utiliza (la ISM) son de uso público, aunque en algunos países no están libres en su totalidad al existir bandas asignadas a usos específicos.

## 4.4 RED LOCAL TOKEN RING

Las redes *Token Ring*, en su momento, fueron un serio competidor de las Ethernet, siendo el entorno a que se dirigían, básicamente, el de clientes de IBM, pero hoy en día han caído en desuso y tienden a desaparecer, salvo algunas aplicaciones especiales en entornos industriales.

*Token Ring* es una red de área local con topología lógica en anillo, según se muestra en la figura 4.6, que cumple el estándar IEEE 802.5. Cada terminal se comunica con los demás a través del protocolo *Token Passing* (paso de testigo). Admite velocidades de 4 y 16 Mbit/s; admite un total que oscila de 70 a 260 equipos por anillo, dependiendo del tipo de cable (par trenzado o fibra óptica) y su longitud, aunque se puede extender con puentes y encaminadores (*routers*).

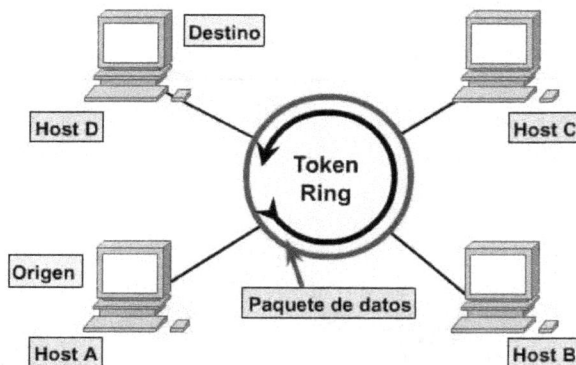

*Figura 4.6. Topología en anillo de una red local Token Ring*

El anillo lógico se consigue con un cableado en estrella que tiene en su centro un elemento concentrador denominado MAU (*Multistation Access Unit*), que puede ser activo o pasivo; los cables son el STP (IBM tipo 1 o 2) y el UTP.

# 4.5 INTERFUNCIONAMIENTO ENTRE REDES

Cualquier red de datos, aislada, tiene poco valor, por lo que la interconexión con otras, como puede ser Internet, es algo esencial. A continuación veremos cuáles son los elementos y cómo se realiza la conexión con el exterior.

## 4.5.1 Dispositivos para la interconexión

Para llevar a cabo la interconexión entre diversas redes, lo habitual es la utilización de dispositivos físicos/lógicos de interconexión. Las funciones que se consiguen con la utilización de dispositivos para la interconexión son:

- Establecer un camino físico entre redes para el intercambio de mensajes.

- Adaptación o conversión de protocolos de acceso a las redes.

- Enrutamiento (encaminamiento) de mensajes entre redes.

Clasificados de una forma genérica, los equipos utilizados para la interconexión de redes son:

- Repetidores o *repeaters*.

- Puentes o *bridges*.

- Encaminadores o *routers*.

- Pasarelas o *gateways*.

El *router* es el principal dispositivo para la interconexión de LAN con WAN y su empleo ha aumentado considerablemente gracias a la expansión de Internet (ejemplo de WAN), ya que es el equipo encargado del reencaminamiento de los paquetes IP.

Una LAN, en general, puede constar de algunos o todos de los siguientes elementos básicos:

- **Placas de red o NIC** (*Network Interface Card*): proporcionan la interfaz entre los PC o terminales y el medio físico.

- **Repetidores**: son elementos activos que se utilizan como amplificadores de la señal. Permiten incorporar nuevos segmentos de cableado.

- **Concentradores o** *hubs*: se utilizan como punto de partida del cableado UTP (tipo telefónico). De allí salen los cables a cada uno de los terminales. Su funcionamiento se basa en repetir la señal que llega por un puerto en los demás. Pueden conectarse en cascada constituyendo una estructura tipo árbol.

- **Conmutadores o** *switches*: cumplen la misma función que los *hubs* pero poseen una cierta inteligencia que los hace más eficientes. En vez de repetir la señal a todas las bocas, solo la envían a la salida correspondiente. Esto permite reducir el tráfico en la red.

- **Puentes o** *bridges*: interconectan dos redes iguales.

- **Routers**: encaminan la información hacia otras redes en función de la dirección de destino. Son la pieza fundamental de Internet.

- **Pasarelas o** *gateways*: igual que los *routers*, pero permiten conectar redes de diferentes tipos, y con diferentes protocolos.

- **Cortafuegos o** *firewalls*: para protegerse de accesos indebidos desde dentro o fuera de la LAN. Cuando esta se conecta a Internet, se utilizan unos dispositivos denominados *firewall* (cortafuegos), programas que actúan dejando pasar solamente los paquetes marcados o permitiendo el acceso únicamente a los destinos autorizados; así se protege la LAN del ataque exterior (*hackers* y entrada de virus) y se evita que los usuarios naveguen por sitios no permitidos.

En general, los equipos utilizados para la interconexión de redes son: los repetidores, los concentradores, los puentes, los conmutadores, los *routers* y las pasarelas. Dependiendo de diversos factores, será más conveniente o necesario utilizar uno u otro. Los *routers* y los puentes son los dispositivos más comunes. En muchos casos, las implementaciones comerciales hacen difícil distinguir equipos como el puente y el *router*, pues existen algunos puentes que ofrecen facilidades de encaminamiento, y viceversa. Estos dispositivos híbridos se conocen habitualmente como *brouters*.

En resumen, los puentes tienen como ventajas que son más rápidos y económicos, y se comportan de forma transparente al no ser dependientes de protocolos; pero no permiten la segmentación de la red y no controlan el flujo.

Los *routers* permiten múltiples rutas, controlan el flujo de información evitando la congestión, permiten la partición de la red confinando potenciales problemas a únicamente un área y proporcionan una mayor seguridad; pero por contra, son más caros, lentos y complejos al ser dependientes del protocolo.

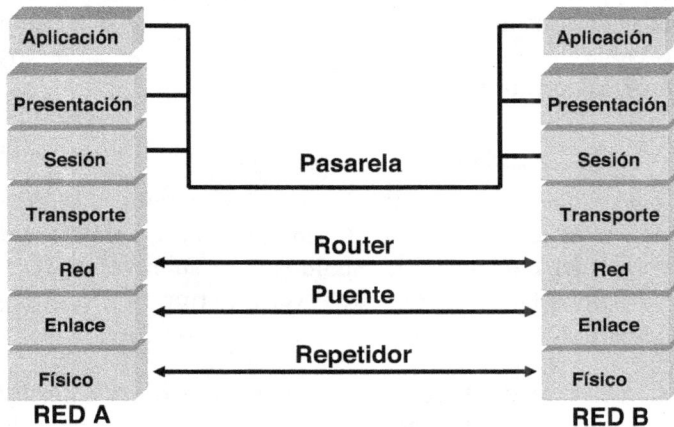

*Figura 4.7. Relación entre el modelo OSI y los dispositivos de interconexión*

## 4.5.1.1 REPETIDORES

Los repetidores son el dispositivo más elemental y, como su nombre indica, se limitan simplemente a regenerar la señal, sin cambiar su contenido, para ampliar el rango de distancia que se alcanza, según el medio físico de transmisión empleado: cable coaxial, de pares, fibra óptica, etc. Trabajan al nivel 1 del modelo OSI.

Los repetidores pueden interconectar segmentos de redes locales formadas por medios y topologías diferentes. No obstante, el método de acceso debe ser idéntico en los medios interconectados mediante un repetidor.

El funcionamiento básico del repetidor es regenerar y enviar repetidamente cada bit de datos que se presenta en un segmento de cable al otro segmento, incluso si los datos incluyen paquetes erróneos o que no vayan a ser utilizados en el otro segmento de cable. Por consiguiente, aunque son dispositivos baratos y fáciles de instalar, pueden ocasionar problemas de congestión en la red y los fallos en un segmento pueden dejar fuera de servicio a toda la red.

## 4.5.1.2 CONCENTRADORES

Los concentradores o *hubs* actúan, al igual que los repetidores, al nivel 1 del modelo OSI. Son dispositivos que concentran varias conexiones, distribuyendo las señales recibidas a todos los nodos. Se suelen utilizar para implementar topologías en estrella física, pero funcionando como un anillo o un bus lógico.

Los concentradores pasivos son meros armarios o cajas de conexiones. No obstante, los concentradores activos también realizan funciones de amplificación y repetición de la señal. Los más complejos pueden incluso detectar anomalías en los nodos o en sus cables. Los concentradores activos, a diferencia de los repetidores, tienen varios puertos de entrada y de salida.

### 4.5.1.3 PUENTES

Unos dispositivos más sofisticados son los puentes o *bridges*, que sirven para enlazar dos o más LAN que empleen igual protocolo de enlace o LLC. Trabajan al nivel 2 del modelo OSI, usualmente al subnivel MAC y no realizan control de flujo, ignorando protocolos de nivel superior, por lo que se comportan de forma transparente respecto a estos.

Su misión es extender la red hasta el máximo permitido por el protocolo de acceso al medio y segmentar el tráfico. Los puentes se utilizan para dividir una red en subredes, para así aumentar el número de estaciones conectadas a ella y el rendimiento de la misma. Cuando se segmenta una red, se crean subredes más pequeñas, mejorando el rendimiento de la red, ya que la comunicación entre estaciones de distintos segmentos solo se realiza cuando es necesario y en el caso de que no lo sea, cada segmento de la red está trabajando de forma independiente.

### 4.5.1.4 CONMUTADORES

Los conmutadores o *switches* son semejantes a los puentes, pero con la diferencia de que permiten que varios nodos se comuniquen simultáneamente, incrementando el ancho de banda.

Cada segmento se conecta a un puerto del conmutador a través de un medio único. Al llegar una trama a un puerto, se analiza su dirección física de destino y se envía al puerto de salida. La trama solo la ven las estaciones que están en los mismos segmentos que las estaciones origen y destino. Por lo tanto mejoran el ancho de banda respecto a los puentes, así como la seguridad y confidencialidad de las comunicaciones.

### 4.5.1.5 ROUTERS

Los *routers* (la denominación inglesa del dispositivo es la más usual) o encaminadores operan en una manera similar a los puentes con la particularidad de que lo hacen en un nivel superior, en el nivel 3 del modelo OSI. Manejan por lo tanto direcciones de red y son dependientes del protocolo.

Los *routers* leen la información contenida en cada paquete, utilizan procedimientos de direccionamiento complejos para determinar el destino apropiado, y reempaquetan y retransmiten los datos. Los *routers* se comunican entre sí para seleccionar los mejores caminos entre varios puntos y para comunicar cambios en la red. Proporcionan conectividad dentro de las empresas, entre las empresas e Internet, y en el interior de proveedores de servicios de Internet (ISP).

A pesar de que tradicionalmente los *routers* solían tratar con redes fijas (Ethernet, ADSL, RDSI, etc.), hace ya tiempo que existen en el mercado los que realizan una interfaz entre redes fijas y móviles (Wi-Fi, GPRS, UMTS, LTE, WiMAX, etc.). Un *router* inalámbrico comparte el mismo principio que uno tradicional; la diferencia es que éste permite la conexión de dispositivos inalámbricos a las redes a las que el *router* está conectado mediante cable.

*Figura 4.8 Router inalámbrico con varios puertos Ethernet*

En el caso de ADSL, el *router* proporciona acceso a Internet a través de una línea ADSL, por lo que la interfaz que comunica con el exterior debe adaptarse a este medio y es por ello que este dispositivo lleva una interfaz RJ11 para conectar el cable telefónico. Además, consta de una o varias interfaces Ethernet y a cada una de estas interfaces se pueden conectar los equipos directamente o bien subredes comunicadas por medio de un concentrador (*hub*) o un conmutador (*switch*).

Existen *routers* que disponen de dos conexiones RJ11 para poder transmitir sobre dos líneas y así duplicar la capacidad de transmisión. Además, debe estar provisto de un modulador para adecuar las señales de datos a las frecuencias en las que trabaja la tecnología ADSL y de un demodulador para poder interpretar las señales que le llegan desde el exterior (módem ADSL integrado).

### 4.5.1.6 PASARELAS

Las pasarelas o *gateways* son los dispositivos más flexibles y versátiles. Están especializados en proporcionar conectividad, desde el acceso, entre entornos con diferentes arquitecturas y/o protocolos, actuando como traductores. Operan al nivel 7 del modelo OSI, aunque también lo pueden hacer a niveles inferiores. Pueden ser cableadas o inalámbricas. Permiten interconectar redes con protocolos y arquitecturas diferentes a todos los niveles de comunicación. Su propósito es traducir la información del protocolo utilizado en una red al protocolo usado en la red de destino.

## 4.5.2 El conjunto de protocolos TCP/IP

El conjunto de protocolos TCP e IP, que suelen ir asociados aunque ello no es siempre necesario, forman casi un estándar de facto para la cooperación entre redes de datos basadas en la conmutación de paquetes; la razón es su relativa flexibilidad y amplia experiencia de funcionamiento. Otros protocolos de la familia son los de la tabla 4.1.

| Protocolo | Aplicación |
|---|---|
| TELNET | Conexión a aplicaciones remotas |
| FTP (*File Transfer Protocol*) | Transferencia de ficheros |
| SMTP (*Simple Mail Transfer Protocol*) | Correo electrónico (*e-mail*) |
| RPC (*Remote Procedure Call*) | Llamada a procedimientos remotos |
| NFS (*Network File System*) | Utilización de los archivos distribuidos por los programas |
| X-WINDOWS | Manejo de ventanas e interfaces de usuario en una estación de trabajo |
| SNMP (*Simple Network Management Protocol*) | Gestión de la red |

*Tabla 4.1. Protocolos asociados a TCP/IP y sus aplicaciones*

TCP e IP no son protocolos que sigan el modelo establecido por OSI, sin embargo, el servicio que ofrece IP es muy similar al servicio de red sin conexión, de tal modo que IP es designado como un protocolo de nivel 3. De forma similar, TCP puede ser comparado en cuanto a funcionalidad con un protocolo de nivel 4.

- **Empaquetado o mapeado**

Como formas de soportar protocolos de una red local en protocolos de orden superior para la interconexión de distintas redes se utiliza el empaquetado o el mapeado. Esto consiste en disponer de la información y cabeceras propias de un protocolo dentro de un campo específico de otro protocolo, con el fin de que su envío resulte transparente para la nueva red. Así, la información, según un determinado protocolo de LAN, circula entre los nodos de la red y en su destino final se desempaqueta entregándose al usuario final en un formato adecuado para su utilización.

La aplicación del protocolo IP y demás métodos propios de Internet, en las redes locales de empresa, da lugar a las Intranets, donde la información corporativa es compartida, viéndose estas como el futuro de las LAN. Los usuarios acceden a la información y a las aplicaciones de la misma manera, no importa cuál sea su localización. De este modo no se distingue si el recurso es interno o externo y se le facilita enormemente su labor y el aprendizaje de técnicas y procedimientos.

## 4.5.3 Interconexión utilizando IP

La arquitectura de interconexión de redes es similar, en su ámbito, a la arquitectura de red de conmutación de paquetes. Los dispositivos de encaminamiento son similares en su funcionamiento a los nodos de conmutación de paquetes y usan las redes intermedias de una forma semejante a los enlaces de transmisión.

**Encaminamiento**: se implementa mediante una tabla en cada sistema de encaminamiento y en cada sistema final. Para cada red de destino se indica el siguiente dispositivo de encaminamiento al que hay que enviar el paquete (datagrama en el caso del protocolo IP). Las tablas pueden ser estáticas o dinámicas, siendo las dinámicas mejores porque se pueden actualizar para cuando hay congestión o sistemas intermedios en mal funcionamiento. En los propios datagramas, los sistemas de encaminamiento pueden adjuntar información de su dirección para difundirla en la red.

**Tiempo de vida de los datagramas**: para evitar que un datagrama circule indefinidamente por la red, se puede adjuntar un contador de saltos (que se decremente cada vez que salta a un dispositivo de encaminamiento) o un contador de tiempo que haga que pasado un cierto tiempo el datagrama sea destruido por uno de los dispositivos.

**Segmentación y ensamblado**: puede ser necesario que los paquetes, al pasar de unas redes a otras, deban ser troceados por necesidades propias de dichas redes. Se puede dejar que el sistema final los vuelva a ensamblar, pero esto hace que haya demasiado trabajo para él y, además, puede que haya subredes intermedias que puedan trabajar con bloques más grandes que los suministrados por la red anterior, de forma que se pierde eficiencia. Pero las ventajas de este sistema de ensamblado al final es que los dispositivos de encaminamiento no tienen que mantener en memoria los sucesivos trozos del datagrama y, además, se permite encaminamiento dinámico (ya que los sucesivos trozos no tienen por qué tomar el mismo encaminamiento). En IP se hace ensamblado final. El sistema final debe tener la suficiente memoria para ir guardando los trozos, para ensamblarlos cuando lleguen todos.

**Control de errores**: IP no garantiza la llegada de un datagrama, pero debe informar a la estación o dispositivo de encaminamiento del error.

**Control de flujo**: el control de flujo en servicios sin conexión se realiza enviando tramas de retención a los dispositivos anteriores para que estos paren de enviar datos.

# 4.6 REDES DE ÁREA EXTENDIDA

Las redes históricas de telecomunicaciones son las redes de área extensa, o redes de área extendida, WAN (*Wide Area Network*). Estas permiten la comunicación entre entornos locales y están compuestas por elementos de conmutación (nodos) y los medios de transmisión que los unen.

Normalmente, dividimos las grandes redes en dos partes: la denominada **red de acceso**, que permite el acceso de los usuarios a los servicios ofrecidos por la red. Y **la red de tránsito o de transporte**, que se propaga de nodo a nodo de conmutación, de central a central, y cuya función es garantizar la conectividad total en la red, transportando y encaminando la información de los usuarios.

## 4.6.1 La red de tránsito

Si nos atenemos al modelo de una red telefónica nacional –aunque muchos de los principios expuestos también son válidos para una red de datos–, en la red de tránsito, la red que une ciudades, se busca que disponga de muchos caminos alternativos. De tal modo que si una de las vías de información falla, pueda mantenerse el tránsito a través de otra ruta. Esto se denomina redundancia o conectividad mayor que uno. Así, si a un determinado nodo se puede llegar por tres rutas diferentes, diremos que tiene conectividad tres; si por cinco, conectividad cinco, etc.

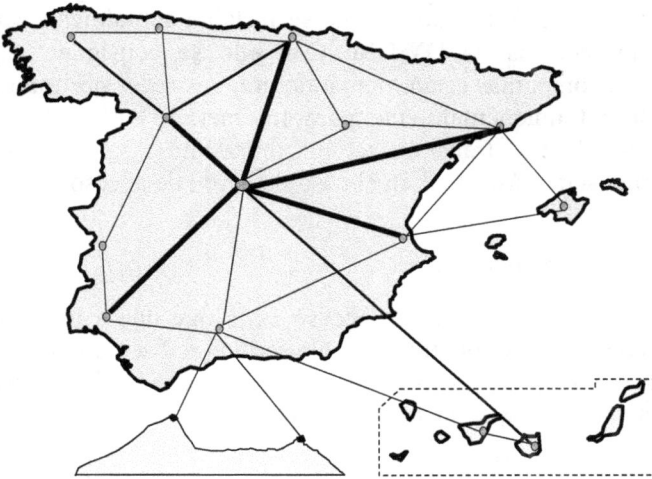

*Figura 4.9. Red de tránsito, que sigue una topología en malla para ofrecer rutas alternativas*

En el ejemplo de la figura 4.9, las líneas más gruesas representan la parte de la red de más alto nivel que tiene Telefónica en España. Une las ciudades de León, Bilbao, Barcelona, Valencia, Sevilla y Madrid. Esa red tiene muchísima redundancia. Si no se llega desde Bilbao a Sevilla por Madrid, se puede llegar por León, o se puede llegar por Barcelona-Valencia, para que si falla algo, si una excavadora rompe el cable, pueda seguir funcionando. Se dice que Sevilla tiene conectividad 3 porque se puede llegar por 3 caminos diferentes; Madrid tiene conectividad 5 porque existen 5 posibles rutas de llegada.

Este es el estilo de red que usan los operadores telefónicos, el de más alto nivel. Lo usual es que las uniones sean digitales y por fibra óptica, aunque todavía hay algunas que transitan por enlaces de radio (se han desechado los cables coaxiales que se utilizaban antes). En algunos casos hay otra red que enlaza por radio, por microondas, que se emplea como soporte de la red principal de fibra óptica.

La posibilidad de extender redes de tránsito a través de los tendidos eléctricos o de las vías ferroviarias, unido al aumento de la capacidad de la fibra óptica gracias a las técnicas de multiplexación y compresión, permiten augurar la propagación y el consiguiente abaratamiento de las mismas. Las previsiones hablan de las redes de tránsito como de una *commodity*, un producto de uso frecuente. Los operadores que dispongan de redes de tránsito van a necesitar muchísima capacidad para poderla ofertar a bajo coste y obtener beneficios.

Las grandes redes de tránsito que se instalan actualmente van sobre fibra óptica y utilizan técnicas de DWDM. Con ello se consiguen capacidades de Petabit/s. Algunas compañías están montando grandes redes por todo el mundo que se van a emplear fundamentalmente para Internet de muy alta capacidad. De manera que redes de tránsito serán abundantes y baratas, algo que, desgraciadamente, será más difícil en el caso de la red de acceso.

## 4.6.2 La red de acceso

Como se ha dicho, la red de acceso es la que une a los usuarios con los primeros nodos de la red del operador. Suele ser una red sencilla pero muy extensa, ya que se requiere una conexión por cada usuario, lo que hace que sea muy cara de implementar, razón por la que, en algunas ocasiones, se alquila de unos a otros.

En la figura 4.10 se muestran las redes de acceso clásicas: fija, móvil, datos, cable, etc., que se unen a las redes de tránsito, unidas entre sí para que desde nuestro teléfono podamos hablar, conectarnos con el ordenador del banco, para que desde un teléfono móvil podamos llamar a un teléfono fijo, etc.

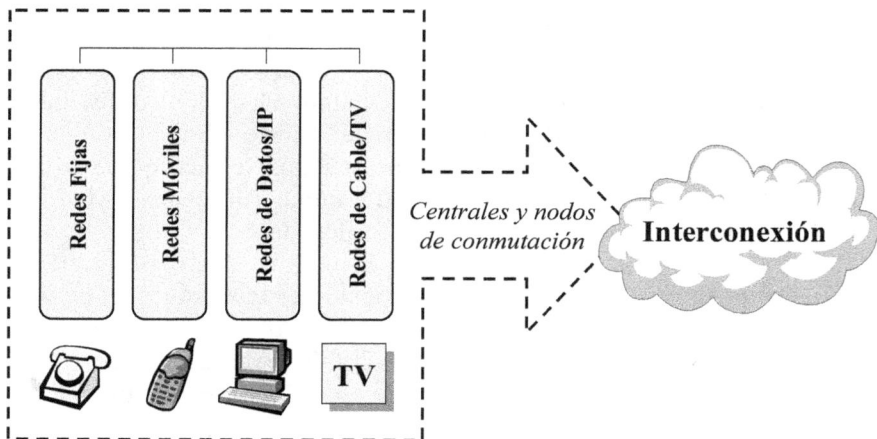

*Figura 4.10. Red de acceso. Situación actual con redes separadas
para servicios diferenciados*

El bucle de abonado, también conocido como bucle local (*local loop*), última milla (*last mile*) o línea de abonado (*subscriber line*), implica el mayor coste de inversión en una red puesto que ha de llegar a todos los usuarios. Normalmente está formado por cables de cobre, con una distancia media de 1,5 km, de ahí el nombre de la última milla.

El bucle normal de abonado es de cobre, y con la tecnología actual admite poca distancia. Por ello, se ponen centrales en los barrios, para que no haya mucha distancia de bucle de abonado; las centrales (con una capacidad de unos pocos miles de abonados) se unen entre sí para comunicar a los usuarios pertenecientes a distintas centrales.

La tecnología está cambiando y eso conlleva significativas mejoras: las centrales aumentan su capacidad enormemente y así una grande admite medio millón de abonados. Además, aportan la ventaja de que alguna parte de la central (por ejemplo, 10.000 abonados de un barrio periférico) se puede poner a distancia (centrales distribuidas). Por supuesto, todo está computerizado, el funcionamiento es comparable al de un gran ordenador. Además, en algunos casos el bucle de abonado se construye con fibra óptica, aumentando así su capacidad y alcance. Con todo ello se consigue reducir el número de centrales necesarias.

El nuevo bucle de abonado que llega al hogar tiene capacidad para transportar voz, datos y vídeo, luego lo que hay que poner en las casas es un distribuidor de tráfico, en el que entre todo, desde un cable o fibra óptica, y conduzca la voz al teléfono, los datos al ordenador y el vídeo al televisor. Este aparato es el *Set-Top Box* (STB), que significa la caja de encima del televisor.

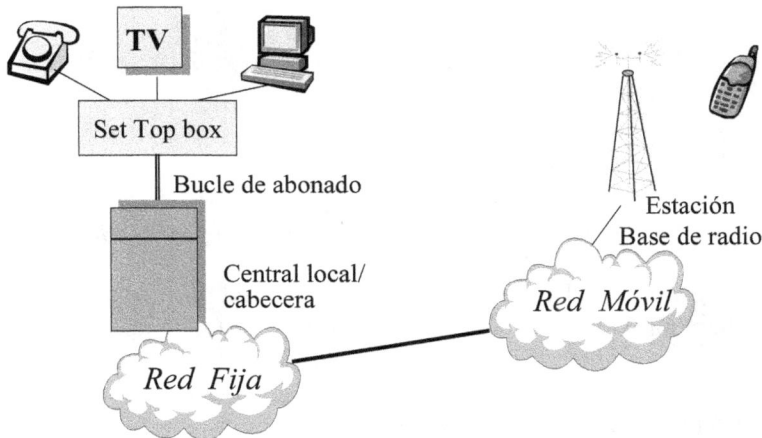

*Figura 4.11. Red de acceso que integra voz, datos y vídeo*

La telefonía móvil seguirá operando a través de las estaciones de radio y, lógicamente, estarán unidas todas las redes. Esa nueva central va a asumir las funciones de central de voz, de central de datos (antes denominado nodo), y de central de televisión por cable (lo que llamábamos cabecera). Es lo que están haciendo algunos operadores de cable y de ADSL, que en sus cabeceras tienen voz, datos –acceso a Internet– y televisión.

## 4.6.2.1 LAS REDES DE ACCESO HETEROGÉNEAS

Actualmente existen diferentes maneras para ofrecer un servicio de banda ancha fija. Al principio los operadores de España y de otros países de Europa emplearon la infraestructura de acceso que había sido desplegada inicialmente para ofrecer servicios de telefonía y televisión, es decir, las redes de cobre y de cable. Posteriormente los operadores comenzaron a desplegar nuevas redes de acceso basadas en fibra óptica. Hoy en día existen diferentes redes de acceso, tanto fijas como móviles e inalámbricas, que permiten ofrecer servicios de banda ancha.

En muchos casos un operador de telecomunicaciones controla varios tipos de redes de acceso, las cuales pueden tener diferentes nodos de acceso. Con el fin de simplificar el despliegue y la operación de las diferentes redes de acceso fijo, se utiliza el concepto de Redes de Acceso Heterogéneas o HetAN (*Heterogeneous Access Networks*). La figura 4.12 describe los principales componentes de esta red.

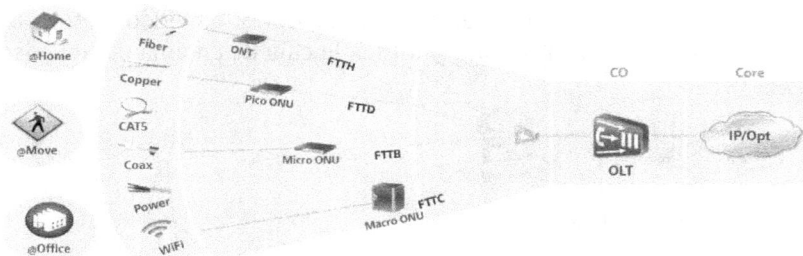

*Figura 4.12. Las Redes de Acceso Heterogéneas (HetAN)*

En la parte de red Core se puede tener una red óptica basada en IP. En la central del operador CO (*Central Office*) está instalado un equipo terminal de línea óptica OLT (*Optical Line Terminal*), el cual ofrece la interconexión con las diferentes redes de acceso. En el caso de acceso fijo, como medios físicos se puede usar redes de fibra, cobre, y cable coaxial.

Una de las ventajas de las redes HetAN es que permiten tener un único sistema de operación y mantenimiento que dé soporte a las diversas redes de acceso. Al tener un único Sistema de Soporte Operativo u OSS (*Operating Support System*) se puede reducir el tiempo de salida al mercado o TTM (*Time-To-Market*) a la hora de ofrecer el servicio. Además, la provisión del servicio puede ser más rápida debido a que un único sistema está a cargo de los elementos activos y pasivos de la red. Por otro lado, en caso de averías, el sistema de diagnóstico estará controlado por un único equipo de mantenimiento.

- **Redes FTTH**

Las redes de acceso FTTH se dividen en dos tipos: redes P2P (*Point-to-Point*) y redes PON (*Passive Optical Network*). La capacidad de transmisión de las redes PON ha mejorado con el tiempo debido a la aparición de nuevos estándares. Actualmente existen diversas redes GPON (Gigabit PON) desplegadas, y comercialmente ya aparecieron soluciones para las redes XG-GPON (*10-Gigabit-capable Passive Optical Network*). Además, el estándar TWDM-PON (*Time and Wavelength Division Multiplexed Passive Optical Network*) debe ser terminado, en teoría, en el año 2014.

- **Redes mixtas basadas en fibra y cobre**

Las redes de acceso mixtas basadas en fibra y cobre permiten reutilizar la red de cobre existente en las últimas decenas o centenas de metros. Las redes HFC emplean las redes de fibra y cobre para llevar la señal al usuario final. Mediante el uso de las tecnologías *vectoring* o G.Fast, y dependiendo de la distancia empleada, se puede obtener altas velocidades de transmisión.

- **Redes de cable**

Por otro lado, las redes de acceso de cable han evolucionado y muchos operadores han estado desplegando redes basadas en el estándar DOCSIS 3.0 (*Data Over Cable Service Interface Specification*) que permiten ofrecer un acceso ultrarápido, alcanzando velocidades de 50 Mbit/s o incluso más, hasta de 1 Gbit/s.

## 4.6.3 La red HFC (Híbrida Fibra-Coaxial)

La tecnología de bucle de abonado en fibra óptica hasta esa "cajita del hogar" (el *Set-Top Box*) no se da todavía. El bucle de abonado por fibra óptica muere normalmente en la manzana, y no se tira una fibra para cada vecino, sino un cable de cobre. En las redes actuales el bucle de abonado es una mezcla de fibra óptica, desde la central hasta la manzana, y cable eléctrico. Estas redes se denominan Híbridas Fibra-Coaxial (HFC), ya que el cable eléctrico que se instala es, normalmente, coaxial. Veámosla con mayor detalle:

El potencial que presenta una infraestructura basada en red de cable o Híbrida Fibra-Coaxial (HFC) se muestra como la más adecuada actualmente en coste/prestaciones para proporcionar el ancho de banda necesario que es inmenso, ya que a través de ella se pueden prestar toda una amplia gama de servicios interactivos, además de los de voz y televisión, y alcanzar todos los puntos con el menor coste. En la figura 4.13 se representa su esquema.

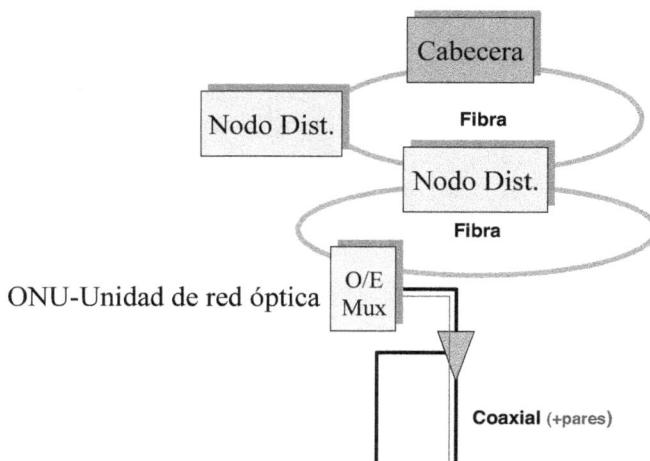

*Figura 4.13. Arquitectura mixta HFC (TV, datos y voz)*

En un corto período de tiempo la fibra óptica será competitiva para llegar hasta el hogar (FTTH/*Fiber To The Home*); no obstante, debe tenerse en cuenta que el último tramo es de uso exclusivo de un usuario, por lo que su coste debe ser justificado por el uso que se haga de él, lo que puede tardar bastante tiempo.

La diversa información a difundir se genera o se recibe en un centro, cabecera, a partir del cual, convenientemente ensamblada (empaquetada), ha de distribuirse hasta el usuario final empleando la red tendida. La red telefónica, la de mayor capilaridad, en su porción de acceso no es capaz de soportar el ancho de banda requerido, por lo que se hace necesario tender otra red que sí lo sea. La red de acceso es la encargada de conectar el equipo de abonado con la red de conmutación y de centros de distribución de banda ancha. Las técnicas más habituales con que nos podemos encontrar en la red de acceso son las siguientes:

- **Fibra hasta el hogar** (*FTTH/Fiber To The Home*). Con esta solución se dispone de una gran capacidad, pero supone unos costes muy altos, tanto por el propio tendido como por los costes que supone la conversión óptica-eléctrica para acceder al equipo del abonado. Debido a ello, solo algunos operadores están realizando su implantación.

- **Fibra hasta la manzana** (*FTTC/Fiber To The Curb*). Es una solución más económica, ya que solamente necesita una nueva infraestructura de fibra hasta un punto de distribución en la manzana de edificios servida por un amplificador de línea. A partir de este punto se realiza la redistribución mediante la red tradicional de pares de cobre a la que se añade una nueva red de cable coaxial.

El caso más común es FTTC: hasta la manzana llega una fibra óptica que en ese punto es modificada en señales eléctricas mediante un adaptador opto-electrónico que transforma las señales ópticas en eléctricas, puesto que la señal distribuida al usuario será en forma de voltios. Este adaptador recibe el nombre de Unidad de Red Óptica, ONU (*Optical Network Unit*), aunque coloquialmente adopta el menos técnico término de "armario".

En la ONU entra fibra óptica y salen cables eléctricos que serán distribuidos a los vecinos. En este momento hay tres soluciones para distribuir desde la ONU hasta el usuario, no olvidemos que la información es múltiple, datos, voz y audiovisual:

**Primera solución**. Opera mediante un cable coaxial utilizado para enviar la señal de televisión y la señal de datos, lo usual es conectar el televisor con un descodificador y el ordenador a través de un módem. Otro cable coaxial transportará la señal al teléfono. De manera que a cada hogar van dos cables coaxiales, normalmente juntos (cable siamés o *twincable*).

El descodificador tiene tres misiones diferentes: la primera es ser el receptor, el sintonizador de canales. Este descodificador es lo que llamamos el *Set-Top Box*. La segunda es la propia indicada por su nombre, si un canal es de pago, vendrá codificado y aquí se descodifica; de hecho en Europa el aparato se denomina Descodificador Receptor Integrado, IRD (*Integrated Receiver Decoder*). En el caso de la televisión analógica el IRD solo recibe esas funciones, pero en la televisión digital su tercera función es descomprimir la señal MPEG.

El módem es un módem de cable, mucho más rápido que el módem normal, al ser necesario que se adapte a las velocidades de las redes de cable y fibra óptica. La capacidad técnica de estos aparatos es de decenas de Mbit/s, pero la característica más importante es que está siempre conectado a la red y no hay que marcar un número de teléfono. Por lo tanto, es un módem más rápido, siempre conectado, y como siempre está conectado, la tarifa tiene que ser plana (independiente del tiempo). El estándar habitual para este tipo de cable módem es el DOCSIS 3.0, acrónimo que se corresponde con *Data-Over-Cable Service Interface. Specification.*

**Segunda solución**. Es muy parecida a la anterior y en realidad, hoy día, más abundante que ella. El cable coaxial que va al teléfono se sustituye por un cable de pares, de manera que a cada hogar va un coaxial y un cable de par. De este modo se evitan los costes que supone la instalación de un segundo cable coaxial puesto que la mayoría de los hogares ya dispone de un tendido de pares de cobre.

**Tercera solución**. Un solo cable coaxial transporta los tres servicios. Ello requiere instalar un descodificador IRD para la televisión, un módem de cable para el ordenador y un adaptador para el teléfono. Esto es, probablemente, el anticipo de la técnica que se usará en el futuro. Como veíamos antes, la fibra óptica llegará al hogar, evitando una conversión opto-eléctrica. De hecho ya disponemos de la tecnología, pero se necesitará tiempo para que se abaraten los costes y, por tanto, se optimicen las redes.

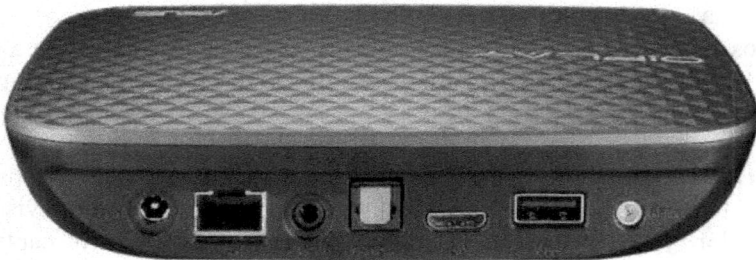

*Figura 4.14. Set-Top Box, con soporte de conexiones fijas e inalámbricas*

En caso de que la fibra llegue hasta el edificio se denomina FEB (*Fiber To The Building*). A partir de ahí, se puede distribuir la señal por medio de cables coaxiales o pares de cobre.

# 4.6.4 LMDS. Bucle local inalámbrico

Con la tecnología de acceso por radio, se puede llegar hasta el usuario final sin necesidad de tender ni fibra óptica ni cable coaxial, sino utilizando las ondas de radio, las microondas (véase la figura 4.15). En marzo de 2000 se dieron varias licencias para operar redes de acceso utilizando tecnología radio en las bandas de 3,5 y de 26 GHz. Con el paso del tiempo, los adjudicatarios se han ido fusionando unos con otros, o desaparecido, debido a la fuerte competitividad del mercado.

En España se otorgaron dos tipos de licencia (3+3 operadores de cada una), una que permitía hasta 2 Mbit/s y otra que admitía 64 kbit/s. La licencia en la banda de 3,5 GHz, que permite 64 kbit/s (un canal telefónico), solo sirve para dar telefonía. La licencia en la banda de 26 GHz, que permite 2 Mbit/s, soporta telefonía, acceso a Internet o datos, pero no la televisión, por lo que estos operadores no compiten con los de las redes de cable.

En realidad, estas tecnologías son complementarias, principalmente para acceso a teléfono e Internet nada más. Pensando más en empresas, grandes usuarios (porque los equipos de radio son caros de instalar) y en zonas donde o bien no hay facilidad para acceder con cables o por competidores que no quieran usar el bucle ya instalado. Últimamente, también, se está utilizando para sustituir a las líneas de telefonía rural, el TRAC, aunque esta es una opción que resulta bastante cara.

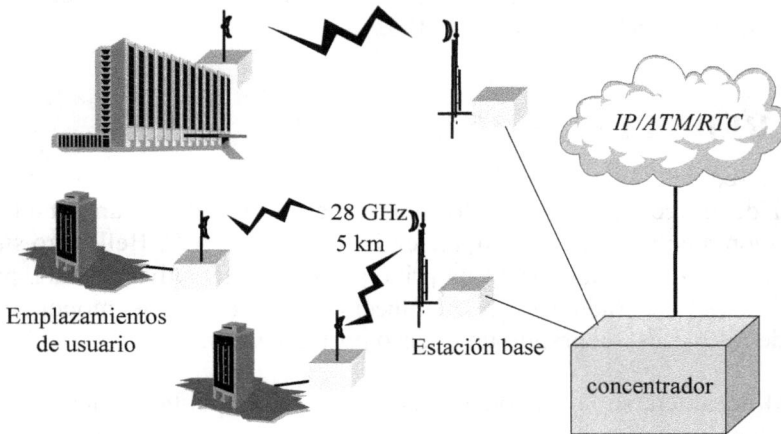

*Figura 4.15. Estructura típica de una red punto-multipunto LMDS*

## 4.6.4.1 FUNDAMENTOS TÉCNICOS

La comunicación inalámbrica entre los emplazamientos de usuario y la correspondiente estación base tiene lugar en los dos sentidos, a través de señales de alta frecuencia (microondas). En LMDS, cuando se establece una transmisión, esa comunicación no puede transferirse de una célula a otra como ocurre en la telefónica celular convencional. La distancia entre la estación base y el emplazamiento de usuario viene limitada precisamente por la elevada frecuencia de la señal y por la estructura punto-multipunto.

El emplazamiento de usuario está formado por una serie de antenas de baja potencia ubicadas en un pequeño espacio en la parte superior de los edificios. El tamaño de las antenas, que pueden ser instaladas en pocas horas, es muy pequeño. Las señales recibidas en la banda de 26-28 GHz son trasladadas a una frecuencia intermedia compatible con los equipos del usuario y convertidas por la unidad de red en voz, vídeo y datos, distribuidos por todos los cables existentes en la planta del edificio. Cada antena recibe y envía el tráfico de los distintos abonados del sector, multiplexándolo por división en el tiempo, y lo transporta vía aire con una capacidad total de hasta 37,5 Mbit/s hacia la estación base.

La estación base está constituida por la propia estación omnidireccional o sectorizada, situada sobre edificios o estructuras ya existentes. La antena sectorizada permite reutilizar frecuencias, posibilitando incrementar sensiblemente la capacidad global del sistema, y soportar un gran número de emplazamientos de usuario. El tráfico procedente de una o varias antenas, cada una de las cuales da cobertura a un sector, es concentrado en un bastidor radio, dirigiéndolo a la red en cuestión (RDSI, RTB, Internet, etc.). Generalmente se utilizan interfaces SONET/SDH OC-3/STM-1 (a 155 Mbit/s).

# 4.7 LA RED TELEFÓNICA BÁSICA

La red telefónica surgió a finales del siglo XIX como respuesta a la necesidad de interconectar a los diversos usuarios que deseaban establecer una comunicación mediante el teléfono, recién inventado por A.G. Bell, pero su autoría ha sido muy discutida. Aunque en un principio fue de iniciativa privada, pronto se convirtió en pública (además de establecerse un régimen de monopolio en la mayoría de los países), cobrando un intenso protagonismo.

Al considerarse la telefonía básica un servicio público, cualquier persona puede acceder al mismo y, mediante él, tener acceso a multitud de aplicaciones que suponen la transferencia remota de información de cualquier tipo. Su empleo masivo y su desarrollo, gracias a la incorporación de técnicas digitales tanto en la transmisión como en la conmutación y en los propios terminales, hacen que esta red sea la más importante de todas cuantas existen. No solo para las comunicaciones vocales, sino para transmisión de textos, datos e imágenes.

Cuando se establece una red de comunicaciones es necesario disponer de unos nodos de conmutación y/o concentración y de unos medios de transmisión que los conecten. Según la complejidad y el tamaño de la red su número será distinto, así como la topología y ubicación que se utilice.

Si los terminales a comunicar lo van a hacer siempre de la misma manera y esta es fija, entonces lo adecuado será establecer un camino directo entre ellos, instalando lo que es un circuito punto a punto. Este es un caso muy común en la transmisión de datos donde, por ejemplo, se conecta una oficina remota con la central de la empresa con el fin de intercambiar datos en cualquier momento.

Si, por el contrario, la comunicación es esporádica y con distintos puntos, entonces no resulta adecuada la solución anterior y se requiere disponer de unos nodos que, a partir de la señalización recibida, dispongan en cada caso la ruta de interconexión entre los terminales que desean establecer contacto. Un ejemplo típico de esta situación es el servicio telefónico básico.

---

**¿Inventó o no Bell el teléfono?**

En el año 2002 el Congreso estadounidense aprobó una resolución que atribuye la invención del teléfono a un italo-estadounidense, Antonio Meucci, en lugar de Alexander G. Bell que, hasta entonces había sido reconocido como su inventor.

Según el texto de esta resolución, Antonio Meucci instaló un dispositivo rudimentario de telecomunicaciones entre el sótano de su casa de Staten Island, en Nueva York, y la habitación de su mujer, en la primera planta.

Meucci presentó su invención en 1860 en un diario local en lengua italiana, y en diciembre de 1871 presentó una petición provisional de patente, que no pudo pagar y dejó expirar en 1874.

La patente de la invención del teléfono fue concedida, dos años después, en 1876, a Alexander Graham Bell, que había trabajado en el laboratorio donde Meucci había dejado su material, según explica esta resolución.

Las autoridades estadounidenses trataron de anular, en 1887, la patente concedida a Bell en un juicio por fraude, pero la muerte de Meucci, en 1889, y la expiración de la patente de Bell hicieron que el asunto quedase zanjado entonces sin que llegase a determinarse quién fue "el verdadero inventor del teléfono".

## 4.7.1 Las centrales de conmutación

La conmutación telefónica es el proceso mediante el cual se establece y mantiene un circuito de comunicación, capaz de permitir el intercambio de información entre dos usuarios cualesquiera. La imposibilidad de tener permanentemente conectados a todos los usuarios entre sí, con dedicación exclusiva de ciertos medios, hace necesario el empleo de un sistema que permita establecer un enlace solamente durante el tiempo en que se prolongue la transmisión: las centrales telefónicas en sus diversas modalidades.

El objetivo básico de una central telefónica es establecer el enlace entre dos usuarios que desean establecer una comunicación. Para ello debe disponer de los medios físicos, funciones y señalización necesarios. Además, como sucede en cualquier comunicación, es necesario fijar una serie de reglas y métodos – protocolo– que gobiernen el proceso de intercambio de información, desde el preciso momento de su inicio hasta su término.

En toda central telefónica se distinguen dos tipos de enlaces: los de entrada/salida a otras centrales y los internos, necesarios para conectar a los abonados de la misma central. Lógicamente, el número de enlaces es inferior al de abonados, ya que no todos ellos están manteniendo una comunicación simultáneamente, por lo que este factor se ha de tener en cuenta al realizar el dimensionamiento de la central. Las centrales de las redes públicas pueden tener asociados abonados o hacer solo una función de tránsito entre otras centrales para redirigir los circuitos de comunicación, como veremos en los siguientes apartados.

Tanto en las centrales públicas como en las privadas el control es SPC, o por programa almacenado. Este se fundamenta en el uso de procesadores, dispuestos bien de forma centralizada o bien distribuida, que se encargan de la gestión de todas las llamadas entrantes y salientes y demás funciones propias de la central.

## 4.7.2 La señalización en la red

Por señalización se entiende el intercambio de información entre llamante, llamado y la red, con el objetivo de establecer, mantener y liberar la llamada. La información de usuario (el contenido como tal de una conversación telefónica, por ejemplo) no entra en esta clasificación.

Como se ha explicado ya, de manera muy sencilla, se distinguen dos tramos diferentes en el camino que sigue una comunicación telefónica: uno, el comprendido entre el usuario y la central que le da servicio, el bucle de abonado. Otro, el que media entre las centrales origen y destino de la llamada, cuya longitud puede variar desde unos metros hasta decenas de miles de kilómetros, en el caso de una llamada internacional, lo que implica el paso por múltiples centrales intermedias.

En ambos casos la señalización utilizada para el intercambio de comandos (usuario a red y entre nodos de red) es diferente y específica del mismo, debiendo cumplir el objetivo marcado y que el proceso sea imperceptible para el usuario, que en cualquier lugar del mundo actúa de la misma manera, sin necesidad de aprender nuevas reglas cuando se desplaza de un país a otro.

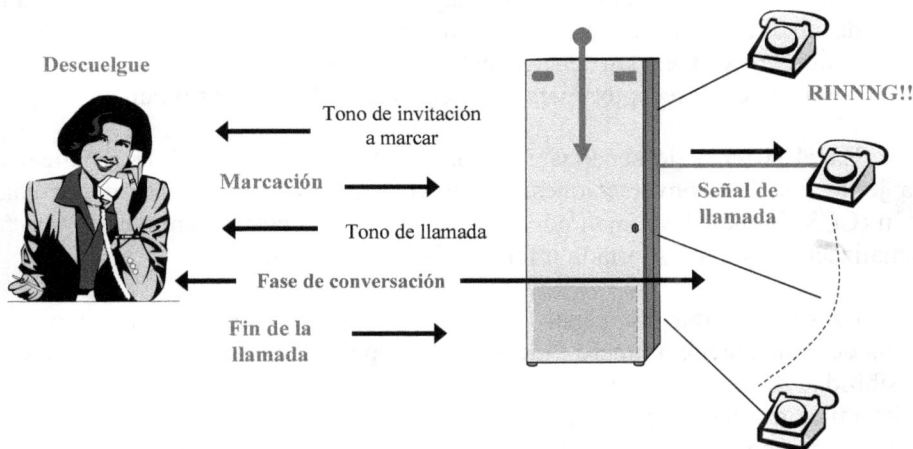

*Figura 4.16. Proceso que se sigue en una comunicación telefónica*

Desde el lado del usuario, con independencia de que la tecnología empleada sea analógica o digital, se sigue el proceso representado por la figura 4.16. En ella se muestran las etapas sucedidas desde que se levanta el microteléfono para hacer una llamada hasta que se da por finalizada la comunicación al colgarlo.

## 4.7.2.1 SEÑALIZACIÓN. CANAL ASOCIADO Y CANAL COMÚN

En la parte de red es donde la señalización es más compleja y juega un papel fundamental para el funcionamiento de la misma y la oferta de servicios hacia los usuarios, entre ellos, los denominados servicios de red inteligente. La señalización se forma entre dos nodos de la red para establecer y controlar un canal de comunicación entre ellos, que prolongado por otros canales con otros nodos establecerá el circuito para esa comunicación. Se pueden considerar dos tipos distintos de señalización: **señalización por canal asociado** (CAS) y **señalización por canal común** (CCS).

- **Canal asociado** (*Channel Associated Signaling*). La señalización, de línea (para el control del canal) y de registro (para seleccionar el camino a establecer), está directamente asociada al canal que transporta la información. La voz viaja por los mismos canales y conjuntamente con las señales de control, pudiendo ser la señalización por corriente continua, tonos de frecuencia o digital.

- **Canal común** (*Common Channel Signaling*). La señalización de todos los canales se opera por un canal específico, dentro de los disponibles. Varios canales de información se combinan junto con los de señalización dentro de un medio de transmisión común, para lo cual las distintas señales se codifican y mezclan en el extremo emisor, realizándose el proceso contrario en el receptor, para recuperar la señal digital original.

En el sistema de señalización por canal asociado (CAS) la señalización viaja junto con las conversaciones, mientras que con la señalización por canal común (CCS) las señales viajan por su propio camino, constituyendo estos una red de señalización, que transporta la información entre las centrales.

La señalización por canal común, cuyo ejemplo más significativo es el Sistema de Señalización número 7 del CCITT, reporta muchas ventajas. Entre ellas la posibilidad de compartir un dispositivo de señalización común con capacidad de atender miles de llamadas, por lo que se ahorra en equipo, y se transmite mucha más información y más rápidamente que con una señalización multifrecuencia.

## 4.7.3 El tráfico telefónico

Para cualquier análisis es fundamental conocer cómo se reparte el tráfico telefónico (número de llamadas generadas y su duración). La experiencia revela que las llamadas pueden aparecer en cualquier instante, sin relación entre unas y otras –proceso aleatorio– y que son de duración variable pero con una media (para las de voz) entre dos y tres minutos, dependiendo del país.

La utilización media de una línea telefónica en nuestro país, durante el año 2013, ha sido inferior 10 minutos por día excluyendo el tráfico que genera el acceso a Internet (a través de ADSL), una cifra bastante pequeña si tenemos en cuenta que la disponibilidad es de 24 horas/día, aunque no muy inferior a la de otros países de nuestro entorno, pero sí a la de Estados Unidos, que es más elevada. De hecho, ya en muchos hogares ni siquiera se contrata el servicio telefónico fijo y, únicamente, se pide el acceso de datos para conexión a Internet, ya que los usuarios, que pasan muy poco tiempo en su casa, utilizan el móvil para realizar todo tipo de llamadas, pues su precio, con tarifas planas de voz, es muy atractivo.

Las medidas del tráfico generado, que realiza el operador de la red, le permiten dimensionar los recursos de la red compartidos por todos los usuarios, excepto el bucle de abonado. De no existir datos históricos, caso de un nuevo servicio, habrá que realizar previsiones.

Un dimensionamiento inadecuado de los recursos será causa de posibles congestiones en la red (deterioro de la calidad de servicio, que se manifiesta en pérdida de llamadas, caídas de la red, retardos en el establecimiento de la comunicación, saltos erróneos de números, etc.) o de un sobredimensionamiento, y, por tanto, un encarecimiento de la misma, mayor complejidad y dificultad de gestión, con lo cual perderíamos efectividad de costes.

## 4.7.4 Estructura de la red telefónica

El gran número de usuarios y el alto tráfico que una red telefónica ha de poder soportar hace imprescindible agruparlos por áreas geográficas y hacerlos depender de varias centrales de conmutación que tengan acceso entre sí o a través de otras. Aparece el concepto de "jerarquía", la limitación en el número máximo de usuarios que una central admite provoca el concurso de más centrales de conmutación para atenderlos una vez que este se supera.

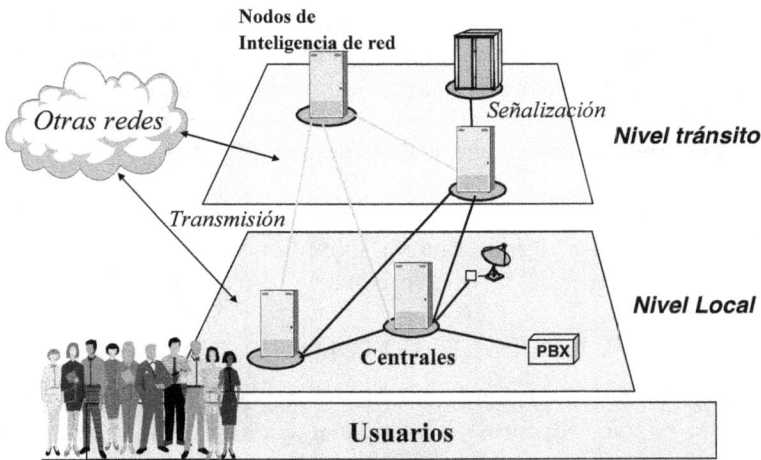

*Figura 4.17. Estructura general de las redes telefónicas*

Las redes telefónicas nacionales de los países se suelen estructurar en 2 niveles básicos: un nivel local y un nivel de tránsito (véase la figura 4.17), aunque en algunos casos, dependiendo de su antigüedad, pueden llegar a tener alguno más.

- El **nivel local** está compuesto fundamentalmente por las centrales autónomas con sus unidades remotas. En algunos casos, si el tráfico lo justifica, se incluyen también centrales del tipo tándem, que operan el tránsito entre centrales locales. En las centrales locales, a su vez, se puede distinguir entre *centrales cabecera* y *centrales congeladas funcionalmente* (antiguas o muy limitadas en prestaciones o capacidad). Las centrales cabecera asumen el crecimiento de nuevos servicios, por ejemplo, RDSI o ADSL.

- El **nivel de tránsito** está compuesto por las centrales nodales y por centrales de tránsito sectorial, donde la conexión de unas centrales con otras se realiza por caminos redundantes para tener un alto grado de fiabilidad, en previsión del fallo de alguna ruta.

Una particularidad derivada de la existencia de varias operadoras en la red son las centrales de interconexión o centrales frontera entre operadores. Estas centrales pueden pertenecer a ambos niveles dependiendo de los acuerdos entre operadoras. Además de estos dos niveles se puede considerar un tercer nivel formado por la red de señalización, constituida por nodos independientes.

## 4.7.5 Telefonía básica

Llamamos telefonía básica (STB/Servicio de Telefonía Básica) a la comunicación de voz empleando redes telefónicas fijas. Clásicamente, se ha llamado telefonía básica al servicio de comunicación de voz entre terminales fijos. De hecho, lo primero que se liberalizó en Europa fue la telefonía móvil y la básica se mantuvo como monopolio ya que se consideraba diferente.

La telefonía básica puede ser analógica, que va a través de la RTC (Red Telefónica Conmutada), y digital, que va sobre una red que se llama RDSI (Red Digital de Servicios Integrados) y que veremos en otro apartado.

### 4.7.5.1 LOS SERVICIOS TELEFÓNICOS

El servicio telefónico tiene por objeto facilitar la comunicación oral entre los usuarios del mismo, conforme a unos estándares de calidad recogidos en las diversas recomendaciones del CCITT (ahora Unión Internacional de Telecomunicaciones-T).

El Servicio Telefónico Básico (STB) es el que, haciendo uso de la red telefónica conmutada, permite a los usuarios realizar y recibir llamadas y establecer comunicaciones de voz, datos e imágenes entre dos o más puntos de la red telefónica nacional o internacional, siempre que dispongan de un punto de acceso a ellas, al que se conectan, mediante la línea telefónica, los terminales adecuados para el tipo de comunicación que se desea establecer (teléfono, fax, módem, etc.).

Este servicio, de carácter universal, está dirigido a todo el mercado en general, extendiéndose tanto al sector residencial como empresarial y cubre tanto las necesidades básicas de comunicación como otras aplicaciones más avanzadas que vienen a constituir lo que se denominan servicios suplementarios.

El servicio telefónico básico es, técnicamente, un servicio analógico y orientado a la transmisión de voz empleando la conmutación de circuitos. Puesto que los enlaces de transmisión y centrales de conmutación no están completamente digitalizados, para la transmisión de datos se requiere el empleo de módems u otros dispositivos similares que conviertan la señal digital en analógica (modulación) y viceversa (demodulación).

Este servicio de telefonía, disponible al público, está totalmente liberalizado desde el 1 de diciembre de 1998 y en la actualidad son varios los operadores que lo prestan. Así, se produjo la ruptura del monopolio que ha mantenido Telefónica durante tantos años con la entrada de Retevisión en 1998, a la que siguieron Uni2, Jazztel, Tele2 y otras muchas operadoras más que, inicialmente, ofrecían acceso indirecto (mediante la marcación de un código de identificación del operador), utilizando el bucle de abonado existente de Telefónica.

Con carácter general, el servicio telefónico básico incluye:

- **Número telefónico perteneciente a la red pública**, número telefónico (asociado a una línea) perteneciente al Plan de Numeración Nacional, constituido por nueve dígitos, de los cuales dos o tres identifican la provincia y el resto al identificativo del camino lógico de red hasta el domicilio del usuario.

- **Instalación de un Punto de Terminación de Red (PTR)**, un cajetín con la finalidad de separar lo que es la instalación interior de la exterior y servir como punto de corte y prueba de la línea en las tareas de mantenimiento y control desde la central.

- **Buzón de voz**, permite disponer voluntariamente y bajo solicitud de un contestador telefónico soportado por la red, sin necesidad de equipo adicional alguno en el domicilio del usuario, que puede personalizar su mensaje y disponer de otras facilidades.

- **Facturación detallada**, de todas las llamadas realizadas por el cliente en un período de tiempo, incluyendo número, fecha y hora, duración, importe, etc. Solo el detalle de las llamadas no metropolitanas está incluido en el servicio básico. Estas últimas se pueden detallar bajo solicitud.

Además de los servicios descritos, el usuario del servicio telefónico básico puede contratar otros –suplementarios– tales como el de indicación de llamada en espera, desvío en caso de no-contestación, consulta y conferencia a tres, etc.

## 4.7.6 Los servicios de Red Inteligente

Sobre la red telefónica, actualmente, se ofrece una extensa gama de variados servicios que han producido un incremento en el número de llamadas y en el tráfico. Ello es posible gracias a la incorporación de aplicaciones informáticas sobre nodos especiales conectados o superpuestos a la infraestructura de conmutación telefónica, lo que viene a configurar la denominada Red Inteligente o IN (*Intelligent Network*).

La Red Inteligente sirve para prestar servicios que requieren el manejo eficiente de un considerable volumen de datos, mediante la centralización de determinadas funciones de control y proceso. El fundamento consiste en disociar las funciones propias del servicio telefónico dado a un usuario, como son la tasación y el destino final de las llamadas entrantes, de la terminación de red que le presta el servicio. Esto se realiza asignando a ese usuario otro número específico del servicio de red inteligente, el cual informa a los usuarios llamantes del tipo de tarifa que se les aplicará por las llamadas a ese número.

La Red Inteligente prolonga las llamadas recibidas al número contratado de IN a el/los números de red telefónica básica que determine el cliente, donde son atendidas. Esta red ha sido posible gracias a la confluencia de la tecnología de conmutación digital con los nuevos sistemas de señalización, que permiten el intercambio de información entre todos los puntos de la red rápidamente y en grandes volúmenes, junto con las tecnologías de la información y las modernas técnicas de manejo de bases de datos. La Red Inteligente, a través de los números 900 XX YY ZZ, ofrece unos servicios con prestaciones adicionales a las que se obtienen de la RTB, tanto para los clientes que contratan el servicio como para los usuarios que acceden al mismo.

### 4.7.6.1 NÚMEROS 800 Y 900

La técnica ha mejorado y cuando ahora marcamos un número ya no se producen interrupciones de la línea, sino una combinación de dos tonos de sonido, y ya no va a un relé o un motor que avanza, eso va a un ordenador que guarda los números que recibe. De manera que cuando ahora marcamos un número se almacena en un ordenador en la central de telefónica que interpreta que queremos hablar. Entonces el ordenador tiene una base de datos donde busca ese teléfono y a quién corresponde. El ordenador ahora permite, teóricamente, poner cualquier número en cualquier población, aunque tal y como está establecido el Plan de Numeración Nacional, hay una serie de números asociados a la geografía.

Los servicios de red inteligente que dan algunos operadores son los que se muestran en la tabla 4.2.

| Número | Servicio y tasación |
|--------|---------------------|
| 900 | Servicios de información. Gratuito para el llamante |
| 901 y 902 | Llamadas con coste compartido entre el que llama y el que recibe la llamada. Similar a una llamada provincial |
| 903 | Servicios de entretenimiento. Tarifa más alta que se reparte entre el operador y el que presta el servicio |
| 904 | Línea personal. Permite desviar la llamada |
| 905 | Llamadas masivas o televoto. Tarifas como para el 903 |
| 906 | Información de interés público. Tarifas como para el 903 |

*Tabla 4.2. Servicios de Red Inteligente*

Esta facilidad se utiliza para tener unos determinados números, que ya no están relacionados con la geografía ni con la tarifa, los números que empiezan por 90X, por 80X en este momento, que es lo que llamamos números de la red inteligente, para dar los servicios de red inteligente (el número al que marcamos lo recibe un ordenador y luego mira en su tabla dónde está ese número para dirigir la llamada hacia él).

El **900** significa que el teléfono puede estar donde sea, pero que además es cobro revertido automático. Paga la persona llamada, de manera que si llamamos al 900 de Renault, probablemente estemos llamando a Valladolid y, si llamamos al 900 de SEAT, a Barcelona. Pero no lo sabemos, ni nos importa. Al marcar el 900 XYZXYZ el operador es el que sabe a dónde dirigir la llamada.

**901** y **902** se emplean no para cobro revertido automático, como sucede con los 900, sino que una parte lo paga el llamado y otra parte lo paga el que llama. Inicialmente, la idea era solo de cobro tarifa provincial, aunque esté llamando a otra provincia y el resto lo paga el llamado, o solo de cobro tarifa local, de la ciudad, y el resto lo paga el llamado. Hoy en día es un acuerdo, se reparte el precio de la llamada entre el que llama y el llamado.

El **905** son esas llamadas masivas típicas que se dan en programas de televisión, donde si uno opina, o vota SÍ tiene que llamar al 905 algo; y si es que NO, llama al 905 otro número distinto y un sistema suma los votos a uno y otro, sin que las llamadas generen tráfico en el sistema de conmutación y saturen la red.

El **906**, que son informaciones de interés público, estado de carreteras, concursos de TV, etc., o eróticos, y que se puede cobrar más (igual que en un 903) y se reparte la tarifa entre Telefónica y el que da el servicio.

El coste de las llamadas también varía en función de la hora del día y, así, en el horario normal (lunes a viernes, de 8 a 20h) es más elevado que en el horario reducido (lunes a viernes, de 20 a 8h y sábados, domingos y festivos las 24 horas).

Además, hay otros números de tasación adicional, de los que se ha abusado cometiendo fraude en algunos casos, razón por la que el Gobierno tomó la decisión de acabar con el libre acceso a los números 803, 806, 807 o 907 (para datos). Las llamadas al 112 (servicio de emergencias) son totalmente gratuitas.

## 4.8 RED DIGITAL DE SERVICIOS INTEGRADOS

La RDSI (Red Digital de Servicios Integrados) es, básicamente, la evolución tecnológica de la Red Telefónica Básica (RTB). Al digitalizar todos los elementos de la comunicación, integra multitud de servicios, tanto de voz como de datos, en un único acceso de usuario que permite la comunicación digital a alta velocidad entre los terminales conectados a ella (teléfono, telefax, ordenador, etc.).

La RDSI se presentó como una red básica de comunicaciones que trataba de integrar redes y servicios que tradicionalmente se cubrían de muy diversas maneras. Esto significa que para ciertos servicios los usuarios van a disponer de varias alternativas para satisfacer sus necesidades concretas: por un lado, las redes convencionales de voz o de datos y, por otro, la solución basada en la RDSI. En la actualidad, con la proliferación del protocolo IP y la popularización de Internet, la RDSI

La RDSI de banda estrecha admite como máximo hasta 2 Mbit/s, mientras que la RDSI de banda ancha empieza a partir de ellos. Es una red evolucionada de la red telefónica integrada digital, que proporciona conectividad digital extremo-a-extremo y soporta una amplia gama de servicios, a los que acceden los usuarios por medio de un conjunto limitado de interfaces multipropósito. La técnica de multiplexación empleada es por división en el tiempo (TDM) y todos sus terminales son digitales.

La RDSI, frente a la red telefónica pública convencional, ofrece una serie de ventajas, como son: audio de alta calidad, enlaces digitales a 64 kbit/s, señalización potente (por un canal asociado para el acceso de usuario, y por canal común entre centrales) que proporciona una gran funcionalidad; un único canal de acceso transfiere voz, datos e imagen, además de mejorar la rapidez en el establecimiento de las llamadas.

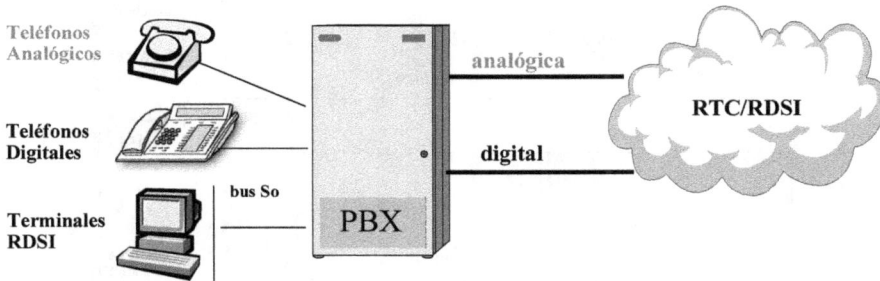

*Figura 4.18. Conexión de una centralita a la RTC y RDSI de manera simultánea, para acceso de diversos tipos de terminales*

- **Modalidades de servicio**

La RDSI comprende el siguiente grupo de servicios:

Dos tipos de modalidad de acceso para el usuario: básico y primario.

- **Servicios portadores**, aquellos servicios de telecomunicación para la transmisión de las señales que envían las interfaces de usuario a la red.

- **Servicios suplementarios**, proporcionan facilidades adicionales a los usuarios. Se ofrecen junto a los servicios portadores.

- **Teleservicios**, procuran la completa capacidad de comunicación entre los usuarios, conforme a protocolos establecidos, mediante acuerdos entre los operadores de telecomunicación.

## 4.8.1 Canales en la RDSI

Las líneas RDSI contemplan varios tipos de canales (figura 4.19):

- **Canal B**: transporta la voz o los datos generados por el terminal del usuario (a una velocidad nominal de 64 kbit/s).

- **Canal D**: transporta la señalización de usuario para la llamada (a una velocidad de 16 o 64 kbit/s) y también puede utilizarse para transmitir simultáneamente datos por conmutación de paquetes.

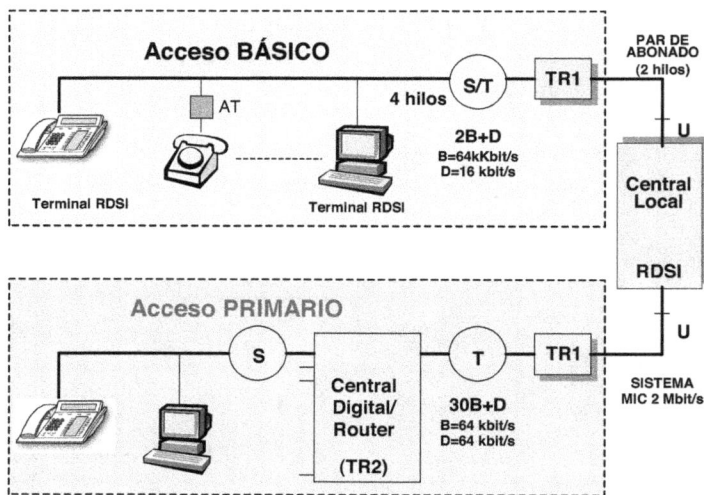

*Figura 4.19. Accesos Básicos y Primarios en la RDSI. En esta figura, al no existir TR2, el acceso de usuario se conecta directamente a la central RDSI*

Estos canales se pueden agrupar, bien en la modalidad más sencilla o Acceso Básico (dos canales B y un canal D de 16 kbit/s) o en forma de Acceso Primario (30 canales B y un canal D, en este caso de 64 kbit/s).

- **Acceso Básico (2B+D)**

El Acceso Básico proporciona 2 canales B de 64 kbit/s (dos comunicaciones simultáneas) y un canal D de 16 kbit/s para señalización y control de los anteriores. Está soportado por una instalación a cuatro hilos, dos para transmisión y dos para recepción, en configuración de bus de datos denominado bus pasivo, al que se pueden conectar hasta 8 terminales, si bien solo dos de ellos pueden estar en comunicación simultáneamente.

La interfaz de acceso del usuario se denomina **interfaz S** y la denominada **interfaz U**, soportada por dos hilos físicos, conecta el domicilio del usuario con la central RDSI. La **Terminación de Red** (**TR**) es la terminación física de la línea (PTR) y el punto de separación entre el operador y el usuario. Si el terminal genera la información en una forma no adecuada para la transmisión RDSI, se necesita un Adaptador de Terminal (AT).

- **Acceso Primario (30B+D)**

El Acceso Primario proporciona 30 canales B de 64 kbit/s (30 comunicaciones simultáneas) y un canal D de 64 kbit/s para señalización y control de los canales B. En la instalación de usuario se dispone de 2.048 kbit/s (E1) que se pueden estructurar de varias maneras. Se suele utilizar para conectar centralitas telefónicas, redes de área local y otros dispositivos que generan grandes flujos de información.

## 4.8.2 Conexión de terminales RDSI

Las instalaciones en las dependencias de los usuarios están constituidas por una red interna denominada bus pasivo. A ella se pueden conectar, para el acceso básico, hasta un total de 8 terminales, cada uno con su número telefónico propio, en los que se pueden generar y recibir llamadas, aunque solo pueden establecerse dos comunicaciones simultáneas.

Los usuarios emplean un equipo denominado Terminación de Red 1 (TR1) para conectar los terminales a la RDSI. La TR1 equipa una interfaz U a 2 hilos hacia la red y una interfaz S/T a 4 hilos y 192 kbit/s en dirección a los terminales. La Terminación de Red 2 (TR2) es una agrupación funcional, como puede ser una PBX o una LAN, que realiza funciones de conmutación local y/o multiplexación a la que por un lado se conectan los usuarios y por otro la TR1. Normalmente, se requiere cuando se emplea un acceso primario.

**BUS PASIVO (Punto-Multipunto)**

**BUS PASIVO EXTENDIDO (Punto-Multipunto)**

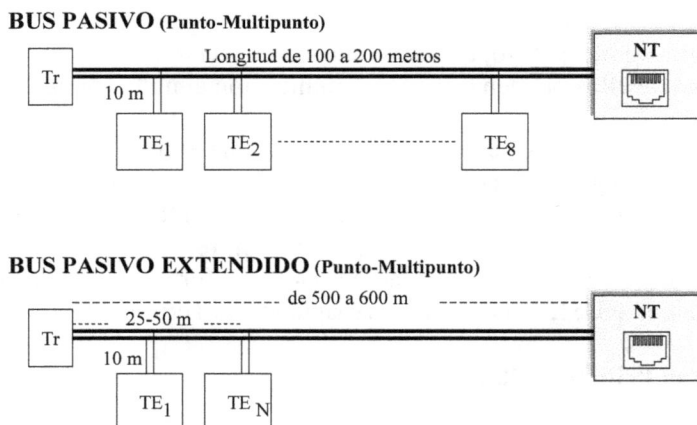

*Figura 4.20. Conexión de terminales en RDSI empleando la interfaz S0*

La red de conexión de terminales de usuario está formada por un cable de dos pares que discurre desde la TR1, según distintas topologías (figura 4.20), hasta un punto extremo en el que se conectarán unas resistencias de terminación (Tr) para evitar reflexiones de la señal.

La interfaz S0 es el punto donde se conectan los terminales RDSI. Se puede conectar un único equipo terminal (ET) en cuyo caso se alcanza hasta 1 km desde la centralita y se denomina configuración punto-a-punto. En otro caso es posible conectar hasta 8 terminales empleando un bus pasivo de distribución que puede ser corto, hasta 200 metros, o extendido, llegando hasta 600 metros. En este último caso, la conexión se limita a un máximo de solo dos terminales.

## 4.8.3 Señalización en la RDSI

En la RDSI existen dos áreas claramente diferenciadas que utilizan señalizaciones distintas. De una parte se encuentra la conexión usuario-red, que emplea la señalización por canal D, y de otra, la conexión entre nodos de la red, que hace uso de la señalización por canal común SS7.

- **Señalización usuario-red**

La señalización usuario-red por canal D recibe el nombre de DSS 1 (*Digital Subscriber Signalling 1*), Sistema de Señalización de usuario Digital, cuya estructura está basada en las capas 1 a 3 del modelo OSI de las normas ISO.

- **Señalización entre nodos**

Para la señalización entre los nodos que forman la red de soporte RDSI se emplea la señalización SS7 por canal común. Utilizando un canal de 64 kbit/s para la transmisión de la información, que puede ser uno de los canales que cursan tráfico normal o un enlace de señalización dedicado.

## 4.9 LAS CENTRALES DE EMPRESA (PBX)

Las centrales de comunicación para empresas o PBX (*Private automatic Branch Exchange*) son unos sistemas de conmutación que permiten manejar el tráfico telefónico, tanto el saliente como el entrante, generado por y dirigido a los usuarios a ella conectados. Pueden tener desde unas pocas extensiones hasta miles de ellas en las más complejas, y soportar una gran variedad de servicios asociados.

En el caso de las comunicaciones de voz en las empresas, normalmente, se emplean centralitas privadas. El uso de centralitas en las empresas no se ha considerado un servicio de Telecomunicaciones, por lo que siempre han estado liberalizadas, su uso ha sido libre y cada empresa ha podido comprar cualquier marca. Existen centralitas analógicas y digitales, aunque las primeras han caído en desuso, y, en todo caso, pueden quedar instaladas algunas de las antiguas. No obstante, la conexión a la red pública puede hacerse mediante un circuito analógico o digital, dependiendo de las prestaciones que se requieran y de su disponibilidad en una zona determinada.

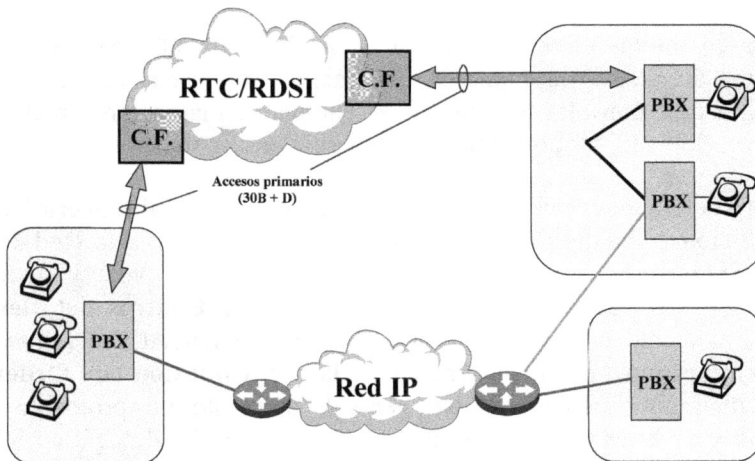

*Figura 4.21. Las comunicaciones de voz en las empresas hacen uso de la RTC/RDSI (solución tradicional) o de Internet (VoIP)*

Desde que las centrales de conmutación telefónica aparecieron, a finales del siglo XIX, su evolución ha sido constante, incorporando en cada momento las tecnologías más avanzadas. Las primeras eran mecánicas y las actuales son todas electrónicas, con una gran capacidad de proceso y variedad de servicios. Hoy por hoy se utiliza el término "servidor de comunicaciones", se emplean centralitas sobre la red local y telefonía sobre Internet con protocolo IP (VoIP). Un ejemplo de implementación es el servicio Ibercom ofrecido por Telefónica para empresas grandes y medianas, así como para otras instituciones, organismos públicos, universidades, hospitales, etc.

## 4.9.1 Servicios disponibles en las PBX

Las empresas tienen conexiones a la red telefónica pública para comunicarse con sus clientes y proveedores, pero estas no se suelen hacer directamente, ya que ello exigiría una línea independiente por cada terminal. En vez de ello, se emplea una centralita, un elemento que agrupa todas las líneas internas, denominadas extensiones, y les da salida al exterior a través de las líneas o enlaces.

El tipo de instalación a realizar dependerá del número de usuarios a conectar y de las facilidades que estos necesiten, en el mercado hay, fundamentalmente, dos modelos, las **denominadas PBX** (*Private Branch Exchange*) y las multilíneas o **KTS** (*Key Telephone System*). También, existen las de tipo **Híbrido**, que pueden operar bien como KTS o como PBX, según se configuren.

Las centralitas ofrecen toda una gama de facilidades básicas: marcación por nombre, directorio de números, marcación abreviada, música en espera, conferencia a tres, consulta, rellamada, transferencia, marcación directa entrante, manos libres, candado, etc., que más o menos son las que tienen todas.

Por las funciones avanzadas hay que pagar un extra al requerir hardware o software adicional. Algunas de las más comunes son: acceso a la **Red Digital de Servicios Integrados**, que permite la integración de voz y datos y el establecimiento de videoconferencias; la aplicación de **Centros de Atención de Llamadas**, mediante una PBX equipada con la función ACD (*Automatic Call Distributor*) y reconocimiento automático de la voz; **Conexión con Ordenadores**, donde circulan aplicaciones de uso general, mediante un protocolo estándar denominado CSTA; la **Gestión** de la PBX y la **Tasación** del tráfico telefónico; **Extensiones sin Hilos** que permiten la movilidad del terminal telefónico por el recinto de una empresa, mediante la cobertura radio con antenas situadas estratégicamente, etc.

## 4.9.2 El Centrex

El empleo de una PBX, cuando el número de extensiones y/o enlaces es reducido, puede resultar, en algunos casos, costoso para la empresa, ya que la inversión inicial que conlleva la compra del equipo puede ser alta y tener un período de amortización inadecuado para el ritmo de cambio tecnológico. Una solución a esta problemática se da con el servicio Centrex (*Central Office Exchange Service*), proporcionado por los operadores públicos a través de la infraestructura telefónica básica.

Este servicio permite a sus abonados la utilización parcial de una central pública como si fuese una PBX. Con él se puede dar un servicio de comunicaciones a pequeñas oficinas de grandes empresas, integrándolas dentro de la red corporativa sin necesidad de costosas inversiones.

- **SERVICIO PROPORCIONADO POR CENTRALES PÚBLICAS**
- **AGRUPACIÓN DE LÍNEAS TELEFÓNICAS PARA FORMAR GRUPOS DE USUARIOS**
- **FACILIDADES EXTENDIDAS POR RED PRIVADA VIRTUAL (RPV)**
- **FACILIDADES:**
  - Plan privado de numeración
  - Tasación para llamadas intragrupo
  - Servicios suplementarios
  - Llamadas a la red pública

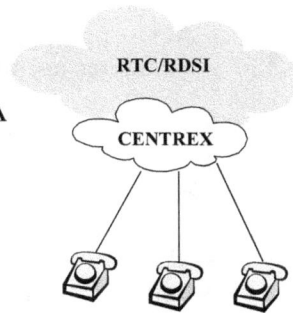

RTC/RDSI

CENTREX

*Figura 4.22. Principales facilidades que ofrece el servicio Centrex*

Básicamente, el servicio Centrex se puede definir como una centralita virtual creada sobre una central pública, con un plan privado de numeración. No se requiere de equipos de conmutación en el domicilio del cliente, ya que son las propias extensiones de la central pública las que se prolongan hasta el mismo. Por contra se hace necesario el tendido de un mayor número de cables, tantos pares como terminales telefónicos se instalen.

Tanto para el operador como para el cliente es evidente la ventaja que tiene el disponer de un servicio de este tipo. Por una parte, se puede contratar el servicio casi de forma inmediata al no tener que utilizar equipos específicos y, por otra, se dispone de la última funcionalidad conforme se van actualizando las centrales que forman la red pública.

236 TELECOMUNICACIONES. TECNOLOGÍAS, REDES Y SERVICIOS. 2ª EDICIÓN      © RA-MA

La función de emulación de una PBX se consigue mediante una aplicación en la central pública, con la que se pueden tener las facilidades propias de una PBX cualquiera. Las llamadas realizadas entre líneas pertenecientes al mismo grupo Centrex (llamadas realizadas con la numeración corta del plan privado) están sometidas a tarifa plana, mientras que para las llamadas externas al grupo se aplican las tarifas del servicio telefónico básico.

## 4.10 LA TELEFONÍA IP

Internet, o más ampliamente las redes IP, junto con la telefonía móvil son los dos fenómenos que captan mayor interés dentro del mundo de las telecomunicaciones, y prueba de ello es el crecimiento experimentado en el número de usuarios que optan por utilizar estos dos servicios. La explicación a este fenómeno se encuentra, por una parte, en la facilidad de uso y en el beneficio que obtienen los usuarios y, por otra, en la reducción del precio y mejora de prestaciones de los terminales que se necesitan y la bajada de las tarifas por parte de los ISP y operadores que ofrecen el servicio.

La extensión del concepto XoIP o de todo sobre IP facilita la creación de aplicaciones comunes para el acceso y difusión de la información, independientemente de cuál sea su naturaleza y, así, los usuarios pueden utilizar un terminal de datos o un teléfono, adaptados, como interfaz para la voz y los datos. Dependiendo de la situación y circunstancias del usuario, en su lugar de trabajo habitual o en otro cualquiera, utilizará uno u otro terminal. Para favorecer esta dualidad de uso, por una parte, los ordenadores evolucionan para incorporar facilidades de voz (su uso en los centros de llamadas es ya habitual) y, por otra, los teléfonos y en concreto los teléfonos móviles lo hacen para incorporar facilidades "avanzadas" de datos.

Ahora mismo, la mayor parte del tráfico internacional sobre IP lo transportan los ITSP (*Internet Telephony Service Provider*), un nuevo tipo de ISP que despliega pasarelas en diferentes ciudades y países, interconectadas mediante una red IP privada (para mantener un cierto control sobre la calidad de servicio, ya que si no, no sería aceptado por los usuarios). Algunas compañías montan su propia solución privada para realizar esta misma función y, en este caso, utilizan su red *backbone* de transmisión de datos común para transportar la voz, puesto que pueden controlar exactamente la calidad de servicio ofrecida.

La utilización de la telefonía sobre IP como sustituto de la telefonía convencional se debe, principalmente, a su reducido coste. Sin embargo, existen estudios que demuestran que el nivel de costes de los dos tipos de tecnologías (conmutación de circuitos y voz sobre IP) no es realmente determinante para la tarifa final que paga el cliente.

En otras palabras, los operadores tradicionales de tráfico de larga distancia y tradicional podrían, y seguramente lo harán, bajar los precios de forma que se llegue a un nivel de coste similar para una misma calidad de voz. Se prevé por tanto que solo durante un período de cinco años existirán argumentos económicos en favor de la voz sobre IP. Después de este período, serán otros argumentos los que favorezcan la utilización de técnicas de telefonía sobre IP, como son la posibilidad de multimedia, control del enrutamiento por parte del PC del usuario, unificación absoluta de todos los medios de comunicación en un solo buzón (*unified messaging*), creación de nuevos servicios, etc.

Ejemplos de alguno de los nuevos servicios que se apoyan sobre el concepto de Voz sobre IP (VoIP) son:

- Servicios de Red Inteligente, números gratuitos 900.

- *Web Call Center*. Comunicación con un agente del Centro de Atención de Llamadas asociado al Web visitado en Internet.

- Telefonía Multimedia sobre IP. Utilización de PC como terminales de voz, datos y vídeo.

## 4.10.1 Diferencias entre Internet y la RTB

Hay diferencias muy significativas entre Internet y la RTB (Red Telefónica Básica), siendo la más importante la diferente técnica de conmutación que utilizan: paquetes y circuitos, respectivamente. Otra diferencia significativa es que Internet usa un enrutamiento dinámico basado en una dirección no geográfica, mientras que en la RTB el encaminamiento es estático y basado en una numeración asociada a una localización geográfica, el número telefónico.

Por otro lado Internet tiene una arquitectura descentralizada, lo que resulta en una mayor flexibilidad y permite un despliegue más rápido de las aplicaciones.

Un aspecto muy importante a destacar, que no tiene que ver con los técnicos, es la diferente regulación que afecta a una y otra red. Mientras que la RTB ha estado y sigue sujeta a una extensa regulación en todos los países, que inhibe la competencia real, Internet es una red abierta que la favorece y promueve, para facilitar la entrada en nuevos mercados, aunque últimamente se están apreciando ciertos signos en sentido contrario.

Por otra parte, en muchos países las tarifas del servicio telefónico no se corresponden con los costes del mismo, lo que hace que resulten excesivamente altas, sobre todo para las llamadas internacionales, lo que crea una gran oportunidad para los servicios de voz sobre IP, a través de Internet, al ser su coste muy inferior al no depender de la distancia y aplicarse tarifa local, o utilizando una red IP privada constituida a tal efecto.

Internet se concibió como una red telefónica para interconectar ordenadores, pero puede que en el futuro sea una red de ordenadores para conectar teléfonos y proveer una verdadera telefonía. Esta afirmación quizás sea un poco aventurada pero se ve avalada por ciertos estudios recientes que predicen que el tráfico de voz sobre Internet puede superar al de datos en el plazo de unos pocos años. De hecho, ya el volumen de tráfico total sobre Internet supera al de voz sobre las redes telefónicas de conmutación de circuitos.

La VoIP es muy adecuada para dar un servicio de telefonía de larga distancia a bajo coste ya que todas las llamadas se facturan como locales. Los clientes son típicamente los operadores (*carriers*) tradicionales, y una nueva categoría de ISP, los ITSP, nacida específicamente para este mercado.

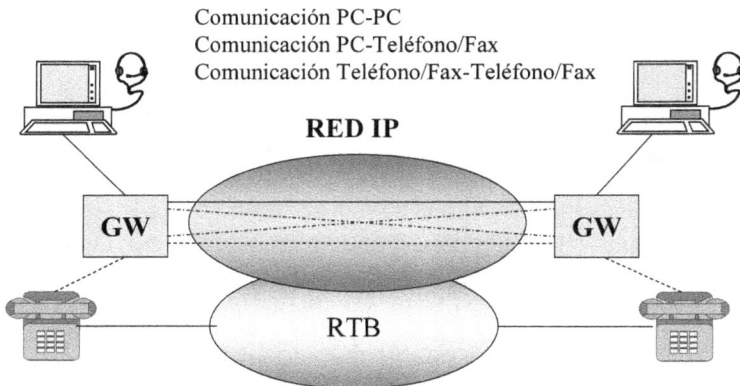

Comunicación PC-PC
Comunicación PC-Teléfono/Fax
Comunicación Teléfono/Fax-Teléfono/Fax

RED IP

GW    GW

RTB

*Figura 4.23. Comunicación utilizando VoIP*

En estos momentos, los grandes ahorros en cuanto a la telefonía sobre IP se realizan en las llamadas internacionales ya que la relativa falta de competencia en este segmento hace que los precios sean altos, y los mecanismos de compensación internacionales no favorecen la aparición de nuevos operadores con mejores precios, porque siempre tendrán que acordar cómo transportar el tráfico por las redes de los grandes operadores existentes.

Además de la comunicación teléfono a teléfono, estos clientes demandan comunicaciones PC a teléfono, servicios de fax, enrutamiento en función del coste, tasación y contabilidad en tiempo real, etc.

## 4.10.2 Componentes de las redes VoIP

Las redes de VoIP contienen tres (o cuatro) componentes fundamentales:

− Clientes H.323, PC multimedia conectados directamente a una red IP.

− *Gateways* de Voz/IP.

− *Gatekeeper*, para controlar las comunicaciones de voz sobre IP.

− MCU H.323, opcional, para permitir conferencias con más de dos participantes.

### 4.10.2.1 GATEWAYS DE VOIP

El *gateway* de VoIP es el componente clave de una solución de voz sobre IP al facilitar la conversión de las llamadas telefónicas convencionales al mundo de IP. Normalmente, tienen interfaces analógicos o digitales (PRI, PUSI) a la red telefónica, y disponen de interfaces Ethernet, *Frame Relay* o ATM hacia la red IP.

- **Gateway H.323/H.320**
Básicamente, realiza la conversión entre formatos, de manera que los terminales H.323 se pueden comunicar con equipos RDSI.

- **Gateway H.323/RTB (voz sobre IP)**
Posibilitan las comunicaciones de voz entre los terminales H.323 y los teléfonos convencionales, estén en la red corporativa o en la red pública.

### 4.10.2.2 GATEKEEPER

El *gatekeeper* es un punto central de control en una red H.323, proporcionando servicios de control de llamada, traducción de direcciones y control de admisión. Además facilita el control del ancho de banda utilizado y localiza los distintos *gateways* y MCU cuando se necesita.

- **Gatekeeper H.323**

Está siempre presente para controlar las llamadas en la Intranet Pública (o red corporativa). Todos los elementos de red de MMTS (terminales, *gateways*, MCU) tienen que usar el *gatekeeper* como punto intermedio para la señalización. De esta forma se tiene un control de los accesos, seguridad, movilidad del usuario, y tasación si se da el caso.

- **MCU para H.323 y T.120**

Se utiliza cuando han de intervenir más de dos partes en una conferencia. La MCU (*Multimedia Conference Unit*) es responsable de controlar las sesiones y de efectuar el mezclado de los flujos de audio, datos y vídeo.

## 4.10.2.3 LA NORMA H.323

Las redes desplegadas para la transmisión de voz sobre IP son en su mayor parte propietarias, utilizando mecanismos de señalización, control y codificación de la voz propios de los suministradores, y con muy poca o sin ninguna interoperabilidad entre ellas. La norma H.323 de la UIT viene a resolver este tema y es prácticamente de obligado cumplimiento para los suministradores. La norma H.323 es muy compleja al integrar no solo voz sobre IP, sino también comunicaciones multimedia.

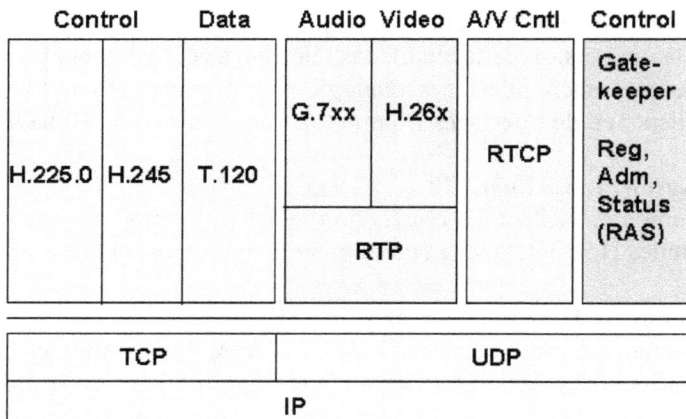

| Control | | Data | Audio | Video | A/V Cntl | Control |
|---------|---------|-------|-------|-------|----------|---------|
| H.225.0 | H.245 | T.120 | G.7xx | H.26x | RTCP | Gate-keeper<br><br>Reg, Adm, Status (RAS) |
| | | | RTP | | | |

| TCP | UDP |
|-----|-----|
| IP | |

*Figura 4.24. Entorno de aplicación de la norma H.323*

La presencia de un *gatekeeper* como elemento centralizado de control de la red es uno de los aspectos fundamentales de la norma. Existen diferentes variantes de *codecs* en la norma, pero se acordó a mediados de 1997 en un consorcio denominado IMTC, en el que están presentes Microsoft, Cisco, HP, etc., que el *codec* preferido para voz sobre IP es el apoyado por Microsoft, G.723.1, que funciona a 6,4 kbit/s totales (total de ambos sentidos), más el *overhead* causado por cabeceras de IP y UDP (unos 10 kbit/s es el resultante).

## 4.10.2.4 CALIDAD DE SERVICIO (QOS)

La pérdida de paquetes y el retardo afecta a las comunicaciones de telefonía sobre IP, porque la retransmisión de paquetes reduce la eficacia total de la red y, por lo tanto, la cantidad de ancho de banda disponible para las aplicaciones, mientras que el retardo causa distorsiones en la conversación. Por ello, las diferencias entre una red privada IP e Internet (red pública) pueden ser muy significativas, ya que, mientras en la primera se puede controlar la calidad de servicio ofrecida, en la segunda ello no es posible y, además, es aleatorio.

El mayor problema, con mucho, que enfrenta la voz sobre IP, es el de los retrasos acumulados en el tránsito de los paquetes y en el propio proceso de codificación. En Internet los retrasos pueden llegar a ser del orden de dos segundos, impidiendo cualquier posibilidad de una conversación normal. La causa principal de estos retrasos es la pérdida de paquetes, que en algunos casos puede llegar a un 40%. La única manera de mantener este tipo de cifras bajo control es trabajar en una red privada, dimensionada para este tipo de tráfico, o introducir conceptos de calidad de servicio (QoS) en Internet, algo que todavía está lejano. Esta es la razón por la que la mayor parte de proveedores –operadores– de voz por Internet disponen de una red dedicada para este propósito, aunque no es el caso de los OTT (*Over The Top*), como es Skype, que utiliza Internet.

# 4.11 REDES DE TRANSMISIÓN DE DATOS

Al principio del capítulo hemos presentado las redes de área local (LAN) que encuentran su aplicación principal en la transmisión de datos en grandes organizaciones, pero también son frecuentes en el hogar o en el interior de un vehículo, y no dentro de mucho en las prendas de vestir, algo que puede sonar a ciencia ficción pero en lo que ya se está trabajando. En cualquier caso, su entorno de utilización se limita a un radio de unos pocos metros o decenas de metros.

Cuando la necesidad de comunicación es mayor y se requiere una conexión más amplia que la que se obtiene con una LAN, hay que recurrir a instalar una WAN. Las tecnologías empleadas más habitualmente son, como hemos visto, las de conmutación de paquetes, sobre todo las que hacen uso del protocolo IP.

Dentro de los distintos tipos de redes de datos, una de las primeras en aparecer fue la que hacía uso de la norma X.25 adoptada por el CCITT en el año 1976. Estas redes se conocen como "Redes de Conmutación de Paquetes". Básicamente, proporcionan servicios de transmisión de datos entre dispositivos capaces de recibir y/o generar información. El sistema X.25 incorporaba grandes mejoras sobre los métodos de transferencia de datos anteriores. Tanto es así que las primeras redes públicas fueron las basadas en el protocolo X.25.

Las transmisiones por X.25 operan agrupando los datos en paquetes de determinada longitud. Estos contienen la información generada por el usuario así como los datos de control necesarios para identificar el origen y destinatario de la información, además de otros parámetros necesarios para garantizar la integridad de la misma. Los paquetes de distintos usuarios se entremezclan en los enlaces y medios de conmutación de la red, aumentando la eficacia de esta y reduciendo notablemente el coste de provisión de los servicios. Este principio, como hemos visto, lo utilizan también las redes *Frame Relay*, ATM e IP, por lo que las explicaciones que se den para X.25, en gran medida, son válidas para las otros.

El CCITT, en su "Serie de Recomendaciones X" estableció también la norma X.75 que definía la interconexión entre diferentes redes públicas de conmutación de paquetes con la norma X 25.

## 4.11.1 Elementos de una red de conmutación de paquetes

Una red de conmutación de paquetes, como la de la figura 4.25 está constituida por una serie de nodos de conmutación y unos elementos de transmisión que sirven para su unión. Cada uno de estos nodos dispone de un determinado número de líneas de entrada/salida, teniendo capacidad para procesar los mensajes que recibe, en forma de paquetes, y encaminarlos adecuadamente al destino especificado dentro del campo de direccionamiento, pudiendo estar este destino en el mismo nodo o en otro cualquiera de la red. Los nodos se encuentran interconectados entre sí, y la topología de la red variará en función de los requerimientos de los usuarios, aunque de manera general adoptará una topología de tipo malla que garantice la existencia de rutas alternativas, en previsión de la caída de alguno de los enlaces.

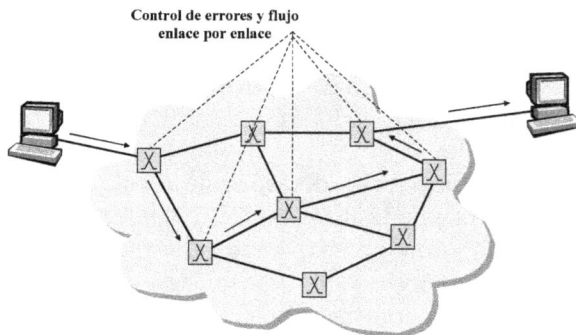

*Figura 4.25. Estructura de una red de conmutación de paquetes X.25*

La red puede diseñarse para adaptarse a las necesidades de transmisión, careciendo, en principio, de limitación alguna, salvo las impuestas por el propio hardware y software utilizados. Esto permite construir la red de forma que se ajuste perfectamente a los flujos de información que circulan en cada punto de la misma.

En las redes públicas de conmutación de paquetes que emplean el protocolo X.25, los diferentes equipos terminales (DTE) se conectan bien directamente o bien a través de un módem a los nodos de conmutación. Se emplea una interfaz X.25, aunque también se puede disponer de otras mediante el uso de funciones adaptadoras o ensambladoras/desensambladoras de paquetes (PAD), tal como pueden ser asíncrona X.28, BSC, SDLC, o cualquier otro protocolo común.

Ya hemos visto que existen otras redes de conmutación de paquetes, distintas de las que se basan en X.25 como son las que utilizan ATM o IP, que tienen sus particularidades, pero ahora vamos a ver conceptos muy generales, que se pueden aplicar a cualquier red de este tipo.

## 4.11.2 Facilidades de una red de conmutación de paquetes

Dentro del conjunto de facilidades que puede proporcionar una red de conmutación de paquetes conviene hacer una distinción entre las que son de conexión, de direccionamiento, y las propias funciones de la red, para tener perfectamente definidas las que necesitamos en nuestra propia aplicación y conseguir un resultado eficaz en el funcionamiento de la red.

* **Funciones de conexión**

   Estas definen el modo de establecimiento del enlace y de realización de la llamada. Podemos distinguir entre dos modalidades de servicio: circuito virtual conmutado y circuito virtual permanente. Diferenciándose uno del otro por la necesidad o no de establecer un proceso de llamada, pudiendo existir sobre un único enlace físico varios circuitos de uno u otro tipo.

* **Funciones de direccionamiento**

   Estas indican la ruta a establecer, bien ante el establecimiento de una llamada o bien ante la caída de un nodo. Es, pues, una de las funciones básicas para establecer el enlace entre dos usuarios de la red.

- **Funciones de red**

   Entre estas cabe destacar como principales la de encaminamiento alternativo, la de confirmación de recepción de los mensajes, y la de integración de diferentes sistemas, al adoptar un protocolo normalizado.

## 4.11.3 El servicio ATM

   La tecnología ATM (*Asynchronous Transfer Mode*) es una tecnología de conmutación de celdas que utiliza la multiplexación por división en el tiempo asíncrona, permitiendo una ganancia estadística en la agregación de tráfico de múltiples aplicaciones. Las celdas son las unidades de transferencia de información en ATM. Estas celdas se caracterizan por tener una longitud fija de 53 octetos, lo que permite que la conmutación sea realizada por el hardware, consiguiendo con ello alcanzar altas velocidades (2, 34, 155 y 622 Mbit/s) de manera escalable.

   ATM es una técnica de transferencia rápida de información binaria de cualquier naturaleza, basada en la transmisión de células de longitud fija, sobre las actuales redes plesiócronas (PDH) y/o síncronas (SDH). Debido a su naturaleza asíncrona, un flujo de células ATM puede ser transportado de forma transparente como una serie de *bytes* estandarizados, tanto en una trama PDH como en un contenedor SDH; de esta manera no es necesario realizar grandes inversiones en infraestructura de red (figura 4.26).

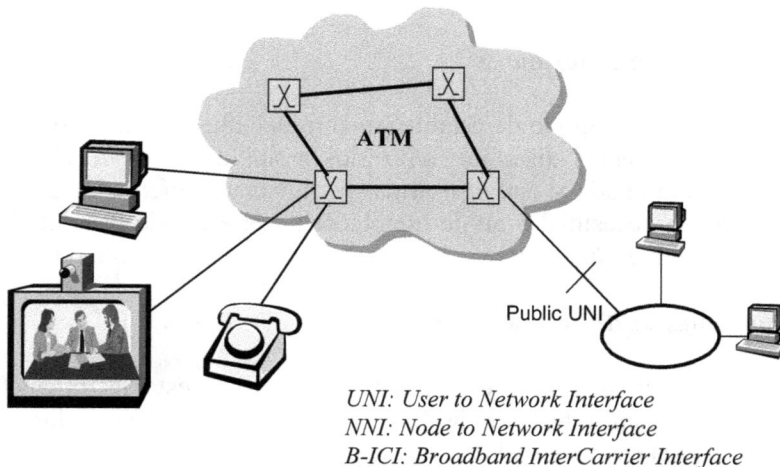

UNI: *User to Network Interface*
NNI: *Node to Network Interface*
B-ICI: *Broadband InterCarrier Interface*

*Figura 4.26. ATM es adecuado para transportar cualquier tipo de información*

Como ATM es una tecnología de multiplexación orientada a conexión, la señalización constituye uno de sus aspectos fundamentales, ya que se pone en marcha siempre al querer establecer una conexión. Solamente en el caso en que el destino acepte la llamada, por medio de un proceso de negociación entre los extremos, se establece la misma, dando lugar a la apertura de un canal virtual.

Uno de los aspectos a tener en cuenta en el proceso de negociación es la calidad de servicio –parámetros de caudal, retardo y seguridad– solicitada y aceptable que, en función de que sea posible o no de satisfacer por la red, dará lugar a la aceptación o rechazo de la llamada.

Las redes ATM se muestran adecuadas para tratar cualquier tipo de información basándose en señales digitales. Las 5 capas de adaptación ATM (AAL) son las encargadas de adaptar el flujo de señales binarias generadas por los terminales para poder ser tratadas por los conmutadores ATM, agrupándolos en bloques de 48 *bytes* y reagrupándolos después.

ATM resulta particularmente interesante para proporcionar instantáneamente un gran ancho de banda en aquellas aplicaciones con un alto nivel de impulsividad, como son las propias de las redes locales; así, pues, esta técnica de multiplexación encuentra una de sus principales aplicaciones en la interconexión de redes de área local dentro de entornos privados.

# 4.12 INTERNET

Internet nació en 1969 para unir ordenadores, en una manera segura, mandando la información en forma de paquetes y con la idea de hacer una familia de protocolos que todos se entendieran con todos (uno de los éxitos de Internet), como luego veremos, que cualquier ordenador se comunique con cualquier otro. En el año 1973 empezó a unirse, no ya a ordenadores, sino a redes de ordenadores, las redes de área local, y se pensó en que había que hacer un protocolo especial que resultó ser el protocolo TCP/IP, la IP significa *Internet Protocol*, y la TCP significa *Transport Control Protocol*. Pero vamos a ver el nombre y el detalle de todos los protocolos que hay alrededor de Internet.

Así que el protocolo de mandar paquetes por Internet es el TCP/IP, mientras que el protocolo IP es solo cómo se hacen los paquetes de Internet, pero se pueden mandar por otras redes. La red Arpanet pasó a llamarse Darpa. Pero el verdadero cambio fue cuando en los ochenta se decide que esa red, que ya no es tan estratégica para el Gobierno de EE.UU., se va a compartir con las universidades. Se unen las distintas redes universitarias y otras que había: la CSNET (*Computer Sciencie Network*), promovida por la NSF (*National Science Foundation*), MILNET

(Red militar) y BITNET (Red de IBM), se unen todas con la red DARPA, lo que da origen a Internet, y se le presta a los universitarios, de manera que los años ochenta es el *boom* de Internet en las universidades americanas, y, además, se empiezan a dar mayores velocidades, la velocidad de la primera jerarquía digital plesiócrona americana 1,5 Mbit/s.

Y al final, quien se ocupa de ser la parte central, troncal, de la red, lo que se llama la espina dorsal, el *backbone*, fue la *National Science Foundation*, que era la mejor red que había en aquellos momentos de las universitarias. De manera que ya tenemos a Internet en las universidades, a lo largo de los años ochenta. A principios de los 90 se pensó que esa red debería ir a todo el mundo, no solo a universitarios, debería abrirse al público en general. De manera que a partir de los 90 empieza Internet en todo el mundo, en el mundo comercial con un éxito extraordinario. A comienzos del año 2014 la Red cuenta con más de 2.500 millones de usuarios, distribuidos por todo el mundo, según se puede ver en la figura 4.27.

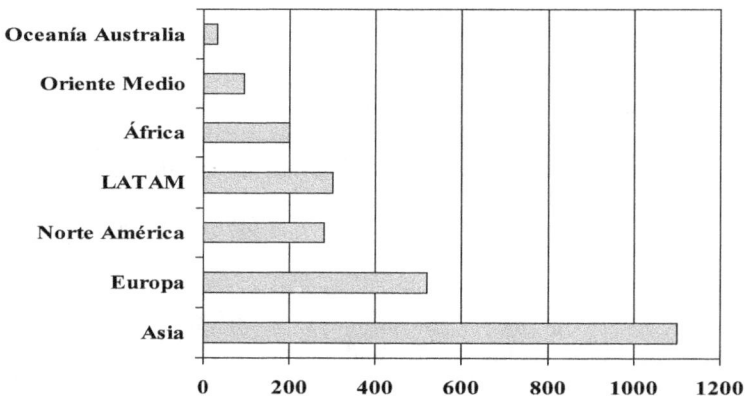

*Figura 4.27. Distribución de Internet en el mundo*
*(millones de usuarios-dic. 2013)*

Internet no es una simple red, sino miles de redes que trabajan como un conjunto, empleando un juego de protocolos y herramientas comunes. Las direcciones oficiales están reguladas por el InterNIC (*Internet Network Information Center*), que actúa como cámara de compensación entre bases de datos de la red. Por otro lado, el IETF (*Internet Engineering Task Force*) es un grupo de trabajo encargado de estudiar y emitir recomendaciones que se aplicarán para el interfuncionamiento, conocidas como RFC.

La red no tiene propietario y su administración es descentralizada; cada una de las redes conectadas conserva su independencia frente a las demás, aunque tiene que respetar una serie de normas que garanticen la interoperabilidad entre ellas. Debido a este carácter la red resulta muy barata en su utilización, pero con la contrapartida de que la calidad de servicio, medida como retardos o fallos en la recepción, no está garantizada.

## 4.12.1 Direcciones en Internet

Los números en Internet son como números de teléfono, se componen de doce cifras. O sea, para llamar a alguien a Internet tendríamos que marcar doce cifras que, normalmente, están agrupadas en grupos de tres cifras. Pero como es muy difícil acordarse de unos números tan largos, en Internet se ha preferido usar un nombre –de dominio– que se recuerde fácilmente, así que se asigna el nombre y ya el ordenador (nodo o servidor) de Internet se encarga de convertirlos en números.

- **Nombres por dominios**

Para identificar a un ordenador ante la red Internet, se dispone de un número exclusivo de 32 bits dividido en cuatro campos de 8 bits, asignado en el protocolo IPv4 (IP versión 4) por el NIC (*Network Information Center*), el organismo internacional encargado de la asignación de direcciones. Sin embargo, a nivel práctico, como se ha comentado, no se suelen utilizar así, sino que se emplean nombres identificativos, con un código alfanumérico y separados por campos DNS (*Domain Name System*) con una estructura jerárquica, más fáciles de recordar, encargándose el servidor DNS de la traducción entre estos nombres y las direcciones IP.

| Dominios originales | Actividad | Nuevos dominios | Actividad |
|---|---|---|---|
| .gob | Gobierno | .firm | Empresas |
| .edu | Educación | .stor | Comercios |
| .mil | Militar | .Web | Internet |
| .net | Red | .arts | Cultura y entretenimiento |
| .com | Comercial | .rec | Actividades recreativas |
| .org | Otras organizaciones | .info | Servicios de información |
| .es, etc. | Países | .nom | Direcciones personales |
| .mov | Móviles | .xxx | Pornografía |

*Tabla 4.3. Dominios originales y nuevos de Internet*

Los nombres tienen diferentes sufijos que se llaman dominios y consisten en un nombre, punto, y tres letras. Los dominios originales y algunos nuevos son los que aparecen en la tabla 4.3. Son: gobierno *gob*, comercial que es el más conocido *com*, etc. Hay nombres o dominios de dos letras que son los de los países: *es* para España, *de* para Alemania, etc. Pero como el número, los dominios se van quedando anticuados, todas las empresas que no son ni educación ni gobierno tienen que entrar en punto com (.com) que ya está muy saturado, así que se ha decidido ampliar el número de dominios, en los que ya se distingue entre empresa que vende, empresa de arte, actividades recreativas, todas las que aparecen.

TLD es la abreviatura para *Top-Level Domain*. Estas palabras se utilizan para denominar la última parte de un dominio, la que va después del punto. Las extensiones (TLD) más populares actualmente son .es y .com, además de otras extensiones como .net, .org o .eu. A partir de noviembre de 2013 están disponibles nuevas extensiones con las que se podrán crear un sinfín de nuevos dominios. Tras un período de más de un año de preparación y registro de nuevos dominios de alto nivel, a finales de 2013 la ICCAN ha comenzado el lanzamiento de los mismos. La nueva ampliación de gTLD abre la puerta para que las marcas, grupos de comunidades y empresarios puedan operar sus propios dominios de nivel alto.

## 4.12.2 Protocolos de Internet

En cuanto a protocolos de Internet, hemos visto que los dos principales son el IP y el TCP, que suelen ir juntos, pero hay otros que también se emplean y que conviene conocerse, al menos los que se encuentran en la figura 4.28.

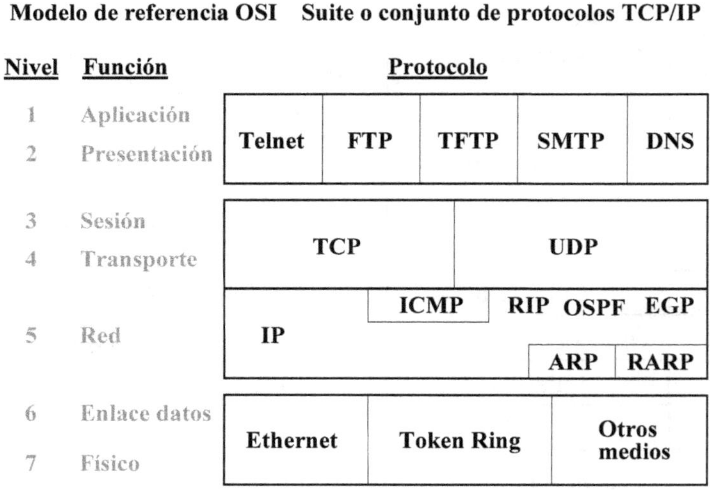

Figura 4.28. Estándares y protocolos de la familia TCP/IP empleados en Internet

Un protocolo es un acuerdo entre un aparato y otro para cómo se van a hablar. El protocolo más importante, el básico, es el IP, que es el acuerdo de cómo se hacen los paquetes, cómo es un paquete, cómo se pone la dirección, la cabecera del paquete, cómo se corrigen los errores, ese es el IP.

El protocolo de transmisión a través de Internet es una combinación del IP (cómo es el paquete) y TCP (cómo se transmite).

El protocolo IP solo es responsable de que el paquete (datagrama) esté bien construido, mientras que el protocolo TCP/IP es responsable de que el paquete llegue a su destino a través de Internet. TCP es el protocolo de transporte. Ambos se utilizan conjuntamente y los dispositivos se configuran para soportarlos si se va a acceder a Internet, a través de cualquiera de las modalidades disponibles.

## 4.12.2.1 HTTP, HTML Y XML

Pero una vez llegamos a un destino ¿cómo conseguimos que nuestro ordenador se comunique con cualquier ordenador del mundo, con cualquier sistema operativo? Pues gracias a un lenguaje común, a un protocolo común, que se llama HTTP (*Hyper Text Transfert Protocol*). Es el que permite que un PC se conecte con el ordenador grande (servidor); de manera que ya, gracias a que ambos usan el http, se pueden conectar.

En Internet se ha hecho una aplicación común para todos los programas; la información no va ni en Word, ni en Power Point, ni en PDF, va en una cosa que se llama hipertexto HTML (*HyperText Mark up Language*), que permite que cualquier ordenador pueda, no solo conectarse con un servidor Web, sino que se pueda traer la información y verla. De manera que el lenguaje HTML permite ver las letras y ver los gráficos sin movimiento.

El HTML es un protocolo antiguo, es estático, pero se ha inventado un nuevo lenguaje, el HTML dinámico, DHTML (*Dinamic HTML*), que tiene la ventaja de que se puede variar y ver imágenes en movimiento, como puede ser un *banner* (anuncio) o un *gif* animado. Y ese es el más frecuente en estos momentos. HTML es la quinta revisión importante del lenguaje básico de la *World Wide Web*.

Pero todavía se ha avanzado más y se tiene el XML (*Extended Markup Language*) que no solo manda la página, los gráficos el texto, sino que manda tablas o programas. Si me quiero comunicar con el ordenador de mi empresa a través de Internet, que este me mande páginas XML, con programas para que yo pueda acceder, por ejemplo, a la tabla de vacaciones de los empleados, y poder manejarlo.

Además de esto que hemos visto, nos podemos conectar a Internet para transmitir datos a través del teléfono móvil. Eso se hace a través de un protocolo especial que se llama WAP (*Wireless Application Protocol*). En este caso no se utiliza HTML, sino un lenguaje más sencillo, el WML (*Wireless Markup Language*), que permite que pueda ver una página de Internet en la pequeña pantalla de un terminal móvil.

## 4.12.2.2 NAVEGADORES Y BUSCADORES PARA INTERNET

Los navegadores, hojeadores, exploradores o *browsers* (de todas estas maneras se llaman) son programas clientes que se comunican con los servidores Web utilizando el protocolo HTTP (*Hypertext Transport Protocol*), aunque también admiten FTP, etc., y permiten acceder y visualizar los documentos de hipertexto contenidos en ellos, sobre distintos entornos: Windows, Unix, Apple, etc. HTTP controla la transferencia de documentos entre servidores y clientes, definiendo un método para que el cliente solicite un documento y el servidor lo busque y lo devuelva, independientemente de la plataforma hardware que se emplee.

La información contenida en Internet es inmensa –millones de páginas– y abarca todos los temas, por lo que puede representar un problema sin solución para el usuario el acceder a lo que busca si no sabe exactamente dónde está localizado. Para ayudar a resolver este problema existen varias herramientas –motores de búsqueda– que facilitan la búsqueda de contenidos según los parámetros proporcionados por el usuario, que pueden ser contenidos o categorías.

- **Navegadores**

  Siguiendo con el mundo de Internet, como hay que moverse por un mundo de ordenadores relativamente complejo, esa función se facilita con unos programas que se llaman *browsers* en inglés o navegadores en español, que lo que hacen es facilitarnos el manejo, nos guardan los sitios preferidos, nos permiten pasar a la página anterior o a la página siguiente, a la página de inicio, proporcionan varias funcionalidades para añadir comodidad, etc. Así, pues, el acceso a la red, la búsqueda de información, la conexión con diferentes direcciones, etc., se realiza mediante estos programas especiales.

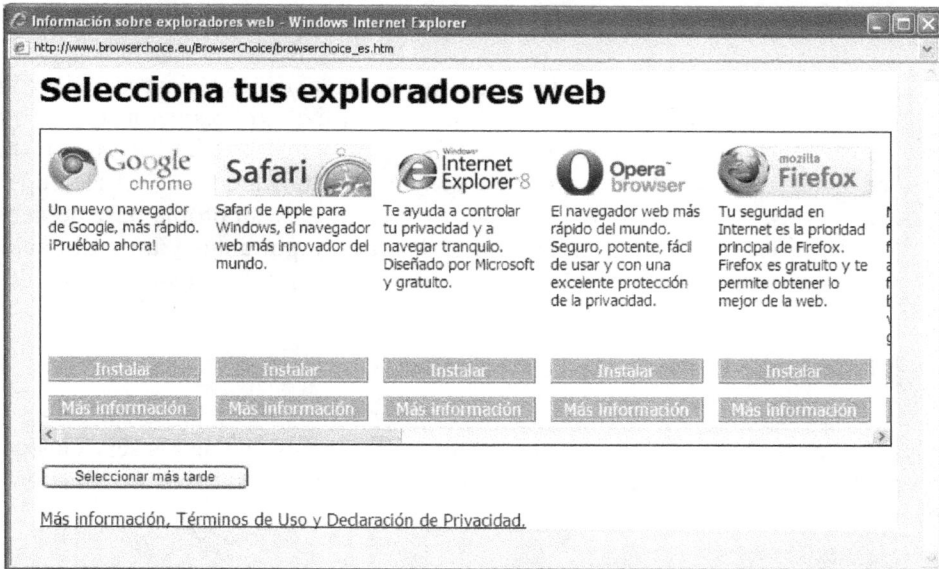

*Figura 4.29. Algunos navegadores disponibles en el mercado*

Hay varios exploradores disponibles y cada uno de ellos con variadas características. El navegador más conocido es el Internet Explorer de Microsoft que viene con Windows, aunque también hay otros como son: Google Chrome, Firefox, Opera, Safari de Apple, etc., que el usuario puede elegir instalar en su ordenador o no.

- **Buscadores**

Los buscadores son direcciones que manejan programas para búsqueda de otras direcciones bajo criterios establecidos por palabras clave. En cuanto a buscadores la idea es: como hay tanta información en el mundo de Internet, hagamos algo que nos permita dando unas palabras clave encontrar la información. Hay muchos buscadores, entre los más conocidos destacan varios: Bing, Baidu, Google, MSN y Yahoo, que reciben millones de visitas cada uno cada día.

Hay lo que se llaman "metabuscadores", buscadores por encima de las palabras clave que buscan en varios de los navegadores y nos dan el resumen: tantas veces aparece. Por ejemplo: Metacrawler.

- **Motores de búsqueda**

Los motores de búsqueda (robots) se encargan de examinar a diario las páginas Web y recursos de todo el mundo –utilizan robots de búsqueda que navegan por la red buscando páginas con enlaces– indizando lo que encuentran y lo incluyen en su base de datos, organizándolo por contenidos o categorías, ofrecen enlaces con otros documentos de su propia base de datos y, en algunas ocasiones, indicación de los más importantes y una valoración de los contenidos, además de indicar las novedades y otros temas de interés.

## 4.13 SERVICIOS DE INTERNET

Internet se ha convertido en algo imprescindible en la sociedad actual y, hoy en día, sería impensable vivir sin ella, ya que hacemos uso de los servicios que ofrece cuando estamos en casa, en el trabajo o en cualquier lugar, accediendo a través de servicios fijos y/o móviles.

A través de Internet se tienen numerosos servicios disponibles, tanto accesibles a través de las redes fijas como móviles, como se aprecia en la tabla 4.4, y parece como si solo existiera el llamado WWW, pero hay muchos más servicios, que veremos a lo largo del texto, clasificándolos como:

- Servicios tradicionales

- Nuevos servicios

- Servicios de información

| Servicios disponibles en Internet | |
|---|---|
| **Servicios tradicionales** | Conexión remota (Telnet) |
| | Transferencia de ficheros (FTP) |
| | Correo electrónico (*e-mail*) |
| | Diálogos en línea (chat) |
| | Noticieros electrónicos (*News*) |
| **Nuevos servicios** | Telefonía (Voz sobre IP) |
| | Intranets y Extranets |
| | Comercio electrónico |

| Servicios de información | Archie (búsqueda de ficheros) |
|---|---|
| | WAIS (búsqueda de información por palabras clave) |
| | Finger (búsqueda de personas) |
| | WWW (búsqueda de información-hipertexto) |

*Tabla 4.4. Principales servicios disponibles en Internet*

## 4.13.1 Servicios tradicionales

Tradicionalmente, Internet ha dado servicios desde conexión remota a un ordenador (simulaba a nuestro ordenador como un terminal, a través de Internet), mandar noticias a un grupo determinado de personas, transferir ficheros, diálogos para hablar con la gente, noticias, etc. Estos son los servicios tradicionales, que vamos a explicar brevemente.

La interconexión entre Internet y las redes públicas es suministrada por los proveedores de acceso o de servicios a Internet, llamados ISP, con los cuales los usuarios deben establecer un contrato en el cual se les detallan los servicios a los que tienen acceso y la calidad comprometida en su prestación.

El mercado de los proveedores de acceso a Internet ha sufrido muchas variaciones a lo largo de la corta historia de Internet y su número se ha ido ajustando en función de la normativa existente y de los modelos de negocio viables en cada momento.

- **Telnet**

  Mediante este servicio (*Telecommunicating Networks*) es posible controlar ordenadores desde cualquier parte del mundo de forma remota, como si se estuviese en local. Telnet se emplea para acceder, mediante una contraseña, a ordenadores conectados a Internet a los que se tiene derecho de acceso, permitiendo, por ejemplo, la creación de una red corporativa.

- **Transferencia de ficheros**

  Este servicio, conocido como FTP (*File Transfer Protocol*), permite la transferencia de ficheros de todo tipo entre ordenadores conectados a través de Internet. La información, comprimida para ocupar menos espacio, está contenida en ordenadores –servidores FTP– y los usuarios acceden, normalmente, de forma anónima a los mismos, es decir, sin tener una cuenta, pudiendo transferir a sus terminales aquellos ficheros que les interesen. En otros casos el acceso no es libre y el usuario tiene que introducir su identificativo y palabra clave, pudiendo transferir información en ambos sentidos; esta forma es la habitual dentro del entorno de una empresa para intercambiar información corporativa.

- **Correo electrónico**

El correo electrónico (*e-mail*) es el servicio más utilizado dentro de Internet, junto con el WWW, y permite la comunicación personal entre todos los usuarios de la red.

Cada usuario está identificado con su dirección de correo: **nombre de usuario@nombre de dominio**, siendo el dominio el del ordenador del proveedor de servicio al que se está conectado. Los usuarios, para acceder a sus cuentas utilizan una clave propia de acceso y lo pueden hacer vía Web (desde cualquier lugar) o mediante un programa específico de correo, siendo esto último lo más habitual.

Uno de los programas de correo más conocidos para entornos Windows es el Eudora, que trabaja con un protocolo conocido como POP (*Post Office Protocol*) entre el terminal de usuario y el servidor; entre servidores el formato es el SMTP (*Simple Mail Transfer Protocol*).

Los proveedores de acceso ofrecen una o más cuentas de correo (buzones) de manera gratuita o mediante pago, con una capacidad limitada a una cantidad de *Megabytes*. Así, los usuarios pueden recibir o enviar mensajes identificándose con una dirección de usuario diferente.

- **Grupos de noticias** (*News*)

Son grupos de discusión (listas de correos mantenidas por la red USENET), abiertos o cerrados, sobre temas de interés muy variados. Funciona a modo de los tablones de anuncios en los que cualquiera puede dejar o leer mensajes.

Los mensajes están clasificados por temas y se integran por grupos (*newsgroups*). *News* es un conjunto de *Newsgroups* distribuidos electrónicamente en todo el mundo. Los grupos pueden estar moderados o no; en el primer caso, el moderador decide qué mensajes aparecerán.

- **Listas de correos** (*mailing lists*)

  Las listas de correo o listas de distribución establecen foros de discusión privados a través de correo electrónico. Están formadas por direcciones de *e-mail* de los usuarios que la componen. Cuando uno de los participantes envía un mensaje a la lista, esta reenvía una copia del mismo al resto de usuarios de la lista (inscritos en ella).

- **Conversación multiusuario** (*chat*)

  IRC (*Internet Relay Chat*), un servicio que permite intercambiar mensajes por escrito en tiempo real entre usuarios que estén simultáneamente conectados a la red (*party line*).

  El servicio IRC, similar al *talk*, se estructura sobre una red de servidores, cada uno de los cuales acepta conexiones de programas clientes, uno por cada usuario.

  En el caso de comunicaciones móviles, aplicaciones como WhatsApp o Line han conseguido una amplia implantación en el mercado, que se benefician de las tarifas planas de datos para no tener coste añadido.

## 4.13.1.1 SEGURIDAD Y CORTAFUEGOS

Pero la desventaja es que en ese momento pongo todas mis empresas dentro de Internet y, por lo tanto, accesibles a piratas (*hackers*) si son suficientemente listos para saber los códigos. Por lo tanto, el hacer Intranet obliga a una fortísima seguridad. La seguridad se consigue con algo que se llama "cortafuegos" o *firewalls*. El cortafuegos es un software de seguridad que se pone en la entrada de cada una de las empresas, en los ordenadores, para que solo pueda entrar el que tenga permiso, el que tenga acceso. Son muy sofisticados para que no puedan entrar los piratas.

Si además de unir yo mi empresa, quiero unirme con mis proveedores y con mis clientes a través de Internet de manera que, por ejemplo, cada vez que me llega un pedido yo automáticamente a través de Internet me comunico con el fabricante del aparato que me han pedido y le digo que me lo entregue. Me comunico con el transportista y le digo que venga a recogerlo porque lo tiene que entregar, y me comunico con el banco y le digo que cobre la factura. Si me uno con todos mis clientes y/o proveedores eso es lo que se llama una Extranet, o el concepto más moderno de lo que llaman una empresa extendida.

## 4.13.1.2 COMERCIO ELECTRÓNICO

El comercio electrónico por Internet (*e-commerce*) es una forma de hacer negocios que ha adquirido un alto protagonismo entre las empresas, pero no tanto entre los particulares, según indican estudios recientes, siendo su evolución mucho más lenta de la prevista inicialmente. En cualquier caso, se ha consolidado, junto con el correo electrónico y la búsqueda de información por el WWW, como impulsor de Internet.

Pero también presenta algunas dificultades, que hacen que el comercio electrónico se esté desarrollando en forma similar al comercio al detalle, es decir, dirigiendo las compras hacia establecimientos (marcas) conocidas que dan confianza, como es el caso de la tienda (inicialmente solo librería) en línea Amazon.com.

## 4.13.1.3 EL CORREO ELECTRÓNICO

El correo electrónico (*e-mail*) es, junto con WWW, una de las principales aplicaciones sobre Internet. De hecho, cuando se creó el embrión de lo que hoy es Internet, los usuarios de las universidades americanas donde se implantó estaban más interesados en acceder a los cerebros de sus colegas que en acceder a los "cerebros" electrónicos y compartir conocimientos con ellos, razón por la que inventaron la aplicación de correo electrónico, una aplicación para la que fue diseñada la red. Por la importancia que tiene esta aplicación, tanto en el mundo de los negocios como en el particular, le vamos a dedicar algo más de atención.

El envío de correo (coloquialmente, los "emilios") haciendo uso de Internet (*e-mail/electronic mail*) es una aplicación muy extendida y puede considerarse como uno de los impulsores principales de la Red. Los distintos tipos de redes públicas y privadas han originado la existencia de diferentes formatos de especificación de correo electrónico. Se debe tener en cuenta, al implantar un sistema de correo electrónico, la utilización de una norma estándar que unifique procedimientos de gestión y transferencia de mensajes. De este modo se pueden efectuar intercambios de mensajes entre sistemas distintos, incluso de aquellos que incorporen información multimedia, como imágenes o vídeos.

Teniendo en consideración lo que es la comunicación con el exterior, existen dos tipos de mensajería electrónica, ampliamente difundidas:

- SMTP (*Simple Mail Transfer Protocol*), que es la utilizada en Internet y la que tiene mayor difusión (recogida en la norma RFC822).

- X.400, una norma del CCITT para interconectar Agentes de Usuario con Agentes de Transferencia de Mensajes, mucho más compleja que la anterior.

En ambos casos se hace necesario contar con un completo directorio electrónico personal de empresas y personas (por ejemplo, pedro-garcia@transportes.es) con las que se mantiene contacto habitual, algo equivalente a las agendas telefónicas que consultamos cuando queremos hacer una llamada a alguien y no recordamos su número.

Téngase en cuenta que no existen las guías públicas de direcciones de correo, por lo que resulta muy difícil obtener una dirección personal si no nos la facilita el propio interesado. Las aplicaciones de correo permiten establecer esas agendas o directorios personales con las direcciones que se usan normalmente.

## 4.13.2 Servicios de información

Servicios de información, de búsqueda de información, hay muchos más que el WWW. Los usuarios antiguos de Internet conocen muy bien que antes había aplicaciones o servicios diferentes dependiendo de lo que quisieran buscar. El Archie buscaba ficheros, el WAIS buscaba información por palabras clave. El Finger buscaba personas, y el Gopher buscaba información a través de menús.

Lo que pasa es que se desarrolló uno que es el WWW, que es muy cómodo y sencillo de usar y es el que más se emplea en este momento.

La web, la red o WWW de *World Wide Web* es básicamente un medio de comunicación de texto, gráficos y otros objetos multimedia a través de Internet, es decir, la web es un sistema de hipertexto que utiliza Internet como su mecanismo de transporte o desde otro punto de vista, una forma gráfica de explorar Internet.

- **El World Wide Web**

WWW, Web o Telaraña Mundial es uno de los servicios que experimenta un crecimiento mayor. Fue desarrollado por el CERN (Centro Europeo de Estudios Nucleares ubicado en Suiza) por el científico británico Tim Barnes-Lee en 1992 y consiste en un estándar HTML (*Hypertext Markup Language*) para presentar y visualizar páginas multimedia –texto, sonidos, imágenes, vídeos– que emplea hipertexto (documentos que contienen enlaces –hiperenlaces– o vínculos con otros), siendo muy fácil de utilizar.

Para poder utilizar este servicio se necesitan unas herramientas especiales denominadas navegadores, que son programas que se conectan con los servidores Web, leen las instrucciones HTML y las presentan al usuario según se indica.

El 30 de abril de 1993 el Laboratorio Europeo de Física de Partículas (CERN) anunciaba en un escueto comunicado de dos folios la disponibilidad pública de un programa informático llamado *World Wide Web* (WWW).

El autor de esa propuesta fue el británico **Tim Berners-Lee**, que hacia las Navidades de 1990 llevó a la práctica su idea con los primeros servidores y *browsers* (navegadores) de los que disponían los técnicos del CERN, cuya sede se encuentra en Ginebra. La base de ese avance fundamental para las tecnologías de las comunicaciones fue el desarrollo de un programa que permitía almacenar información y con el que Berners-Lee pretendía formas nuevas de trabajar en equipo de manera más eficaz, rompiendo las barreras geográficas. Lo llamó Enquire y era un sencillo programa de hipertexto.

Ese mismo año, el Centro Nacional de Aplicaciones de Supercomputación de Estados Unidos comenzó a trabajar en el desarrollo de nuevos *browsers*, que permitieron el acceso a la red desde ordenadores personales. Mosaic fue el primer *browser* que permitió al público experimentar el placer de navegar por la Red. A partir de 1993, la *World Wide Web* ha experimentado un crecimiento imparable.

## 4.13.3 La televisión sobre IP

IPTV (*Internet Protocol Television*) se ha convertido en la denominación más común para los sistemas de distribución por suscripción de señales de televisión y/o vídeo usando conexiones de banda ancha sobre el protocolo IP. A menudo se suministra junto con el servicio de conexión a Internet, proporcionado por un operador de banda ancha sobre la misma infraestructura pero con un ancho de banda reservado a tal propósito. Por ello, se requiere un mínimo de al menos unos 4 Mbit/s para poder recibir la señal de TV comprimida según el formato MPEG-2 o MPEG-4, algo que se consigue fácilmente con los nuevos estándares de ADSL, como son ADSL2 y ADSL2+, que pueden llegar hasta 20 Mbit/s en bajada, sobre el bucle de abonado, si la distancia a la central telefónica que provee el servicio no es muy elevada.

Para que un proveedor de telecomunicaciones, por ejemplo una compañía telefónica, pueda ofrecer servicios IPTV comparables con los de la televisión por cable, deberá entregar múltiples canales de vídeo simultáneos en la misma conexión de acceso. Si se parte de la idea de que en cada casa se encuentran en promedio 2 receptores de televisión, entonces el proveedor deberá entregar una conexión que soporte 2 flujos de vídeo hacia el mismo nodo de usuario.

La capacidad estimada para servicios IPTV se asume entre 1 y 2 Mbit/s por cada canal de definición estándar (SDTV) y 7-8 Mbit/s por cada canal de alta definición (HDTV). Para dos canales simultáneos el ancho de banda bruto resultante es de 2-4 Mbit/s para un servicio básico, u 8-10 Mbit/s si se incluye un canal HDTV, en ambos casos utilizando tecnología MPEG-4 (una mejora del MPEG-2) para la codificación/compresión de la señal de vídeo. A esta capacidad habría que añadirle el ancho de banda contratado para la conexión a Internet, que por baja que sea ya implica la necesidad de manejar tasas de acceso de muy alta capacidad.

Por lo que una conexión ADSL2+, que puede dar hasta un máximo de 20 Mbit/s, aunque en la práctica no suele superar los 10 o 12 Mbit/s dada la distancia media de los bucles de abonado, sería adecuada para soportar este servicio, con varios canales de TV y un acceso de varios Mbit/s a Internet. En un futuro próximo, con la introducción de VDSL, que permite llegar hasta 50 o, incluso, 100 Mbit/s, el ancho de banda en acceso no será ningún problema.

## 4.13.3.1 FUNCIONAMIENTO DE LA IPTV

IPTV no es realmente un protocolo. Los contenidos de vídeo, típicamente comprimidos con el estándar MPEG-2, o MPEG-4 que proporciona mayor grado de compresión, se transportan en un flujo IP *multicast*, por lo que pueden ser suministrados a múltiples equipos al mismo tiempo.

Entre los foros o grupos más destacados de estandarización para la difusión de televisión digital, a nivel europeo, está el DVB (*Digital Video Broadcast*), siendo muy conocidos los trabajos del DVB-S (satélite), DVB-C (cable) y DVB-T (terrestre). El DVB-IPI (DVB sobre IP *Infrastructure*) se basa en la tecnología IP, por lo que es independiente del nivel físico, ya sea xDSL, cable, FTTH u otros. La base sobre la que se apoya DVB-IP son los estándares existentes, MPEG-2 y 4 para la compresión, el protocolo IGMP para la TV en directo y RTSP para el vídeo bajo demanda, además del DHCP y otros.

La TV por ADSL se recibe a través de un *router* inalámbrico que se conecta al decodificador por cable Ethernet o coaxial y este por euroconector al televisor. Desde este mismo *router* se pueden configurar varias conexiones inalámbricas para Internet (Wi-Fi), todo a través de una IP pública configurada en el *router*.

## 4.13.3.2 LOS SERVICIOS QUE OFRECE IPTV

La televisión por Internet (IPTV) es el resultado de la convergencia de Internet y Televisión, solución que posibilita nuevas opciones de entretenimiento y servicios para los usuarios y la generación de mayores ingresos para los operadores que brinden este servicio.

La modalidad de oferta de IPTV puede ser de difusión en directo, igual que la actual televisión analógica o la TDT, o descarga bajo demanda (VoD) o *pay per view*, y se puede ver, bien en un PC o en un televisor convencional, al que se le ha colocado un descodificador/*Set-Top Box* que descomprime y decodifica la señal de vídeo para presentársela al usuario. Los usuarios pueden seleccionar el contenido que desean ver y descargarlo y, si lo almacenan, por ejemplo, en un disco duro, lo pueden visualizar tantas veces como deseen.

El ofrecimiento conjunto de servicios de vídeo, voz y datos (*Triple Play*) incrementa las ganancias por usuario, mejora su satisfacción y mantiene la fidelidad del mismo. Entre los posibles servicios de IPTV se encuentran: canales de televisión digital y música ilimitados, *Personal Video Recording* (PVR), programación de pago (*pay-per-view*), *Caller ID* en pantalla, verdadero *video-on-demand* (VOD), *e-mail*, VOD por Suscripción (SVOD), Internet, juegos, pago de facturas e impuestos, servicios de información, compra de productos, publicidad interactiva, *e-learning*, guías telefónicas, callejero, etc.

Entre las ventajas de suscribirse a un servicio de IPTV, se cuenta con ver menos publicidad, y la posibilidad de ver películas o acontecimientos deportivos (partidos de fútbol de liga y copa o baloncesto, carreras de coches, corridas de toros, etc.) en la modalidad de *pay per view*, o escoger programas especiales tipo documentales, de manera similar a como hacen los que están suscritos a un canal de satélite, pero en este caso el usuario recibe todos los servicios por la misma línea ADSL (voz, datos y TV). Es digital, lo que implica que la imagen y el sonido tienen calidad de DVD y se puede acceder a contenidos digitales. También, ofrece interactividad, lo que permite seleccionar lo que deseamos ver y manejar la programación como si la estuviésemos viendo grabada. Sin embargo, el coste es la principal barrera para la adopción de esta nueva televisión, pues además de la cuota de la línea y el pago por el servicio (fijo más opciones), hay que pagar por el alquiler del decodificador.

En el corto o mediano plazo, con la bajada de los precios de la banda ancha, esta modalidad deberá ser adoptada por los diferentes operadores para mejorar sus ingresos, complementar las ofertas de transmisión de voz y datos y explorar el nuevo mercado de la televisión, compitiendo así con los operadores de cable, que verán mermado su negocio, al igual que ha sucedido ya con los videoclubs, llevando a la desaparición de algunos, como le sucedió a la cadena Blockbuster, que en el año 2006 cerró todas sus tiendas.

## 4.13.4 La Web 2.0

La Web 2.0 se refiere a una nueva generación de Webs basadas en la creación de páginas Web donde los contenidos son compartidos y producidos por los propios usuarios del portal. El término Web 2.0 se utilizó por primera vez en el año 2004 cuando Dale Dougherty de O'Reilly Media utilizó este término en una conferencia en la que hablaba del renacimiento y evolución de la Web.

La Web 2.0 es la transición que se ha dado de aplicaciones tradicionales hacia aplicaciones que funcionan a través de Webs enfocadas al usuario final. Se trata de aplicaciones que generen colaboración y de servicios que reemplacen las aplicaciones de escritorio. Es una etapa que ha definido nuevos proyectos en Internet y está preocupándose por brindar mejores soluciones para el usuario final. Muchos aseguran que hemos reinventado lo que era Internet, otros hablan de burbujas e inversiones, pero la realidad es que la evolución natural del medio realmente ha propuesto cosas más interesantes como lo analizamos diariamente en las notas de actualidad. Y es que cuando la Web se inició, nos encontrábamos en un entorno estático, con páginas en HTML que sufrían pocas actualizaciones y no tenían interacción con el usuario.

## 4.14 PROVEEDORES DE ACCESO A INTERNET

Los servicios de acceso a la información, basados en la utilización del protocolo IP, se estructuran alrededor de redes a las que acceden tanto los proveedores de información como los usuarios. Actualmente, en España, y a partir de la liberalización del servicio (BOE de 16/09/97), existen varios operadores que ofrecen los servicios de una Red IP a sus clientes. Como referencia, y a modo de ejemplo, se explicarán algunos de los servicios basados en IP, similares a los que puedan ofrecer los operadores.

El gran despegue de Internet en España se produjo, en gran parte, debido al servicio InfoVía de Telefónica, que permitió acceder a la información y a los servicios (entre ellos el acceso a Internet) que proporcionaban los proveedores de servicios de acceso a Internet suscritos a su vez a la red InfoVía. Como tal, el servicio InfoVía estuvo operativo, en régimen exclusivo, casi tres años, siendo sustituido por Telefónica en enero de 1999 por el InfoVía Plus, coincidiendo con las ofertas de servicios similares hechas por otros operadores, ya desaparecido. En la actualidad el acceso es más simple y se puede acceder contratando el servicio a un operador, por medio de la RTB, RDSI, GSM, UMTS o Wi-Fi (figura 4.30).

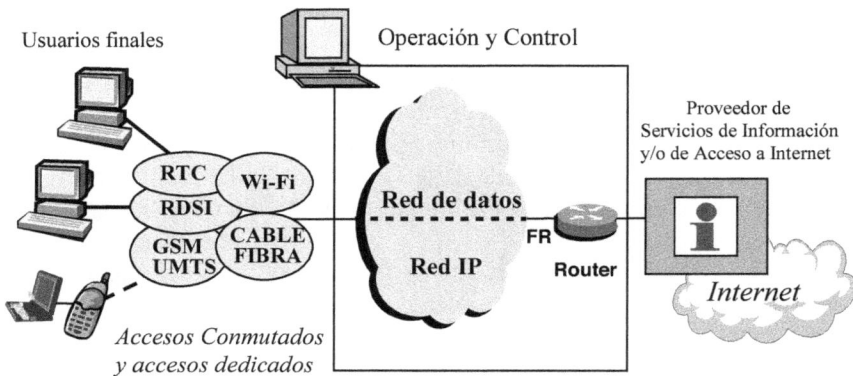

*Figura 4.30. Estructura de la Red IP y conexión con otras redes*

La tendencia que se observa es hacia una disminución en el número de proveedores y a un aumento del número de usuarios, aunque no tan fuerte como el experimentado en años anteriores, y del tiempo que estos permanecen conectados. Este hecho que se ve favorecido con la implantación de una mayor velocidad de acceso, gracias al despliegue masivo de xDSL y de redes de cable y fibra óptica, y a la proliferación de las tarifas planas, que contemplan voz y datos (*dual play*), e incluso vídeo (*triple play*), y móviles (*quadruple play*) en algunos casos.

En su conjunto, los servicios IP dan cabida tanto a los servicios IP clásicos (acceso a proveedores de información, acceso a Internet, correo electrónico, etc.) como a un gran número de nuevos servicios que están emergiendo actualmente con fuerza dirigidos al público en general y al mundo empresarial (servicios avanzados de mensajería, audio/vídeo difusión, servicios de intranets y extranets, comercio electrónico seguro, voz sobre IP, etc.).

Hoy en día, hay una amplia variedad de ofertas para poder elegir y el acceso a Internet cuenta en España, a principios de 2014, con más de 25 millones de usuarios, de los cuales más de 12 millones acceden a través de la banda ancha.

*Figura 4.31. Algunos de los proveedores de acceso a Internet*

Decir que Internet, y más concretamente el protocolo TCP/IP, han cambiado el mundo, parece hoy en día algo evidente. El lenguaje de comunicación IP se ha ido extendiendo en nuestras vidas, y comenzará en los próximos años a inundar nuestros hogares más allá de los PC y consolas para instalarse para siempre en nuestros electrodomésticos, seguramente empezando por el televisor.

# 4.15 REDES PÚBLICAS Y PRIVADAS (RPV)

**Redes públicas**: no son redes de propiedad pública, son redes de propiedad privada, pero para uso público y, como tales, tienen un tratamiento especial en la Ley de redes de uso público y requieren para su explotación de unas licencias especiales, como veremos en el capítulo 6 que trata sobre Legislación. Algunos ejemplos de este tipo de redes son las redes de Telefónica o de Ono (cable-operador), pero a pesar de que tienen dueño, se llaman redes públicas, porque son de uso público.

**Redes privadas**: habitualmente, esto no define una red completamente privada. El tendido de redes de fibra óptica, por ejemplo, está fuera del alcance de la mayoría de usuarios. Lo más frecuente es que los elementos de conmutación sean privados (centrales o nodos de datos) y que los medios de transmisión se contraten a una red pública.

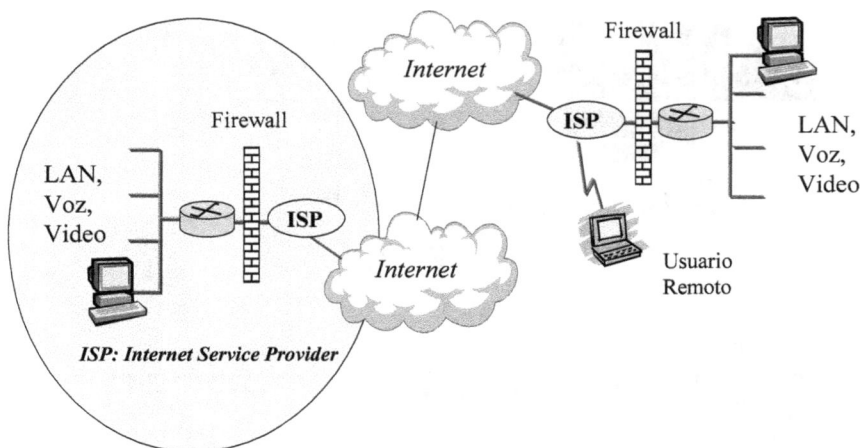

*Figura 4.32. Estructura para formar una Red Privada Virtual (RPV) con Internet*

En el caso de la **Red Privada Virtual**, nada es propio, es una red alquilada al operador, o construida sobre la base de utilizar la infraestructura propia de la red Internet (figura 4.32), dispuesta por entero para la utilización del usuario. Como la emplea el contratante en exclusiva no se cobra por el tráfico y la tarifa es fija. Debido a la propagación de las nuevas tecnologías de la información su uso se ha extendido profusamente en los últimos años.

Una aplicación de las RPV es emplearlas como alternativa a las redes WAN sustituyendo las líneas privadas por las infraestructuras de red de un operador público. Este tipo de configuración recibe el nombre de *intranet* y, combinada con los mecanismos de QoS y gestión de ancho de banda del operador de red aseguran la eficiencia en la WAN y un caudal (*throughput*) fiable. Sus beneficios son la reducción de los costes del ancho de banda, una topología flexible, la facilidad y la rapidez para conectar nuevos usuarios y el aumento de las prestaciones de la red al ser posible emplear varios operadores por cuestiones de redundancia.

Sin embargo, también es posible conectar la red corporativa de una empresa con las redes corporativas de empresas asociadas o que mantengan algún tipo de relación (clientes, proveedores, socios tecnológicos, etc.). Este tipo de aplicación se denomina *extranet*, y uno de los principales beneficios de esta arquitectura es la facilidad de implantación y gestión, ya que se emplean las mismas técnicas que en Internet.

# Capítulo 5

# REDES POR RADIO (INALÁMBRICAS)

## 5.1 SISTEMAS DE COMUNICACIONES POR RADIO

Las comunicaciones móviles, utilizando la radio, aunque puedan parecer un fenómeno reciente, tienen casi un siglo de existencia, pues fue en el año 1921 cuando, por primera vez, se implantó un sistema de este tipo para dar servicio a la policía de Detroit (EE.UU.). Unos 30 años más tarde la compañía AT&T introdujo el concepto celular y solo hace unos 30 años que su uso se empezó a generalizar, siguiendo a partir de 1995 un crecimiento espectacular. Eso sí, los primeros sistemas poseían características muy distintas de los sistemas que hoy utilizamos.

La telefonía móvil, tal y como hoy se conoce, se puede decir que comienza a principios de la década de los 80, siendo los primeros sistemas analógicos (1G): AMPS, NMT, ETAC, etc., pero a partir de la década de los 90 se implanta la tecnología digital (2G, 3G y 4G), siendo GSM su estándar más representativo (2ª Generación), que está evolucionando hacia sistemas más avanzados, como son los de 3G (UMTS) y, además, ya se están realizando los primeros despliegues comerciales de la 4G, siendo su representante más significativo la tecnología LTE.

Otro fenómeno que también tiene lugar es el uso de las comunicaciones por radio, no para la telefonía, sino para la transmisión de datos y, así, han surgido numerosos sistemas inalámbricos para soportar las comunicaciones de datos, como son las redes locales Wi-Fi, los sistemas WiMAX, o la propia tecnología Bluetooth y RFID para comunicaciones a muy corta distancia. Además, los propios sistemas de telefonía móvil, tanto de 2G como los de 3G y 4G, ofrecen la posibilidad de transmisión de datos, conexión a Internet, etc.

## 5.1.1 Los servicios de comunicaciones móviles

Una de las aplicaciones de más éxito de las comunicaciones por radio es la telefonía móvil, que consiste en ofrecer el acceso vía radio a los abonados de telefonía, de manera tal que puedan realizar y recibir llamadas dentro del área de cobertura del sistema. Dentro de la telefonía móvil, tanto pública como privada, hay que distinguir entre lo que son los **sistemas celulares** –de amplia cobertura– y los denominados **sin hilos** –de cobertura limitada–, pues aunque los dos utilizan el espectro radioeléctrico para enlazar con las estaciones base conectadas a las centrales telefónicas las aplicaciones de uno y otro son muy distintas. También, hay que destacar que unas tecnologías radio son más apropiadas que otras, como se muestra en la figura 5.1, para determinadas aplicaciones, en función de la velocidad que aportan y el área o distancia que cubren.

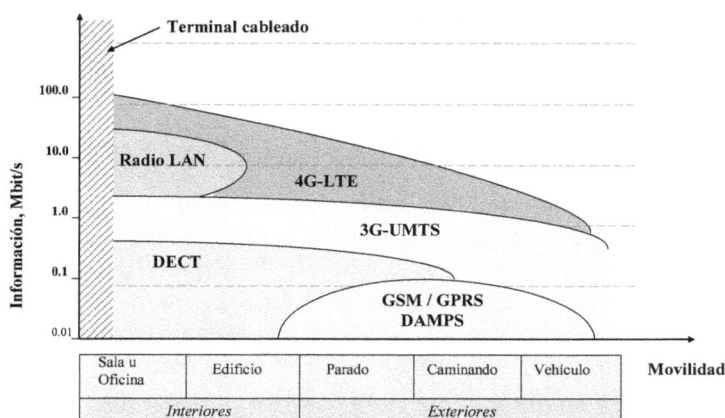

*Figura 5.1. Diversos estándares empleados para las comunicaciones móviles*

El método tradicional de comunicación telefónica es mediante el empleo de la red telefónica conmutada y el uso de teléfonos fijos, pero cada vez más, otras alternativas están cobrando fuerza y, en algunos casos, llegan a ser más un sustituto que un complemento de la primera. Así, tenemos los sistemas de radio profesional, la radiomensajería y los sistemas celulares (conocidos como la telefonía móvil) e inalámbricos, todos ellos haciendo uso de la tecnología radio, como los más importantes.

Actualmente, la telefonía móvil es un servicio que se ofrece sobre tecnología digital, ya que la analógica ha caído en desuso en, prácticamente, todo el mundo, sobre el que se soportan los servicios de comunicación vocal, datos y mensajes cortos. En la telefonía móvil analógica la voz se transportaba como una señal continua sin codificar, mientras que en la telefonía móvil digital la voz se digitaliza y trocea en paquetes que pueden compartir el mismo canal de frecuencias con otros paquetes procedentes de otras conversaciones, lo que permite aumentar la capacidad del sistema, aprovechando al máximo un recurso escaso como es el espectro radioeléctrico.

La telefonía móvil consiste en ofrecer el acceso vía radio a los usuarios de telefonía, de manera tal que puedan realizar y recibir llamadas dentro del área de cobertura del sistema, utilizando el espectro radioeléctrico para enlazar con las estaciones radio conectadas a las centrales telefónicas.

En España la telefonía móvil empezó siendo analógica, en 450 MHz, con la tecnología procedente de Escandinavia, concretamente de Suecia, la denominada NMT 450. Había habido una experiencia anterior en ciento y pico MHz, pero muy anterior y para un uso muy exclusivo y limitado (servicios oficiales).

Esta telefonía, con la tecnología analógica antigua, solo permitía del orden de 60.000 abonados, una cifra a la que se llegó en mayo de 1990, así que el servicio se congestionó y hubo que poner otro en marcha. Se puso en marcha uno a 900 MHz, esta vez utilizando la tecnología TACS de Motorola, y empezó lo que se conocía con el nombre de servicio Moviline. Ahí empezaron los pequeños "motorolas"; los anteriores, los de 450 MHz eran aquellos teléfonos que tenían un asa y una batería muy grande y, aunque se decía que eran portátiles, casi eran para llevar en el coche ya que su peso y dimensiones eran muy elevados.

El lanzamiento de estos móviles coincidió con un problema de red fija en Madrid, cuando la demanda era muy superior a la capacidad de oferta de Telefónica, por lo que algunas empresas compraban un móvil para sustituir al fijo, que tenía una lista de espera muy larga.

Mientras tanto, en Europa se crea el estándar GSM, que se lanza comercialmente en 1992, y se llega, por lo tanto, al actual sistema, GSM 900, pero a la vez se inventa el DECT, que es teléfono inalámbrico para el hogar, y luego el GSM 1800 que se llama también DCS1800, para llegar, en el momento actual, a la tercera generación de móviles, que en Europa llamamos UMTS, y que se engloba dentro de la propuesta IMT-2000 de la UIT (Unión Internacional de Telecomunicaciones). La tecnología UMTS y sus variantes (HSPA, HSPA+) están dando paso, en la actualidad, a sistemas más avanzados y eficientes, como son los de 4G, representados, básicamente, por los que hacen uso de la tecnología LTE, aunque también se incluye WiMAX.

## 5.1.2 El espectro radioeléctrico

El espectro electromagnético es el conjunto de todas las radiaciones de distinta frecuencia en que puede descomponerse la radiación electromagnética. El espectro radioeléctrico es un subconjunto del mismo.

Las frecuencias radioeléctricas, en general, no son de libre uso, sino que se asignan por un organismo que tiene competencia en la materia, de tal forma que se haga un uso lo mejor posible de ellas, se eviten interferencias entre distintos sistemas y se reserven algunas bandas para aplicaciones específicas, como son los servicios públicos, servicios de emergencia, aplicaciones militares, etc.

Esta asignación de frecuencias puede variar de unas regiones geográficas a otras, ya que el mundo se ha dividido en 3 (Región 1 para Europa y África, Región 2 para América, Región 3 para Asia y Oceanía).

En el caso particular de España la Ley 11/1998, de 24 de abril, General de Telecomunicaciones, modificada en 2013, dispone que la gestión del dominio público radioeléctrico, su administración y control corresponden al Estado y prevé que sea el Ministro de Industria, Energía y Turismo, a través de la SETSI (Secretaría de Estado de Telecomunicaciones y para la Sociedad de la Información) el que apruebe el Cuadro Nacional de Atribución de Frecuencias (CNAF), con el contenido que señala dicho precepto, a fin de lograr la ordenada utilización coordinada y eficaz del espectro radioeléctrico.

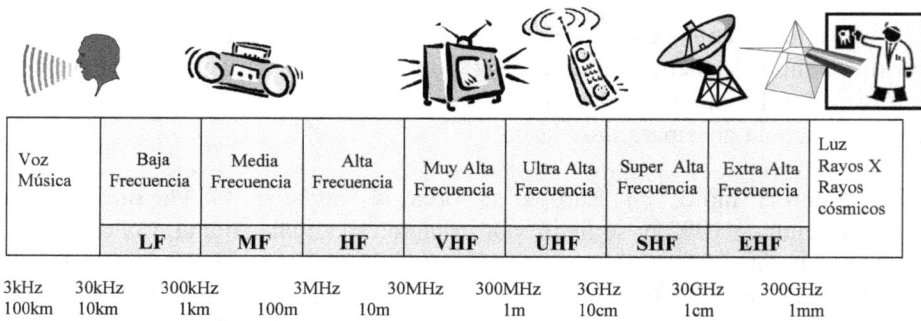

| Voz Música | Baja Frecuencia | Media Frecuencia | Alta Frecuencia | Muy Alta Frecuencia | Ultra Alta Frecuencia | Super Alta Frecuencia | Extra Alta Frecuencia | Luz Rayos X Rayos cósmicos |
|---|---|---|---|---|---|---|---|---|
| | LF | MF | HF | VHF | UHF | SHF | EHF | |

| 3kHz | 30kHz | 300kHz | | 3MHz | 30MHz | 300MHz | 3GHz | 30GHz | 300GHz | |
| 100km | 10km | 1km | 100m | 10m | | 1m | 10cm | 1cm | 1mm | |

*Figura 5.2. Bandas de frecuencias y principales usos a los que se destinan*

El espectro radioeléctrico se define como el rango de frecuencias utilizables para las comunicaciones, lo que le convierte en un recurso escaso. Debido a las interferencias y a otros factores el rango de frecuencias empleadas para uso civil y militar va de los 9 kHz a los 50 GHz, y hasta 400 GHz para uso experimental. Para los sistemas de telefonía inalámbrica o sin hilos y los sistemas de telefonía móvil automática se emplea actualmente la banda UHF alta, estando la banda de 1 a 2 GHz destinada a su utilización por los sistemas de comunicaciones móviles celulares, inalámbricos y PMR de corto alcance, como son, por ejemplo, el DCS 1800, DECT, TETRA, UMTS y LTE.

Para la gestión del espectro radioeléctrico hay una serie de normas fijadas a nivel internacional por la UIT. Este organismo con sede en Ginebra (Suiza) es el encargado de organizar el uso de las frecuencias radioeléctricas y de promover una serie de normativas para que la gestión del mismo se haga de manera uniforme y eficiente, sin que un uso perjudique o interfiera sobre otros. La asignación de las diferentes bandas y usos a que se destinan se viene discutiendo en las Conferencias Internacionales de Radiodifusión (WRC), celebradas cada pocos años.

Este rango de normativas, de carácter técnico, comprende desde el tipo de emisión hasta los niveles de exposición. Los diferentes Estados son los encargados de elaborar y establecer las políticas de utilización, reglamentación y control del uso del espectro a nivel nacional.

En España, como se ha comentado, es el Ministerio de Industria (MINETUR), a través de la SETSI, el encargado del ordenamiento del espectro. Para ello, cuenta con CNAF. Esta normativa se considera una pieza básica para el ordenamiento del espectro y contiene información de carácter técnico sobre la utilización del mismo en diferentes bandas de frecuencias en España. En otros países sucede algo equivalente.

### 5.1.2.1 USOS MÁS COMUNES

Entre los usos más comunes del espectro radioeléctrico nos podemos encontrar los siguientes aunque hay muchos más:

**Radio comercial**: la radio comercial local más usada, hasta la llegada de Internet, es la frecuencia modulada o FM. Las emisoras que trabajan en FM, más del 90%, utilizan la parte del espectro que va de los 87 MHz a los 107 MHz.

**Televisión analógica**: la televisión, en uso hasta abril de 2010, utilizaba la banda de VHF (*Very High Frecuency*) entre los 30 MHz y los 300 MHz, así como la de UHF (*Ultra High Frecuency*) que va de los 300 MHz hasta los 3 GHz.

**Televisión digital**: la TDT (DVB-T) emplea parte del rango de frecuencias en UHF para emitir, pero lo aprovecha mucho mejor que la televisión analógica, ya que por cada canal analógico se pueden emitir cuatro canales digitales. También tenemos TV por cable (DVB-C) y satélite (DVB-S), aunque su difusión es menor ya que muchos de los canales disponibles son de pago (*PayTV*).

**Telefonía móvil**: los teléfonos móviles hacen uso de frecuencias más altas que las empleadas para la televisión. Así, el servicio digital GSM emplea el rango de los 900 y 1.800 MHz, mientras que las 3G y 4G (más modernas y capaces de transportar datos a alta velocidad, no solo voz) trabajan en los 2,1 GHz, aunque con el proceso de *refarming* o de neutralidad tecnológica, pueden hacerlo en otras frecuencias más bajas, considerándose la de 800 MHz, procedente del dividendo digital, como la más adecuada, dadas sus características de alcance y cobertura.

**Telefonía fija inalámbrica**: los teléfonos inalámbricos más modernos trabajan en el rango de los 5,8 GHz, pero todavía hay muchos que usan la misma banda del GSM, como es el estándar DECT.

**Wi-Fi**: los estándares más modernos para los *routers* inalámbricos usan el rango de los 2,4 y 5 GHz, que permiten un ancho de banda mayor, ideal para Internet. Sin embargo, hay otros aparatos domésticos que operan en frecuencias similares y que generan interferencias.

**Bluetooth**: la tecnología de transmisión de datos por vía inalámbrica a corta distancia también trabaja en la banda de 2,4 GHz, la misma que la de los hornos microondas, que son una causa de interferencia en este tipo de redes.

**RFID**: las etiquetas de identificación por radiofrecuencia, como por ejemplo los chips que se les pone a las mercancías para tenerlas identificadas, funcionan con ondas de muy baja energía, que comunican a cortas distancias. En concreto, entre 125 y los 148.5 kHz. Hay algunas etiquetas que portan algo más de información y trabajan en frecuencias más altas, como los 13,5 MHz; son las llamadas comunicaciones de proximidad o NFC (*Near Field Comunications*), de gran uso en países como Corea o Japón, que están introduciéndose en Europa.

**Mandos a distancia**: los mandos que controlan a distancia el televisor, las videoconsolas y los *home cinemas* utilizan un rango próximo al infrarrojo, es decir, sobre 390 THz, cercano a la luz visible. Los mandos para garajes usan otro rango.

Pero no todas las frecuencias disponen de las mismas capacidades de cobertura, pues cuanta más baja sea la frecuencia mayor alcance y penetración en el interior de edificios se consigue, y de comportamiento frente al ruido y las interferencias, lo que hace que algunas sean más solicitadas para determinados usos que otras. Además, los diferentes tipos de servicios requieren distintos márgenes (bandas de frecuencia) específicos. Por tanto, es necesario un marco regulatorio con normativas que minimicen los posibles conflictos que se puedan producir entre los usos y servicios en una misma banda de frecuencias.

## 5.1.2.2 EL DIVIDENDO DIGITAL

En 2007 la Unión Internacional de Telecomunicaciones (UIT) decidió que la banda de frecuencias que va de 790 MHz a los 862 MHz, que quedaría libre con la transición de la televisión analógica a la TDT, estaría reservada para servicios de banda ancha en movilidad a partir de 2015. Por este motivo, muchos países están dejando libres estas frecuencias para futuros servicios, como pueden ser los de banda ancha en el entorno rural, y algunos, incluso, ya han empezado a adjudicarlos.

En España, las frecuencias de los canales TDT fueron otorgadas varios años antes, con lo que ahora se encuentran con diferentes canales (los que van del 61 al 69) dentro de esta banda de frecuencias no previstas para servicios de televisión. De manera que será necesario que en los próximos años estos canales tengan que cambiar de banda para que el rango de frecuencias que va de 790 MHz a 862 MHz quede libre a partir del 1 de enero de 2015, o antes si fuese posible. A nivel internacional, esta liberalización de las frecuencias de la señal analógica para usos distintos al de televisión se conoce bajo el nombre de "dividendo digital".

En consecuencia, el apagón de la televisión analógica supuso la liberación de una porción de espectro importante (la banda comprendida entre los 790 y 862 MHz, que se destinaría, primariamente, en Europa a servicios móviles de banda ancha, según acuerdo adoptado en la WRC 2007). Estas frecuencias son muy codiciadas por su calidad, como se ha podido comprobar con la subasta de la banda de 700 MHz en Estados Unidos, ya que al ser una banda baja, sus cualidades de propagación y penetración son muy superiores a las de las bandas más altas asignadas a los servicios móviles.

## 5.1.2.3 ENERGÍA DE LAS RADIACIONES

Las ondas electromagnéticas se diferencian, unas de otras, principalmente en la frecuencia a la que oscila la señal y en la energía que esta transporta. La propagación por el espacio es libre, salvo obstáculos que pueda encontrar en su camino y, en todo diseño y planificación de red se deben tener en cuenta las características de propagación para evitar que queden zonas sin cobertura y colocando las antenas en número suficiente y en lugares estratégicos.

La proliferación de antenas que, además, se encuentran en lugares elevados y, por tanto, muy visibles, ha dado lugar a una cierta preocupación en algunos sectores de la sociedad acerca de sus posibles efectos perjudiciales para la salud, por lo que se han hecho numerosos estudios para determinar si ello es así o no. Como consecuencia y, adoptando el principio de precaución, en todas las instalaciones se han impuesto unos límites máximos en la potencia radiada que no se han de sobrepasar y que son los que se pueden ver en la figura 5.3.

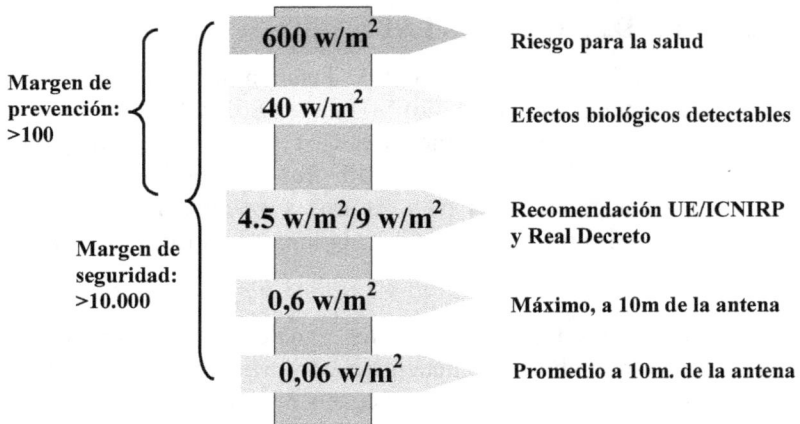

| | |
|---|---|
| **Margen de prevención: >100** | $600$ w/m$^2$ → Riesgo para la salud |
| | $40$ w/m$^2$ → Efectos biológicos detectables |
| **Margen de seguridad: >10.000** | $4.5$ w/m$^2$/$9$ w/m$^2$ → Recomendación UE/ICNIRP y Real Decreto |
| | $0,6$ w/m$^2$ → Máximo, a 10m de la antena |
| | $0,06$ w/m$^2$ → Promedio a 10m. de la antena |

*Figura 5.3. Límites a la radiación para sistemas celulares*

Según el tipo de radiación (frecuencia), dependiendo de su intensidad y el tiempo de exposición, se producen unos "bioefectos" que entran en la categoría de "no ionizantes" e "ionizantes".

Si la radiación es de baja frecuencia, en el cuerpo humano (compuesto por un 70% de agua) se inducen corrientes muy débiles que solo pueden ocasionar efectos nerviosos o dar lugar a generación de calor en las células, mientras que si la radiación es de alta intensidad, se puede llegar a la rotura de los enlaces moleculares, como las que producen los rayos X o los rayos gamma.

Las radiofrecuencias que se emplean en telefonía móvil y, también, en la radio y la televisión, entran dentro de la categoría de "no ionizantes" por lo que si se respetan los límites impuestos por la Regulación, recogidos en el Real Decreto 1066/2001 (potencia de emisión, tiempos de exposición y zonas de protección), no se produce ningún efecto perjudicial para la salud de los usuarios.

Regularmente las instalaciones se comprueban para asegurarse de que no se sobrepasan los límites impuestos, obteniendo la correspondiente certificación. En todo caso, en las instalaciones hay un espacio delimitado, al que no se debe entrar salvo que la instalación esté desconectada y sin radiar, como prevención.

## No ionizantes

Son aquellas que no son capaces de producir iones al interactuar con los átomos de un material. Las radiaciones no ionizantes se pueden clasificar en dos grandes grupos: los campos electromagnéticos y las radiaciones ópticas.

Dentro de los campos electromagnéticos se pueden distinguir aquellos generados por las líneas de corriente eléctrica (de baja frecuencia) o por campos eléctricos estáticos. Otros ejemplos son las ondas de radiofrecuencia, utilizadas por las emisoras de radio y televisión y la telefonía móvil en sus transmisiones, y las microondas utilizadas en electrodomésticos y en el área de las telecomunicaciones.

**Ionizantes**

Son aquellas con energía necesaria para arrancar electrones de los átomos. Cuando un átomo queda con un exceso de carga eléctrica, ya sea positiva o negativa, se dice que se ha convertido en un ión (positivo o negativo).

Pueden provocar reacciones y cambios químicos con el material con el cual interaccionan; así, por ejemplo, son capaces de romper los enlaces químicos de las moléculas o generar cambios genéticos en células reproductoras. Así, los rayos gamma y los rayos X (utilizados para hacer una radiografía) son tipos diferentes de radiación ionizante que pueden causar lesiones biológicas.

# 5.2 BUCLE DE ABONADO POR RADIO

El bucle de abonado puede ser físico, que podemos tocar, o sin hilos, por ondas de radio que, evidentemente, ni podemos tocar ni vemos. Ya hemos comentado algunas cosas sobre él, pero vamos a ver ciertos aspectos que no se han contemplado todavía y a profundizar más en las posibilidades que ofrece.

- **Bucle físico**. Entre los bucles de abonado físicos tenemos el par de cobre, el cable coaxial, y el de fibra óptica con coaxial, los híbridos. Estos ya se han visto con bastante detalle y no nos vamos a detener más en su estudio.

- **Bucle sin hilos**. Sin hilos hay dos tipos de bucle de abonado, dependiendo de que el terminal sea móvil o estacionario.

**Terminal estacionario**

Si el terminal permanece estático es denominado estacionario. Hay tres acepciones para este tipo de tecnología. El nombre genérico es Bucle Local sin Hilos, WLL (*Wireless Local Loop*), y así es como se llamaba a la banda de 3,5 GHz. Mientras que la banda de 26 GHz, una banda que permite hasta 2 Mbit/s, recibe el nombre de LMDS (*Local Multipoint Distribution System*) que significa sistema de distribución multipunto local. Local porque tiene poco alcance, no más de 6 o 7 km, y multipunto porque desde una emisora se puede conectar con muchos usuarios diferentes repartidos por su área de cobertura.

El más antiguo de estos sistemas es el TRAC (Telefonía Rural de Acceso Radio), un invento español, consistente en utilizar un teléfono móvil especialmente fabricado para este fin (analógico), como si fuese fijo ya que el usuario no podía desplazarse con él, sino que lo tenía ubicado en un lugar determinado y con tarifa de fijo.

Así resolvió Telefónica el problema del servicio universal, de poder dar telefonía a cualquier pueblo, a cualquier casa en el monte, lo cual era un problema considerando lo accidentado de la geografía ibérica que muchas veces imposibilitaba llevar una línea telefónica o el coste de hacerlo era excesivamente alto. La tecnología primitiva se ha ido sustituyendo por otras, de mayor capacidad, y que facilitan el acceso universal a Internet, aunque sea a velocidad reducida.

La idea del TRAC consistió en eliminar el cableado hasta zonas excesivamente alejadas o abruptas, porque era muy costoso para el usuario. En lugar de ello, se instala una antena, normalmente una antena Yagi, muy directiva, orientada hacia la estación de telefonía móvil más próxima y se le da acceso como si fuera un teléfono móvil. La diferencia estriba en que el teléfono no es un móvil, es un teléfono fijo más un dispositivo especial, que se une mediante un cable con la antena. El número que se le da al usuario es un número de telefonía fija ligado a su posición geográfica, al igual que la tarifa aplicada.

### Terminal móvil

La otra parte que es más conocida es la telefonía móvil, cuando el teléfono se mueve. Y en este caso tenemos, básicamente, cuatro tecnologías digitales:

- DECT (acceso inalámbrico).

- GSM y TDMA (móviles de 2G).

- UMTS y CDMA (móviles de 3G).

- LTE y WiMAX (tecnologías de 4G).

Aunque no hay que olvidar que a nivel mundial existen también algunos sistemas analógicos, cuya tendencia es a ir desapareciendo, sustituidos por los digitales. En cuanto a los digitales, siguen evolucionando y, así, ya se están ofreciendo sistemas comerciales muy avanzados, como es el caso de LTE (4G). Todos estos sistemas tienen en común la utilización de una interfaz radio, que sigue unas especificaciones públicas, para poder utilizar terminales de distintos suministradores en las redes constituidas.

## 5.2.1 El estándar DECT

El teléfono móvil para el hogar, más comúnmente llamado inalámbrico, utiliza la línea fija hasta mi casa y en el final de la línea fija dispone de una pequeña emisora (estación base) que ofrece cobertura en un área. Eso se denominó teléfono sin hilos, CT (*Cordless Telephone*).

El primer sistema que hubo utilizaba una única frecuencia, es decir, todo el mundo que tuviera este sistema tenía la misma frecuencia. Obviamente, el sistema era analógico, y recibió el nombre de CT0. Ha sido muy común, pero tenía un gran inconveniente, al operar todos los teléfonos en la misma frecuencia, los cruces de línea eran muy comunes y se perdía privacidad.

Por lo tanto, este sistema se dejó de emplear pronto, y se pasó al siguiente estándar denominado CT1, que cuenta con un juego de frecuencias diferentes, y que es, probablemente, el más abundante en este momento. Un teléfono sin hilos analógico, con diferentes frecuencias que, además, se cambian fácilmente con unos conmutadores internos. No obstante, siempre se pensó en una evolución hacia el teléfono inalámbrico digital; hubo dos movimientos. El primero, la evolución normal, fue el CT2, pero estas técnicas normalmente no se iniciaban en Europa, las diseñaban los americanos o los japoneses.

Por lo tanto, los europeos decidieron hacer su propio estándar (uno de los objetivos en telecomunicaciones de la UE era disponer de sus propios desarrollos). Este sistema europeo que recibió el nombre de DECT (*Digital European Cordless Telephone*), Teléfono Inalámbrico Digital Europeo, y opera en la banda de 1.800 MHz, es muy bueno, ofrece una cobertura excelente y no se interfiere con otros operando en la misma banda de frecuencias, ya que la comunicación va cifrada.

La distancia que cubre es suficiente para la mayoría de las aplicaciones; así, por ejemplo, varios pisos en un chalet y hasta 200 o 300 metros en el jardín. En un edificio de oficinas permite alcanzar unos 50 metros en horizontal, pero si se necesita mayor distancia se pueden colocar otras estaciones base, colocadas estratégicamente, para que no queden zonas de sombra.

Por su alta calidad tuvo gran éxito en todo el mundo, así que se cambió el nombre por el de Teléfono Inalámbrico Digital Mejorado (*Digital Enhanced Cordless Telephone*), con el fin de eliminar el apelativo europeo. Los sistemas que llevan la denominación GAP (*Generic Access Profile*) son compatibles entre sí, y una estación base puede soportar terminales de varios fabricantes.

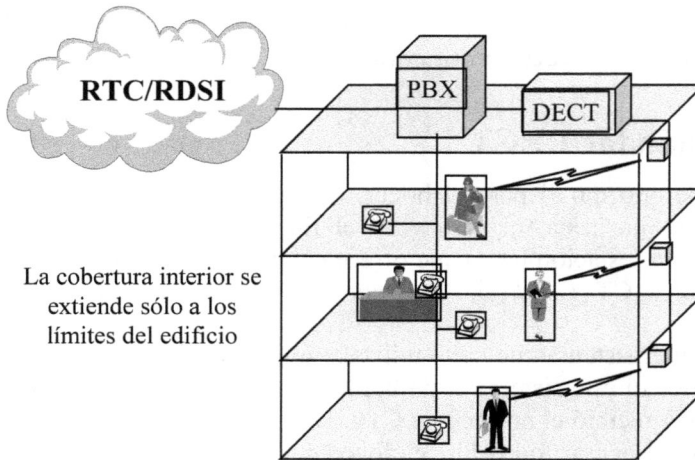

*Figura 5.4. Aplicación del DECT en el entorno de las oficinas (interiores)*

El DECT es un sistema inalámbrico que permite varios terminales, que a su vez pueden hablar entre ellos. Su aplicación no se reduce solo al hogar, sino que también encuentra lugar en las empresas o instituciones, en donde conectados a la centralita facilitan la movilidad de los usuarios y permiten realizar llamadas internas sin coste alguno, lo que es una gran ventaja.

## 5.3 LAS REDES GSM

En sus inicios la telefonía celular o móvil era analógica, había varios sistemas, en su mayoría copados, por un lado, por la empresa norteamericana Motorola y, por otro, por los nórdicos europeos; ambos mantenían una constante puja por el mercado.

Los europeos decidieron crear un estándar común, digital y de uso en toda Europa. Para investigarlo recurrieron a un grupo de especialistas para desarrollar un teléfono móvil. El Grupo Especial Móvil ideó el teléfono móvil de uso actual, el GSM (*Group Special Mobile*). Al igual que el DECT el sistema ha tenido tanto éxito que se emplea en todo el mundo y fue rebautizado como Sistema Global para Móvil o GSM (*Global System for Mobile*).

El GSM comenzó operando en la banda de 900 MHz, pero pronto se vio que habría escasez de frecuencias para los usuarios. De modo que se desarrolló un nuevo sistema europeo basándose en los mismos estándares que recibió el nombre de DCS1800 y que emplea la banda de los 1800 MHz. Esta técnica también es conocida como GSM 1800.

Cuando hacemos una llamada mediante GSM se accede a una antena, la que esté más próxima, que es a la misma a la que acceden todos los terminales móviles de nuestro entorno. Es decir, el sistema de móvil requiere una técnica denominada de acceso múltiple, todos tenemos que emplear la misma antena. Para conseguir ese acceso múltiple, hay tres técnicas diferentes.

El acceso múltiple puede ofrecerse gracias a que el sistema asigna una frecuencia diferente a cada usuario, acceso múltiple por división de frecuencia. También, si el sistema es digital, se puede asignar diferentes ventanas de tiempo. El primero de los impulsos es el mío, el segundo es de otro, etc., es lo que se conoce como acceso múltiple por división de tiempo. De hecho, el GSM europeo combina ambas soluciones, cuando yo llamo me asignan una frecuencia y dentro de esa frecuencia hay varios tiempos y me asignan un tiempo también. El inconveniente que presenta esta técnica es que dispongo en exclusiva de la frecuencia y el tiempo asignados hasta que cuelgue, hable o no hable. Lo cual es el equivalente a la conmutación de circuitos de la telefonía fija.

El sistema GSM es uno de los existentes en telefonía celular; existen otros, pero todos ellos comparten una serie de características inherentes a este tipo de sistemas para comunicaciones móviles, que veremos a continuación.

## 5.3.1 Los servicios en GSM

El GSM facilita la provisión de una serie de servicios añadidos a los de la telefonía fija, tales como el envío de datos a baja velocidad, sin necesidad de módem externo, y el envío de fax Grupo 3 gracias a la digitalización de las transmisiones de radio.

Posibilita la creación de redes privadas virtuales, es compatible con la RDSI, permite la identificación de un abonado bajo dos números distintos, ofrece un servicio de mensajes cortos (SMS) de hasta 160 caracteres alfanuméricos y toda una completa gama de servicios suplementarios (desvío hacia cualquier otro número de la red móvil o de la red fija, restricción y retención de llamadas, indicación de llamada en espera, multiconferencia, identificación de la línea llamante, ocultación de la propia identidad, números de marcación fija, restricción de itinerancia, consulta a un buzón de voz, indicación del coste de la llamada, fijación del consumo máximo, etc.).

GSM, al igual que otras tecnologías digitales, como UMTS y LTE, utiliza el espectro de una manera mucho más eficiente que los sistemas analógicos, con células más pequeñas y presenta un menor consumo de energía lo que permite terminales más pequeños.

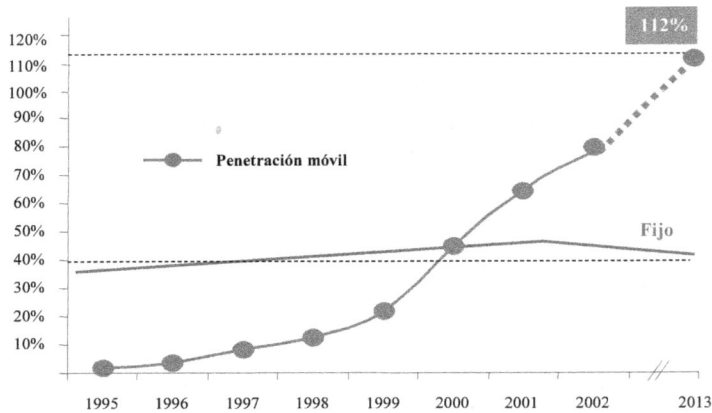

*Figura 5.5. Evolución del número de usuarios móviles y fijos en España*

Para la prestación de servicios es fundamental disponer de un terminal adecuado, ligero, con una buena definición de la pantalla, pantalla de color y táctil, gran capacidad de memoria y duración de la batería, así como un menú intuitivo y fácil de utilizar, del tipo del que ofrecen los actuales *smartphones*, como el iPhone. También, resulta esencial el sistema operativo, verdadero motor de las aplicaciones, siendo los más habituales Android de Google e iOS de Apple, seguidos por Windows Phone, BlackBerry y Symbian.

## 5.3.2 Estructura de la red

Un sistema celular se crea dividiendo el territorio al que se pretende dar servicio en células (celdas) de mayor o menor tamaño (figura 5.6), cada una de las cuales es atendida por una estación de radio, que ofrece cobertura a su célula específica, gracias al alcance limitado de la propagación de las ondas de radio a frecuencias elevadas.

Así el espectro de frecuencias –las mismas frecuencias– puede volver a ser reutilizado en una nueva célula, siempre teniendo cuidado de evitar las interferencias entre células próximas. El grupo de frecuencias asignado a una célula constituye los canales de comunicación que pueden ser ocupados por los usuarios que demanden el servicio, dentro de su área de cobertura geográfica. De esta manera se puede aumentar considerablemente el número de usuarios al no requerirse una frecuencia exclusiva para cada uno de ellos. Cuanto más pequeñas sean las células mayor será el número de canales que soporte el sistema, al poder reasignar más veces los conjuntos de frecuencias diferentes para células distintas, factor muy importante para un servicio público.

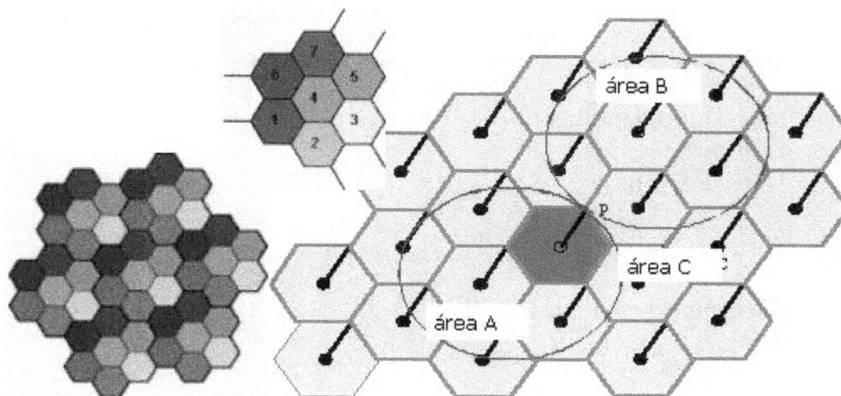

*Figura 5.6. División de un territorio en células*

En los sistemas avanzados de telefonía móvil es necesario manejar un gran número de abonados móviles dispersos en una amplia zona. Esto supone el abordar una serie de problemas técnicos y administrativos tales como son el control, localización, transmisión y facturación, manteniendo al mismo tiempo una alta eficacia en la utilización del espectro radioeléctrico que es limitado.

Las bandas de frecuencia empleadas en Europa para el GSM son dos: 900 y 1.800 MHz, y la modulación es en frecuencia o en fase con unos límites de variación de frecuencia en función de la anchura de banda, la cual a su vez depende de la separación entre canales. En 3G se utiliza la banda de 2,1 GHz.

Para estas bandas la distancia de cobertura, en terrenos no muy accidentados, coincide sensiblemente con el alcance óptico desde la antena transmisora, por lo que es conveniente, si se desea una gran cobertura, instalar esta en un punto elevado. Una vez que se sobrepasa el límite de visión óptica aún es posible establecer la comunicación, si la potencia del emisor es elevada.

Superada la zona de alcance efectivo ya no es posible establecer una comunicación útil, pero, en cambio, sí se pueden producir interferencias con otras celdas. Por esta razón, un juego de frecuencias solo podrá ser reutilizado en celdas que se encuentren fuera de estas zonas de interferencias.

La tecnología celular requiere un gran número de estaciones base para ciudades de cualquier tamaño. Una ciudad típica grande puede tener cientos de estaciones base (antenas), pero debido a que hay tanta gente utilizando teléfonos celulares, los costes por usuario se mantienen reducidos.

En general, una red de comunicaciones móviles GSM presenta una estructura compuesta por los siguientes elementos (figura 5.7):

- Estaciones móviles

- Estaciones base

- Estaciones de control

- Centros de conmutación

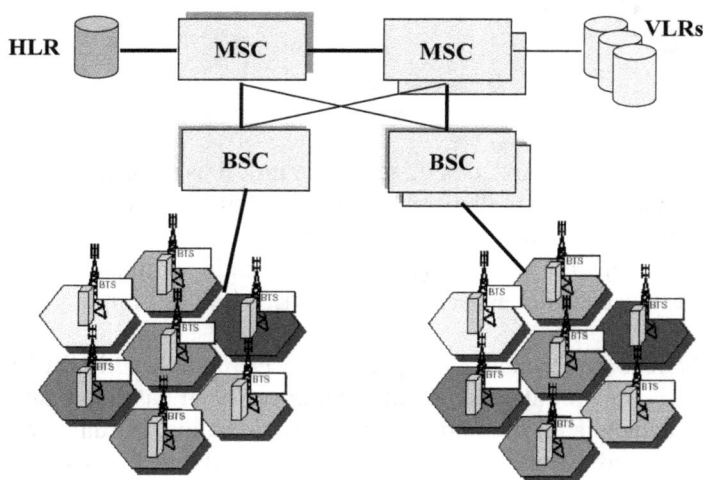

*Figura 5.7. Principales elementos de una red de telefonía móvil*

- **Estaciones móviles (MS)**

  Son los equipos terminales (teléfonos móviles GSM) que suministran el servicio concreto a los usuarios en el lugar, instante y formato (voz, datos e imágenes) adecuados. Cada estación móvil puede actuar en modo emisor, receptor o en ambos, y se personaliza mediante una tarjeta SIM.

- **Estaciones base (BTS)**

  Se encargan de mantener el enlace radioeléctrico entre la estación móvil y la estación de control de servicio (BSC) durante la comunicación. Una BTS atiende a una o varias estaciones móviles. Según el número de estas y el tipo de servicio, se calcula el número adecuado de estaciones base para proporcionar una cobertura total de servicio en el área geográfica a cubrir.

La reducción de la potencia en las estaciones móviles permite disminuir las interferencias entre las MS asignadas a canales idénticos, así como el tamaño y peso de las baterías. Lo que redunda en una mejor calidad del servicio, comodidad de uso y autonomía de la estación móvil.

- **Estaciones de control (BSC)**

Realiza las funciones de gestión y mantenimiento del servicio. Una tarea específica consiste en la asignación de estaciones base de un sector, dentro de un área de cobertura, a las estaciones móviles que se encuentran en el sector.

Cuando un usuario se desplaza entre celdas colindantes, la función de conmutación de una comunicación entre estaciones base (*handover*) permite cambiar el canal ocupado por la estación móvil en la estación base anterior por otro libre de la estación base próxima, sin interrumpir la comunicación.

La función de localización de una estación móvil fuera de su sector habitual implica que en cada estación base deben conocerse las estaciones móviles residentes (habituales) y las visitantes (presentes temporalmente) para que las estaciones de control puedan determinar su posición en cualquier instante, y así proveerles servicio.

- **Centros de conmutación (MSC)**

Son similares a las centrales de la red fija. Permiten la conexión entre otras redes públicas y privadas con la red de comunicaciones móviles, así como la conexión entre estaciones móviles localizadas en distintas áreas geográficas de la red móvil. Estos centros se comportan como los centros de conmutación de cualquier otro tipo de red, aun cuando están adaptados a la estructura de la información que maneja la red móvil. Asociados a estas centrales se encuentran los registros de suscriptores, locales y visitantes, que son los denominados HLR y VLR, respectivamente.

## 5.3.3 Tecnologías de acceso celular

Las tecnologías utilizadas actualmente para la transmisión de información en las redes son denominadas de acceso múltiple, debido a que más de un usuario puede utilizar cada una de las celdas de información. Actualmente existen tres diferentes, que difieren en los métodos de acceso a las celdas, que son: FDMA, TDMA y CDMA. A continuación veremos las características de cada una, que a veces se emplean combinadas.

- **FDMA (acceso múltiple por división de frecuencia)**

Se accede a las células dependiendo de la frecuencia. Básicamente, separa el espectro en distintos canales de voz, al dividir el ancho de banda en varios canales uniformemente según las frecuencias de transmisión. Los usuarios comparten el canal de comunicación, pero cada uno utiliza uno de los diferentes subcanales particionados por la frecuencia. Se suele utilizar para las transmisiones analógicas, pero es capaz de transmitir información digital.

- **TDMA (acceso múltiple por división de tiempo)**

Divide el canal de transmisión en particiones de tiempo (*time slots*). Comprime las conversaciones digitales y luego las envía utilizando la señal de radio por un período de tiempo. En este caso, distintos usuarios comparten el mismo canal de frecuencia, pero lo hacen en diferentes intervalos de tiempo. Debido a la compresión de la información digital, esta tecnología permite tres veces la capacidad de un sistema analógico utilizando la misma cantidad de canales.

- **CDMA (acceso múltiple por división de códigos)**

Esta tecnología, luego de digitalizar la información la transmite a través de todo el ancho de banda del que se dispone, a diferencia de TDMA y FDMA.

Las llamadas se sobreponen en el canal de transmisión, diferenciadas por un código de secuencia único. Esto permite que los usuarios compartan el canal y la frecuencia. Como es un método adecuado para la transmisión de información encriptada, se comenzó a utilizar en el área militar. Esta tecnología permite comprimir de 8 a 10 llamadas digitales para que ocupen lo mismo que ocupa una llamada analógica.

En la figura 5.8 se muestra un gráfico comparativo del funcionamiento de las tres tecnologías mencionadas.

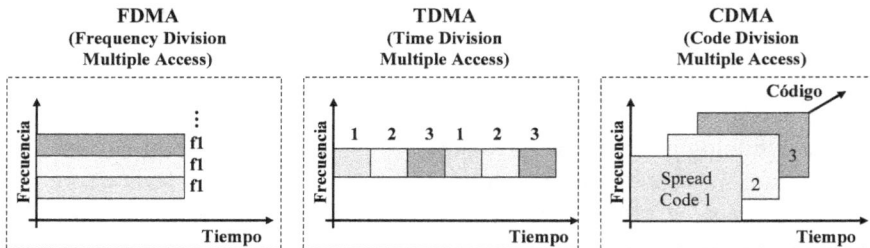

*Figura 5.8. Distintas técnicas de acceso radio*

## 5.3.4 El éxito del estándar GSM

En España existen, en el año 2010, tres operadores de GSM: **Telefónica Móviles** (ahora **Telefónica**) que empezó a operar en el mes de julio de 1995 con la marca **Movistar** y que, a diciembre de 2013, cuenta con una cuota de mercado del 33%, **Airtel** (ahora **Vodafone**) que lo hizo 3 meses más tarde (25%) y Retevisión Móvil (Auna) que lo hizo en enero de 1999 con la marca **Amena** (ahora **Orange**) (23%), pero en la banda de 1.800 MHz y con acuerdo de *roaming* (utilización de otra red si no se tiene cobertura con la propia) con los otros dos operadores. Además, están los **Virtuales (OMV)** y **Yoigo**, cada uno con 12% y 7% respectivamente de cuota de mercado.

Los Operadores Móviles Virtuales (OMV) son aquellos operadores que, sin poseer una red propia de acceso móvil, ni concesión de espectro radioeléctrico, prestan servicios de telefonía móvil utilizando las infraestructuras de otro operador (OMR/Operador Móvil con Red), en mayor o menor grado.

La ventaja principal de este sistema digital celular es que permite realizar o recibir llamadas en cualquier país que lo tenga, cuando se está en tránsito por ellos, facilidad que se conoce como "itinerancia" o *roaming*.

Cuando se viaja, el terminal portátil se registra automáticamente en la red GSM al cambiar de un país a otro, quedando inmediatamente disponible para su uso, pero para que esto sea posible es necesario que el operador con el que se ha contratado el servicio tenga acuerdos de itinerancia con los demás países.

| Resumen de las características de GSM |
|---|
| – Banda de recepción: 925-960 MHz (descendente: de la base al móvil) |
| – Banda de emisión: 860-915 MHz (ascendente: del móvil a la base) |
| – Canales por portadora: 8 *full rate/16 half rate*, siendo uno de control |
| – Número total de portadoras: 124 radiocanales |
| – Separación entre portadoras: 200 kHz |
| – Anchura de banda del canal radio: 25 kHz |
| – Capacidad: 200 Erlangs/km$^2$ (500 para GSM 1800) |
| – Técnica de transmisión: TDMA/FDD |
| – Modulación: GMSK y voz codificada a 13 kbit/s |

*Tabla 5.1. Características más importantes de la norma GSM*

## 5.3.5 Evolución de GSM

El estándar GSM ha evolucionado desde su nacimiento para aportar más prestaciones. Además, han surgido otros estándares que complementan a los propios del GSM. Por ejemplo, el WAP para acceso a Internet, o el GPRS que multiplica por un factor superior a 10 la velocidad de acceso de GSM, llegando como límite máximo a 115 kbit/s. La tecnología CDMA, que utiliza códigos para separar las conversaciones, es otro gran avance y precursora del UMTS.

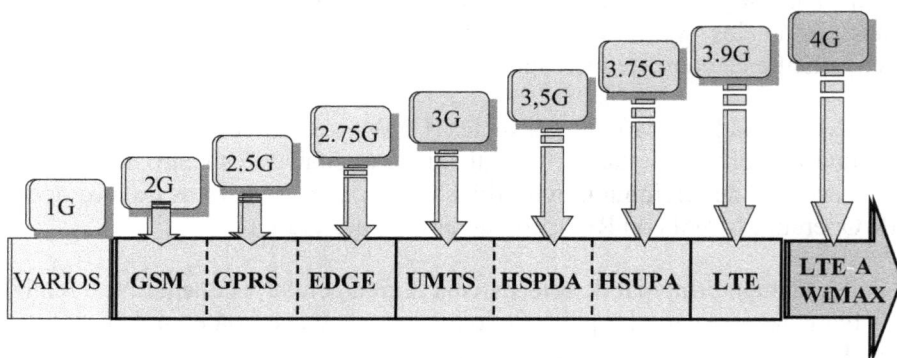

*Figura 5.9. Evolución de las tecnologías móviles*

- **Acceso a Internet desde el móvil (WAP)**

El Protocolo de Aplicaciones Inalámbricas, WAP (*Wireless Applications Protocol*), es un sistema nacido de la combinación entre Internet y las comunicaciones móviles. Era, ya que hoy apenas se utiliza pues los teléfonos móviles incorporan los navegadores propios de Internet, un protocolo estandarizado a emplear desde terminales móviles para la transmisión de mensajes y acceso a Internet. Promovido inicialmente por Ericsson, Motorola y Nokia, tuvo un rápido apoyo del resto del sector.

La arquitectura y pila de protocolos que sigue WAP se basa en la definida para la Web, pero adaptada a los requisitos del sistema GSM. De esta manera, en el terminal móvil hay un "navegador específico", que es el encargado de la coordinación con la pasarela a la que realiza peticiones de información, que son tratadas y reencaminadas al servidor. Una vez procesada la petición en el servidor, la información resultante se envía a la pasarela, que de nuevo la procesa antes de transmitirla al teléfono móvil GSM. De esta forma, eliminando todas las imágenes, se adaptan las páginas escritas para Internet en lenguaje HTML a la presentación en la pequeña pantalla del terminal móvil.

- **Las redes GPRS**

Otro estándar que se está implantando es el GPRS (*General Packet Radio Service* o servicio general de conmutación de paquetes sobre radio). Permite mayor velocidad de datos al agrupar varios de los 8 canales de radio (*slots*) que tiene una portadora, llegando típicamente a los 115,2 kbit/s. Los usuarios, por ejemplo, pueden estar conectados todo el tiempo y pagar al operador del servicio solo por la cantidad de información que reciben o envían (bits) y no por el tiempo que están conectados.

- **CDMA**

Otra técnica que opera con acceso múltiple permite que todo el mundo hable por la misma frecuencia o en el mismo tiempo. La diferencia estriba en que el paquete lleva una dirección y los paquetes son entregados a ella, el teléfono es capaz de recibir todos los paquetes que hay en el aire, pero solo coge los que lleven su dirección (un código).

Se mandan paquetes que incluyen mi código, el código de mi teléfono y recibo paquetes que tienen mi código. Y eso se denomina acceso múltiple por división de código (CDMA), que es el equivalente a la conmutación de paquetes de la telefonía fija. Con este sistema se gana un 60% aproximadamente de capacidad para la misma frecuencia, dado que solo se utiliza la red cuando se transmite información. El CDMA, un invento desarrollado por una empresa americana, Qualcomm, se emplea en varios países del mundo y, junto con UMTS será uno de los métodos principales de acceso radio de las redes móviles del futuro: de la 3G.

# 5.3.6 GPRS. Servicio General de Paquetes por Radio

GPRS es una tecnología que permite enviar y recibir información utilizando una red de telefonía móvil, como es la basada en GSM. GPRS necesita introducir una interfaz para el intercambio de paquetes. Este cambio de la conmutación de circuitos hacia la conmutación por paquetes es muy complicado; sin embargo, la forma en la que se entregan los paquetes hace que los operadores solo tengan que añadir un par de nodos y actualizar el software que controla sus redes actuales.

La red GSM prevé unos servicios de transmisión de datos desde la Fase 2 con modalidad de transferencia por conmutación de circuitos, es decir, donde la red, una vez establecida la conexión física entre dos usuarios, dedica los recursos propios independientemente del hecho de que estos intercambien datos durante todo el tiempo de conexión.

Esta modalidad de transferencia es óptima solo en el caso en que los dos usuarios tengan que intercambiarse una cantidad significativa de datos (transferencia de ficheros o archivos), pero resulta sumamente ineficiente en cuanto los datos a intercambiarse son de pequeña entidad o bien, en el caso más frecuente, el tráfico de datos es de tipo interactivo o transitorio, es decir, el tiempo de uso efectivo de los recursos de la red supone solo una parte con respecto al tiempo total de conexión (como, por ejemplo, la navegación en Internet a través de la WWW).

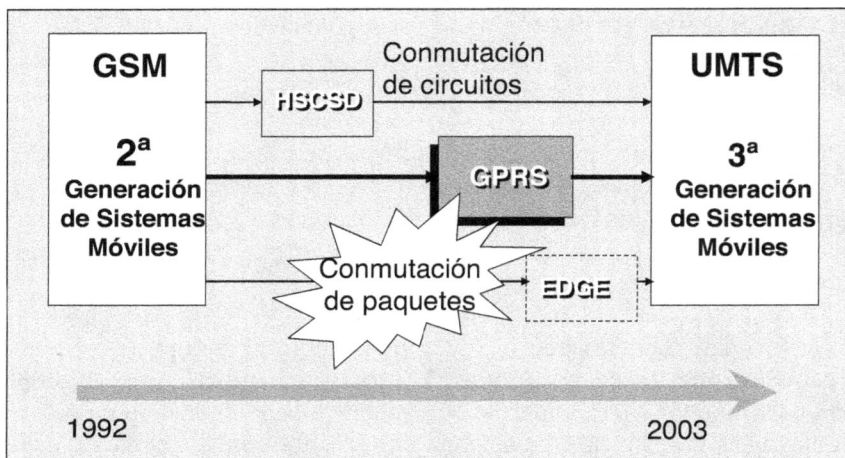

*Figura 5.10. GPRS introduce la conmutación de paquetes sobre GSM*

Con el sistema GPRS, introducido por ETSI (*European Telecommunication Standard Institute*) para el sistema GSM, el acceso a la red de paquetes se lleva al nivel del usuario del móvil a través de protocolos como los TCP/IP (*Transmission Control Protocol/Internet Protocol*), sin ninguna otra necesidad de utilizar conexiones intermedias por conmutación del circuito.

Al contrario que el servicio de transferencia de datos con modalidad de conmutación de circuitos, en el que cada conexión establecida se dedica solo al usuario que la ha solicitado, el servicio GPRS permite la transmisión de paquetes en modalidad *link by link*, es decir, los paquetes de información se encaminan en fases separadas a través de los diversos nodos de soporte del servicio (figura 5.11), denominados GSN (*Gateway Support Node*). Por ejemplo, una vez que un paquete ha sido transmitido por la interfaz de radio, se vuelven a liberar los recursos, que así pueden ser utilizados por algún otro usuario. De esta manera, se consigue una alta eficiencia en la comunicación.

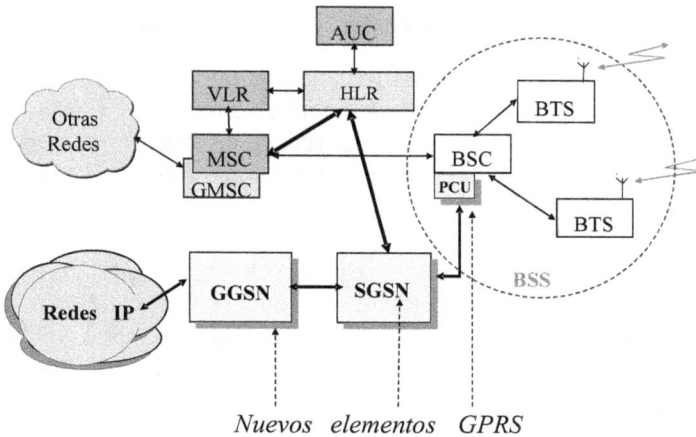

*Figura 5.11. GPRS introduce nuevos elementos: GGSN y SGSN*

En los servicios GSM los recursos son gestionados según la modalidad *resource reservation*, o sea, se emplean hasta el mismo momento en que la petición de servicio no se ha llevado a término. En el GPRS, sin embargo, se adopta la técnica del *context reservation*, es decir, se tiende a preservar las informaciones necesarias para soportar ya sea las peticiones de servicio de forma activa o las que se encuentran momentáneamente en espera. Por tanto, los recursos de radio se ocupan, en efecto, solo cuando hay necesidad de enviar o recibir datos. Los mismos recursos de radio de una celda se dividen así entre todas las estaciones móviles (MS), aumentando notablemente la eficacia del sistema.

El servicio GPRS, por tanto, está dirigido a aplicaciones que tienen las siguientes características:

— Transmisión poco frecuente de pequeñas o grandes cantidades de datos (por ejemplo, aplicaciones interactivas).

— Transmisión intermitente de tráfico de datos, por ejemplo, aplicaciones en las que el tiempo medio entre dos transacciones consecutivas es de duración superior a la duración media de una única transacción.

Gracias a GPRS se tiene una total conexión con los servicios actuales de Internet, como el FTP o el correo electrónico. Por otra parte, al dedicar varios canales de GSM a una misma comunicación, la velocidad de transferencia se aumenta, pudiendo incluso llegar a los 115 kbit/s, aunque en la práctica queda reducida a 40 o 60 kbit/s, por características propias de los terminales y de las redes que ofrecen el servicio.

## 5.3.7 Compartición de redes móviles para reducir costes

Dentro de la estrategia que siguen algunos operadores móviles y, también, fijos, para reducir sus costes de implementación de red (CAPEX) y operativos de explotación (OPEX), la compartición de redes, en mayor o menor grado, se presenta como una alternativa a considerar. La compartición de redes es, pues, una manera lógica de combinar recursos para un beneficio mutuo.

Ante una situación económica difícil, es lógico que los operadores se replanteen la situación y actúen teniendo en cuenta que el ahorro de costes es fundamental no solo para mantener su competitividad, sino incluso para su supervivencia y, por ello, están estudiando y llevando a cabo diversas formas para lograrlo sin disminuir su eficiencia. Una de ellas es la de compartir infraestructuras entre ellos, lo que se traduce en una mayor eficiencia financiera e incluso en poder proporcionar un mejor servicio, ya que así se puede extender la cobertura de la red a un coste muy reducido y en un menor plazo de tiempo.

Un estudio de la consultora ABI Research indica que a nivel mundial los ahorros combinados de CAPEX y OPEX derivados de una compartición activa de infraestructuras podrían llegar a 40.000 millones de euros en el plazo de 5 años, un 40% superior a si solamente se compartiesen pasivamente.

Además, las dudas que existen en ciertos segmentos de la población acerca de los posibles efectos perjudiciales producidos por las antenas ha causado dificultad para que las operadoras encuentren nuevos emplazamientos, y la compartición de los ya existentes se presenta como una buena solución.

Muchas son las ventajas de compartir una red, o parte de ella, entre dos o más operadores; sin embargo, estos también tienen que sopesar en la toma de decisión algunos de sus aspectos negativos. Así, por ejemplo, una vez que el operador decide compartir su red con otro, puede perder la independencia en su gestión, además de compartir ciertos datos críticos sobre su red y su evolución.

Todas estas cuestiones requieren un análisis muy cuidadoso si se quiere acometer con éxito esta alternativa, ya que, como siempre, serán muchos los factores que haya que tener en consideración, no solamente técnicos, sino también políticos y de oportunidad, para decidirse o no por una solución de este tipo.

En el caso de las redes móviles la compartición de redes no es un hecho nuevo y, de hecho, ya lleva varios años siendo contemplado y promovido por la Unión Europea al objeto de reducir las inversiones necesarias, puesto que de esta manera la misma infraestructura, creada para dar cobertura atendiendo los compromisos adquiridos por los operadores al adjudicárseles las respectivas licencias, podría ser utilizada por varias compañías, siempre que el número de usuarios no supere su capacidad. Evidentemente, también se ven reducidos los gastos de operación. En el caso de compartición pasiva las autoridades de regulación no plantean ningún problema, pero en el caso de ser activa, en algunos países no está permitido aún.

## 5.3.7.1 MODOS DE COMPARTIR UNA RED MÓVIL

La principal distinción a hacer cuando se habla de compartir redes es entre compartición pasiva y activa. La compartición de infraestructura pasiva se refiere al caso en el que los operadores de red (MNO) comparten elementos tales como las propias ubicaciones –incluidos los edificios y mástiles– o los sistemas de energía y refrigeración (lo que se conoce como *site sharing*), pero no elementos activos de la red. Si los operadores acuerdan la compartición de elementos activos, entonces se pueden incluir elementos como los sistemas radiantes y nodos B (*RAN sharing*), capacidad de transmisión (*backhaul*) e incluso elementos del núcleo de red (*common shared network*).

Hasta ahora, la mayoría de acuerdos conciernen solo a los elementos pasivos, pero conforme la tecnología y la virtualización de los distintos elementos lo permite, los acuerdos pueden ir más allá, ya que se eliminan las barreras tecnológicas y, mediante las herramientas de gestión de la red, se pueden tener varias redes virtuales soportadas por la misma red física, con asignación fija o dinámica de los parámetros en función de las necesidades de cada operador.

Una red móvil consta de varias partes, que en las de 3G son, básicamente, el núcleo de la red (*core*) y las estaciones base de radio o nodos B (emplazamientos) que dan servicio a los usuarios ubicados en su zona de cobertura. Dependiendo de qué se comparta y cómo se comparta, el ahorro de costes puede ser mayor o menor, la extensión de la red más o menos rápida y su gestión más sencilla o más complicada. El caso de las redes 2G es similar.

Las soluciones técnicas más usuales que se pueden dar son: red compartida geográfica (basada en itinerancia nacional), RAN compartida (basada en RNC virtual) y emplazamientos compartidos (emplazamientos y energía). Cada una de estas soluciones, que pueden darse independientemente o combinadas (solución híbrida), se pueden implementar en distintas fases, siempre respetando los operadores la normativa en vigor y siendo la magnitud del ahorro conseguida diferente, pero en cualquier caso importante, debido a las economías de escala.

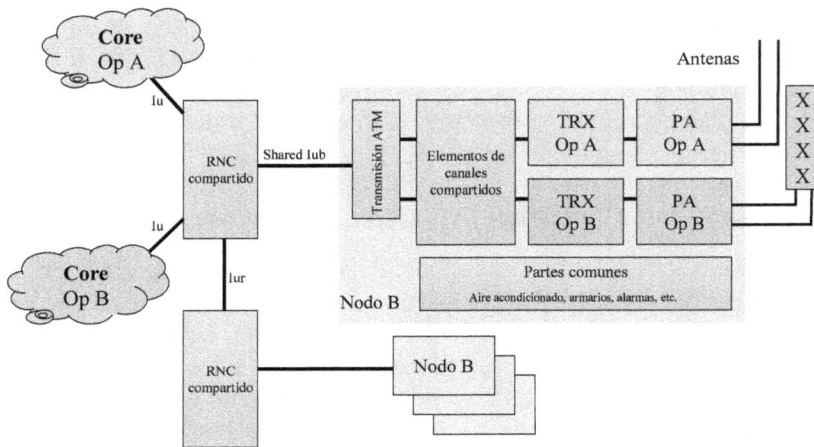

*Figura 5.12. Compartición (RAN Sharing) en una red móvil*

La primera opción es la que aporta un mayor ahorro, que puede llegar a ser superior al 50%, pero requiere del establecimiento de acuerdos de itinerancia (*roaming*) nacional o geográfico. La última es la que menos ventajas proporciona (ahorro medio del 20% al 30%, según que se comparta solo el sitio, los mástiles o la energía), aunque, por contra, es la más sencilla y rápida de implementar, ya que solamente requiere ponerse de acuerdo sobre qué elementos compartir.

En el escenario de RAN compartida, las dos redes de acceso radio son compartidas físicamente, pero están separadas lógicamente. Con las antenas inteligentes o *smart antennas*, incluso se puede compartir el mismo elemento radiante, ya que los haces (portadoras) se pueden fijar independientemente –incluso la potencia radiante– unos para un operador y otros para el otro.

Por otra parte, también se pueden compartir las áreas de cobertura, de tal manera que diferentes operadores proporcionan el servicio en cada una de ellas, pero mediante acuerdos de *roaming*, los clientes de uno pueden tener acceso a los de otro. Esta es una opción muy común que se suele dar cuando hay un nuevo entrante, que utiliza las redes de los existentes mientras despliega la suya propia, por lo que la itinerancia suele ser solo por un período limitado de tiempo, para así incentivarle a que despliegue su propia red, como, por ejemplo, hizo Yoigo, llegando a un acuerdo con Telefónica y Vodafone, cuando comenzó a operar en España, dejándolo progresivamente, conforme iba teniendo cobertura con su propia red. Este tipo de acuerdos, para redes móviles, también se aplican a las redes fijas, y ejemplo de ello son los acuerdos firmados en 2013 entre Telefónica y Jazztel o entre Vodafone y Orange, para compartir sus infraestructuras de redes FTTH.

## 5.4 LA 3ª GENERACIÓN DE MÓVILES

La movilidad generalizada, asociada a una amplia oferta de servicios de voz y datos presenta una serie de beneficios para los usuarios, pero como contrapartida tiene algunos problemas ya que exige una tecnología más avanzada, interconexión entre todas las redes por las que el usuario se mueve y unos sistemas de señalización muy potentes para garantizar la rapidez en el establecimiento de la comunicación, su seguridad y permitir un importante flujo de datos al utilizarse aplicaciones multimedia que demandan un gran ancho de banda. Si bien GSM permite la comunicación de datos, la limitación de velocidad a 9,6 kbit/s es un serio inconveniente para muchas de las aplicaciones actuales, por lo que se han desarrollado otros estándares (figura 5.13) que aumentan la capacidad de transmisión de datos, fase previa a la introducción de los sistemas de tercera generación (3G), conocidos en Europa como UMTS y, posteriormente, los de 4G.

El UMTS se ha diseñado básicamente en Europa, como un miembro de la familia global IMT-2000 de la UIT que contempla la validez para todas las regiones del mundo y sistemas tanto terrestres como por satélite, para que los usuarios puedan moverse por otras áreas cubiertas por otros miembros de la familia. La estandarización de UMTS está siendo llevada a cabo por el ETSI (Instituto Europeo de Estándares de Telecomunicación) en estrecha colaboración con otros organismos como es la TIA (Asociación de Industrias de Telecomunicación) en EE.UU. y la ARIB (Asociación de las Empresas de Radiodifusión) en Japón, que también trabajaron para definir los estándares.

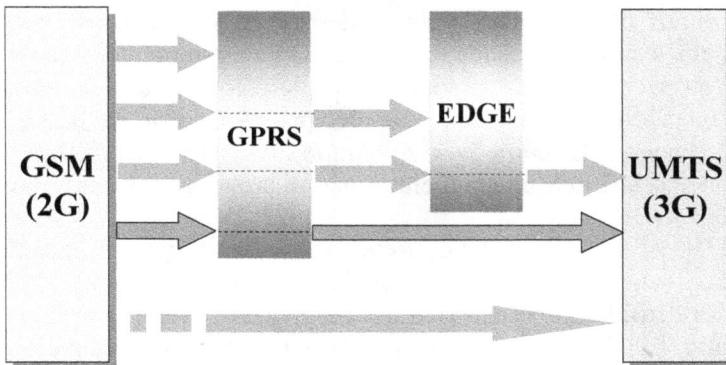

*Figura 5.13. Evolución de GSM hacia UMTS, pasando por varias fases*

En España, en marzo de 2000 se adjudicaron cuatro licencias UMTS por el Ministerio de Fomento (ahora MINETUR), y la fecha fijada, tras varios retrasos, para tener el servicio operativo fue agosto de 2004, similar a la del resto de países europeos.

## 5.4.1 La evolución de GSM hacia UMTS y LTE

Las redes GSM, desde su lanzamiento comercial en el año 1992, están en plena evolución, para soportar mayores velocidades y nuevos servicios. Su éxito, que viene corroborado porque hoy en día más del 80% de todos los terminales móviles en el mundo cumplen este estándar, no hubiese sido posible si hubiese permanecido estático, pero por suerte, eso no ha sido así.

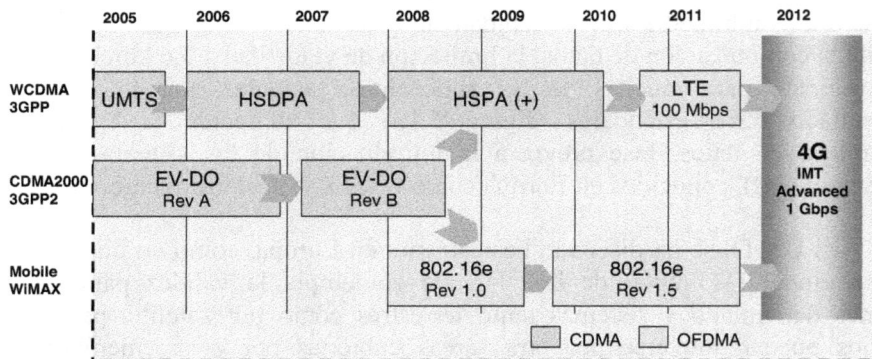

*Figura 5.14. Evolución de la banda ancha móvil*

También conocida como WCDMA, es la evolución de GSM a servicios de datos inalámbricos a alta velocidad de la tercera generación (3G). UMTS representa una evolución desde las redes móviles GSM de segunda generación (2G) en términos de capacidad, velocidades de datos y nuevas capacidades de servicio. Es una tecnología basada en el Protocolo de Internet (IP) que da soporte a voz y datos en paquetes y ofrece velocidades de datos teóricas de hasta 2 Mbit/s, aunque en la práctica se reducen a la décima parte. Por su parte, UMTS ha evolucionado hacia LTE (*Long Term Evolution*), un sistema de 4G, que ya permite velocidades de hasta 100 Mbit/s o incluso más, si las condiciones son favorables.

UMTS, al igual que LTE, tiene una gran eficiencia espectral y baja latencia. Otros beneficios incluyen capacidad simultánea de voz y datos para los usuarios, altas densidades de usuarios que se pueden soportar con bajos costos de infraestructura, debido al alcance y la escala de miles de millones de clientes GSM/UMTS, así como soporte para las aplicaciones multimedia que requieren gran ancho de banda.

Centrándonos en lo que sería la última parte de la evolución de GSM, más bien de las redes 2G hacia las 3G y 4G, dejando de lado algunos pasos intermedios, como GPRS, ya bastante consolidado, explicaremos muy brevemente cada una de las posibles opciones que el mercado está contemplando hoy en día.

## 5.4.2 UMTS. Red Universal de Telecomunicaciones Móviles

Los sistemas GSM y sus ampliaciones, el CDMA, GPRS, etc., son conocidos como la segunda generación de telefonía móvil (la primera eran los sistemas analógicos). Su más importante limitación es que el acceso a Internet se realiza con excesiva lentitud, 30 o 40 kbit/s reales en el caso del GPRS, que no deja de ser un mero apaño para utilizar GSM con paquetes.

Desde hace tiempo se pensó en disponer de un sistema, tercera generación, que permita mucha mayor efectividad, hasta 2 Mbit/s. Así que los americanos desarrollaron su sistema y los europeos desarrollamos el nuestro, al que dimos el nombre de Sistema de Telecomunicaciones Móviles Universal, UMTS (*Universal Mobile Telecommunications System*).

En Europa y América iba a haber sistemas diferentes, basados en CDMA de banda ancha (WCDMA) y CDMA de banda estrecha, respectivamente. Pero, para evitarlo, la UIT exigió un acuerdo para desarrollar un sistema común, bajo la denominación de IMT-2000 (*International Mobile Telecommunication 2000*), lo que se ha logrado, considerando ambos modelos posibles dentro del estándar.

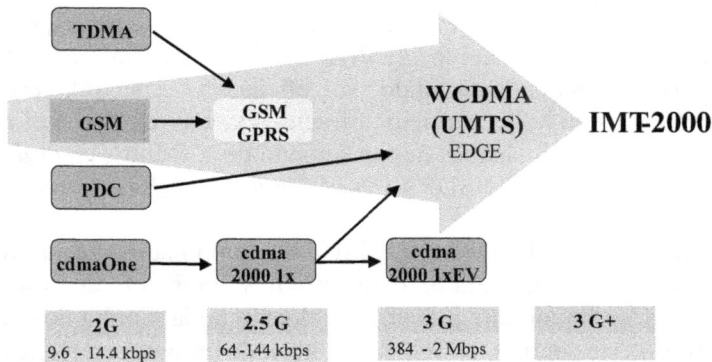

*Figura 5.15. Evolución de los distintos estándares de radio celular hacia la IMT-2000*

### 5.4.2.1 ARQUITECTURA DE LA RED

Desde el punto de vista físico, la red UMTS se compone de dos elementos principales conectados por una interfaz estándar. Estos elementos son:

**UTRAN** (*UMTS Terrestrial Radio Access Network*). Se compone de un nodo B y un Controlador de la Red Radio o RNC (*Radio Network Controller*). Una novedad destacable es la existencia de un nuevo esquema de modulación: FDD (*Frequency Division Duplex*) y W-CDMA (*Wide Code Division Multiple Access*), que aporta una máxima eficiencia en diferentes condiciones de utilización.

**CN** (*Core Network*). El Núcleo de Red, que soporta dos opciones de implementación: arquitectura basada en ATM y arquitectura independiente del transporte y multimedia.

## 5.4.2.2 ACCESO A PAQUETES DE ALTA VELOCIDAD (HSPA)

Las redes 3G se han convertido actualmente en la principal tecnología de acceso radio para transmisión de datos en casi todo el mundo, tomando el relevo a GSM, debido a las limitaciones de este para proporcionar altas velocidades de transmisión. Tras el lanzamiento de UMTS en el año 2001, su explosión comercial tuvo lugar a partir del 2003 y desde entonces, han sido muchos los desarrollos tecnológicos que se han producido. En 2003 se demostró por primera vez comercialmente HSDPA (*High Speed Downlink Packet Access*), que permitía una mayor eficiencia en la transmisión de datos, junto con mayores velocidades de transmisión, dando lugar a los servicios de banda ancha. Primero fue el DL (*Down Link*) con el envío de información de la red-usuario y, posteriormente, el UL (*Up Link*) en la dirección usuario-red o HSUPA (*High Speed Uplink Packet Access*).

Fue en 2009 cuando se produjo el despliegue comercial masivo de HSPA y cuando al mismo tiempo el organismo de estandarización (3GPP) introdujo HSPA+ (*High Speed Packet Access Plus*) en la *Release 7* (versión) de sus especificaciones. HDPA+ también se conoce como *Evolved HSPA*. Posteriormente HSPA+ ha continuado evolucionando, mejorando su eficiencia espectral, así como la velocidad de transmisión y los servicios ofrecidos y, hoy en día, son muchos los operadores que ofrecen velocidades de transmisión de 42 Mbit/s en el *downlink* (de la red al terminal), usando DC-HSDPA (*Dual Carrier HSDPA*).

Si bien HSPA (HSDPA y HSUPA combinados) está fuertemente posicionada para ser la tecnología de datos móviles dominante durante el resto de la presente década, es importante prever la evolución de la familia de normas GSM hacia el futuro. En este sentido, el 3GPP ha trabajado en optimizaciones para crear *HSPA Evolution*, también denominada HSPA+.

HSPA+ se desarrolló con el objetivo de crear una versión altamente optimizada de HSPA que emplee tanto las funcionalidades de la *Release 7* como otras funcionalidades incrementales, por ejemplo, la cancelación de interferencia y optimización para reducir la latencia. HSPA+ permite a los operadores capitalizar las inversiones ya realizadas en infraestructura radio, además de aprovechar el uso del núcleo de la red con la interfaz de radio actual en 2×5 MHz de espectro. Según las funcionalidades que se implementen, HSPA+ podría igualar, y posiblemente superar, las capacidades potenciales del estándar IEEE 802.16e (WiMAX móvil) en la misma cantidad de espectro.

HSPA+ incluye ambas HSDPA+ y HSUPA+, es decir, mejoras para ambas direcciones, desde la red al terminal y del terminal a la red. Entre las mejoras que forman parte de HSPA+ está la transmisión y recepción con múltiples antenas (MIMO, *Mutiple Input Multiple Output*), mayor orden de modulación (con 64QAM) y la combinación de varias portadoras 3G. La combinación de estas tres funcionalidades (DC-HDSPA+ 64QAM y MIMO) permite alcanzar velocidades de transmisión de 84 Mbit/s en el *downlink*, como se muestra en la tabla 5.2.

| Tecnología | *Downlink* Mbit/s (velocidad de pico) | *Downlink* Mbit/s (velocidad de pico) |
|---|---|---|
| *Release 6* HSPA | 14,4 | 5,76 |
| *Release 7* HSPA+ DL 64QAM, UL 16QAM | 21,1 | 11,5 |
| *Release 7* HSPA+ 2×2 MIMO, DL 16QAM, UL 16QAM | 28,0 | 11,5 |
| *Release 8* HSPA+ 2×2 MIMO, DL 64QAM, UL 16QAM | 42,2 | 11,5 |
| *Release 8* HSPA+ (no MIMO), *Dual Carrier* (2×10 MHz) | 42,2 | 11,5 |
| *Release 9* HSPA+ 2×2 MIMO, *Dual Carrier* (2×10 MHz) | 84,0 | 23,0 |
| *Release 10* HSPA+ 4×4 MIMO, *Quad Carrier* (2×20 MHz) | 168,0 | 23,0 |

*Tabla 5.2. Evolución de velocidades de transmisión en HSDPA*

Inicialmente, el tráfico requerido por los servicios de banda ancha era principalmente en la dirección de la red al terminal, para bajarse contenidos (vídeo, música, correo, ficheros, etc.), por lo que la tecnología HSDPA fue la primera que se desarrolló; sin embargo, la aparición de otros servicios como WhatsApp, Facebook, Twitter, etc., en los que los usuarios envían información de vídeo, fotos, ficheros, etc., a la red ha hecho que la tecnología de subida de datos (del usuario a la red), HSUPA, se haya desarrollado e implementado comercialmente.

HSPA es, pues, una optimización de UMTS y ofrece una combinación exitosa de eficiencia espectral (4-5 veces más que UMTS), transmisión de datos a alta velocidad (los usuarios de HSPA hoy experimentan velocidades de transmisión superiores a varias decenas de Mbit/s en condiciones favorables), y baja latencia (menos de 100 ms), habilitando así una verdadera banda ancha móvil para el mercado masivo. HSPA además baja el coste por bit, permitiendo la prestación eficaz y económica de servicios multimedia.

# 5.5 LA 4ª GENERACIÓN DE MÓVILES

La telefonía móvil, junto con Internet, son dos de las tecnologías de comunicación más importantes por su gran penetración a nivel mundial desde su aparición comercial hace 40 y 20 años respectivamente.

A principios del año 2014 hay en todo el mundo, según datos de la UIT, más de 6.800 millones de usuarios de teléfonos móviles, equivalente al 96% de la población mundial, lo que supone más del doble que los usuarios de Internet (2.500) y el quíntuple que de teléfonos fijos (1.100). La telefonía móvil no solo es la tecnología de más rápido crecimiento, sino también la que más se ha expandido en el planeta, estando presente en prácticamente, cualquier lugar habitado.

La evolución de la telefonía móvil ha pasado por distintas generaciones, denominadas 1G, 2G y 3G, correspondientes a la primera (analógica), segunda y tercera (digitales), para estar ahora en fase de introducir la 4G, o cuarta generación, también digital, pero que presenta bastantes diferencias con las anteriores, en cuanto a la infraestructura de la red, que utilizará el protocolo de Internet (IP) como base, pero sobre todo en cuanto a capacidad de transferencia de datos, que se asemejará o superará a la de las redes fijas (ADSL y FTTH) y superará a la de 3G, ya que puede llegar a los 100 Mbit/s, o incluso más en condiciones favorables (con *LTE Advanced* está previsto incluso llegar a 1Gbit/s en datos de bajada).

En la evolución de las redes móviles, desde la 2G a la 3G, las tecnologías basadas en TDMA como GSM, siguieron un camino diferente a las tecnologías basadas en CDMA (predominante en EE.UU.), debido a que tenían esquemas de modulación diferentes e incompatibles.

La división de radiocomunicaciones de la UIT ha publicado un documento conocido como 4G o IMT avanzado, donde establece los requerimientos mínimos para los servicios de cuarta generación. En este documento dice que la 4G "deberá ser una red completamente nueva, una red de redes y un sistema de sistemas integrados, basados enteramente en la conmutación de paquetes con el protocolo IP, compatible tanto con IPv4 y IPv6". Así, pues, mientras que la 2G y 3G están basadas en técnicas de conmutación de circuitos para la voz, la 4G propone la técnica de conmutación por paquetes, lo que hace posible que los operadores propongan tarifas planas para la voz y/o datos (aunque para estos últimos fijen un límite, entre 1 GB y 5 GB, dependiendo de la cuota mensual que paguemos), como ha sucedido con el ADSL para el acceso fijo a Internet.

La solución basada en IMS (*IP Multimedia Subsystem*), definida por el 3GPP, es el método más adecuado para satisfacer las expectativas de los consumidores en cuanto a calidad del servicio, fiabilidad y disponibilidad para llevar a cabo la transición de los actuales servicios de telefonía por conmutación de circuitos a los servicios de LTE sobre IP. Este planteamiento abre el camino a la convergencia de servicios, ya que IMS será capaz de dar servicio simultáneamente a redes fijas de banda ancha y a redes inalámbricas LTE. Más allá de IMS, los operadores deberán tener acceso a plataformas de prestación de servicios con capacidades de voz que se pueden desplegar en el corto plazo, ya sea gracias a CSFB (*Circuit Switched Fall Back*), VoLGA (*Voice over LTE via Generic Access*), u otra tecnología que prometa una migración suave a IMS en el futuro.

De acuerdo con la UIT, las redes de 4G serán capaces de proporcionar velocidades de datos de bajada de 100 Mbit/s y 1 Gbit/s, en ambientes exteriores (móviles) e interiores (fijos), respectivamente. Así mismo, las redes 4G tendrán calidad de servicio (QoS) y alta seguridad extremo a extremo; ofrecerán cualquier tipo de servicio en cualquier lugar, con interoperabilidad entre sí.

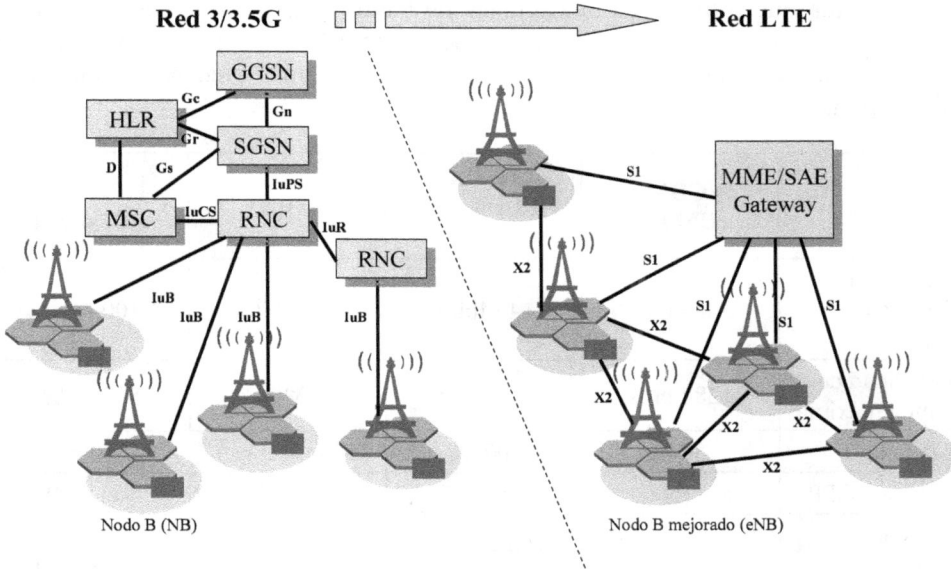

*Figura 5.16. La estructura de una red LTE es más simple que la de una 3/3.5G*

La evolución hacia LTE es atractiva para muchos operadores porque reduce el CAPEX y el OPEX comparado con el de las redes 3G actuales. Algunos sacarán ventaja de sus actuales redes 3G para actualizarlas y migrarlas a LTE, pero para aquellos sin una infraestructura móvil o celular, el lanzar una red LTE no sería una solución viable o efectiva ya que representaría un alto costo de despliegue.

## 5.5.1 Tecnologías y frecuencias

El que toda, o una gran parte de la industria apueste al tiempo por LTE no supone que ya no haya tecnologías paralelas como ocurrió con UMTS y CDMA, más los sistemas asiáticos, sino que, aun así, habrá varias tecnologías compitiendo y, posiblemente, encontrando su hueco de mercado, como sucede, por ejemplo, con LTE y WiMAX. Así, en la actualidad hay dos tecnologías contendientes para la cuarta generación de telefonía móvil. Por un lado se encuentra LTE (*Long-Term Evolution*), y por el otro WiMAX (*Worldwide Interoperability for Microwave Access*).

LTE es una tecnología definida por el 3GPP (*3 Generation Partnership Project*) donde participan los principales operadores y fabricantes para definir los estándares. Por su parte, WiMAX es un sistema de comunicación digital inalámbrico definido en el estándar del IEEE 802.16 para redes de área metropolitana que provee comunicaciones de banda ancha con cobertura amplia. En su caso, el estándar 802.16m, conocido como WiMAX móvil, es el que se emplearía para servicios de 4G, no los otros, que son más bien para conexiones punto a punto.

| | WCDMA (UMTS) | HSPA HSDPA/HSUPA | HSPA+ | LTE/LTE Advanced |
|---|---|---|---|---|
| Velocidad de descarga máxima | 384 kbit/s | 14 Mbit/s | 28 Mbit/s | >100 Mbit/s |
| Velocidad de subida máxima | 128 kbit/s | 5 Mbit/s | 11 Mbit/s | 50 Mbit/s |
| Latencia | 150 ms | 100 ms | 50 ms (máx.) | ≈10 ms |
| Release 3GPP | Rel 99 / 4 | Rel 5 / 6 | Rel 7 | Rel 8 / 9 |
| Años de despliegue inicial | 2003/4 | HSDPA 2005/6 HSUPA 2007/8 | 2008/9 | 2009/10/11 |
| Método de acceso | CDMA | CDMA | CDMA | OFDMA/SC-FDMA |

*Tabla 5.3. Características de las distintas tecnologías 3G y 4G*

Ambas tecnologías, LTE y WiMAX, son muy similares técnicamente, en la forma de transmitir las señales y en las velocidades de transmisión, pues tanto LTE como WiMAX utilizan MIMO (*Multiple Input Multiple Output*), un sistema de múltiples antenas que minimiza los errores de datos y mejora la velocidad; y ambos sistemas, también, utilizan OFDM (*Orthogonal Frequency Division Multiplexing*), un esquema de modulación multiportadora altamente eficiente, que soporta transmisiones multimedia.

LTE y WiMAX tienen el mismo esquema de modulación (OFDM) y la misma forma de enviar las señales al aire por antenas múltiples (MIMO); además, ambas están basadas en el protocolo IP. Al no haber apenas diferencias técnicas, las razones de su éxito o fracaso serán más bien otras. En algunos casos, ambas pueden estar frenadas por la parte regulatoria, debido a que han de esperar a que se adjudiquen las licencias en los correspondientes países y poder ofrecer estos servicios de manera legal.

Uno de los parámetros clave relacionados con el uso de OFDM de LTE es la elección del ancho de banda, ya que el ancho de banda disponible influye en una variedad de decisiones, entre ellas el número de portadoras que pueden tener cabida en la señal OFDM.

LTE define un número de anchos de banda de canal y, obviamente, cuanto mayor sea el ancho de banda, mayor es la capacidad del canal. Estos son los siguientes: 1,4 MHz; 3 MHz; 5 MHz; 10 MHz; 15 MHz; 20 MHz. Además de esto, las subportadoras están espaciadas 15 kHz de distancia entre sí.

## 5.5.1.1 TECNOLOGÍAS EN LTE

LTE es una nueva –ya no tan nueva, pues se está trabajando con *LTE-Advanced*– tecnología radio, que ofrece una serie de prestaciones mejoradas sobre su antecesora UMTS, basadas en ciertos avances tecnológicos que podríamos resumir en los siguientes elementos:

- *Carrier Aggregation (CA)*

- *Enhanced MIMO*

- *Coordinated Multi-point Tx/Rx (CoMP)*

- *Heterogeneous Network (HetNet)*

- *Self-Organizing Network (SON)*

LTE es una red móvil "todo IP" (*all-IP*) que no suporta la conmutación de circuitos (CS) que tradicionalmente se ha venido utilizando para voz, tanto en GSM como en UMTS, y, así, para la transmisión de voz requiere de la implementación de otras tecnologías, como puede ser, por ejemplo, VoLTE (*Voice over LTE*), una iniciativa establecida para definir una única implementación que permita la interoperabilidad y el *roaming*. Las primeras versiones de LTE no soportan voz, por lo que hay que implementar soluciones complementarias.

LTE proporciona, respecto a HSPA/HSPA+, una mayor velocidad de transmisión (150 Mbit/s en DL y 50 Mbit/s en UL) y menor latencia (lo que es más adecuado para servicios *real-time* como VoIP y vídeo). A diferencia de 3G, LTE es una tecnología únicamente de paquetes, por lo que no soporta conmutación de circuitos (usada en 2G y 3G para voz). Esto obliga a que en LTE la voz sea sobre IP, o que se tenga que pasar de LTE a 2G/3G para cursar llamadas de voz en conmutación de circuitos.

LTE se despliega en diferentes bandas, fundamentalmente 800 MHz, 1800 MHz y 2600 MHz, también en 2100 MHz en países asiáticos como Japón, y en 700 MHz en EE.UU. La primera versión de LTE se definió en 3GPP R8 y, posteriormente, se ha definido LTE-A en R10. LTE-A permite la agregación (CA/*Carrier Aggregation*) de hasta 5 portadores de 20 MHz, manejando en total 100 MHz y alcanzando velocidades de 1 Gbit/s.

Para el despliegue de LTE, se contemplan varias tecnologías.

**SAE** (*System Architecture Evolution*): con la alta tasa de datos y los requisitos de baja latencia para 4G LTE, es necesario desarrollar la arquitectura del sistema para permitir alcanzar los mejores resultados, y uno de los cambios es que un número de las funciones anteriormente a cargo de la red básica se ha transferido a la periferia. Esencialmente, esto proporciona una arquitectura de red más plana y de esta forma los tiempos de latencia pueden ser reducidos y los datos pueden encaminarse de forma más directa a su destino.

**OFDM** (*Orthogonal Frequency Division Multiplex*): la tecnología OFDM se ha incorporado en LTE porque permite un gran ancho de banda para los datos y que estos se transmitan de manera eficiente, sin dejar de ofrecer un alto grado de protección frente a las reflexiones e interferencias. Los regímenes de acceso difieren entre el enlace ascendente y descendente: OFDMA (*Orthogonal Frequency Division Multiple Access*) se utiliza en el enlace descendente, mientras que SC-FDMA (*Single Carrier-Frequency Division Multiple Access*) se utiliza en el enlace ascendente, porque la relación potencia de pico/potencia media es pequeña y la potencia más constante permite una alta eficiencia del amplificador de potencia RF de los teléfonos móviles, un factor importante para equipos alimentados por baterías.

**MIMO** (*Multiple Input Multiple Output*): uno de los principales problemas que los sistemas de telecomunicaciones anteriores han encontrado es debido a señales múltiples, que siguen diferentes trayectorias, derivadas de la cantidad de reflexiones. Mediante el uso de MIMO la desventaja se puede convertir en ventaja, y estas señales adicionales pueden ser utilizadas para aumentar el rendimiento.

Cuando se emplea MIMO es necesario el uso de múltiples antenas, lo que introduce cierta complejidad al sistema para permitir diferenciar las señales recibidas, y para ello se pueden utilizar matrices de antenas 2×2, 4×2, o 4×4, pero mientras que es relativamente fácil añadir nuevas antenas a una estación base, esto no es así en el caso de los teléfonos móviles, donde las dimensiones de los equipos limitan el número de antenas, que deberían estar separadas al menos media longitud de onda, lo que resulta un grave inconveniente.

En cuanto LTE no sea una tecnología madura y suficientemente probada, se hacen necesarias las pruebas de interoperabilidad (IOT), al igual que ha sucedido con otras tecnologías anteriores, como por ejemplo Wi-Fi, que permiten a un proveedor, además de mostrar la disposición de sus soluciones, comprobar el comportamiento en cuanto al funcionamiento con equipos de otros, en la misma o en distintas redes, ya que esto es un requisito que cualquier operador le va a exigir.

## 5.5.1.2 ASIGNACIONES DE FRECUENCIAS

LTE ofrece gran flexibilidad a los operadores para determinar el espectro en el cual desplegar sus redes, ya que puede operar en múltiples bandas de frecuencia incluyendo las de 2G y 3G, que ya han sido ampliamente liberadas alrededor del mundo (esto significa que muchos operadores podrán desplegar LTE en bandas de frecuencias bajas con mejores características de propagación).

Mientras que WCDMA/HSPA usan canales fijos de 5 MHz, la cantidad de ancho de banda para LTE puede ser escalada desde 1,25 MHz hasta 20 MHz, lo que significa que una red LTE puede ser lanzada con una cantidad de espectro pequeña sobre los servicios actuales, y agregar más espectro conforme los usuarios cambien a la nueva tecnología. Esto también permite a los operadores formular diferentes estrategias para aprovechar los recursos de espectro que tienen disponibles.

El 3GPP ha identificado varias bandas de espectro pareadas (para operación FDD) y no pareadas (para operación TDD) para LTE, lo que significa que un operador puede introducirlo en nuevas bandas de espectro que hasta ahora no estaban disponibles. La tendencia actual es que los fabricantes creen equipos capaces de soportar varias tecnologías y múltiples frecuencias (*Single RAN*).

Hay un gran número de asignaciones de espectro de radio que ha sido reservado para FDD, dúplex por división de frecuencia, para el uso de LTE. Las bandas de frecuencia FDD se emparejan para permitir la transmisión simultánea en dos frecuencias y, también, tienen una separación suficiente para permitir que las señales transmitidas no afecten indebidamente el comportamiento del receptor, ya que si estuviesen demasiado cercanas podrían bloquearse si los filtros no actuasen bien. Al subastar el espectro, por los diferentes gobiernos, su precio dependerá del interés despertado, del número de participantes en la subasta y de la "cualidad" de la banda subastada, ya que no todas poseen la misma.

Con el interés despertado en algunos mercados por LTE TDD, hay varias asignaciones de frecuencias que se están preparando para utilizarlo. Estas son impares porque el enlace ascendente (*uplink*) y el descendente (*downlink*) comparten la misma frecuencia, con multiplexación en el tiempo.

| Número de la banda (uso FDD) | Descripción/ Nombre | Uplink (MHz) | Downlink (MHz) |
|---|---|---|---|
| 1 | Núcleo IMT | 1920 – 1980 | 2110 – 2170 |
| 2 | PCS 1900 | 1850 – 1910 | 1930 – 1990 |
| 3 | GSM 1800 | 1710 – 1785 | 1805 – 1880 |
| 4 | AWS (EE.UU.) | 1710 – 1755 | 2110 – 2155 |
| 5 | 850 (EE.UU.) | 824 – 849 | 869 – 894 |
| 6 | 850 (Japón) | 830 – 840 | 875 – 885 |
| 7 | Extensión IMT | 2500 – 2570 | 2620 – 2690 |
| 8 | GSM 900 | 880 – 915 | 925 – 960 |
| 9 | 1700 (Japón) | 1750 – 1785 | 1845 – 1880 |
| 10 | 3G Américas | 1710 – 1770 | 2110 – 2170 |
| 11 | UMTS 1500 | 1428 – 1453 | 1476 – 1501 |
| 12 | US 700 | 698 – 716 | 728 – 746 |
| 13 | | 776 – 788 | 746 – 758 |
| 14 | | 788 – 798 | 758 – 768 |
| 15 | | 704 – 716 | 734 – 746 |

*Tabla 5.4. Frecuencias reservadas para LTE en FDD*

| Designación de la banda (TDD) | Nombre de la banda | Asignación (MHz) |
|---|---|---|
| a | TDD-1900 | 1900 – 1920 |
| b | TDD-2000 | 2010 – 2025 |
| c | PCS gap central | 1910 – 1930 |
| d | Extensión IMT | 2570 – 2620 |
| e | China TDD | 1880 – 1920 |
| f | 2.3 TDD | 2300 – 2400 |

*Tabla 5.5. Frecuencias reservadas para LTE en TDD*

Además de estas bandas, hay otras en estudio por el 3GPP, como son la del dividendo digital (790 – 862 MHz), en 3,5 GHz (3400 – 3600) y la de 3,7 GHz (3600 – 3800).

Acabamos de ver que LTE da soporte tanto a operación FDD como TDD, lo que ofrece a los operadores la flexibilidad de ajustar sus redes, espectro y objetivos de negocios existentes para servicios de banda ancha móvil y multimedia.

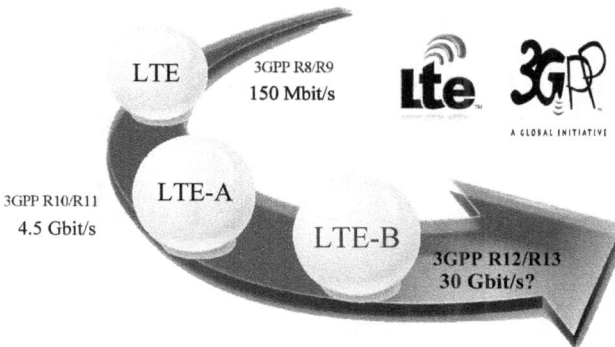

*Figura 5.17. Evolución de LTE*

Desde que se crearon con UMTS los modos FDD (*Frequency Division Duplex*) y TDD (*Time Division Duplex*), parece natural que LTE, como evolución de la 3G, siga su ejemplo. Sin embargo, mientras que la versión de UMTS TDD parecía algo natural para el espectro TDD obtenido en las subastas de 3G en Europa, LTE TDD está claramente impulsado por una razón diferente, que es el desarrollo promovido por China Mobile, que pidió a sus proveedores el desarrollo de LTE TDD, pues si bien un desarrollo tecnológico propio supone una forma de proteger su industria nacional, debilita su enorme capacidad exportadora.

En la actualidad, ya son muchos los operadores que han lanzado el servicio, mientras que otros muchos la están evaluando, a la espera de la concesión de frecuencias, ya que LTE trabaja en una banda de frecuencias (2,6 GHz –extensión IMT–, aunque también puede darse sobre 700 MHz y/o 800 MHz) distinta a UMTS (típicamente 2 GHz, o bandas GSM cuando se produzca el *refarming*), lo que requiere de nuevas e importantes inversiones, tanto para el despliegue de infraestructura de red como de adquisición de nuevo espectro, y no solo actualizaciones de las redes móviles existentes, lo que resulta más económico.

## 5.6 FEMTOCELDAS

Una femtocelda es un "punto de acceso radio 3G", que se coloca en el interior de un edificio para dar cobertura local al mismo, conectada a un canal de banda ancha –típicamente una línea ADSL o cable– y que facilita que los usuarios puedan hacer y recibir llamadas telefónicas móviles en su hogar u oficina (*indoor*), en unas condiciones ventajosas, tanto técnicas como económicas, frente a utilizar la red móvil del operador que tiene contratado.

Desde un punto de vista estratégico, las femtoceldas se pueden entender como la respuesta de los operadores móviles ante la disponibilidad en el mercado de puntos de acceso Wi-Fi y terminales duales que proporcionan acceso gratuito a Internet y a servicios de VoIP cuando el usuario no está en movilidad. También los operadores móviles pueden ofrecer puntos de acceso para dispositivos 3G que proporcionan telefonía y acceso a Internet y, además, quedan bajo su control.

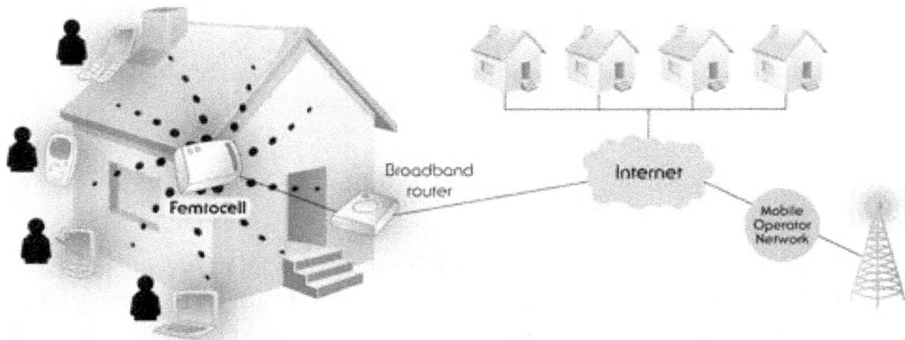

*Figura 5.18. Femtoceldas. Entorno de utilización*

Las femtoceldas son vistas como una alternativa para aportar los beneficios de la convergencia Fijo-Móvil (FMC); pero, a diferencia de la mayoría de arquitecturas que requieren un nuevo terminal (dual), en este caso se puede seguir utilizando los existentes. Permiten a los operadores ofrecer comunicaciones de voz y servicios de datos móviles a sus clientes cuando estos se encuentran en el interior de sus hogares o en las oficinas. Además, para ellos el coste de suministro del servicio es muy inferior en comparación a lo que sería proveerlo a través de una estación base exterior o interior (macrocelda), pues utiliza soluciones de transmisión más eficaces. Para los usuarios, el beneficio de la femtocelda incluye una comunicación sin cortes cuando salen de su domicilio al exterior (*handover*), costes reducidos para las llamadas, mejora de la cobertura en interiores y una factura única, todo ello utilizando los mismos teléfonos de los que ya disponen.

También, las femtoceldas se presentan como una alternativa a las redes Wi-Fi y WiMAX, y su despliegue, sin duda, afectará al de las otras dos tecnologías, dependiendo su éxito o fracaso, más de cuestiones comerciales y económicas que técnicas. De hecho, algunos operadores, como es el caso de Telefónica y Vodafone, ya han realizado pruebas técnicas con clientes residenciales y empresas para el uso de las mismas en sus redes 3G y 4G.

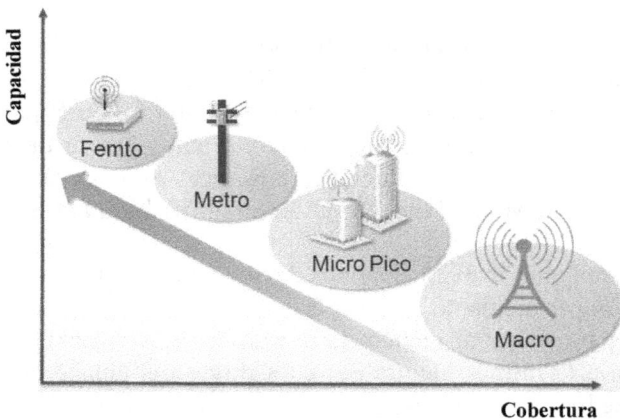

*Figura 5.19. Femtoceldas frente a otras alternativas*

Las *small cells*, pequeñas estaciones base celulares o células pequeñas, son puntos de acceso de radio de baja potencia que mejoran la cobertura de redes 3G y 4G, con el fin de aumentar la capacidad y el tráfico de red de retorno a un menor costo. Al emitir con menos potencia y, además, utilizar en algunos casos antenas inteligentes que permiten la conformación del haz (*beamforming*) se reducen las interferencias entre celdas próximas, a la vez que se aumenta la calidad de la señal transmitida/recibida, redundando en un menor consumo de las baterías.

## 5.6.1 Tecnología

Básicamente una femtocelda consiste en la instalación de un pequeño dispositivo (*Femtocell Access Point*) dentro de nuestra casa, conectado a nuestra conexión de banda ancha (ADSL, cable, FTTH, etc.), para ofrecer cobertura 2G y 3G (HSPA) a los móviles (utilizan las mismas frecuencias que en las macroceldas, por lo que hay que ser cuidadoso en la planificación para evitar interferencias mutuas), sustituyendo de forma completa y automática a la cobertura y conexión con la estación base de nuestra operadora móvil cada vez que entremos en la vivienda. Así, la cobertura en el interior de nuestra casa (u oficina) nos la da la femtocelda; y, siempre que estemos dentro de su cobertura, todo el tráfico de llamadas que hagamos o recibamos saldrá o entrará a través de la conexión fija de banda ancha. Su instalación es muy sencilla y, prácticamente, se autoconfiguran, por lo que no plantean problemas, siendo prácticamente nulo su mantenimiento.

Estas pequeñas antenas, con las mismas emisiones que un *router* Wi-Fi convencional, soportan por ahora hasta cuatro llamadas simultáneas, y para el operador supone un modo interesante de ofrecer un sistema de convergencia fijo-móvil que, además, le permite aumentar su cobertura en el interior de edificios con una gran capilaridad.

Las femtoceldas incorporan la funcionalidad de una típica estación base, pero la extienden para permitir un rápido y fácil despliegue; así, por ejemplo, una femtocelda UMTS contiene un nodo B y una conexión Ethernet para el enlace con Internet. Este concepto, que se suele asociar la mayor parte de las ocasiones a UMTS, también es aplicable a soluciones con otros estándares, como son GSM, CDMA-2000, TD-SCDMA, LTE y WiMAX. Se utiliza para la transmisión IP.

En una red móvil 3G los nodos B se comunican con los RNC (*Radio Network Controllers*) mediante enlaces privados de gran capacidad, utilizando el protocolo Iu-b, para llegar al núcleo de la red (*Core Network*) y los dispositivos móviles acceden a la infraestructura de red a través del enlace nodo B-RNC, que controla y provee los servicios desde el núcleo central de la red.

Las femtoceldas deben permitir esto mismo, es decir, el acceso de los terminales móviles a la capa de servicios, pero, sin embargo, por razones económicas, hacen uso de la red Internet para obtener tal conectividad. Esta diferencia hace que el operador, al introducir las femtoceldas en su red, deba elegir la arquitectura de red correcta, pues de ello dependerá el éxito del caso de negocio y la viabilidad técnica de la solución.

Hoy en día hay tres aproximaciones, como se puede ver en la figura 5.20, para integrar las femtoceldas en el núcleo de las redes móviles: la interfaz Iu-b basada en el protocolo IP –especificada en la *Rel.5* del 3GPP–, la utilización de SIP/IMS (*Session Initiation Protocol/IP Multimedia Subsystem*) y *RAN Gateway* (*UMA/Unlicensed Mobile Access*), la más reciente. Claramente, las dos primeras encajan bien para el despliegue de femtoceldas. Por su parte, UMA, un estándar 3GPP, originalmente definido para facilitar los servicios de terminales duales móvil/Wi-Fi, también puede utilizarse para este propósito, ofreciendo ventajas frente a las otras dos opciones.

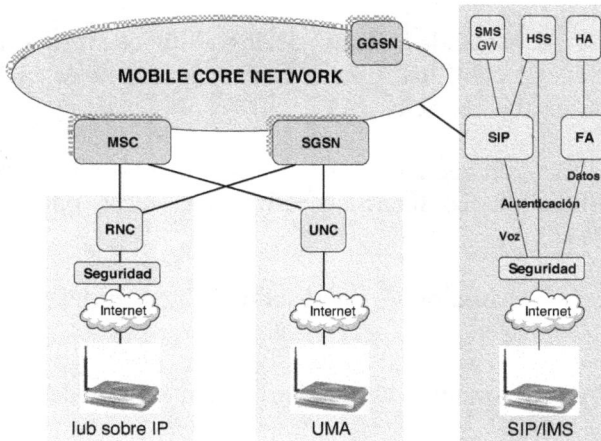

*Figura 5.20. Arquitecturas posibles con femtoceldas*

## 5.6.2 Ventajas e inconvenientes

**Para los usuarios:**

− Mejora de cobertura dentro de las viviendas-edificios: uno de los mayores problemas que se encuentra la tecnología 3G es que, cuando se utilizan con frecuencias altas (como, por ejemplo, en España), la señal tiene que ser muy cercana para que atraviese las paredes y salve las interferencias que añaden ruido a su señal, bajando su calidad.

− Menor costo de las llamadas desde femtoceldas, siempre y, claro está, que el operador que nos proporciona el servicio lo ofrezca así.

− Tecnología que no implica el uso de un teléfono específico (por ejemplo, uno dual UMTS/Wi-Fi), pudiéndose utilizar cualquiera convencional 3G.

**Para los operadores:**

— Reducción de la carga-tráfico de sus macroceldas (de sus estaciones base tradicionales), lo que mejora la calidad del servicio (velocidad en datos y calidad en voz) al reducirse el número de usuarios dependientes de cada antena, especialmente en zonas de alta densidad de uso (centro de ciudades, zonas de oficinas, etc.).

— Evita la necesidad de ampliar el número de estaciones base a pesar de seguir creciendo el número de usuarios de esa red u operadora.

— Mejora de la calidad dentro de los edificios, lo que significa mejor experiencia para los usuarios de esa marca y la posibilidad de ofrecerles más servicios.

— Posibilidad de reducir el precio en cobertura femtocelda, es decir, posibilidad de competir en tarifas con otros operadores, fijos y/o móviles.

— Ofrecer cobertura móvil en aquellos lugares en los que no llega la red móvil.

Pero no todo son ventajas, también presentan algunas desventajas:

— Precio del dispositivo: el precio actual se sitúa entre los 100 y 200 euros, aunque se espera que con fabricación masiva se pudiera reducir, como ya ha ocurrido en casos similares: módems, *routers* Wi-Fi, etc. Los operadores podrían subvencionarlas, al igual que hacen con otros equipos, con lo cual el coste para el usuario sería nulo o mínimo.

— Tenemos un punto de emisión radioeléctrica dentro de casa –eso sí, con muy poca potencia– lo que puede crear cierto rechazo.

— El número de estaciones base que los operadores tienen que controlar se multiplica y complica, ya que acceden por un medio inseguro como es Internet.

# 5.7 COMUNICACIONES M2M

Aunque pueda parecer lo contrario, las comunicaciones máquina a máquina (M2M) no son nada nuevo, pues se vienen utilizando desde hace mucho tiempo; por ejemplo, para el telecontrol de energía, automatismos diversos, control de paso de personas y vehículos, medida de la contaminación ambiental y acústica, estaciones meteorológicas, paneles de información, etc. Lo que sí es novedoso es la aplicación de la tecnología móvil a este campo, pues abre un inmenso mundo de posibilidades, y de negocio, hasta hace pocos años limitado por la necesidad de disponer de una conexión fija a la red en los puntos en los que se quisiesen ubicar las máquinas en cuestión, lo cual muchas veces no era viable por su elevado coste, o por razones técnicas, pero hoy en día la situación ha cambiado y las comunicaciones M2M se están imponiendo aceleradamente.

## 5.7.1 Tecnologías utilizadas

Si dejamos de lado las conexiones fijas por las limitaciones que presentan, las conexiones por radio o inalámbricas pueden emplear tecnologías muy diferentes, dependiendo del uso, el alcance, la ubicación y el coste de la conexión. Las más comunes, hoy en día, para la conexión entre máquinas son: la tecnología móvil celular: GSM, GPRS, UMTS (medio y largo alcance), e incluso WiMAX, en la que todos los fabricantes están trabajando intensamente, la tecnología Wi-Fi (medio y corto alcance) y Bluetooth y ZigBee (corto alcance).

La tecnología móvil celular, la que utilizamos con nuestros teléfonos móviles, con la aplicación de la conmutación de paquetes (introducida con GPRS, cdma2000 y UMTS) resulta ideal para su aplicación en la comunicación entre máquinas (M2M), sobre todo si estas necesitan intercambiar información a ráfagas, esporádicamente y mucha cantidad. Si no, las propias redes GSM (conmutación de circuitos), también permiten una comunicación eficaz, para muchas aplicaciones, pero se requiere el establecimiento de la comunicación, y tiene el inconveniente de su reducida velocidad. Por su parte WiMAX también puede ser una buena alternativa, pero su principal limitación es lo poco extendida que está esta tecnología y, por tanto, la falta de dispositivos que puedan hacer uso de ella, así como su elevado coste.

En abril de 2010 el Ministerio de Industria (MITyC) aprobó asignar un código específico, el 590, con números de 13 cifras de longitud, a utilizar para la identificación de dispositivos M2M, como son los de telemando, telemedida, alarmas y otros de naturaleza similar, entre los que se encuentran los aparatos de telemedicina y los medidores de consumos domésticos de agua, luz o electricidad. Estarán operativos en 24 meses.

La tecnología radio utilizada en las redes locales inalámbricas (WLAN), de las que Wi-Fi es un claro exponente, también encuentra su hueco en el mercado de la comunicación M2M. Pueden utilizar la banda ISM de 2,4 GHz o de 5 GHz y su alcance queda limitado a unos cuantos cientos de metros, lo que hace necesario para este tipo de aplicaciones que el punto de acceso, a su vez, esté conectado a una red más amplia, bien por cable o por radio (celular), para alcanzar su destino final. Sus principales ventajas son que admite una alta velocidad y que al ser la banda de uso libre no se precisa licencia para ofrecer el servicio y, en consecuencia, los costes dependerán de quién sea el propietario de la red.

Bluetooth, que incorporan los teléfonos móviles así como muchos otros dispositivos de consumo, tiene el inconveniente de su poco alcance (10 metros). Por esta razón sus aplicaciones son específicas: para conectar periféricos al ordenador, comunicación entre teléfonos móviles (por ejemplo, para el envío de imágenes), sincronizar PC, como mando a distancia, cascos inalámbricos, etc. La banda de frecuencias que emplea es la misma que Wi-Fi, la de 2,4 GHz que no precisa licencia, y la tasa de transmisión de datos está limitada a unos pocos Mbit/s.

Para algunas aplicaciones específicas, empiezan a utilizarse otras tecnologías, como es ZigBee (domótica) y RFID (identificación por radiofrecuencia) para la gestión de todo tipo de artículos, almacenes, personas, etc., mediante unas etiquetas que se adhieren o insertan en los productos a controlar (incluso a las personas).

## 5.7.2 Múltiples aplicaciones

La ventaja de una comunicación M2M es que no necesita estar atendida por ninguna persona, por lo cual puede realizarse en cualquier momento y lugar. No tiene coste de atención personal, es instantánea y se pueden establecer procedimientos automáticos en respuesta a la información obtenida, así como la reconfiguración de los elementos que intervienen, según las necesidades.

Uno de los ejemplos típicos que siempre se menciona es el de las máquinas de *vending*, las típicas expendedoras de tabaco, refrescos, chicles, etc., que se encuentran en los lugares públicos y en muchas empresas. Si estas máquinas llevasen un dispositivo de comunicación móvil –puede ser un módulo GSM/GPRS o 3G– cuando se queden sin artículos, o por debajo de un *stock* mínimo, o presenten una avería, pueden lanzar un aviso (SMS o paquete de datos) a la central para la reposición, evitando que queden vacías, con la consiguiente pérdida de negocio, o que el empleado las visite y se encuentre con que no ha habido consumo. A su vez, mediante este módulo de comunicación, se puede controlar la temperatura del frigorífico, la humedad, el cambio de moneda, cortes de energía, posibles averías, etc., solicitando la asistencia de un técnico en caso necesario.

Hay aplicaciones que van ligadas al control de los cajeros automáticos (ATM) o terminales punto de venta (TPV), ya que se pueden conectar con una línea GSM/GPRS para dar servicio en zonas a las que no llegue la RTC o su utilización sea esporádica, como puede ser en una zona de veraneo, una concentración deportiva o, simplemente, como reserva ante un fallo de la línea fija.

Otras aplicaciones, también muy difundidas, están ligadas a la descarga de logos y melodías, o votaciones, mediante SMS. En estos casos, el usuario introduce el código y el número de teléfono y se limita a enviar el SMS. A partir de ese momento, toda la comunicación transcurre entre máquinas, realizándose el proceso de descarga e instalación de manera totalmente automatizada. La recarga de saldo en tarjetas prepago es otra de sus aplicaciones, así como las aplicaciones de *m-commerce* y juegos que se realizan a través de Internet móvil.

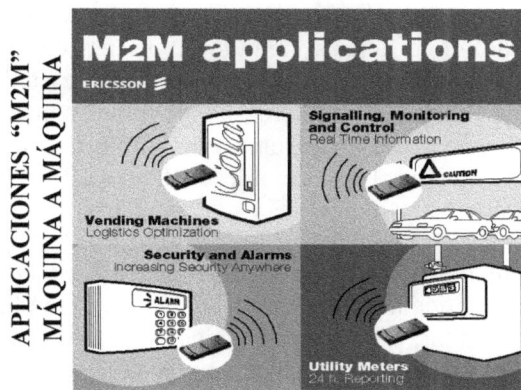

*Figura 5.21. Algunas aplicaciones Machine to Machine (M2M)*

La telemedicina es otro campo que se aprovecha de todo el potencial que ofrece la comunicación M2M. Un paciente puede llevar conectado a su cuerpo un medidor del ritmo cardiaco, de la tensión arterial o de la glucosa, y ante cualquier anomalía enviaría los datos al hospital para que un médico lo viese y determinase la gravedad del dato. Así, se podría prestar atención inmediata a los pacientes, evitarles desplazamientos inútiles y, sobre todo, darles la tranquilidad de que en todo momento están siendo monitorizados, ahorrando tiempo y costes.

Pero no solamente son estos campos, sino que hay muchísimos más. Por ejemplo, aplicaciones domóticas en el hogar, de telecontrol y telemedida. Muchas instalaciones están ubicadas en sitios remotos y desatendidos, pero requieren transmitir su estado para el control eficaz de los recursos. Por ejemplo: las cuencas hidráulicas, que requieren regular las presas en función del caudal de los ríos; los tendidos eléctricos para regular la producción de energía en función del consumo; las autopistas, para controlar el flujo de vehículos, etc. En estos casos la comunicación M2M resulta eficaz, y si se hace a través de un módulo GSM/GPRS o 3G, integrado en el equipo de medida, resulta algo muy sencillo y práctico.

El automóvil es otro elemento muy propicio para la incorporación de la comunicación M2M. Ya muchos de ellos vienen equipados con un módulo de navegación GPS, y si a este le conectamos un módulo móvil las aplicaciones son varias: lo podemos localizar en caso de que lo hayan robado. También, la lectura de contadores de agua, luz, gas, parquímetros, consumo de fotocopiadoras, etc., se puede realizar y, automáticamente, transmitir esta información a la central, para una lectura inmediata (telemedida).

## 5.8 REDES LOCALES INALÁMBRICAS

La utilización de cableado para la interconexión de los terminales de voz y datos, en el interior de un edificio, a menudo representa un gran problema; sobre todo si este no ha sido diseñado para permitir la tirada de cables tanto en vertical como en horizontal. Multitud de edificios no permiten siquiera el cableado, por razones constructivas que representan un coste prohibitivo de la obra o por ser históricos con un valor cultural que impide cualquier alteración que afecte a su estructura.

Este inconveniente se puede obviar mediante el empleo de señales de radio (UHF) o infrarrojas (IR), que no necesitan del cable como medio de transmisión ya que utilizan el aire como tal; pero ambas técnicas presentan ciertos problemas que deben ser resueltos, como puede ser, por ejemplo, la ausencia de estándares o las reflexiones e interferencias.

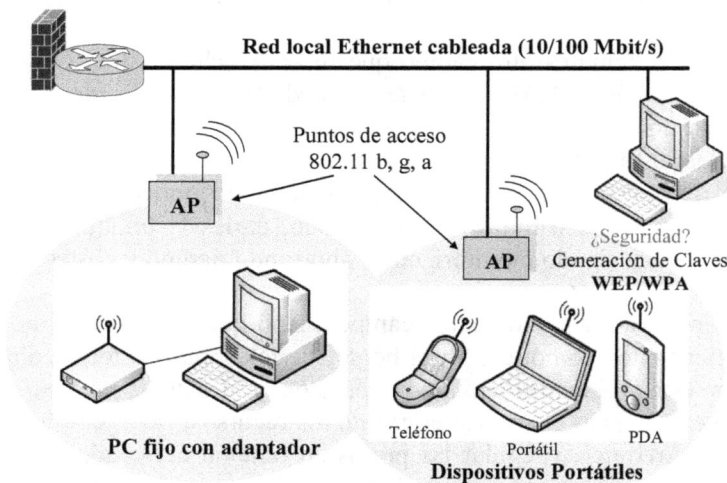

*Figura 5.22. Estructura típica de una WLAN*

Una WLAN (*Wireless LAN*), según puede verse en la figura 5.22, es un sistema de comunicaciones de datos que transmite y recibe datos utilizando ondas electromagnéticas, en lugar del par trenzado, coaxial o fibra óptica utilizado en las LAN convencionales, y que proporciona conectividad inalámbrica de igual a igual o P2P (*Peer to Peer*) dentro de un edificio, de una pequeña área residencial/urbana o de un campus universitario.

Las WLAN tienen su campo de aplicación específico, igual que Bluetooth, y ambas tecnologías pueden coexistir en un mismo entorno sin interferirse gracias a los métodos de salto de frecuencia que emplean. Sus aplicaciones van en aumento y, conforme su precio se vaya reduciendo, serán más y más los usuarios que las utilicen, por las innegables ventajas que supone su rápida implantación y la libertad de movimientos que permiten.

## 5.8.1 Normalización

El origen de las LAN inalámbricas (WLAN) se remonta a la publicación en 1979 de los resultados de un experimento realizado por ingenieros de IBM en Suiza, consistente en utilizar enlaces infrarrojos para crear una red local en una fábrica. Estos resultados, publicados por el IEEE, pueden considerarse como el punto de partida en la línea evolutiva de esta tecnología.

Las investigaciones siguieron adelante tanto con infrarrojos como con microondas, donde se utilizaba el esquema de espectro expandido (*spread spectrum*). En 1985, y tras cuatro años de estudios, la FCC (*Federal Communications Comission*), la agencia federal del Gobierno de Estados Unidos encargada de regular y administrar en materia de telecomunicaciones, asignó las bandas ISM (*Industrial, Scientific and Medical*) 902–928 MHz, 2,400–2,4835 GHz, 5,725–5,850 GHz para uso en las redes inalámbricas basadas en *Spread Spectrum* (SS), con las opciones DS (*Direct Sequence*) y FH (*Frequency Hopping*).

La técnica de espectro ensanchado es una técnica de modulación que resulta ideal para las comunicaciones de datos, ya que es muy poco susceptible al ruido y crea muy pocas interferencias. La asignación de esta banda de frecuencias propició una mayor actividad en el seno de la industria y ese respaldo hizo que las WLAN empezaran a dejar ya el entorno del laboratorio para iniciar el camino hacia el mercado.

Estas redes se caracterizan porque utilizan una banda de uso común de 2,4 GHz definida en el CNAF y conocida también por ICM y la de 5 GHz, con distinto número de canales para la implementación americana y la europea, por lo que no necesitan licencia para su uso aunque deben atenerse a cumplir los requisitos establecidos para cada una de las bandas en cuanto a limitación de potencia isotrópica radiada (PIRE) y ganancia y directividad de las antenas que se utilicen. También se indica si su uso es preferente en interiores de edificios o en el exterior. En estas bandas de uso común operan también muchos otros equipos, por lo que en algunos casos se podrían producir interferencias entre ellos y para evitarlas hay que implementar algunos mecanismos que las eviten.

El estándar 802.11 se centra en los dos niveles inferiores del modelo OSI, el físico y el de enlace. Cualquier aplicación LAN, sistemas operativos en red o protocolo, incluyendo TCP/IP, funciona sobre 802.11 tan fácilmente como sobre Ethernet.

La principal ventaja de este tipo de redes (WLAN), que no necesitan licencia para su instalación, es la libertad de movimientos que permite a sus usuarios, ya que la posibilidad de conexión sin hilos entre diferentes dispositivos elimina la necesidad de compartir un espacio físico común y soluciona las necesidades de los usuarios que requieren tener disponible la información en todos los lugares por donde puedan estar trabajando. Además, a esto se añade la ventaja de que son mucho más sencillas de instalar que las redes de cable y permiten la fácil reubicación de los terminales en caso necesario.

## 5.8.2 Configuraciones

Las WLAN admiten dos tipos de configuración:

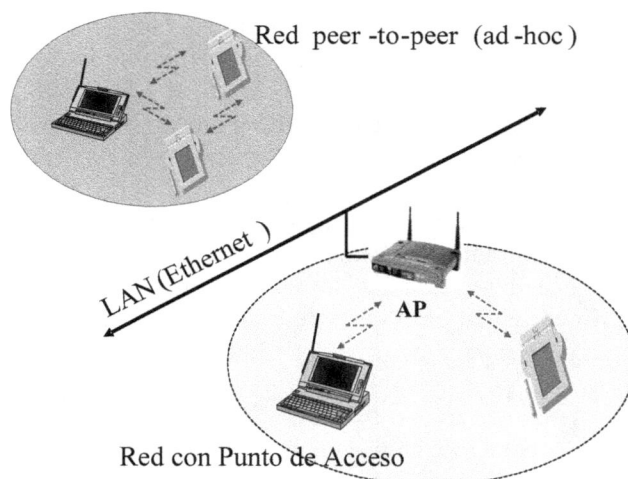

Figura 5.23. Modos de conexión en red WLAN

- **Red ad-hoc o peer to peer**

Es aquella en la que todos los ordenadores provistos de tarjetas de red inalámbrica pueden comunicarse entre sí directamente. Las estaciones deben verse mutuamente. La desventaja es que tienen el área de cobertura limitada. Un ejemplo de utilización sería para formar una LAN autónoma, por ejemplo en una sala de conferencias durante una reunión.

- **Red de infraestructura**

Los ordenadores provistos de tarjeta de red inalámbrica se comunican con el punto de acceso o AP (*Access Point*) que conecta una red inalámbrica y una cableada.

Un ejemplo sería la LAN formada por un *router* ADSL doméstico, al que se conectan todos los ordenadores portátiles y fijos de la casa para compartir la conexión a Internet de banda ancha y otros recursos (ficheros, impresoras, etc.).

Un AP es un dispositivo que posibilita la conexión de una estación inalámbrica con una LAN. Con un punto de acceso, cualquier estación de ese tipo puede ser rápidamente integrada en una red cableada ya existente. Los puntos de acceso (AP) actúan como un concentrador o *hub* que reciben y envían información vía radio a los dispositivos de clientes, que pueden ser de cualquier tipo, habitualmente, un PC o PDA con una tarjeta de red inalámbrica, con o sin antena, que se instala en uno de los *slots* libres o bien se enlazan a los puertos USB de los equipos.

El número de usuarios en una WLAN es prácticamente ilimitado y puede ampliarse añadiendo más puntos de acceso. El ancho de banda es compartido por los usuarios como en las redes cableadas, por lo que cuantos más usuarios se asocien al AP, más lento irá el tráfico. Para que un cliente y un AP puedan comunicarse, requieren tener el mismo SSID (*Service Set IDentifier*), que es el nombre de la red compartida por los ordenadores. Este nombre debe ponerse en un campo que aparece cuando se ejecuta el software de configuración. El cliente localiza el AP con la señal más intensa, se asocia a él y configura el canal correspondiente a ese punto de acceso. Existen potentes técnicas de autenticación, como WEP (*Wired Equivalent Privacy*) y WPA (*Wi-Fi Protected Access*), para que a un AP únicamente se conecten los ordenadores autorizados.

Para dar cobertura a una zona hay que instalar varios puntos de acceso de forma que las áreas que abarquen (llamadas celdas) se solapen parcialmente para que el usuario se pueda mover con libertad sin perder la conexión. Pueden utilizarse hasta tres coberturas superpuestas simultáneamente y sin interferencia, pero hay que tener en cuenta que deben tener frecuencias distintas, es decir, deben utilizar distintos canales. Debe existir una separación de 25 MHz (5 canales) entre celdas con superposición de señales.

## 5.8.3 Wi-Fi

Una de las claves del éxito comercial del estándar IEEE 802.11 ha sido la buena interoperabilidad existente entre equipos de diferentes fabricantes, labor que ha sido dirigida por la Wi-Fi Alliance. Este organismo, con más de 200 empresas entre sus miembros, ha fomentado la tecnología Wi-Fi y garantizado su buen uso. Todos los equipos certificados llevan el sello Wi-Fi, razón por la que a estos estándares se los conoce también como Wi-Fi.

Actualmente son principalmente tres los estándares dentro de la familia IEEE 802.11 que están siendo utilizados: 802.11a (evolución a 802.11 e/h), que define una conexión de alta velocidad; 802.11b, el que goza de una más amplia aceptación y que aumenta la tasa de transmisión de datos propia de 802.11 original, y 802.11g, compatible con él, pero que proporciona aún mayores velocidades. Todos ellos se engloban dentro de la familia Wi-Fi.

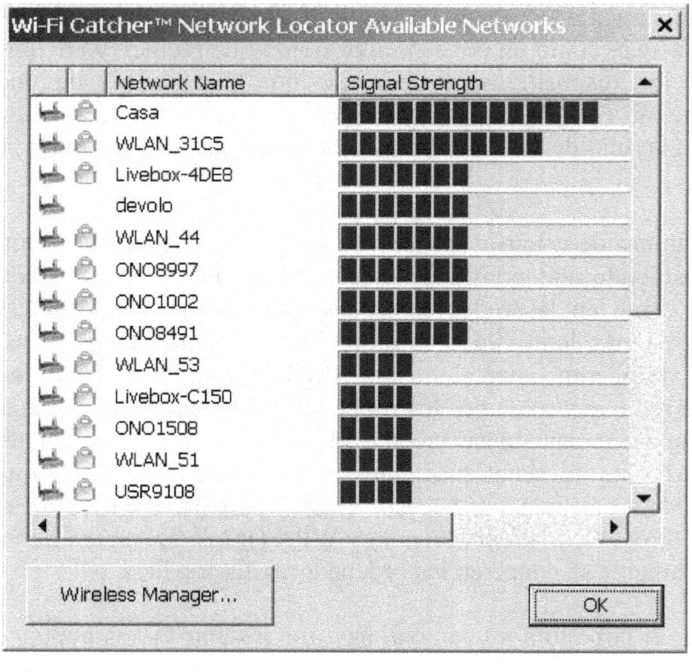

*Figura 5.24. Redes Wi-Fi detectadas en un entorno doméstico*

## 5.8.3.1 VARIANTES DE ESTÁNDAR 802.11

Wi-Fi ha ido pasando por diversas etapas, en las que se han ido definiendo diferentes estándares para mejorarla e incorporar nuevas prestaciones. A continuación se muestran las fechas más significativas:

- 1985: la FCC norteamericana toma la decisión de permitir el acceso al espectro de radio para comunicaciones.

- 1990: se crea un nuevo comité en el Instituto de Ingeniería Eléctrica y Electrónica (IEEE) para poner en marcha la creación del estándar 802.11.

- 1997: el IEEE introduce el estándar 802.11 para redes *Wireless* Ethernet.

- 1999: el mismo organismo (IEEE) ratifica el estándar 802.11b, que soporta una velocidad máxima de 11 Mbit/s.

- 1999: primera vez que se utiliza comercialmente el término Wi-Fi (*Wireless Fidelity*). El término fue acuñado por una consultora de marcas, Interbrand, que hizo un juego de palabras con el término Hi-Fi (*High Fidelity*) aplicado en los equipos de audio de mayor calidad.

- 2003: se introduce el estándar 802.11g que soporta velocidades de hasta 54 Mbit/s.

- 2009: es ratificado el estándar 802.11n que ofrece más de 300 Mbit/s.

Los estándares relevantes –norma 802.11 del IEEE– son:

- **802.11a**: esta variante, a 5 GHz, emplea una modulación 64QAM y codificación OFDM (*Orthogonal Frequency Division Multiplexing*). Alcanza una velocidad nominal de hasta 54 Mbit/s aunque con un alcance limitado a 50 metros, algo que complica la infraestructura de la red al ser necesarios más puntos de acceso (AP), con el coste adicional que ello supone.

- **802.11b**: el estándar 802.11b, más conocido como Wi-Fi, nació como una versión del 802.11 original para WLAN corporativas. Ofrece velocidades normalizadas de 11 Mbit/s, 5,5 Mbit/s, 2 Mbit/s y 1 Mbit/s y un alcance, que depende de la velocidad y los obstáculos, de entre 100 y 300 metros. Trabaja en la banda libre de 2,4 GHz y utiliza una modulación lineal compleja (DSSS).

- **802.11c**: indica qué información se requiere para conectar dos redes entre sí. Concretamente, se trata de una versión adaptada de 802.1d que facilita aspectos como la calidad de servicio y el filtrado de tramas.

- **802.11d**: define los requisitos de nivel físico que garantizan el cumplimiento de las limitaciones regulatorias fuera de Europa, Japón y EE.UU. Se centra de manera importante en el desarrollo de productos a 5 GHz, puesto que es el empleo de estas frecuencias el que más varía de un país a otro. Por ejemplo, en algunas regiones se emplea esta banda para sistemas de radar comerciales.

- **802.11e**: al igual que ocurre con sus homólogas cableadas, las redes WLAN necesitan de mecanismos de calidad de servicio que permitan priorizar diferentes tipos de tráfico, distintas ubicaciones geográficas o usuarios o departamentos concretos.

- **802.11f**: especifica un protocolo para el punto de acceso que proporciona la información necesaria para efectuar el *roaming* entre puntos de acceso de diferentes vendedores.

- **802.11g**: alcanza velocidades de hasta 54 Mbit/s –la misma que en 802.11a– en la banda de los 2,4 GHz. Una de sus ventajas es que puede coexistir con todos los equipos 802.11b ya instalados aunque a costa de una disminución de las prestaciones, puesto que los equipos 802.11g trabajan a solo 11 Mbit/s, por lo que son ampliamente utilizadas.

- **802.11h y 802.11j**: 802.11 debe interoperar con otras redes inalámbricas que funcionan en Europa (802.11h) y Japón (802.11j).

- **802.11i**: uno de los puntos críticos de las redes WLAN es la seguridad. Al ser comunicaciones vía radio, cualquiera con los dispositivos adecuados puede acceder a la información. Los mecanismos de seguridad definidos en el estándar original (WEP) no son suficientes y, por esta razón, se ha ampliado para garantizar la autenticación de usuarios y el cifrado de la información. El estándar 802.11i, aprobado a mediados de 2004, añade el protocolo de seguridad AES (*Advanced Encryption Standard*) al estándar 802.11 para redes inalámbricas.

- **802.11 IR**: se trata de una variante de 802.11 en la banda infrarroja, que alcanza 1-2 Mbit/s. Aunque se desarrolló al mismo tiempo que el estándar 802.11 original, nunca se lanzaron al mercado productos que lo

cumpliera. Este tipo de redes (*WLAN* ópticas) aporta escaso valor respecto al de las redes por radio tradicionales.

- **802.11k**: es un intento de unificar el modo en los estándares a, b y g, mide las condiciones del entorno radioeléctrico y de la red y las envían a otras partes de la pila de protocolos. Resulta útil en aplicaciones de gestión de red, detección de fallos y otras operaciones de mantenimiento.

- **802.11m**: consiste en un conjunto de normas de mantenimiento relacionadas con 802.11 como un todo.

- **802.11n**: los estándares anteriores ofrecen unas velocidades teóricas de 11 Mbit/s (802.11b) y 54 Mbit/s (802.11a/g). Sin embargo, en la práctica el usuario ve reducida esta velocidad drásticamente (5 Mbit/s y unos 20 Mbit/s, respectivamente). Estos anchos de banda resultan nimios si los comparamos con los 100 Mbit/s que soportan las redes locales convencionales (*Fast Ethernet*). Es necesario, por tanto, un estándar que pueda competir a este nivel o, de lo contrario, las redes WLAN no cuajarán en entornos corporativos.

  La solución a este problema viene de la mano de 802.11n que pone a disposición del usuario tasas binarias reales cercanas a los 100 Mbit/s. Todos los dispositivos 802.11n son compatibles con las normas anteriores y, por tanto, son capaces de interactuar con equipos 802.11a, 802.11b y 802.11g.

- **802.11p**: extiende el estándar básico 802.11 con el fin de soportar comunicaciones inalámbricas en vehículo a 5,9 GHz. Incluye una mejor seguridad, identificación y un proceso de *handover* más complejo.

- **802.11r**: define un procedimiento de *roaming* más rápido. La itinerancia o *roaming* es el proceso que ocurre cuando una estación inalámbrica pasa de la zona de cobertura de un AP a la de otro. Implica la transferencia de información entre los AP relativa a políticas de seguridad, autenticación, etc. La velocidad de este proceso es crucial porque el retardo que introduce puede llegar a suponer una degradación de la calidad en aplicaciones como la VoIP.

- **802.11s**: es el estándar para redes malladas (*mesh network*).

- **802.1x**: un mecanismo de autenticación a nivel de puerto.

## 5.8.3.2 SUPER WI-FI

Hace años desde la aparición del primer estándar Wi-Fi, el 802.11 del IEEE y, desde entonces, su evolución ha sido continuada, hasta llegar a alcanzar velocidades incluso superiores a las que ofrecen las redes fijas. Así, con el estándar 802.11n, el que soportan la gran mayoría de los *routers* modernos, que es compatible hacia atrás con versiones anteriores, se alcanzan velocidades reales en torno a los 100 Mbit/s, pero en teoría puede llegar a los 300, e incluso 600 Mbit/s.

Pues bien, el IEEE, que es el organismo encargado de regular muchos de los estándares que terminamos por utilizar día a día, por ejemplo, el Wi-Fi, en julio de 2011 aprobó el estándar 802.22 (conocido también como "Super Wi-Fi"), el que regirá las WRAN, o redes inalámbricas de área regional, y a mediados de 2013 el estándar 802.11ac (conocido como 5G Wi-Fi), que aporta notables ventajas frente a su antecesor el 802.11n, el estándar actualmente implantado en nuestras casas, con lo que ya está listo para la certificación de la Wi-Fi Alliance y, así, introducirse en el mercado de consumo. De hecho, el nuevo protocolo ya empieza a aparecer en algunos productos, pero aún le quedan algunos años antes de alcanzar una cierta masa crítica y sustituir a su predecesor.

802.11ac ofrece un mayor ancho de banda y alcance. Para entender mejor sus posibilidades, basta decir que permitirá velocidades para múltiples estaciones WLAN que podrán llegar hasta 1,3 Gbit/s, en las bandas de 2,4 y 5 GHz y siendo compatible con 802.11a y 802.11n. La distancia máxima alcanza los 100 metros.

Al igual que 802.11n, utiliza antenas MIMO (*Multiple Input-Multiple Output*) para conseguir la ganancia multi-camino, e incorpora técnicas de conformación de haz (*beamforming*) para dirigir el haz hacia el usuario, evitando interferencias y consiguiendo mayor ganancia. También, permitirá un mayor alcance de la señal incluso con obstáculos de por medio, uno de los grandes puntos débiles de las conexiones inalámbricas. Además de una evidente mejora de prestaciones, esta evolución de la tecnología Wi-Fi servirá para abrir paso a nuevos servicios, como flujos de vídeo en alta definición a diversos dispositivos en el hogar, o mejores áreas de cobertura en grandes espacios, como campus universitarios o empresas.

*Figura 5.25. Estándares Wi-Fi 802.11 a b g n*

Además del estándar descrito, se tiene también el estándar IEEE 802.22, que aunque no es realmente Wi-Fi, se le conoce como Super Wi-Fi, en alusión a que define una tecnología inalámbrica, de banda ancha, que no requiere licencia para operar, y que permite dar conectividad en redes punto-multipunto operando en la banda espectral utilizada para las señales de televisión, que va desde los 54 hasta los 862 MHz. El espectro 54-862 MHz no está libre, sino que se utiliza por los canales de televisión, telefonía móvil, redes de emergencias, emisoras de radio, etc., por lo que, en principio, no puede utilizarse para transmitir otro tipo de señales, en este caso datos, salvo que se utilice una técnica capaz de detectar "zonas" en las que no haya señal (*white spaces*) e insertar los datos en ellas, dejándolas libres cuando sean requeridas por los que tienen licencia para operar.

### 5.8.3.3 APLICACIONES

Las aplicaciones de Wi-Fi son muchas y variadas, desde su uso en entornos domésticos para conectar un PC al *router* o módem ADSL que nos facilita la conexión a Internet, y formar así una pequeña red inalámbrica casera para poder utilizar nuestro ordenador, fijo y/o portátil, en cualquier rincón de la casa, hasta aplicaciones de acceso público como las que ofrecen algunos ayuntamientos o los operadores, los famosos *hot spots*, pasando por las aplicaciones empresariales en entornos cerrados, para conexión a la LAN corporativa. También permiten, en algunos casos, el derivar el tráfico móvil (*offload*) a la línea ADSL.

Las redes Wi-Fi surgieron para aplicación en interiores, es decir, en el entorno de un edificio o, como mucho, un complejo de edificios y por tal motivo la potencia de emisión de los equipos se limitó –no había necesidad de más–. Dentro de estos, la red Wi-Fi facilita el acceso de los usuarios a la LAN corporativa, con total movilidad. Una amplia cobertura resulta muy útil cuando tenemos un portátil en casa y necesitamos conectarnos desde distintas estancias del hogar, ya que nos evita la instalación más engorrosa que requiere el cable.

Muy pronto, su uso se extiende al exterior y, así, surgen los puntos de acceso público o *hot spots*, inicialmente ofrecidos de forma altruista para que accediera cualquiera, pero más tarde con intereses mercantiles por los operadores Wi-Fi surgidos al efecto. El servicio que dan estos operadores, mediante pago por uso, se extiende a lugares públicos de gran concentración de usuarios, como son aeropuertos, estaciones de trenes y autobuses, hoteles, estadios, gasolineras, etc. El servicio más típico es el de acceso a Internet, mediante una clave o uso de una tarjeta de prepago, pero también podría ser el de acceso a redes celulares, por ejemplo UMTS, o cualquier otro.

Este servicio no solamente lo ofrecen los operadores tradicionales, sino que otros, no convencionales creados a tal efecto, como son ayuntamientos, montan sus redes y después se las ofrecen a sus ciudadanos para que estos accedan a Internet o mantengan comunicaciones telefónicas, de manera gratuita o a un coste muy reducido, ya que Wi-Fi, además de datos soporta voz sobre IP. En estos casos hay que tener en cuenta las imposiciones legales sobre los servicios que se ofrecen, para no incurrir en faltas administrativas que podrían ser sancionadas.

Los principales problemas que presentan los *hot spots* son: el control de los usuarios que acceden al mismo, la garantía de la integridad e inviolabilidad de las comunicaciones, y las interferencias que pueden producir otros dispositivos, frente a las cuales no hay protección ya que la banda de frecuencias que se emplea es de uso común y cualquiera puede estar trabajando en la misma área, incluso un operador competidor del otro.

Otro ejemplo, muy típico, es el de extensión del acceso a Internet en zonas rurales de difícil acceso, a las que se llega con una línea de banda ancha, por ejemplo mediante satélite, y después se extiende el servicio mediante Wi-Fi.

Las aplicaciones como WLAN corporativa son obvias. En este caso el control de la seguridad es más fácil, ya que físicamente el alcance de la red se limita al interior del edificio y no puede ser accedida desde el exterior. Pero en cualquier caso, habrá que disponer de los mecanismos de control de acceso habituales en la LAN cableada, para asegurarse de que usuarios no autorizados no puedan tener acceso.

## 5.8.4 Seguridad

Las redes Wi-Fi, en concreto las materializadas en las empresas y en los *hot spots*, están tomando un gran protagonismo por las innumerables ventajas que aportan, pero también tienen algunos inconvenientes, el mayor de los cuales –que presentan todas las redes inalámbricas, incluidas las celulares– es su escasa seguridad (escuchas ilegales, acceso no autorizado, usurpación y suplantación de identidad, interferencias aleatorias, denegación de servicio, amenazas físicas, etc.), algo inherente a la utilización del aire como medio de transmisión ya que el canal aéreo tiene una posibilidad de acceso intrínsecamente más sencilla que el tradicional cable.

Aunque el estándar IEEE 802.11, aprobado en 1999, para las WLAN contiene varias características de seguridad, tales como los modos de autenticación del sistema abierto y de clave compartida, el Identificador del Juego de Servicios (SSID/*Service Set Identifier*) y el Equivalente a Privacidad Cableada (WEP/*Wired Equivalent Privacy*), no son suficientes para aplicaciones empresariales y se implementa WPA (*Wi-Fi Protected Access*) a la espera de la aparición comercial de productos compatibles 802.11i que, desarrollado por el Grupo de Trabajo TGi del IEEE y aprobado a mediados de 2004, resuelve definitivamente sus deficiencias al implementar AES (*Advanced Encryption Standard*), un mecanismo extremadamente seguro aprobado por el NIST, que viene a ocupar el papel de 3DES con claves de 128, 192 o 256 bits, una solución válida tanto para redes punto a punto (*ad-hoc*) como con punto de acceso (AP), pero que consume más recursos.

Cada una de estas características provee diferentes grados de seguridad que serán expuestos a continuación. También se aporta información de cómo las antenas se pueden utilizar para limitar y, en algunas circunstancias, darle forma a la propagación en el medio inalámbrico, contribuyendo así a mejorar la seguridad.

A causa de estos problemas de seguridad, hay cierto recelo a desplegar redes Wi-Fi, especialmente en vista de la vulnerabilidad de las claves WEP que se utilizan para encriptar y desencriptar los datos transmitidos. En numerosas ocasiones se han resaltado las vulnerabilidades potenciales de las claves WEP estáticas. Además, los *hackers* tienen acceso en Internet a numerosas herramientas para descifrar claves WEP, que les permiten monitorizar y analizar de forma pasiva paquetes de datos y después utilizar esta información para descifrar la clave.

## 5.8.4.1 PROPAGACIÓN DE RF

Antes de que se implemente cualquier otra medida de seguridad es importante considerar las implicaciones de la propagación de RF (Radio Frecuencia) por los puntos de acceso (AP) en una red inalámbrica. Escogidas de una forma inteligente, la combinación adecuada de transmisor/antena puede ser una herramienta efectiva que ayudará a limitar el acceso a la red inalámbrica al área única pretendida de cobertura. Escogidas de forma poco inteligente, pueden extender la red más allá del área pretendida hacia puntos fuera de todo control.

Principalmente, las antenas se caracterizan por dos de sus parámetros: directividad y ganancia. Las antenas omnidireccionales tienen un área de cobertura de 360 grados, mientras que las antenas direccionales limitan la cobertura a áreas mejor definidas. La ganancia de la antena típicamente se mide en dBi (dBi está definida en referencia a una antena teóricamente isotrópica con propagación perfectamente esférica) y está definida como el incremento de la potencia que la antena agrega a la señal RF.

Debido a que los productos actuales 802.11 hacen uso de la banda de uso común que no necesita licencia ISM (*Industrial, Scientific and Medical*) de 2,4 GHz y 5 GHz, están sujetas a las reglas promulgadas por la FCC en 1994 para uso de espectro distribuido. Estas reglas especifican que cualquier antena vendida con un producto debe ser probada y aprobada por un laboratorio homologado y, para evitar que los usuarios utilicen de forma incorrecta o ilegal antenas con productos 802.11, también se requiere que cualquier AP (Punto de Acceso) capaz de utilizar antenas removibles deberá utilizar conectores no estandarizados.

En los Estados Unidos la FCC definió el máximo de PIRE (Potencia Efectiva Isotrópica Radiada) de una combinación transmisor/antena como 36 dBm (4W), donde PIRE = potencia del transmisor + ganancia de la antena − pérdida del cable. En España, esta potencia, según la UN-85 de la CNAF, es de 20 dBm (100 mW), bastante menos.

Esencialmente, esto significa que si la potencia del transmisor aumenta, la ganancia de la antena debe disminuir para permanecer por debajo del máximo legal de 36 dBm. Por ejemplo, un transmisor del 100 mW equivale a 20 dBm y este transmisor combinado con una antena de 16 dBi produce un total de 36 dBm, que es el límite legal. Para incrementar la ganancia de la antena, estaríamos legalmente obligados a reducir la potencia del transmisor. En la práctica, la mayor parte de las combinaciones transmisor/antena que se venden juntas están por debajo del máximo permitido de 36 dBm. En todos los casos, el usuario deberá asegurarse de que esto es así.

Las implicaciones de todo esto son que las combinaciones del poder del transmisor/ganancia de la antena están estrictamente reguladas y limitan el área que legalmente puede ser cubierta por un solo AP. Cuando se está diseñando una WLAN, es importante llevar a cabo un reconocimiento a fondo del lugar y considerar los patrones de propagación RF de las antenas que se vayan a usar y la potencia efectiva de la combinación transmisor/antena. También, como la banda ISM está esencialmente abierta para ser usada por cualquier persona sin necesidad de licencia, es importante considerar la posibilidad de la denegación de servicio (*Denial Of Service*) de otras fuentes benignas.

## 5.8.4.2 DEFENSA EN ENTORNOS INALÁMBRICOS

Lo mismo que en otras redes, la seguridad para las redes WLAN se concentra en el control y la privacidad de los accesos: un control de accesos fuerte impide a los usuarios no autorizados comunicarse a través de los AP (*Access Points*), que son los puntos finales que en la red Ethernet conectan a los clientes WLAN con la red. Por otra parte, la privacidad garantiza que solo los usuarios a los que van destinados los datos transmitidos los comprendan. Así, la privacidad de los datos transmitidos solo queda protegida cuando los datos son encriptados con una clave que solo puede ser utilizada por el receptor al que están destinados esos datos.

Por tanto, en cuanto a seguridad, las redes Wi-Fi incorporan dos servicios: de **autenticación** y **privacidad**.

- **Autenticación**: los sistemas basados en 802.11 pueden operar como sistemas abiertos (inseguros), de forma que cualquier cliente inalámbrico (estación móvil con su ID) puede asociarse a un punto de acceso si la configuración lo permite, o como sistemas cerrados, que requieren autenticación por clave compartida. También, existen listas de control de acceso basadas en la dirección MAC (*Media Access Control*) exclusivas de los clientes, disponiendo los AP de una lista con todos los autorizados para rechazar a los que no lo están. Si se utiliza autenticación WEP, el punto de acceso queda configurado con una clave, de manera que solo los clientes que intenten asociarse usándola puedan hacerlo.

- **Privacidad**: por defecto los datos se envían sin utilizar ningún cifrado. Si se utiliza la opción WEP, los datos se encriptan (cifran) antes de ser enviados mediante el algoritmo RC4 (se genera un flujo de claves al cual se le aplica un OR exclusivo con el texto en claro para lograr el texto cifrado), con claves de 64 bits (débil) o 128 bits (fuerte) compartidas estáticas. Para realizar el cifrado se emplea la misma clave que se usa para la autenticación WEP. También se pueden utilizar otros mecanismos más potentes, entre los que se encuentra WPA o AES.

## 5.8.4.3 SSID (SERVICE SET IDENTIFIER)

El estándar Wi-Fi define un mecanismo por el cual se puede limitar el acceso: el SSID, que es un nombre de red que identifica el área cubierta por uno o más AP. Así, una estación inalámbrica que desee asociarse a un AP puede escuchar y escogerlo basándose en su SSID, que se transmite periódicamente.

El SSID puede utilizarse como una medida de seguridad configurando el AP para que no lo transmita. En este modo, la estación inalámbrica que desee asociarse con un AP debe tener ya configurado el SSID para ser el mismo que el del AP. Si los SSID son diferentes, las tramas administrativas enviadas al AP desde la estación inalámbrica serán rechazadas porque contienen un SSID incorrecto y la asociación no se llevará a cabo. Una estación inalámbrica puede disponer de varios SSID, para conectarse a distintas redes, en diferentes localizaciones.

Desafortunadamente, debido a que las tramas de administración en las WLAN 802.11 siempre se envían de forma abierta, este modo de operación no provee seguridad adecuada. Un atacante fácilmente puede escuchar en el medio inalámbrico buscándolas y descubrir el SSID del AP. Muchas organizaciones confían en el SSID para obtener seguridad sin considerar sus limitaciones. Esto es, por lo menos parcialmente, responsable de la facilidad con la que las WLAN pueden ser atacadas.

### 5.8.4.4 WEP (WIRED EQUIVALENT PRIVACY)

Cuando el IEEE comenzó el desarrollo del estándar 802.11 para redes inalámbricas, era consciente de la vulnerabilidad de usar un medio de propagación radioeléctrico, por lo que incluyó un sencillo mecanismo para proteger la comunicación entre los dispositivos de los usuarios y los puntos de acceso, al que denominó WEP, que con el paso del tiempo se ha demostrado fehacientemente que es insuficiente para entornos empresariales. WEP es el algoritmo opcional de seguridad para dotar de protección a las redes inalámbricas, incluido en la primera versión del estándar IEEE 802.11, mantenido sin cambios en las nuevas 802.11a, 802.11b y 802.11g.

El algoritmo WEP es esencialmente el algoritmo criptográfico de cifrado de flujo RC4 de Data Security Inc., que es simétrico porque utiliza el mismo código para cifrar y para descifrar el texto plano que se intercambia entre la estación inalámbrica y el AP. El proceso para descifrarlo es el inverso y para proteger el mensaje frente a modificaciones no autorizadas, mientras está en tránsito, se aplica el algoritmo de comprobación de integridad CRC-32 al texto plano, una especie de huella digital, que no es del todo fiable.

WEP utiliza claves estáticas, secretas, compuestas por 64 o 128 bits – utilizando un vector de inicialización (IV) fijo de 24 bits, generado de manera aleatoria– que define el administrador de red en el AP y en todos los clientes que se comunican con él. Es un sistema muy débil ya que la clave de cifrado se puede obtener monitorizando las tramas.

Para solventar los agujeros de WEP, en junio de 2004, el IEEE aprobó el estándar de seguridad 802.11i, que utiliza una forma de encriptación ampliamente aceptada, como es el potente AES para poder disfrutar con tranquilidad de todas las ventajas que nos ofrecen las redes locales inalámbricas, aunque para implementar 802.11i, deberán realizarse cambios al nivel de chip, lo que significa que los productos comerciales actuales ni tienen ni, probablemente, tendrán la capacidad necesaria para soportarla.

Interinamente, hasta la aprobación del 802.11i, se ha estado utilizando WPA (*Wi-Fi Protected Access*) que representa una mejora sobre WEP puesto que utiliza claves dinámicas, de manera que hace prácticamente casi invulnerables las redes inalámbricas.

## 5.8.4.5 WPA (WI-FI PROTECTED ACCESS)

WPA es un pre-estándar, anunciado en noviembre de 2002 y soportado por la industria, en concreto por la Wi-Fi Alliance, de 802.11i (compatible con él mediante actualización) que utiliza una encriptación mejorada mediante TKIP (*Temporal Key Integrity Protocol*), lo cual soluciona los problemas inherentes a WEP, ampliando la longitud de la clave e incluyendo el uso de claves dinámicas para cada usuario, para cada sesión y para cada paquete enviado, además de añadir un eficaz mecanismo para la autenticación de los usuarios, lo que lo hace sumamente seguro y confiable.

WPA, a partir de la clave principal generada por EAP y conocida por los extremos, genera automáticamente un conjunto de claves que se emplean en el cifrado.

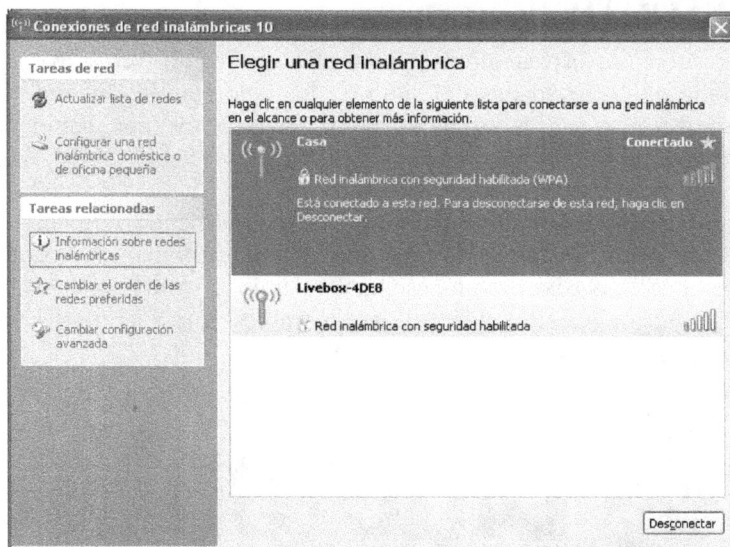

*Figura 5.26. Red Wi-Fi doméstica con seguridad WPA habilitada*

Diseñado para funcionar sobre el hardware actual, solamente es necesaria una actualización del software. Una vez implementado, proporciona a los usuarios de una WLAN un alto nivel de seguridad, garantizando que solo los usuarios autorizados podrán tener acceso a los datos. La autenticación se consigue mediante 802.1X, un protocolo orientado a la autenticación de puertos, para restringir el acceso a los servicios de una red hasta ser autenticado, que permite utilizar diversos métodos a través del protocolo de autenticación extensible (EAP), del que existen variantes, como EAP-TLS, PEAP, LEAP (Cisco) y EAP-MD5. Posibilita la autenticación de los usuarios y la distribución de claves. También, el diseño WPA se ha realizado pensando en que se puede utilizar en dos entornos diferentes: en las empresas (*enterprise mode*) y en el hogar (*home mode*).

Para las empresas que requieran una seguridad WLAN total, de extremo-a-extremo, y no dispongan de WPA, esta se puede garantizar utilizando una VPN, a la que accedan sus usuarios desde la propia empresa, su hogar o desde un *hot spot*, ya que crean un camino seguro (túnel) sobre un medio inseguro, como puede ser Internet. Aunque la mayoría de las empresas no necesitan implementar una WLAN con seguridad especial dentro de sus intranets, algunas pocas, como son las instituciones financieras, requieren amplias medidas de seguridad, y pueden tener necesidad de implementar una solución especializada (propietaria), incluyendo *firewalls*, tunelado IPSec y autenticación reforzada.

## 5.9 BLUETOOTH

El nombre de la tecnología Bluetooth, que asignó en clave Ericsson al proyecto, viene de un rey danés del siglo X, llamado Harald Blåtand (*Bluetooth*), que fue famoso por sus habilidades comunicativas, y por haber logrado el comienzo de la cristianización en la cerrada sociedad vikinga.

La iniciativa Bluetooth tiene como objetivo aumentar la efectividad de las comunicaciones en distancias cortas, tanto en el área de trabajo (*desktop*) como en los espacios públicos. Bluetooth es una tecnología muy apropiada para la comunicación entre dispositivos sin el uso de cables, que sustituye a otras, como puede ser la de infrarrojos, con gran efectividad.

*Figura 5.27. Logotipo de Bluetooth*

La tecnología Bluetooth es de pequeña escala, bajo costo y se caracteriza por usar enlaces de radio de corto alcance entre móviles y otros dispositivos, como teléfonos celulares, puntos de accesos de red (*access points*) y ordenadores. Esta tecnología opera en la banda ISM de uso común de 2,4 GHz (UN-51 del CNAF/Cuadro Nacional de Asignación de Frecuencias) y tiene la capacidad de atravesar paredes y otros obstáculos.

Durante 1994 surgió la idea de investigar la posibilidad de crear un dispositivo de bajo coste que sirviera para comunicar diversos dispositivos; la idea era hacerlo basado en un estándar para que su uso se popularizara y diversos fabricantes pudieran desarrollar dispositivos que lo utilizaran. En 1998, un grupo de industrias líderes en informática y telecomunicaciones, incluyendo Intel, IBM, Toshiba, Ericsson y Nokia, lo desarrollaron y, para asegurar que esta tecnología se implementase en un amplio rango de dispositivos, estos líderes formaron un grupo de intereses especiales (*Special Interests Group-SIG*). El SIG fue rápidamente ganando miembros, como las compañías 3Com, Axis Communication, Compaq, Dell, Lucent, Motorola, Qualcomm y Xircom, contando hoy en día con más de 2.000 empresas asociadas. Puesto que la tecnología inalámbrica Bluetooth es una plataforma abierta, todos los miembros de este grupo están autorizados para emplearla en sus productos y servicios.

## 5.9.1 Especificaciones

La especificación inicial de Bluetooth (estándar IEEE 802.15.1) define un canal de comunicación con una transferencia efectiva de 721 kbit/s, aunque con los datos de control puede ocupar hasta 1 Mbit/s, con alcance típico de 10 metros (100 metros máximo). La versión 2.0 lanzada en noviembre de 2004, compatible con las anteriores, triplica esa velocidad y tiene menor consumo de energía. En abril de 2009 se presentó oficialmente la versión 3.0, mucho más rápida.

Los protocolos que se utilizan en una comunicación Bluetooth son similares a los que se emplean con tecnología de infrarrojos, por lo que no ha hecho falta desarrollar otros nuevos, pero, mientras en una comunicación por infrarrojos se requiere un enlace visual entre dispositivos, con Bluetooth no es necesario, ya que emite en todas direcciones e incluso atraviesa las paredes.

A continuación se enumeran las especificaciones principales de Bluetooth.

- Banda de frecuencia: 2,4 GHz (banda ISM).
- Soporta voz y datos de manera simultánea.
- Potencia del transmisor: entre 1 y 100 mW, típica de 2,5 milivatios.
- Canales máximos: hasta 3 de voz y 7 de datos por *piconet*.
- Velocidad de datos: hasta 721 kbit/s por *piconet*.
- Rango esperado del sistema: 10 metros.
- Número de dispositivos: 8 por *piconet* y hasta 10 *piconets*.
- Tamaño del módulo: 0,5 pulgadas cuadradas (9×9 mm).
- Interferencia: Bluetooth minimiza la interferencia potencial al emplear saltos rápidos en frecuencia ÷ 1.600 veces por segundo.

Dado que cada enlace está codificado y protegido contra interferencia y pérdida de enlace, Bluetooth puede considerarse como una red inalámbrica de corto alcance muy segura; en cierta medida, es lo que se viene a llamar una PAN (*Personal Area Network*), de uso particular y restringido a un entorno cercano.

Las conexiones son uno a uno con un rango máximo de 10 metros, aunque utilizando amplificadores, y con un consumo mayor de potencia, se puede llegar hasta los 100 metros. Al ser la emisión de señal de una potencia muy baja, se elimina cualquier peligro potencial para la salud y no son necesarios mecanismos extremos de seguridad, puesto que las comunicaciones quedan dentro de un entorno muy reducido, algo que no pasa en Wi-Fi, otra tecnología inalámbrica, ya que puede alcanzar varios cientos de metros.

La frecuencia de radio con la que trabaja está en el rango de 2,4 a 2,48 GHz con espectro ensanchado (*spread spectrum*) y saltos de frecuencia (*frequency hopping*) con posibilidad de transmitir en *full duplex* con un máximo de 1.600 saltos/segundo, que se dan entre un total de 79 frecuencias posibles con intervalos de 1 MHz, lo que permite brindar seguridad y robustez.

El hardware que compone el dispositivo Bluetooth, de muy reducido tamaño, está compuesto por dos partes. Un dispositivo de radio, encargado de modular y transmitir la señal, y un controlador digital. El controlador digital está compuesto por una CPU, por un procesador de señales digitales DSP (*Digital Signal Processor*) llamado *Link Controller* (o controlador de enlace) y de las interfaces con el dispositivo anfitrión.

## 5.9.2 Redes Bluetooth

La topología de las redes Bluetooth puede ser punto-a-punto o punto-a-multipunto.

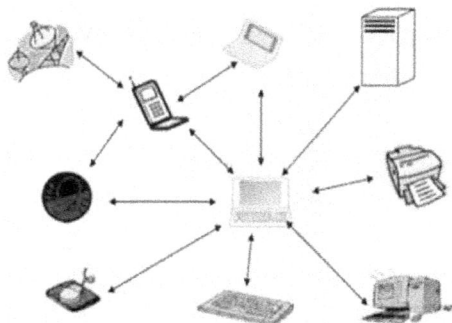

*Figura 5.28. Topología de las redes Bluetooth*

Los dispositivos se comunican en redes denominadas *piconets*. Estas redes tienen posibilidad de crecer hasta tener 8 conexiones punto a punto. Además, se puede extender la red mediante la formación de *scatternets*, que es la red producida cuando dos dispositivos pertenecientes a dos *piconets* diferentes se conectan. Dentro de una *scatternet* todas las unidades comparten el mismo rango de frecuencia, aunque utilizan diferentes sincronización y canales de transmisión.

En una *piconet*, un dispositivo debe actuar como *master*, enviando la información del reloj (para sincronizarse) y la información de los saltos de frecuencia. El resto de los dispositivos (hasta 7) actúan como esclavos (*slaves*).

## 5.9.3 Aplicaciones

En la práctica, algunas de las aplicaciones más interesantes hoy día son: manos libres para teléfonos móviles, ratones y teclados inalámbricos, conexión de PC a impresoras y PDA, cámaras de fotos, cascos inalámbricos para cadenas musicales, mando a distancia para control de TV y otros dispositivos, apertura de puertas, identificación de bienes, alarmas, dispositivos domóticos, etc. En general, todas aquellas aplicaciones en las que se desee eliminar el uso de cables y no requieran alta velocidad ni una gran distancia de conexión, son susceptibles de utilizar la tecnología Bluetooth.

Con Bluetooth no solamente se conecta el teclado, ratón, una impresora o un escáner al ordenador, sustituyendo a los buses serie, paralelo, etc. (con lo que se abarata el PC), o un "manos libres" al teléfono sin necesidad de cable, sino que permite la sincronización entre dispositivos de una manera totalmente automatizada. Así, podemos tener la agenda del móvil y la del PC actualizadas, intercambiando información cada vez que uno de los dispositivos entra en el área de influencia del otro. Permite conectar cámaras de vigilancia, servir como mando a distancia, utilizar un teléfono celular como inalámbrico, conectar electrodomésticos, pasar ficheros MP3 del móvil al PC o tableta, etc., y, por supuesto, para conectar todo tipo de dispositivos a Internet.

Encuentra aplicación en la industria de automoción (en el futuro los coches llevarán un chip Bluetooth para un control telemático de su funcionamiento), en medicina para monitorización de los parámetros de los enfermos sin necesidad de tener cables conectados a su cuerpo y, por ejemplo, enviar un electrocardiograma, automatización de electrodomésticos en el hogar, lectura de contadores, asociado a un lector de código de barras; podremos subir al autobús o el metro y sentarnos mientras el billete nos es facturado a nuestro monedero electrónico; utilizar un chip como llave de casa o pagar la compra en el hipermercado enviando la información de los productos que se van cargando en el carrito, que se anotan con un lector de código de barras incorporado al teléfono móvil, directamente a la cajera. En general, tiene aplicación en dispositivos que deben tener un alto grado de simplicidad, bajo costo, bajos requerimientos de tasa de transferencia y que deben mantener una vida de batería de varios meses o varios años.

Como todo, la tecnología Bluetooth también presenta algunos problemas que hay que solucionar. Los microchips no son baratos aún, pero se espera que dentro de unos años disminuyan considerablemente de precio. Por su parte, la velocidad de transmisión, aunque elevada, no llega a la que ofrece ADSL o las nuevas generaciones de teléfonos móviles 3G.

Por otra parte, todas las tecnologías inalámbricas que usan la banda libre ISM de 2,4 GHz están sujetas a interferencias, tanto de dispositivos inalámbricos de otro tipo, como de entes generadores de ondas en esa misma frecuencia como son los hornos microondas, aunque los creadores de Bluetooth idearon el estándar de manera que fuera robusto en situaciones de alto nivel de ruido y donde no se garantizara la claridad del canal.

## 5.10 RFID

RFID son las siglas en inglés de *Radio Frecuency IDentification*, y es una tecnología, similar en teoría, a la de la identificación por código de barras, pero que utiliza ondas electromagnéticas o electroestáticas para la transmisión de la señal que contiene la información. RFID también se conoce como DSRC (*Dedicated Short Range Communicactions*).

La técnica RFID surgió en el campo militar, durante la II Guerra Mundial, para la identificación de elementos (barcos y aviones) amigos o enemigos (IFF/ *Identification, Friend or Foe*), combinando la propagación de señales electromagnéticas con las técnicas de radar. Hoy, su ámbito de aplicación se ha extendido a otros más mercantiles.

Las primeras aplicaciones comerciales de RFID aparecieron a finales de la década de los 60, en la que varias compañías desarrollaron métodos para evitar el robo de artículos en las tiendas (EAS/*Electronic Article Surveillance*) mediante etiquetas que almacenaban solo 1 bit. La simple presencia o ausencia de la misma era suficiente para detectar la señal al pasar por un arco detector situado en la puerta.

RFID se asocia a las etiquetas inteligentes muy finas (*smart tags*) para identificación por radiofrecuencia, aunque tiene otras aplicaciones. Una etiqueta de RFID es parecida a la de los códigos de barras, pero incluye un pequeño transceptor radioeléctrico y una memoria en la que es posible almacenar información. Esta etiqueta se coloca adherida en los productos y puede ser leída utilizando un dispositivo lector de mano, ya que son capaces de responder con la información almacenada si se las estimula con una radiación electromagnética adecuada, para lo que se emplea un lector de etiquetas. Una de las principales ventajas que aportan las etiquetas RFID, frente a los códigos de barras, es que con ellas se elimina la necesidad de tener una visión directa entre el lector y la etiqueta, así, como que también el rango de distancia a la que puede hacerse la lectura de la misma es mucho mayor.

## 5.10.1 Principales aplicaciones

Gracias a estas etiquetas y mediante el uso de ondas de radio, los responsables de los centros de logística, aeropuertos, oficinas de correos, etc., pueden controlar la ubicación, el estado, su número y otro tipo de información sobre los productos sin necesidad de intervención humana, ni tener un acceso directo a los mismos, incluso cuando estos están en movimiento, acelerando los procesos de inventario y permitiendo optimizar los *stocks*. También, evitan el robo de mercancías ya que, si no han sido desactivadas antes por un empleado, dan lugar a una alarma al pasar por el típico arco detector (bucle inductivo) que suele haber a la entrada/salida de las tiendas. Otra de sus posibles aplicaciones sería para efectuar el pago automático de la mercancía adquirida al pasar por caja, si esta dispone de un lector adecuado, pero hay que tener en cuenta en el diseño del sistema las interferencias que se pueden producir entre distintos elementos, si están muy próximos.

La tecnología para identificación por frecuencias de radio hace posible la identificación a distancia y sin cables de objetos a los que se les ha incorporado etiquetas electrónicas. RFID pertenece a una amplia gama de tecnologías para adquisición de datos e identificación automática en la que también se incluyen los códigos de barras que aparecieron hace 50 años y son ampliamente utilizados, la lectura de caracteres ópticos, los sistemas infrarrojos de identificación y otros.

Ya existen impresoras para producir etiquetas RFID, que contienen un código de barras junto al chip embebido, y que permiten a las empresas ampliar y acelerar la impresión RFID en palés (que suelen ser alquilados) y cajas de embalaje, cumpliendo con las actuales y futuras normativas de la industria de identificación por radiofrecuencia.

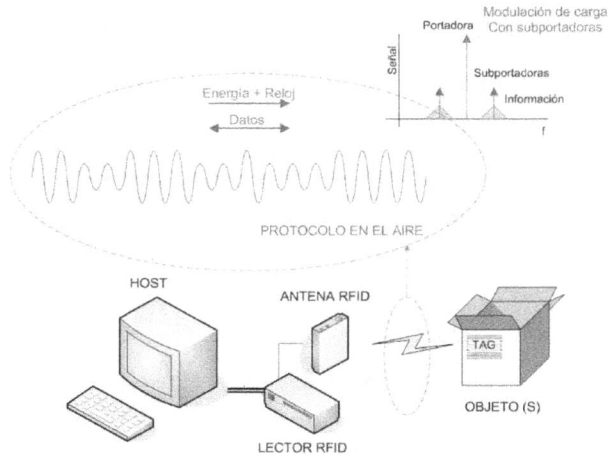

*Figura 5.29. Funcionamiento de un sistema RFID básico*

La tecnología de RFID es extremadamente versátil y se puede aplicar a una gama diversa de sectores comerciales e industriales, para:

– Identificación y seguimiento de objetos, personas y animales.

– Confirmación de la propiedad.

– Verificación de la autenticidad.

– Almacenamiento y actualización de la información referente a objetos o a personas específicos. Por ejemplo, tarjeta sanitaria.

– Trazabilidad de procesos (cadenas de montaje).

Una de las últimas aplicaciones, curiosa al menos, es su implantación en la mano de los soldados, de tal manera que su arma solamente pueda ser disparada por él, así si se la quitan sería un objeto inútil y no podría ser utilizada en contra de nadie.

## 5.10.2 Tecnología RFID

Las etiquetas inteligentes (*RFID Tags*) consisten en un chip o circuito integrado con memoria de datos, capaz de ser leído y/o escrito sin contacto, vía ondas de radio, usando antenas. Estas etiquetas se usan en los siguientes casos:

- En ambientes donde una etiqueta con código de barras se maltrata o pinta y puede quedar ilegible.

- Cuando no existe línea directa de observación con el objeto que es leído o la etiqueta sobre el mismo.

- Cuando se desee eliminar o reducir la necesidad de una base de datos central con conexiones a cada punto de lectura y escritura, ya que los datos residen en la etiqueta y no necesitan ser consultados.

Existen dos componentes clave en un sistema de RFID:

La **etiqueta** (*RFID tag* o *transponder*) que incorpora una antena y un microchip con memoria que puede ser leído a distancia, a través del aire, sin necesitar línea de visión directa. Las etiquetas se clasifican dentro de tres gamas de frecuencia: frecuencia baja, intermedia y alta. Estas etiquetas necesitan programarse, si no vienen ya de fábrica, para lo que existe un dispositivo de usuario especial, que puede ser el propio lector.

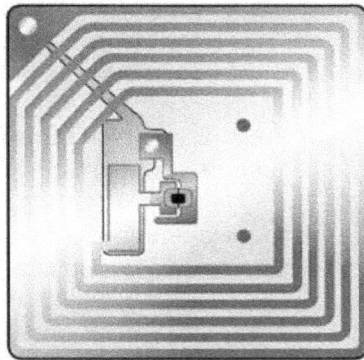

*Figura 5.30. Etiqueta (tag) RFID*

El **lector** y **antena**: el lector (*transceiver*) consta de un módulo RF y una lógica de control (decodificador), mientras que la antena (*antenna/coil*) es la unidad que transmite o induce (y recibe) una señal radioelectromagnética o electroestática que activa las etiquetas que se hallen en su campo de lectura, provocando que esta refleje su información en el lector, en menos de 100 ms. Ambos elementos pueden estar separados o integrados en el mismo equipo, y se comunican con el servidor que procesará los datos recibidos. La potencia de emisión está en torno a 100 mW y, por norma, nunca puede superar 1 vatio.

*Figura 5.31. Lector de mano para etiquetas RFID*

Estos elementos pueden ser fijos, por ejemplo, para leer los elementos en una cinta transportadora, o portátiles, para ser utilizados con elementos que pueden estar en cualquier lugar. En el caso de lectores fijos, la antena suele tener una polarización lineal, mientras que para uno portátil lo más adecuado es una polarización circular, ya que la RF es invisible y su alineación no puede ser hecha visualmente, como sucede con los lectores de infrarrojos.

Las etiquetas RFID, que están disponibles en una amplia gama de estilos y de materiales para satisfacer cualquier uso, pueden ser clasificadas en:

- **Activa/Pasiva**: una etiqueta activa usa las propias baterías que lleva incorporadas (por lo que es de gran tamaño), mientras que una pasiva no, ya que emplea la energía recibida de la antena lectora para transmitir sus datos. La consecuencia directa de este hecho es que las etiquetas pasivas son de un costo mínimo (en torno a 0,1 euro) y son más pequeñas; podrán contar con un rango más bajo de lectura, pero también cuentan con una vida teóricamente indefinida (pueden durar hasta 30 años, frente a los no más de 10 que dura una activa).

- **Solo lectura/Lectura-escritura**: una vez que una etiqueta de solo lectura ha sido programada (memoria ROM), cuya capacidad no supera los 128 bits, ya sea durante su fabricación o antes de su primer uso, con un código de identificación único, este no puede ser cambiado. Tales etiquetas identifican un registro en una base de datos describiendo el objeto "etiquetado". Las etiquetas de lectura-escritura (por ejemplo, memoria EEPROM, no volátil), con mayor capacidad –de 512 bits hasta 1 MB– ofrecen la habilidad de contar con información actualizada o añadida y por lo tanto son aplicables para requerimientos de información variable. Una aplicación de estas etiquetas es, por ejemplo, en las cadenas de montaje de automóviles, donde la etiqueta cuenta con un código que se va actualizando cada vez que se realiza alguna operación, para identificar el estado actual del vehículo en la cadena.

Existen etiquetas específicas para cada tipo de soporte y, así, las hay para papel, vidrio, metal o madera, ya que si se colocan en otro distinto para el que han sido diseñadas su "sintonía" puede variar y el lector daría una lectura errónea.

## 5.10.2.1 RFID COMPARADO CON LOS CÓDIGOS DE BARRAS

La alternativa a los sistemas RFID son los códigos de barras, que es uno de los métodos de identificación impresa más sencillos y extendidos, por lo que dentro de muchos años es previsible que siga existiendo. Algunos expertos pronostican que de aquí a 10 años, al menos el 90% de los códigos de barras usados hoy continuarán en uso pero, por otra parte, la tecnología RFID se está desarrollando con una gran rapidez gracias a su empleo en varias aplicaciones importantes en los sectores de la logística y de la gestión del inventario en los almacenes.

Los códigos de barras establecieron las bases para una automatización de procesos de gestión de la cadena de suministros y la adopción de cualquier nueva tecnología tomará en consideración la ventaja comparativa que brindan, además de su relación con él. Por ejemplo: el costo para aplicar los códigos de barras es prácticamente cero, significa aplicar la tinta directamente en el embalaje del producto (no llega a hacer falta siquiera una etiqueta). Así, pues, RFID tendrá que ser compatible con los sistemas y el proceso interno de las compañías, por lo tanto que los códigos de barras y el RFID tendrán que coexistir durante un largo período de tiempo.

Integrada por chips, la etiqueta inteligente tiene capacidad de almacenar una cuantiosa información y permite una lectura múltiple y simultánea, gracias a una nueva tecnología llamada "anticolisión", de varios *items* en un mismo embalaje, algo que no es posible con los códigos de barras. Por otra parte, puede ser reutilizada, tiene mayor durabilidad y es más resistente al frío, al calor y a la humedad. No requiere mantenimiento.

Como se ve, RFID presenta varias ventajas, pero también un problema importante para que su adopción sea rápida y masiva, que es la carencia de unos estándares abiertos –algo en lo que el Global TAG (Grupo de Trabajo sobre RFID), ANSI e ISO están trabajando–, lo que supone una barrera para poner en práctica la tecnología a una escala global.

## 5.10.2.2 RANGO DE FRECUENCIAS

Los sistemas RFID se diferencian por sus frecuencias de operación, lo que determina su rendimiento o tasa de transferencia de datos. La antena del lector emite ondas de radio con un rango de alcance desde 2 cm hasta 30 metros o más, dependiendo de su frecuencia y de la potencia. A baja frecuencia (entre 100 y 500 kHz) los sistemas tienen alcance limitado y bajos costes de puesta en marcha, utilizándose, por ejemplo, para identificación de objetos (inventarios). Los sistemas de alta frecuencia a 13,5 MHz se utilizan para control de accesos y EAS, mientras que los de alta frecuencia UHF (450 a 900 MHz) y microondas (2,4 GHz a 5,9 GHz) ofrecen mejores rendimientos, es decir, un mayor alcance y velocidad de lectura –hasta de 2 Mbit/s–, pero a consecuencia de mayores costos y de necesitar de una línea de visión directa (sus aplicaciones típicas son en los sistemas automáticos de peaje o telepeaje en autopistas, sin que el vehículo se tenga que detener, simplemente hace falta que reduzca su velocidad).

## 5.10.3 Redes de sensores inalámbricos

Una WSN (*Wireless Sensors Networks*) es un conjunto de elementos autónomos (nodos) interconectados de manera inalámbrica, con poca capacidad de procesamiento, muy bajo consumo energético y bajo coste. Los sensores miden variables como la luz, temperatura, viento, presión y humedad. Son redes *ad-hoc* sin infraestructura física preestablecida ni administración central. Hoy en día disponemos de toda una serie de tecnologías inalámbricas, como son Bluetooth, Wi-Fi, ZigBee, etc., que permiten la construcción de las denominadas redes de sensores o WSN.

En la actualidad existe una norma que las regula, la IEEE 802.15.4, un estándar que define muchas de las características que estas redes poseen. A su vez, son varias las tecnologías/protocolos que las complementan, entre las que podemos destacar: ZigBee y 6LoWPAN, que presentan algunas características comunes; Wi-Fi y Bluetooth también son otras tecnologías posibles, pero su campo habitual de aplicación suele ser otro, y además tenemos otros, aunque mucho menos conocidos, como WirelessHART (*Wireless Highway Addressable Remote Transducer Protocol*) o Z-Wave.

Esta clase de redes se caracterizan por su facilidad de despliegue y por ser autoconfigurables, pudiendo convertirse los nodos en emisor, receptor, ofrecer servicios de encaminamiento entre nodos sin visión directa, así como registrar datos referentes a los sensores locales de cada nodo.

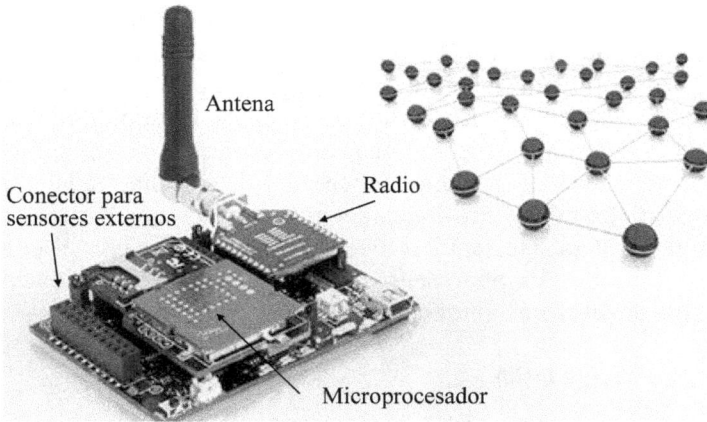

*Figura 5.32. Elementos típicos de una WSN*

Las WSN se basan en dotar a cada nodo de enlaces de radio (*wireless*) de baja potencia, de tal modo que el área de cobertura es relativamente pequeña. De esta forma se consigue economizar de forma significativa el consumo de potencia, mientras que, en cambio, es necesario proporcionar mecanismos de encaminamiento con múltiples saltos (*hops*), que permitan la comunicación con los nodos más alejados. Otra ventaja es la reutilización de frecuencias, ya que dos nodos con áreas de cobertura disjuntas podrán emplear la misma banda de transmisión. Si la densidad de nodos es lo suficientemente grande, este mecanismo permite establecer múltiples rutas para cada destino posible, permitiendo la implementación de técnicas de tolerancia a fallos contemplando rutas redundantes –y de gestión global de energía– empleando rutas alternativas para balancear el consumo entre los distintos nodos.

Las parejas sensores/nodos tienen la capacidad de conformar una red *ad-hoc*, esto es, una red sin infraestructura física preestablecida ni necesidad de control central que coordine su actividad. Una característica de este tipo de redes es su capacidad de autoconfiguración, de modo que los nodos pueden trabajar como emisores o receptores y pueden establecer caminos de comunicación entre nodos sin visibilidad directa y modificar estos caminos si alguno de los nodos que participe en el encaminamiento falla. Además, las redes de sensores en su configuración *ad-hoc* pueden implementar protocolos de búsqueda que les permitirán conocer la posición de los diferentes nodos (y por ende, la topología de la red) de forma no centralizada, transmitiéndose la información salto a salto. Esto facilita notablemente el despliegue y mantenimiento de la red, que es resistente a caídas y fallos.

Otra de sus características es su gestión eficiente de la energía, que les permite obtener una alta tasa de autonomía que las hace plenamente operativas. Además de los requerimientos de larga duración, debe considerarse el tamaño, peso y disponibilidad de las baterías. El consumo energético es uno de los factores más sensibles debido a que tienen que conjugar autonomía con capacidad de proceso. Un nodo sensor tiene que contar con un procesador de consumo reducido, así como de un transceptor radio con la misma característica, a los que hay que agregar un software optimizado para que requiera pocos recursos, haciendo el consumo aún más restrictivo. Así, pues, un nodo sensor, dotado de una pequeña batería del tipo AAA o botón, puede tener una autonomía de hasta dos años.

## 5.10.3.1 ARQUITECTURA

Los nodos de una red inalámbrica de sensores están, típicamente, organizados en uno de los tres tipos de topologías de red siguientes.

- **Estrella**. En esta topología cada nodo se conecta directamente al *gateway*.

- **Árbol**. Cada nodo se conecta a un nodo de mayor jerarquía en el árbol y después al *gateway*, los datos son encaminados desde el nodo de menor jerarquía en el árbol hasta el *gateway*.

- **Malla**. La característica de esta topología es que los nodos se pueden conectar a múltiples nodos en el sistema y pasar los datos por el camino disponible de mayor confiabilidad.

Las redes de sensores están integradas por unos dispositivos autónomos, conocidos como "motas", cuyas características más relevantes son:

- Comunicación inalámbrica
- Ultra bajo consumo
- Capacidad de procesamiento
- Tamaño reducido
- Capacidad para integrar sensores

El término "mota" proviene de la traducción inglesa de la expresión "mota de polvo", con la finalidad de indicar en una sola palabra dos de los conceptos principales: su pequeño tamaño y la idea de que pueden estar situados en cualquier lugar. Una mota es un pequeñísimo dispositivo compuesto de: un microprocesador con memoria, sensor(es), una radio de baja potencia y una batería (generalmente, unas pilas del tipo AAA). Una mota tiene un alcance máximo de comunicación inalámbrica de hasta unos 150 o 200 metros.

Existen muchos tipos de sensores: de temperatura, humedad, presión, vibración, humo, líquidos, nivel, etc. Los sentidos de los seres humanos son sensores químicos, altamente desarrollados, que usan las propiedades fisicoquímicas de la materia para convertirlas en impulsos eléctricos interpretados por el cerebro, y crear la realidad.

### 5.10.3.2 ALGUNAS APLICACIONES

Estas redes tienen aplicaciones muy variadas en sectores muy heterogéneos, como medioambientales, sanidad, hogar, industriales o militares. Algunas áreas de aplicación son:

- Medicina: es un campo bastante prometedor.

- Domótica: su tamaño, economía y velocidad de despliegue las hacen una tecnología ideal para domotizar el hogar a un precio asequible.

- Automoción: las WSN son el complemento ideal a las cámaras de tráfico, ya que informan de la situación del tráfico en ángulos muertos.

- Sensores industriales: en las fábricas y naves industriales existen complejos sistemas de control de calidad, y el tamaño de estos sensores les permite situarlos en casi cualquier lugar.

- Sensores ambientales: el control ambiental de vastas áreas de bosque o de océano sería imposible sin las redes de sensores. El control de múltiples variables, como temperatura, humedad, fuego, actividad sísmica, ruido, etc.

Un tipo particular de este tipo de redes son las llamadas redes corporales o BAN (*Body Area Networks*) por su denominación en inglés. Así, las redes de área corporal no son más que una red de sensores inalámbricos entre varios dispositivos situados en el cuerpo de un usuario, que se conectan, comparten información, y, en algunos casos, se enlazan con otras personas o con Internet para el intercambio o transferencia de datos.

## 5.11 WIMAX

WiMAX es un estándar que define una red de banda ancha inalámbrica (WLAN o WMAN) que permite la conexión sin necesidad de visión directa (*line of sight*), presentándose así como una alternativa de acceso frente al cable y al ADSL para los usuarios residenciales, como una posible red de transporte para los *hot spots* Wi-Fi y una solución para implementar plataformas empresariales de banda ancha.

WiMAX fue creado con el mismo objetivo que tecnologías como xDSL y cable-módem: la distribución de banda ancha a usuarios finales y su fortaleza es tener la posibilidad de alcanzar lugares geográficos a los que estas tecnologías no pueden llegar, ofreciendo movilidad a los usuarios. El problema para WiMAX es que en muchas ocasiones este objetivo ya se haya logrado con Wi-Fi. Solamente el tiempo, las decisiones y hechos comerciales decidirán la suerte de WiMAX, pero en un principio parece una tecnología prometedora y de futuro, siempre que se apueste por ella.

La tecnología acceso de banda ancha WiMAX –estándar IEEE 802.16– satisface la creciente demanda de banda ancha e integra servicios de voz y datos, tanto comerciales como residenciales, asegurando calidad de servicio (QoS), algo que las redes Wi-Fi no son capaces de ofrecer. También, recientemente, se ha aprobado el estándar 802.26e, que permite el desplazamiento del usuario de un modo similar al que se puede dar en GSM/UMTS, conocido como WiMAX móvil.

Por otra parte, las grandes empresas de telecomunicaciones pueden usar esta tecnología para la creación de una plataforma de comunicaciones común para sus distintos clientes –definiendo perfiles para las grandes empresas, los usuarios residenciales, pymes, etc.– dejando de depender de las líneas alquiladas o redes de cable, actualmente en manos de unas pocas compañías.

La tecnología WiMAX se enfoca especialmente para su empleo en las ciudades densamente pobladas y ha sido optimizada para trabajar sin necesidad de visión directa, de manera similar a lo que sucede con las comunicaciones móviles celulares (GSM, UMTS), alcanzando un gran radio de cobertura, de hasta 70 km. Pero esta nueva tecnología no es solo un avance en cuanto a calidad de conexión en el mundo inalámbrico, sino que también se espera que pueda proveer de banda ancha a cualquier lugar sin posibilidad de acceso por cable, por ejemplo en las zonas rurales a las que no llega el ADSL, actuando en conexión punto a punto (como un radioenlace), punto a multipunto, o redes malladas, evitando así el tener que hacer uso de los satélites de comunicaciones, una solución mucho más cara. Véase la figura 5.33.

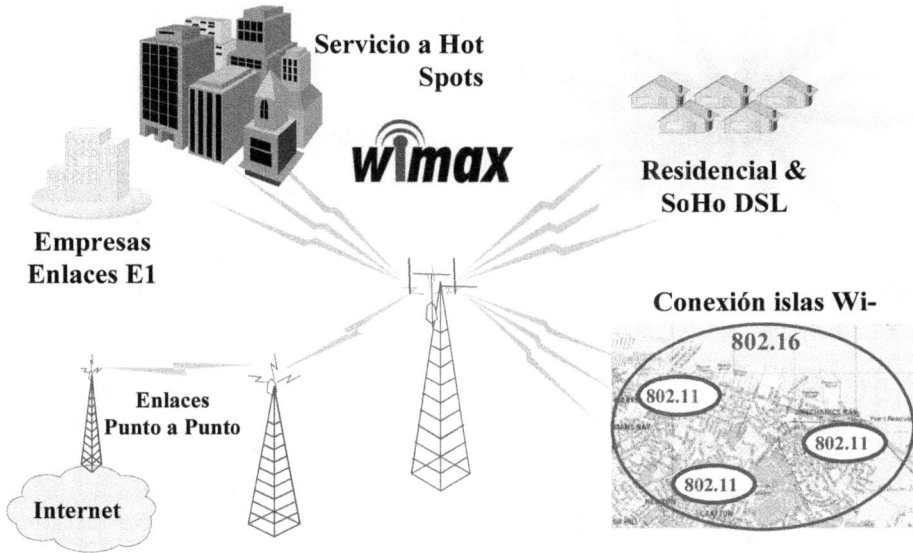

*Figura 5.33. Diversos entornos para aplicación de WiMAX*

Por sus características, WiMAX se puede utilizar tanto en entornos reducidos (por ejemplo, una oficina), como en un entorno público y ofrece un gran ancho de banda, permitiendo tanto comunicaciones de voz como de datos (multimedia). Si operase en bandas de frecuencia libre (2,4 y 5 GHz, las mismas de Wi-Fi y Bluetooth) que no requieren licencia, podría ser considerado una amenaza a las actuales redes Wi-Fi, e incluso a las redes celulares de 3G.

## 5.11.1 Funcionamiento

WiMAX (*Worldwide Interoperability for Microwave Access*), aprobado y ratificado en marzo de 2003 en el WiMAX Forum, se basa en la normativa IEEE 802.16a (con un espectro de frecuencia que oscila desde los 2 hasta los 11 GHz, aunque en la primera versión abarcaba de 10 a 66 GHz, lo que requería de visión directa por tan alta frecuencia), y pretende alcanzar el primer puesto de la industria en redes inalámbricas –transmisión por radio– para cubrir áreas metropolitanas (MAN), ofreciendo a través de un gigantesco *hot spot* (punto de acceso) transferencias de hasta 75 Mbit/s, o incluso más. Además, si tenemos en cuenta las diferencias con la tecnología Wi-Fi (IEEE 802.11a, b y g) donde los enlaces (entre 11 y 54 Mbit/s) a los puntos de acceso no pueden superar los 500 metros, salvo que se utilicen antenas muy directivas, comprobamos cómo WiMAX supera a Wi-Fi gracias a su capacidad de cobertura de aproximadamente 50 km a la redonda desde la estación base, suficiente para cubrir una urbe con gran densidad de población.

Los accesos WiMAX permiten integrar varios servicios, tales como:

– Acceso a recursos locales/Internet.

– Servicio integrado de datos/voz. Soporte de VoIP.

– Distribución de TV y vídeo bajo demanda (VoD), etc.

Los accesos de radiofrecuencia WiMAX ofrecen un alto grado de escalabilidad y movilidad, siendo estas características las que convierten a este tipo de sistemas en un medio de comunicación ideal, permitiendo de esta forma extender de manera fiable y eficiente la conectividad ofrecida por otros medios que pudieran estar ya implantados, como son las redes ópticas, sistemas XDSL, ATM, *Frame Relay*, etc. El negocio real de WiMAX es su orientación a los proveedores de servicios de Internet (ISP) como lo pueden ser Jazztel, Telefónica, Orange, etc., facilitándoles el dotar de banda ancha a los clientes sin necesidad de tender un cable físico hasta el usuario final (lo que se conoce en EE.UU. como la última milla y en Europa como el bucle de abonado). Con WiMAX se eliminan las conexiones lentas, se acelera el alta de línea y no se limitan los movimientos del usuario.

Solamente se requiere que el usuario disponga en su domicilio de una pequeña antena receptora para captar las emisiones del operador, que incluso puede estar integrada en su propio PC o tableta, de manera similar a lo que ocurre en Wi-Fi. A partir de la señal recibida, esta se puede enviar directamente al terminal o, por ejemplo, a un *router* para su distribución a través de una LAN Ethernet a varios puestos de trabajo, siendo la comunicación bidireccional y a gran velocidad.

WiMAX no es un rival para ADSL y el cable, sino más bien un complemento ya que su objetivo es cubrir zonas a las que no llegue el cable (tecnología fija), utilizando la radio pues es más económico que hacerlo mediante el satélite o UMTS, que también utilizan ondas de radio para la comunicación.

Con WiMAX, al poseer mayor cobertura que Wi-Fi, se puede dar servicio a aquellas zonas a las que no se llegase con esta última tecnología, siendo ambas complementarias, pero, también, las compañías que ofrecen *hot spots* Wi-Fi se pueden llegar a sentir amenazadas ya que WiMAX ofrece características que no están contempladas en Wi-Fi, como por ejemplo QoS (*Quality of Service*) que es fundamental para la distribución de audio y vídeo a través de la red.

# 5.12 EL TRUNKING (RADIOTELEFONÍA PRIVADA)

Aquí aparece un servicio nuevo que no habíamos visto, que es el *trunking*. Llamamos *trunking* a la telefonía móvil, pero para un grupo cerrado de usuarios (flotas) con gestión automática de llamadas y canales. Imaginemos una flota de camiones que se dedica a llevar hormigón y hay que avisarles por radio dónde tienen que ir ahora, para que el hormigón no se fragüe, o alguien que hace repartos, a los taxistas, o la policía, o los bomberos, que tienen redes de uso para ellos solos, pues a ese sistema se llama *trunking*.

Dado que el espectro radioeléctrico es un bien escaso, se hace necesaria su cuidadosa administración. Así, en el servicio móvil cada vez es mayor la escasez de frecuencias disponibles, por lo que en algunas redes para grupos cerrados de usuarios móviles con un gran número de terminales se utilizan técnicas de multiacceso que se basan en la compartición de las frecuencias disponibles, denominándose a tales sistemas troncales (*trunking*) o de compartición de accesos, que a su vez, pueden ser totalmente autónomos o tener enlaces con otros sistemas públicos, fijos o móviles.

Estos sistemas están orientados a la comunicación entre usuarios pertenecientes a un mismo grupo (flotas de vehículos, servicios de emergencia, compañías de servicios, etc.) y el servicio se concibe para conexiones de corta duración, por lo que el sistema puede acomodar un gran número de ellos con un grupo muy reducido de frecuencias y así el coste de operación es muy bajo ya que los canales son compartidos por todos. El inconveniente principal es que su calidad no es buena comparada con los sistemas de telefonía móvil pública y, además, si no están bien dimensionados, el grado de probabilidad de ocupación de los canales es alto y algunas llamadas pueden ser rechazadas.

Estos servicios, antes soportados exclusivamente en redes privadas (PMR), han sido abiertos a la competencia, beneficiándose los grupos de usuarios de la compartición de las redes, y teniendo así acceso al servicio grupos de usuarios de muy pocos terminales.

Hay un *trunking* público, con varios operadores, a los que se puede contratar el servicio. Ponen un terminal en cada vehículo y nos cobran una cantidad al mes fija, independiente del tráfico, pero eso sí, normalmente limitando la conversación a un minuto de tiempo para evitar congestiones. Como son para aplicaciones profesionales, en un minuto da tiempo para decir cuál es el siguiente sitio donde hay que ir, o qué es lo que hay que hacer. *Trunkings* privados, en autoprestación, hay muchos. Ejemplo: los autobuses para manejar su flota, los taxistas, las empresas eléctricas, tienen todas sus *trunkings*. En este caso, no se limita el tiempo y la cobertura es la que se desee.

Hay dos tipos de tecnología analógica, la que se usa para aplicaciones "civiles", flota de camiones, etc., que se llama MPT1327, que es un estándar desarrollado en Inglaterra. Por ejemplo, la red de *trunking* que tiene en Madrid el Canal de Isabel II. Y hay otro sistema de *trunking* para empresas de seguridad, bomberos, policías, en el que el estándar más frecuente es uno americano que se llama APCO, que es el estándar que empezó teniendo la policía municipal en Madrid. Lo que pasa es que de nuevo, en Europa, se ha desarrollado un sistema de *trunking* digital que se llama TETRA, y que ha sustituido al analógico.

*Figura 5.34. Equipo para comunicación en una red trunking*

## 5.12.1 El estándar TETRA

TETRA (del inglés: *TErrestrial Trunked RAdio*) define un sistema móvil digital de radio y nace por decisión de la Unión Europea con el objeto de unificar diversas alternativas de interfaces de radio digitales para la comunicación entre los profesionales de distintos ámbitos. El estándar TETRA ha sido desarrollado por el ETSI, utiliza la técnica de acceso TDMA similar al estándar GSM, y utiliza cuatro ranuras de tiempo para la portadora cuyo ancho de banda es de 25 kHz y permite llamadas tanto de grupo como de canal abierto. Soporta servicios de voz por circuito conmutado, servicios de datos por paquetes conmutados, con numerosos teleservicios y encuentra su principal aplicación para servicios de seguridad y emergencia, como son los de policía, guardia civil y bomberos.

Sus características principales son:

- Reducido ancho de banda (espaciado de canales de 25 kHz en Europa).

- Soporta la transmisión de voz y datos a diversas velocidades.

- Posibilidad de codificar los canales para prevenir escuchas ilegales.

- Rapidez en el establecimiento de llamada.

- Llamadas dúplex y semidúplex (operación del tipo "pulsar para hablar"), con un mejor aprovechamiento del canal.

- Llamadas individuales y de grupo. Comunicaciones uno a muchos lo que mejora la gestión de grupos. Dispone de canales de difusión.

- Soporta la transmisión de paquetes de datos (PDO) y de alta velocidad.

- Utilización de una banda de frecuencias (típicamente 410-430 MHz) mucho más baja que GSM, lo que supone una menor necesidad de equipos repetidores para dar cobertura a una misma zona geográfica.

- Infraestructura propia separada de las redes de telefonía móvil públicas, con estaciones repetidoras que trabajan a mayor distancia.

Desarrollado para cumplir las necesidades de los servicios de emergencia por su seguridad en las transmisiones de voz y datos, TETRA ha sido adoptado en cualquier sector usuario de radio móvil, siendo sus principales diferencias la eficiencia espectral ya que utiliza 4 canales lógicos en un canal de 25 kHz, transmisión de datos en modo de conmutación de paquetes o circuitos, modulación digital para conseguir una alta calidad en voz y encriptación. Permite varios modos de funcionamiento: modo directo, compartido y modo repetidor, mejorando las propiedades de las llamadas con respecto a otros sistemas digitales.

La comunicación entre la radio móvil y la estación base está dividida en dos bandas, una para el canal ascendente y otra para el descendente (dúplex por división de frecuencia). TETRA utiliza una modulación por desplazamiento de fase diferencial en cuadratura π/4 DQPSK (*Differential Quaternary Phase Shift Keying*), un tipo de modulación altamente eficiente con los recursos espectrales, pero que requiere una gran linealidad en todos los componentes de RF, especialmente en los amplificadores de potencia de RF de las radios.

Los servicios TETRA están basados en tres tipos de servicios principales con diferentes interfaces radio, todos ellos especificados por el ETSI:

- **Voz y datos (V+D)**: transmisión a través de circuitos conmutados.

- **Paquete optimizado de datos (PDO)**: tráfico de datos basado en la conmutación de paquetes.

- **Modo directo (DMO)**: transmisión de voz unidireccional (simplex) entre dos sistemas móviles sin utilizar una red. Sobre un canal físico se pueden establecer dos llamadas DMO simultáneas.

Un estándar similar es el TETRAPOL, utilizado por numerosas fuerzas policiales en Europa, que opera, entre otras, en la banda de frecuencias armonizada, de 380-400 MHz, para este servicio. Dado el eficaz método que utiliza, FDMA, el número de repetidores necesarios para cubrir una zona es menor en comparación con un método de acceso TDMA (Acceso Múltiple por División en el Tiempo).

TETRAPOL es un protocolo desarrollado por la empresa EADS a finales de la década de los ochenta, con el objetivo de proporcionar un sistema digital troncalizado para las fuerzas de seguridad de Francia. Es un sistema FDMA que funciona en canales de 10 o 12,5 kHz, ofreciendo 2 canales por cada 25 kHz (mitad del protocolo TETRA).

A pesar de ser considerado un protocolo abierto, no es un protocolo reconocido por ETSI y solo es compatible con un fabricante. Además, es un sistema que carece de varias de las características ya presentes en otros sistemas como el TETRA. En algunos países de América Latina, incluyendo Brasil y México existen estos sistemas; sin embargo, los nuevos están migrando hacia otras tecnologías con mejor eficiencia espectral y funcionalidades más avanzadas.

# Capítulo 6

# LEGISLACIÓN DE TELECOMUNICACIONES

## 6.1 INTRODUCCIÓN

La regulación en telecomunicaciones –explotación de las redes y prestación de servicios de comunicaciones electrónicas, en un sentido amplio– ha tenido por objetivo la desaparición de los monopolios existentes, y ha provocado la gran revolución, el gran cambio, que se ha dado durante los últimos años, y que aún sigue dándose en algunos países, en el ámbito de las telecomunicaciones.

A lo largo de este capítulo vamos a ver en qué consiste, cómo se maneja la regulación en las telecomunicaciones, quién lo decide en el ámbito de la Unión Europea (UE), quién decide al nivel de España y cómo se aplica. Hay que tener en cuenta que los países no van por libre, sino que se dictan normas comunes que afectan a los que se encuentran dentro de un mismo entorno, sobre todo en el caso de la Unión Europea, donde en el tiempo, todos sus miembros han de practicar una política de telecomunicaciones común, armonizada.

En otros países, fuera de la Unión Europea, la situación puede ser muy diferente, dependiendo, fundamentalmente, de su grado de desarrollo, de los criterios de competencia que fijen sus gobiernos y de los intereses económicos de ciertos grupos poderosos de presión (*lobbies*). Un caso especial es el de los Estados Unidos, muy avanzado en muchos aspectos y donde la Comisión Federal de Comunicaciones (FCC, por sus siglas en inglés) fue establecida por la Ley de Comunicaciones de 1934 como una agencia independiente del gobierno, que tiene a su cargo la reglamentación de las comunicaciones interestatales e internacionales por radio, televisión, teléfono, satélite y cable.

Como es imposible abordar todas y cada una de las situaciones posibles que se dan, en el texto nos ceñiremos a estudiar la situación de la Unión Europea, ya bastante compleja en sí misma, por la variedad de países que la forman y por la diferente situación histórica que han vivido a lo largo del último siglo.

# 6.1.1 El marco regulador en la UE

La Unión Europea está basada en la libre economía de mercado. Las redes y servicios de telecomunicación que, en su día, se calificaron como servicio público, prestados en muchos países bajo régimen de monopolio, se definen ahora en la UE como servicios de interés general prestados en régimen de competencia.

El marco regulador de cada uno de los países miembros no puede analizarse sin hacer una serie de consideraciones referentes a la normativa de la Unión Europea. El denominado "Paquete Telecom", aprobado en 2002 y modificado posteriormente en 2009, ha dado lugar a una profunda transformación a nivel europeo en la regulación del sector de las comunicaciones electrónicas y dotado a las denominadas genéricamente como Autoridades Nacionales de Reglamentación (ANR) de nuevas competencias para el correcto desarrollo del sector, bajo la coordinación de las instituciones europeas, muy particularmente, la Comisión Europea, como se comentará a continuación.

Desde una perspectiva legislativa, el marco regulador de las comunicaciones electrónicas en la UE sufrió una profunda transformación en el año 2002 (Directiva 2002/21/CE, relativa a un marco regulador común de las redes y los servicios de comunicaciones electrónicas), seguido por otro importante cambio en el período 2007-2010. El nuevo marco regulatorio pretendía:

**Evolución hacia un control *ex-post*, basado en las normas de derecho de la competencia**

- Propone eliminar progresivamente el control regulatorio sectorial *ex-ante* a medida que se desarrolla la competencia efectiva en los mercados.
- Deposita confianza en el propio mercado, como mecanismo óptimo para el desarrollo de las redes y servicios de comunicaciones electrónicas.

**Principio de proporcionalidad**

- Solo habrá de aplicarse regulación sectorial *ex-ante* cuando sea estrictamente necesario para garantizar la competencia efectiva y corregir actuales o potenciales fallos en el mercado, siempre y cuando los remedios del derecho de la competencia *ex-post* no hayan sido suficientes.

## 6.1.1.1 EL PAQUETE TELECOM

La apertura del mercado de las telecomunicaciones a la competencia tuvo un efecto catalizador en un sector antes reservado a los oligopolios. Con el fin de encauzar esta evolución, las instancias responsables europeas han adoptado una legislación que está en consonancia con el progreso tecnológico y con las exigencias del mercado. Esta evolución se ha traducido en la adopción de un nuevo marco regulador de las comunicaciones electrónicas cuyo objetivo principal es reforzar la competencia, facilitando la entrada en el mercado de nuevos operadores, y estimular la inversión en este sector.

Así, pues, la Unión Europea aprobó, en febrero de 2002, el primer llamado "Paquete Telecom" (marco jurídico base que regirá el funcionamiento de las telecomunicaciones en los países miembros de la Unión Europea) para la liberalización del sector de telecomunicaciones en Europa, con un plazo de quince meses para que los países miembros lo incluyesen en sus legislaciones nacionales.

El Paquete Telecom, para incrementar la competencia en este sector, es una reforma completa del marco reglamentario de las comunicaciones electrónicas y sirve para adaptar las normas de manera que lleven a una convergencia entre las comunicaciones, la tecnología de la información y los medios de comunicación. Este nuevo conjunto de medidas ofrece a los consumidores mejores oportunidades en términos de precios y calidad, y proporciona mayor transparencia y certidumbre legal para todos los actores que operan en el mercado único.

El Paquete Telecom incluye, entre otros elementos, una directiva de regulación común para las redes de comunicación electrónica y servicios y otra sobre fijación de principios por los que se rigen las autoridades reglamentarias nacionales (ARN). Así mismo, está compuesto por una directiva de acceso e interconexión, la de autorización, la de servicio universal y derechos de los usuarios, y la de protección de datos, así como de una decisión comunitaria relativa al espectro radioeléctrico.

Uno de los puntos fundamentales del acuerdo es que el Ejecutivo comunitario tendrá derecho de fiscalización sobre los regímenes reglamentarios nacionales de telecomunicaciones. Además, la Comisión podrá obligar, en caso necesario, a las autoridades nacionales a anular decisiones referentes a puntos esenciales en relación con el funcionamiento del mercado único. Esta facultad es esencial para asegurar que en Europa se aplican normas justas a operadores y usuarios de los servicios de telecomunicaciones. Este nuevo paquete es "tecnológicamente neutral" al tratar a todas las redes de transmisión de la misma forma y dota a la UE de un marco legal en favor de la competencia que va más allá del que poseen sus mayores socios comerciales.

### El nuevo Paquete Telecom

Con el paso de los años, el primer Paquete Telecom se quedó desfasado y, en noviembre de 2009, se aprobó por el pleno del Parlamento Europeo, tras casi 3 años de tramitación, uno nuevo. No fue nada fácil llegar a un consenso en este último paso en la liberalización del mercado de las telecomunicaciones, y unos países han tenido que ceder en sus propuestas iniciales para que ello fuese posible y así poder armonizar todas las legislaciones nacionales.

Este paquete de reforma de las telecomunicaciones, que los países tenían que trasponer antes de junio de 2011 a las legislaciones nacionales, incorpora muchas nuevas medidas. Así, el paquete incluye medidas para estimular la competencia y la inversión del sector en redes de nueva generación, y abrir nuevas vías para la utilización del espectro radioeléctrico, un bien escaso y que, últimamente, está en boca de todos, con el *refarming* (neutralidad tecnológica) de las bandas de GSM y UMTS, la asignación del dividendo digital tras el apagón analógico de la televisión, y la licitación de nuevas bandas (2,6 GHz) de frecuencias. También, contempla medidas para garantizar la "neutralidad" de la red y que los operadores no puedan discriminar servicios como el P2P o las llamadas de voz por Internet (VoIP), dos actividades que se han desarrollado mucho con la proliferación de la banda ancha y las "tarifas planas" y que, de alguna manera, son el "catalizador" que está impulsando su crecimiento, si bien su uso abusivo puede llegar a saturar la red por un exceso de tráfico, e incluso tener efectos negativos en los ingresos de los operadores que ofrecen el servicio móvil, por ejemplo, con la proliferación de *smartphones* con IP.

Además, pone sobre el papel nuevas disposiciones para proteger mejor los derechos de los consumidores, como es el poder cambiar de operador en un solo día, frente a los siete de media en esos momentos, defenderse mejor del *spam* y las *cookies* o acceder más fácilmente al número de urgencias 112. Otros de los aspectos más polémicos han sido la posible desconexión de los usuarios de Internet por parte de las autoridades en determinados casos, o el que los operadores de telecomunicaciones no puedan crear contratos de permanencia superiores a 24 meses. Además, los contratos deberán especificar la calidad mínima del servicio, las indemnizaciones y reembolsos, si estos niveles no se cumplen.

Otra de las novedades más importantes que se aprueban es el nuevo Organismo de Reguladores Europeos de las Comunicaciones Electrónicas (ORECE), un organismo fuera de la influencia política de los gobiernos y de la industria, que desempeñará un papel esencial en el fortalecimiento del mercado y que asesorará a la Comisión Europea, y fijará el poder que se da a los reguladores nacionales para imponer a los operadores incumbentes, en casos excepcionales, la "separación funcional", como ya sucede, por ejemplo, en el Reino Unido.

# 6.1.2 El marco regulador en España

La Ley de Ordenación de las Telecomunicaciones (LOT), vigente durante más de 10 años, definía las telecomunicaciones como "servicios esenciales de titularidad pública, reservados al sector público", de forma tal que el reconocimiento de derechos de explotación se producía, por regla general, a través de una concesión, y solo de forma excepcional, tratándose de los servicios de valor añadido que no empleasen espectro radioeléctrico, no consistiesen en servicios de conmutación de datos por paquetes o circuitos o no necesitasen nuevas redes, podía recurrirse a otro tipo de habilitación.

Desde 1987 hasta 1998 estuvo vigente en España la LOT, que sirvió como marco regulador integrado de las telecomunicaciones. En ella se clasificaron los servicios en cuatro grandes apartados:

- Servicios finales (servicios públicos de telefonía básica, télex y telégrafo).

- Servicios portadores (alquiler de circuitos, servicios portadores de difusión de televisión, satélites, etc.).

- Servicios de valor añadido (SVA) (conmutación de datos por paquetes y circuitos, telefonía móvil, radiobúsqueda, radiocomunicaciones terrestres móviles en grupos cerrados, etc.).

- Servicios de difusión (servicios de difusión de televisión).

En 1995 la Ley de telecomunicaciones por cable consideró estos servicios como servicios públicos que requieren disponer de una concesión administrativa para poder ser provistos por los operadores. En ella se establecieron cuatro grandes categorías de servicios por cable similares a los anteriores y dos operadores por demarcación geográfica: Telefónica y otro adjudicatario. La LOT les dio derecho a establecer nuevas redes para proveer los servicios finales o bien los portadores.

Sin embargo, el lento y escaso desarrollo de las redes de cable hizo que la posible competencia entre redes alternativas llegara a tener efecto en España de forma tardía, y lo que pudo ser algo muy importante se ha quedado muy limitado, reducido a un operador de ámbito cuasi nacional, ONO, y otros tres regionales, R, Euskaltel y Telecable, tras un largo proceso de adquisiciones y fusiones.

En abril de 1998 el Parlamento aprobó la Ley General de Telecomunicaciones (LGT) con el objetivo de favorecer la libre competencia y garantizar el contenido de servicio público que las telecomunicaciones mismas tienen. Esta ley se modificó en el año 2003 y, posteriormente, en el 2013, que es la actualmente en vigor.

Así pues, la liberalización total del mercado español es un hecho desde el 1 de diciembre de 1998 y numerosos operadores de redes fijas, telefonía móvil y cable que han obtenido licencia para operar, tanto nacionales como pertenecientes a grupos internacionales, están presentes en nuestro país, ofreciendo numerosos servicios en competencia, como es el caso de Telefónica, Vodafone, Orange, Yoigo, ONO, Jazztel, etc. En algunos momentos ha habido muchos más que ahora, pero, debido a la fuerte competencia, se ha producido una consolidación del mercado, mediante adquisiciones o fusiones, o bien muchos de ellos no han podido soportar la presión y han acabado desapareciendo.

- **Periodo anterior a 1987: Régimen de Monopolio**
- **Periodo 1987-1996: Liberalización mediante la LOT**
- **Periodo 1996-1998: Precompetencia con el RDL 6/1996**
- **Diciembre 1998: Competencia plena con la LGTel.**
- **Año 2003, modificación de la LGT para consolidar el marco armonizado de libre competencia en las telecomunicaciones en la Unión Europea**
- **Año 2013, modificación de la LGT para asegurar la unidad de mercado y marcar las bases para la inversión en redes ultrarrápidas fijas y móviles**

*Tabla 6.1 Proceso de liberalización de las Telecomunicaciones en España*

## 6.2 ORGANISMOS COMPETENTES DE LA REGULACIÓN

El desarrollo del sector de las comunicaciones electrónicas se encomienda a diversas instituciones, tanto nacionales como supranacionales (es decir, creadas en el seno de la Unión Europea), entre las que cabe mencionar las siguientes:

- Comisión Europea (CE)
- Autoridades Nacionales de Reglamentación (ANR)
- Autoridades Nacionales de Competencia (ANC)
- Jueces y Tribunales comunitarios y nacionales

La Comisión Europea juega un papel fundamental en el desarrollo y correcta implementación del marco regulador de las comunicaciones electrónicas. En particular, la CE es la responsable de promover la legislación que, una vez aprobada por las restantes instituciones de la Unión Europea, deberá ser implementada incorporada por los Estados miembros. También juega un rol prominente en la aplicación práctica del marco regulador vigente en la UE.

Así por ejemplo, en relación con la regulación *ex-ante* de mercados (en función de la cual se atribuye a las autoridades nacionales de reglamentación la posibilidad de imponer obligaciones a operadores que ostenten un poder significativo de mercado), la Comisión Europea ejerce un "control preventivo", conforme al cual las propuestas de regulación son sometidas a su escrutinio (en aras, entre otros objetivos, de garantizar la coherencia del marco legislativo a nivel europeo).

Además, junto a la CE (a través de la Dirección General de Competencia), las Autoridades Nacionales de Competencia son las principales garantes de la correcta aplicación *ex-post* de la normativa europea y nacional de competencia.

## 6.2.1 En la Unión Europea

Unión Europea, 5, 6... 12, 15, ...28 países europeos deciden unirse (en 2014 la forman: Alemania; Austria; Bélgica; Bulgaria; Chipre; Dinamarca; Croacia; Eslovaquia; Eslovenia; España; Estonia; Finlandia; Francia; Grecia; Holanda; Hungría; Irlanda; Italia; Letonia; Lituania; Luxemburgo; Malta; Polonia; Portugal; Reino Unido; República Checa; Rumania; Suecia), y deciden que van a tener unas leyes comunes, y se organizan como cualquier país con un parlamento, el **Parlamento Europeo** que es, en definitiva, el que aprueba las leyes, con un **Consejo de Ministros**, que es el que las propone, y con un ejecutivo que es la **Comisión Europea** (CE), cuya responsabilidad es formular políticas y llevarlas a cabo, una vez que han sido aprobadas.

La diferencia con relación a los países es que el Consejo de Ministros no es estable, no es fijo, sino que está compuesto por los representantes de los Gobiernos de las Naciones integrantes; así, cuando hablan de telecomunicaciones, el Consejo de Ministros son los Ministros de Telecomunicaciones de cada país y cuando hablan de agricultura son los Ministros de Agricultura de cada país.

Quien propone las leyes de verdad es el ejecutivo, los funcionarios. La CE, compuesta por los Comisarios designados y el funcionariado de la UE, propone la legislación europea y comprueba, junto con el Tribunal de Justicia, que se aplique correctamente en toda la Unión, por las correspondientes autoridades nacionales o locales. Quien las aprueba en primera instancia es el Consejo de Ministros, quien luego se las manda al Parlamento para que haga la aprobación final.

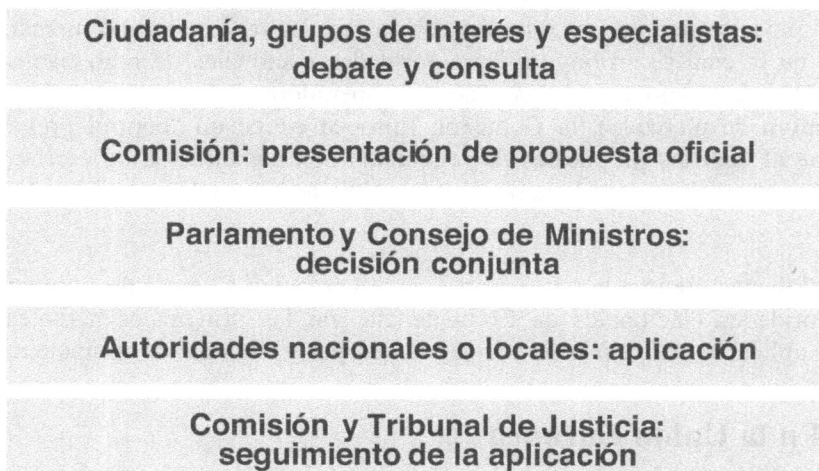

**Ciudadanía, grupos de interés y especialistas: debate y consulta**

**Comisión: presentación de propuesta oficial**

**Parlamento y Consejo de Ministros: decisión conjunta**

**Autoridades nacionales o locales: aplicación**

**Comisión y Tribunal de Justicia: seguimiento de la aplicación**

*Figura 6.1. Fases del Proceso Legislativo en la Unión Europea*

En Europa los funcionarios, los eurócratas, son muy potentes. Están divididos en varias Direcciones Generales (en torno a 40) de servicios especializados, cada una de las cuales informa a la Comisión a través de sus respectivos Comisarios. La Dirección General de Telecomunicación es la XIII (DG XIII), la de Competencias es la IV, estas son las más frecuentemente usadas en telecomunicaciones y son las que proponen las leyes al Parlamento para su aprobación, que previamente han tenido que pasar ciertos y complejos trámites, por medio del Consejo de Ministros de la Unión Europea.

El Consejo de Ministros decide hacer una Ley y la proponen, pero ellos no pueden hacer las leyes que después se aplican en cada uno de los países miembros de la Unión Europea. Lo que hacen es una Directiva, que son unas indicaciones acerca de cómo hay que hacer una Ley, fijando además unos plazos para ello. Pero cada país es soberano para hacer sus leyes; así, en España, las leyes las tiene que aprobar nuestro Parlamento. De manera que lo que hace Europa es proponer cómo debe ser la Ley, eso se llama una Directiva y cada país tiene un año de plazo para convertirla en Ley local.

## 6.2.1.1 AUTORIDADES NACIONALES DE REGLAMENTACIÓN

Por su parte, las ANR son estructuras administrativas que se encargan de la regulación *ex-ante* de las telecomunicaciones en cada Estado, separadas funcionalmente de la Administración, lo que hace que sean independientes de ella. En general, las ANR no poseen capacidad legislativa ni reglamentaria, que depende de los Parlamentos y Gobiernos respectivamente, sino que su función es meramente regulatoria y de arbitraje. Fruto de la nueva normativa europea, las ANR deben atender a los siguientes objetivos generales y principios reguladores:

- Fomento de la competencia en el suministro de redes de comunicaciones electrónicas, servicios de comunicaciones electrónicas y recursos y servicios asociados.

- Desarrollo del mercado interior.

- Promoción de los intereses de los ciudadanos de la Unión Europea.

Las ANR deben cumplir una serie de requisitos, como son los siguientes:

**Independencia**: los Estados miembros garantizarán la independencia de las ANR, velando por que sean jurídicamente distintas e independientes de los suministradores de redes, equipos o servicios de comunicaciones electrónicas. No aceptarán instrucciones de ningún otro organismo.

**Derecho de recurso**: deberán existir mecanismos nacionales eficaces que permitan a cualquier usuario o empresa suministradora de redes o servicios de comunicaciones electrónicas recurrir ante un organismo independiente cuando un litigio lo enfrente a una ANR. Los Estados miembros facilitarán información relacionada con los recursos a la Comisión y al ORECE.

**Imparcialidad y transparencia**: los Estados miembros deberán velar por que las ANR ejerzan sus competencias de manera imparcial y transparente. Deberán también garantizar que, cuando las ANR tengan intención de adoptar medidas que incidan significativamente en el mercado, apliquen mecanismos de consulta de las partes interesadas y publiquen los resultados de la misma.

**Consolidación del mercado interior**: las ANR, la Comisión y el ORECE deben colaborar para determinar los instrumentos, así como las soluciones más apropiadas, para afrontar cualquier situación que pueda surgir en el seno del mercado interior de las comunicaciones electrónicas. En determinados casos, la Comisión tiene la facultad de rechazar las medidas propuestas por las ANR.

### 6.2.1.2 EL ORECE

En el año 2010 se creó un nuevo órgano regulador en el marco europeo: el ORECE (Organismo de Reguladores Europeos de las Comunicaciones Electrónicas) o BEREC, por sus siglas en inglés, para superar a su antecesor, el GRE (Grupo de Reguladores Europeos). En realidad, el ORECE viene a convertirse en un GRE reforzado, es decir, seguirá compuesto por las ANR independientes y con una actividad que pivotará en torno a grupos de trabajo especializados. El ORECE servirá para que cooperen los reguladores nacionales de la UE entre sí y con la CE y apliquen de una forma coherente las normas comunitarias en materia de telecomunicaciones.

En la práctica, el ORECE participará en el proceso de los análisis de los mercados y la imposición de obligaciones de una forma más decisiva que el antiguo GRE, desapareciendo este cuando el ORECE sea plenamente operativo. En cuanto a los objetivos, contribuirá al desarrollo y a la mejora del funcionamiento del mercado interior, procurando velar por la aplicación coherente del marco regulador. Así mismo, propiciará la cooperación entre las ANR y la CE y prestará asesoramiento a la Comisión, el Parlamento Europeo y el Consejo.

El ORECE consta de una doble estructura. Por un lado, el ORECE como tal, gobernado por un Consejo de Reguladores, compuesto por los Presidentes de las ANR y en el que la Comisión participa como miembro observador. Por otro lado la Oficina, dotada de personalidad jurídica (a diferencia del ORECE), con funciones de apoyo administrativo y profesional al ORECE y compuesta por un Comité de gestión, como órgano de decisión, y un Director administrativo.

Pero lejos ya de la estructura meramente formal de la entidad europea, es necesario conocer los aspectos prácticos en cuanto a la toma de decisiones. En este ámbito se presenta una novedad y es que si las decisiones del GRE se venían tomando por consenso de todos los miembros presentes, ahora el reglamento ORECE solo requiere una mayoría de dos tercios de sus miembros.

## 6.2.2 En España. SETSI y CNMC

En España, el primer Paquete Telecom, aprobado en febrero de 2002 para la liberalización del sector de telecomunicaciones en Europa, se incorporó a la legislación nacional por medio de la Ley 32/2003 General de Telecomunicaciones y la normativa que la desarrolla. El Paquete Telecom inicial se ha reformado, tal como estaba previsto, en 2009, como ya se ha comentado, y ha dado lugar a otras reformas que han llevado paulatinamente a cabo en los sucesivos años.

El sistema actual que rige en materia de telecomunicaciones es el siguiente:

El Ministerio de Industria, Energía y Turismo (MINETUR) tiene una Secretaría de Estado de Telecomunicaciones y para la Sociedad de la Información (**SETSI**), con una dirección general: la Dirección General de Telecomunicaciones y Tecnologías de la Información (con anterioridad a mayo de 2009 contaba con otra específica para el desarrollo de la Sociedad de la Información que, por razones presupuestarias, fue suprimida), que es la que regula, junto con la CMT (Comisión del Mercado de Telecomunicaciones) hasta su desaparición a finales de 2013, el sector, siendo responsabilidad de la SETSI los temas de licencias, homologación de equipos y de gestión del espectro radioeléctrico. En la actualidad, los temas de competencia dependen de la Comisión Nacional de los Mercados y Competencia, (CNMC), con anterioridad de la Comisión Nacional de la Competencia, hasta septiembre de 2013, fecha en la que se aprobó por el Consejo de Ministros la creación del nuevo supervisor, adscrito al Ministerio de Economía y Competitividad, que tiene la consideración de Autoridad Nacional de Competencia, Autoridad Nacional de Reglamentación y Autoridad Reguladora Nacional.

La **CNMC** es un organismo público encargado de preservar, garantizar y promover la existencia de una competencia efectiva en los mercados en el ámbito nacional, así como de velar por la aplicación coherente de la Ley de Defensa de la Competencia mediante el ejercicio de las funciones que se le atribuyen en la misma y, en particular, mediante la coordinación de las actuaciones de los reguladores sectoriales y de los órganos competentes de las Comunidades Autónomas, así como la cooperación con los órganos judiciales competentes. Es una institución única e independiente del Gobierno, que ejerce sus funciones en el ámbito de todo el territorio, en relación a todos los mercados o sectores productivos de la economía.

La **Dirección de Telecomunicaciones y del Sector Audiovisual** es el órgano encargado de las funciones de instrucción de expedientes de la CNMC en materia de comunicaciones electrónicas y del sector audiovisual, con el objetivo de regular, supervisar y controlar el correcto funcionamiento de los mercados a través del establecimiento y supervisión de las obligaciones específicas que hayan de cumplir los operadores en los mercados de telecomunicaciones, el fomento de la competencia en los mercados de los servicios audiovisuales, la resolución de los conflictos entre los operadores y, en su caso, el ejercicio como órgano arbitral de las controversias entre los mismos.

La Dirección de Telecomunicaciones y del Sector Audiovisual ejerce sus funciones al amparo de lo dispuesto en la Ley 3/2013, de 4 de junio, de creación de la Comisión Nacional de los Mercados y la Competencia, en la Ley 32/2003, de 3 de noviembre, General de Telecomunicaciones, y en la Ley 7/2010, de 31 de marzo, General de Comunicación Audiovisual, así como en la normativa de desarrollo de las citadas leyes.

Los órganos de gobierno de la CNMC son el Consejo de la CNMC (formado por el presidente, el vicepresidente y ocho consejeros) y el presidente de la propia CNMC que también lo será de dicho consejo. La estructura se completa con cuatro direcciones de instrucción: Competencia, Telecomunicaciones y Sector Audiovisual, Energía y Transporte y Servicio Postal.

Por tanto, los dos organismos que tienen competencia para dictar normas en cuanto a regulación se refiere, son la SETSI y la CNMC; así pues, las funciones de regulación *ex-ante* que corresponden a las ANR, en España están repartidas entre estas dos instituciones, mientras que la aplicación del derecho de la competencia *ex-post* corresponde a la CNMC, como ya se ha comentado.

A continuación se explica el ámbito de actuación de cada una de ellas:

## SECRETARÍA DE ESTADO DE TELECOMUNICACIONES Y PARA LA SOCIEDAD DE LA INFORMACIÓN

- Desarrollo normativo.
- Gestión y planificación del espectro radioeléctrico.
- Normativa técnica.
- Licencias para servicios que utilicen el espectro (limitadas en número).

## COMISIÓN NACIONAL DE LOS MERCADOS Y COMPETENCIA

- Análisis de mercados mayoristas y minoristas e imposición de obligaciones.
- Potestad inspeccionadora y sancionadora.
- Registro de operadores.
- Condiciones de interconexión y acceso.
- Gestión de la numeración y gestión de la portabilidad.

En España, además de estos dos organismos, también tenemos un Consejo Asesor de Telecomunicaciones y para la Sociedad de la Información (CATSI), que se utiliza como un elemento consultivo, participado por numerosos expertos del sector. Además, hay un Grupo de Usuarios de Telecomunicaciones de la

Administración (GTA), creado con carácter de Comisión Nacional del Consejo Superior de Informática, por OM de 28 de septiembre de 1993, para estudiar las telecomunicaciones propias de la Administración.

## 6.2.2.1 COMISIÓN DEL MERCADO DE TELECOMUNICACIONES

En España hemos tenido desde 1997, como en toda Europa, un Organismo independiente de arbitraje: la CMT, ahora englobadas sus funciones dentro de la CNMC. Las funciones iniciales se han ido ampliando de las previstas inicialmente y han resultado mucho más amplias, pero en su origen se pensó para regular las relaciones entre operadores, esa era la primera idea. Así, pues, si los operadores tienen algún problema, no tienen que ir a los tribunales, porque estos, primero son muy lentos y, además, no están especializados en telecomunicaciones.

La idea inicial fue hacer un organismo independiente especializado en telecomunicaciones que dirima los problemas entre los operadores, pero luego, se le ha dado mucho más poder y, en el caso español, la Comisión del Mercado de Telecomunicaciones (CMT) da las licencias incluso. Las únicas licencias que no otorga son cuando hay uso del espectro, puesto que en ese caso, como es un bien limitado, no puede darse a todo el que las pida. La Ley española dice que tiene que ser un concurso público, bien mediante subasta o "méritos", y que ese concurso público lo debe hacer y decidir el MINETUR (anteriormente el MITyC). Pero la CMT maneja la numeración, y cada vez ha ido asumiendo más responsabilidad.

Así, la CMT ha sido el órgano competente para el otorgamiento de los títulos habilitantes, que otorga licencias a las empresas que lo soliciten, limitando su número cuando fuese necesario para asegurar un uso eficiente del espectro de frecuencias (esta competencia es del MINETUR). La CMT ha sido la responsable de llevar un registro de los titulares de licencias, que es de carácter público.

La Ley 12/97 de Liberalización de las Telecomunicaciones dotó a la CMT, que creó, de las siguientes funciones iniciales, que luego se ampliaron:

- Arbitraje en conflictos entre operadores

- Informar sobre propuestas de tarifas

- Asesorar al Gobierno, Ministerio y Comunidades Autónomas

- Salvaguardar la libre competencia

- Denunciar conductas contrarias a la Legislación

- Sancionar si no se cumplen sus resoluciones

La CMT ha estado regida por un Consejo con un Presidente y un Vicepresidente nombrados por el Gobierno, y siete vocales nombrados por el Ministro de Industria, con mandato de 6 años, superior a la ejecutiva normal del gobierno que es de 4 años. Ahora, sus funciones se desarrollan dentro de la CNMC.

# 6.3 MERCADO ÚNICO EUROPEO

La Comisión Europea, en septiembre de 2013, adoptó su plan más ambicioso en veintiséis años de reforma del mercado de las telecomunicaciones, que ha de ser ratificado, previsiblemente a lo largo del año 2014, por el Parlamento para su entrada en vigor. El paquete legislativo, cuando se adopte, reducirá los gastos de los consumidores, simplificará la burocracia a que se enfrentan las empresas y aportará una serie de nuevos derechos, tanto para los usuarios como para los proveedores de servicios, de manera que Europa pueda volver a ser un líder digital mundial.

Los principales elementos del paquete SDM (*Single Digital Market*) aprobado son:

- **Simplificar las normas para los operadores de telecomunicaciones**

Una autorización única para funcionar en los veintiocho Estados miembros (en lugar de veintiocho autorizaciones), un umbral legal exigente para regular los submercados de telecomunicaciones (que debería conducir a una reducción del número de mercados regulados) y una mayor armonización del modo en que los operadores pueden arrendar el acceso a las redes que son propiedad de las demás empresas, a fin de proporcionar un servicio competidor.

- **Eliminar del mercado los recargos de la itinerancia**

A partir del 1 de julio de 2014 se prohibirán los cargos para las llamadas entrantes cuando se viaje por la UE. Las empresas tendrán la posibilidad de 1) ofrecer planes que se apliquen en toda la Unión Europea (alianzas entre ellos, "itinerancia como en casa"), cuyo precio se verá impulsado por la competencia nacional, o 2) permitir que sus clientes puedan "disociar", es decir: optar por un proveedor de itinerancia distinto (ARP) que ofrezca tarifas más baratas, sin necesidad de adquirir una nueva tarjeta SIM. Esta posibilidad se basa en el Reglamento sobre la itinerancia de 2012 que obliga a los operadores a efectuar en julio de 2014 reducciones del 67% de los precios mayoristas aplicables a los datos.

- **Fin a los recargos en las llamadas internacionales en Europa**

En la actualidad, las empresas tienden a cobrar un recargo por las llamadas efectuadas tanto con teléfonos fijos como móviles desde el país del consumidor a otros países de la UE. La propuesta significa que las empresas no podrán cobrar más por una llamada realizada con un teléfono fijo dentro de la UE que por una llamada nacional de larga distancia. El precio de las llamadas de móvil efectuadas dentro de la UE no podrá ser superior a 0,19 euros por minuto (más IVA).

- **Protección legal de la Internet abierta (neutralidad de la red)**

Se prohibirá el bloqueo de los contenidos de Internet, y se ofrecerá a los usuarios acceso a una Internet íntegra y abierta, independientemente del coste o la velocidad de su conexión a esta. Las empresas podrán seguir proporcionando servicios especializados de calidad garantizada (por ejemplo, ITVP, VoD, y aplicaciones en nube), siempre que ello no afecte a las velocidades de Internet prometidas a otros clientes. Los consumidores tendrán derecho a comprobar si reciben la velocidad de Internet que pagan y a desistir del contrato en caso de que no se cumplan los compromisos.

- **Nuevos derechos de los consumidores y su armonización**

Nuevos derechos, como contratos que estén redactados en un lenguaje sencillo y ofrezcan información más comparable, mayores posibilidades de cambiar de proveedor o de contrato, derecho a un contrato de doce meses si no se desea un contrato de mayor duración, derecho a desistir del contrato si no se ofrecen las velocidades de Internet prometidas, y derecho a recibir en una nueva dirección de correo electrónico los correos que se envíen a la anterior tras el cambio de proveedor de Internet.

- **Asignación coordinada del espectro**

Ello garantizará a los europeos un mayor acceso a la telefonía móvil 4G y mayor disponibilidad de redes Wi-Fi. Los operadores móviles podrán desarrollar planes de inversión transfronterizos más eficientes, gracias a una mayor coordinación de los calendarios, la duración y otras condiciones vinculadas a la asignación del espectro. Los Estados miembros seguirán siendo responsables y continuarán beneficiándose de los cánones de los operadores móviles, a la vez que actúan en un marco más coherente. Este marco permitirá también ampliar el mercado de los equipos de telecomunicaciones avanzadas.

- **Más seguridad para los inversores**

La Recomendación sobre las metodologías de costes y la no discriminación es el segundo elemento de este paquete, que complementa el Reglamento propuesto y está intrínsecamente relacionada con él. Su objetivo es aumentar la seguridad de los inversores, con el fin de incrementar sus niveles de inversión, y reducir las divergencias entre los reguladores. Esto supone 1) una mayor armonización y estabilización de los costes que los operadores tradicionales pueden cobrar por ofrecer a otros acceso a sus redes de cobre existentes; y 2) la garantía de que los solicitantes de acceso cuentan realmente con un acceso equivalente a las redes.

## 6.4 LA LEGISLACIÓN APLICABLE

Entonces ¿cómo se hacen las leyes de telecomunicaciones en Europa? Pues las leyes de telecomunicaciones en Europa empiezan porque la UE traza unos objetivos (el objetivo principal era liberalizar las telecomunicaciones) y luego lo pone en marcha, primero fue mediante los llamados "Libros Verdes" y luego mediante las llamadas "Directivas".

Los objetivos que fijó la UE, cuando aún España no había entrado, eran hacer desaparecer los monopolios existentes y abrir los mercados de servicios y de venta de equipos. La UE deseaba hacer que en todos los países europeos los derechos y las obligaciones de usuarios y operadores fuesen comunes y estuviesen armonizados, además de garantizar que se preste a todo el mundo un servicio mínimo, el llamado Servicio Universal, a un precio asequible. Además de todos estos aspectos, se decidió impulsar y normalizar el desarrollo tecnológico, dentro de las fronteras de la UE, para no depender de fabricantes de otros continentes.

## 6.5 LEGISLACIÓN ESPAÑOLA

En España, todas las telecomunicaciones las hemos contemplado dentro de una sola Ley que se llama Ley General de Telecomunicaciones, del 24 de abril de 1998, que dejó sin uso la antigua que teníamos, que se llamaba LOT (Ley de Ordenación de Telecomunicaciones). Hubo un paso intermedio, un Real Decreto Ley (RDL) de 6 de junio de 1996, que luego pasó a ser Ley (Ley de Liberalización de las Telecomunicaciones) en abril del año 1997, gobernando el Partido Popular.

En la misma época se intentó también hacer una única Ley para la televisión, pero fue imposible, ya que el Gobierno no tuvo apoyo suficiente. Así que en España tenemos una sola Ley de telecomunicaciones: la Ley General de Telecomunicaciones, pero aparecen numerosas leyes para televisión y, así, tenemos la Ley del Ente Público RTVE, la Ley de los Segundos Canales o de los canales autonómicos, la Ley de la televisión por cable, la Ley de la televisión por satélite, la Ley de la televisión privada y la Ley de la televisión local. Leyes para la televisión que van sufriendo modificaciones o desapareciendo según las circunstancias del momento. La más reciente de todas es la Ley General de la Comunicación Audiovisual, aprobada por el pleno del Congreso en marzo de 2010.

Por su parte, las Ley General de Telecomunicaciones (LGT), aprobada en 1998, ha sufrido sendas modificaciones en 2003 y 2013, para adaptarla a los nuevos requerimientos del mercado y de la competencia, derogándose en cada ocasión la anterior Ley vigente.

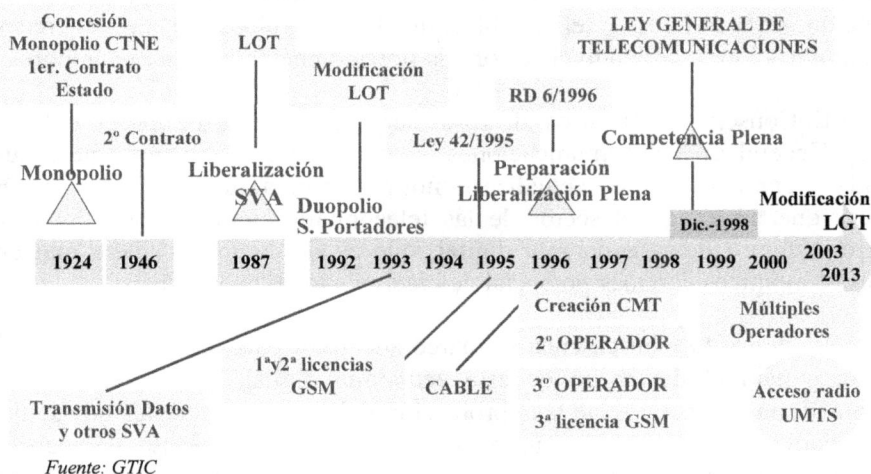

*Fuente: GTIC*

*Figura 6.2. Principales hitos en la legislación española de telecomunicaciones*

En el primer trimestre de 2003 y el tercero de 2013 la LGT sufrió sendas revisiones para simplificarla y adaptarla a la regulación comunitaria en esta materia. Algunos aspectos se mantienen tal cual estaban en la LGT de 1998, pero otros se han modificado sustancialmente, tras su aprobación por el Parlamento.

## 6.5.1 Ley General de Telecomunicaciones (LGT)

La Ley General de Telecomunicaciones (Real Decreto-Ley 11/1998 General de Telecomunicaciones) –modificada posteriormente en 2003– es una ley que cambia totalmente la filosofía con la anterior: la Ley de Ordenación de Telecomunicaciones. Frente a la titularidad estatal que preconizaba la LOT, es decir, que el titular de las telecomunicaciones era el Estado, que daba concesiones a Telefónica y a otros para que usaran y explotaran las telecomunicaciones

(Titularidad estatal y Concesión), la LGT dice exactamente lo contrario: no son titularidad del Estado, nada de concesiones; existen licencias, autorizaciones, pero nada de concesiones, y la idea es que hay que gestionar las telecomunicaciones en régimen de libre competencia, un principio general totalmente diferente.

El Congreso aprobó el 16 de octubre de 2003 la Ley 32/2003 General de Telecomunicaciones, que entró en vigor tras su publicación en el BOE (Boletín Oficial del Estado) el 3 de noviembre de ese mismo año. Con esta Ley se profundiza en las medidas aperturistas del sector, consolidando así la libre competencia de un mercado de telecomunicaciones que comenzó el proceso de liberalización en diciembre de 1998, tras la aprobación de la Ley General de Telecomunicaciones, que instauró un régimen plenamente liberalizado en la prestación de servicios y el establecimiento y explotación de las redes de telecomunicaciones, abriendo el sector a la libre competencia entre operadores.

El Consejo de Ministros, de 13 de septiembre de 2013, aprobó el Proyecto de Ley General de Telecomunicaciones, a propuesta del Ministerio de Industria, Energía y Turismo. La Ley actualiza la normativa para adaptarla a los profundos avances que ha vivido el sector de las telecomunicaciones y para favorecer el desarrollo futuro de la economía digital, que el Gobierno considera uno de los pilares económicos con más potencial de crecimiento en nuestro país.

La nueva Ley busca crear el marco adecuado para facilitar las inversiones necesarias para el desarrollo de esta economía digital, eliminando barreras y fomentando la competitividad y la protección del usuario. Entre las novedades, se simplificará el despliegue de nuevas redes, favoreciendo el uso compartido de infraestructuras entre compañías y eliminando trabas para la concesión de licencias.

El marco normativo establecido por la Ley General de Telecomunicaciones ha demostrado, hasta ahora, una eficacia que ha permitido que en nuestro país haya surgido una multiplicidad de operadores para los distintos servicios, redundando en una mayor capacidad de elección por los usuarios, y la aparición de un importante sector de las telecomunicaciones, lo que, a su vez, ha proporcionado las infraestructuras y condiciones idóneas para fomentar el desarrollo de la Sociedad de la Información, mediante su convergencia con el sector audiovisual y el de los servicios telemáticos, en torno a la implantación de Internet.

## 6.5.1.1 MODIFICACIÓN DE LA LGT-2003

El objeto de esta nueva ley es la regulación de las telecomunicaciones, que comprenden la explotación de las redes y la prestación de los servicios de comunicaciones electrónicas y los recursos asociados, de conformidad con el artículo 149.1.21.ª de la Constitución. Quedan excluidos del ámbito de esta ley el régimen aplicable a los contenidos de carácter audiovisual transmitidos a través de las redes, así como el régimen básico de los medios de comunicación social de naturaleza audiovisual a que se refiere el artículo 149.1.27.ª de la Constitución.

El nuevo marco regulatorio del sector ha aportado estabilidad y flexibilidad a las empresas, simplificando los trámites administrativos para los operadores y aumentando la protección de los derechos de los usuarios. Las novedades han permitido consolidar este sector, lo cual ha redundado en los usuarios, que obtienen nuevos y mejores servicios y a mejores precios.

## Aspectos destacados de la regulación de 2003

- Se avanza en la liberalización de la prestación de servicios y la instalación y explotación de redes de comunicaciones electrónicas. En este sentido, cumpliendo con el principio de intervención mínima, se entiende que la habilitación para dicha prestación y explotación a terceros viene concedida con carácter general e inmediato por la Ley. Únicamente será requisito previo la notificación a la CMT para iniciar la prestación del servicio. Desaparecen, pues, las figuras de las autorizaciones y licencias previstas en la Ley 11/1998, de 24 de abril, General de Telecomunicaciones como títulos habilitantes individualizados de que era titular cada operador para la prestación de cada red o servicio.

- Se refuerzan las competencias y facultades de la CMT en relación con la supervisión y regulación de los mercados. Se contempla un sistema que gana en flexibilidad, mediante el cual este Organismo realizará análisis periódicos de los distintos mercados pertinentes, detectando aquellos que no se estén desarrollando en un contexto de competencia real e imponiendo, en ese caso, obligaciones específicas a los operadores con poder significativo en el mercado (PSM).

- En relación con la garantía de los derechos de los usuarios, la Ley recoge la ampliación de las prestaciones, que, como mínimo esencial, deben garantizarse a todos los ciudadanos, bajo la denominación de "servicio universal". Además, se amplía el catálogo de derechos de los consumidores y usuarios reconocidos con rango legal.

- Dominio público radioeléctrico. Se incorporan la regulación y tendencias comunitarias en la materia, esto es, la garantía del uso eficiente del espectro radioeléctrico, como principio superior que debe guiar la planificación y la asignación de frecuencias por la

Administración y el uso de las mismas por los operadores. Se abre la posibilidad de la cesión de derechos de uso del espectro radioeléctrico. En los supuestos en que las bandas de frecuencias asignadas a determinados servicios sean insuficientes para atender la demanda de los operadores, se prevé la celebración de procedimientos de licitación.

## 6.5.1.2 MODIFICACIÓN DE LA LGT-2013

Tras la aprobación por el Consejo de Ministros del proyecto de Ley que incorpora al ordenamiento jurídico interno las directivas europeas de Mejor Regulación y de Derechos de los Ciudadanos, que junto al Reglamento del Organismo de Reguladores Europeos de las Comunicaciones Electrónicas (ORECE) integran el Paquete Telecom aprobado en noviembre de 2009, el 31 de marzo de 2012 se publicó en el BOE el Real Decreto-Ley 13/2012, de 30 de marzo, por el que se transponen Directivas Europeas en materia de Telecomunicaciones y Sociedad de la Información (comunicaciones electrónicas).

El proyecto de Ley crea un marco más adecuado, proporcionando mayor seguridad jurídica y flexibilidad a los operadores, para la realización de inversiones para el despliegue de redes de nueva generación, tanto fijas como móviles, que permitirán ofrecer a los ciudadanos velocidades de acceso a Internet superiores a los 100 Mbit/s, y promueve un uso más eficaz y eficiente del espectro radioeléctrico. Establece que la portabilidad deberá realizarse en el plazo de un día laborable y mejora el acceso a los servicios de telecomunicaciones para personas con discapacidad o con necesidades sociales especiales.

El proyecto de Ley también modifica las funciones y el funcionamiento de los organismos reguladores, reforzando las competencias de la autoridad de regulación, integrada ahora en la CNMC.

Las Directivas Europeas contempladas son:

1.  Directiva 2009/136/CE, del Parlamento Europeo y del Consejo, de 25 de noviembre de 2009.

2.  Directiva 2009/140/CE, del Parlamento Europeo y del Consejo, de 25 de noviembre de 2009.

La transposición de estas Directivas mediante el Real Decreto-Ley 13/2012, de 30 de marzo, genera la modificación de la Ley 32/2003, de 3 de noviembre, General de Telecomunicaciones y la Ley 34/2002, de 11 de julio, de Servicios de la Sociedad de la Información y de Comercio Electrónico.

Con la modificación, la nueva Ley General de Telecomunicaciones busca crear el marco adecuado para facilitar las inversiones necesarias para el desarrollo de esta economía digital, eliminando barreras y fomentando la competitividad y la protección del usuario. Entre las novedades, se simplificará el despliegue de nuevas redes, favoreciendo el uso compartido de infraestructuras entre compañías y eliminando trabas para la concesión de licencias.

- Asegura la unidad de mercado y marca las bases para la inversión en redes ultrarrápidas fijas y móviles.

- Actualiza la normativa vigente que data de 2003 y resuelve determinadas cuestiones, como lo son la penalización del despliegue de nuevas redes, la inversión y la provisión de servicios. Por su parte, los usuarios verán mejoras en la cobertura, un incremento de la velocidad de Internet y la reducción de precios y costes. Además, se mejora la protección al usuario.

Principales modificaciones: el Proyecto de Ley General de Telecomunicaciones introduce reformas estructurales en el régimen jurídico de las telecomunicaciones, con dos objetivos principales:

- Facilitar el despliegue de redes de nueva generación, tanto fijas como móviles, ampliando su cobertura.

- Mejorar la oferta de servicios innovadores a los ciudadanos, de mayor calidad y a unos precios más asequibles, impulsando unas condiciones más efectivas de competencia.

La consecución de estos dos objetivos se lleva a cabo a través de la nueva normativa, que se basa en cuatro grandes pilares:

- **Impulso a la competencia y mejora de los servicios a los usuarios**

  - Se establecen medidas dirigidas a garantizar que con carácter periódico se realicen los análisis de los distintos mercados.

  - Se clarifica la actuación de las Administraciones Públicas en la explotación de redes y provisión de servicios de telecomunicaciones.

  - Se mejoran los derechos de los usuarios de telecomunicaciones relacionados con la protección de datos de carácter personal y la privacidad de las personas.

−   Se refuerza la potestad inspectora y sancionadora para impedir la comisión de infracciones en materia de telecomunicaciones.

    o   Se elevan las cuantías de las sanciones, hasta los 20 millones de euros para infracciones muy graves.

    o   Se establecen nuevas infracciones administrativas, por ejemplo para una mejor protección del espectro radioeléctrico.

−   Se crea una Comisión Interministerial sobre radiofrecuencias y salud.

- **Recuperar la unidad de mercado y frenar la dispersión normativa**

−   Se han diseñado nuevos mecanismos de coordinación y colaboración del Estado con las CCAA y las Entidades Locales que faciliten los despliegues.

−   Las redes públicas de comunicaciones electrónicas constituyen equipamiento de carácter básico y su instalación se configura como obra de interés general. Se establece la obligación de instalar estas redes en zonas de nueva urbanización.

−   Se establecen requisitos técnicos comunes para el despliegue de redes, así como límites máximos únicos en todo el territorio nacional de emisión y exposición a campos electromagnéticos.

- **Simplificación administrativa**

−   Se simplifican los procedimientos administrativos estatales para acceder al uso del espectro radioeléctrico.

−   Se suprimen las licencias urbanísticas y medioambientales para el despliegue de redes de telecomunicaciones en dominio privado. Las licencias serán sustituidas por declaraciones responsables.

- **Facilitar el despliegue de redes**, poniendo a disposición de los operadores los recursos necesarios para ello.

−   Se adoptan medidas dirigidas a facilitar el despliegue de las redes fijas de telecomunicación en los edificios y garantizar el derecho de cualquier usuario a poder acceder a las redes ultrarrápidas. Los operadores podrán utilizar los elementos comunes de los edificios en régimen de propiedad horizontal para instalar dichos accesos ultrarrápidos.

– Para desplegar las nuevas redes de telecomunicación, los operadores podrán reutilizar las canalizaciones, conductos y emplazamientos de titularidad pública o de otras redes de operadores privados, al objeto de minimizar las obras en los despliegues y molestias a los ciudadanos.

La nueva Ley refuerza el control del dominio público radioeléctrico y modifica otros textos legales como la Ley de Servicios de la Sociedad de la Información y de Comercio Electrónico, del 11 de julio de 2002.

El texto cambia, a su vez, la Ley de firma electrónica, del 19 de diciembre de 2003, de forma que los certificados reconocidos utilizados en el DNI electrónico pasan a tener una duración de cinco años y no de dos años como hasta ahora.

## 6.5.1.3 ESTRUCTURA DE LA LEY

La estructura de la LGT de 2013, que se mantiene respecto a la de 2003, es la siguiente (tabla 6.2):

| Estructura de la Ley General de Telecomunicaciones | |
|---|---|
| TÍTULO I | Disposiciones generales |
| TÍTULO II | Explotación de redes y prestación de servicios de comunicaciones electrónicas en régimen de libre competencia |
| TÍTULO III | Obligaciones de servicio público y derechos y obligaciones de carácter público en la explotación de redes y en la prestación de servicios de comunicaciones electrónicas |
| TÍTULO IV | Evaluación de la conformidad de equipos y aparatos |
| TÍTULO V | Dominio público radioeléctrico |
| TÍTULO VI | La administración de las telecomunicaciones |
| TÍTULO VII | Tasas en materia de telecomunicaciones |
| TÍTULO VIII | Inspección y régimen sancionador |
| Disposiciones | Adicionales, Transitorias, Derogatoria única y Finales |
| ANEXO | Tasas y Definiciones |

*Tabla 6.2. Estructura de la Ley General de Telecomunicaciones, 2003 y 2013*

## 6.6 LEY DE TELECOMUNICACIONES POR CABLE

Otra de las leyes de telecomunicaciones que tenemos en España, básica, aunque ahora ya no tanto porque las licencias están dadas (de hecho se han convertido las concesiones a la nueva Ley), es la Ley 42/1995 de Telecomunicaciones por Cable.

> La Ley 42/1995, de las Telecomunicaciones por Cable, en su artículo 1.2 define el **servicio de telecomunicaciones por cable** como *el conjunto de servicios de telecomunicación consistente en el suministro, o en el intercambio, de información en forma de imágenes, sonidos, textos, gráficos o combinación de ellos, que se prestan al público en sus domicilios o dependencias de forma integrada mediante redes de cable.*

La Ley se modificó en un famoso Decreto-Ley de junio de 1996. Se amplió de 9 a 16 meses el tiempo de moratoria, de parada de Telefónica para empezar el servicio, o hasta 24 si así lo consideraba la CMT. Se amplió el período de concesión de 15 a 25 años, se concedió licencia por 6 años a los que estaban explotando redes en ese momento y se admitió la posibilidad de usar "cable sin hilos". Esto último significaba que a los operadores de cable se les daba la licencia para usar televisión por cable utilizando el espectro radioeléctrico, en una banda que les habían reservado de 28 GHz, en un circuito parecido al LMDS, a esto que ahora se usa para dar telefonía sin hilos. Lo que ocurre es que muchas de las operadoras de telecomunicación por cable al presentar los concursos, renunciaron a esta posibilidad.

Después de haberse concedido 6 licencias LMDS, se ha replanteado la situación, para darles licencias (frecuencias) a los operadores de cable y que así puedan desplegar sus redes y ofrecer el servicio con mucha más rapidez. Así, en la subasta de espectro realizada en 2011, la banda de 2.6 GHz se dividió en bloques estatales que han quedado repartidos entre los operadores tradicionales (excepto 50 MHz que han quedado libres) y bloques regionales, con 10 MHz para diferentes operadores de cable en todas las comunidades excepto Extremadura.

## 6.7 APERTURA DEL BUCLE DE ABONADO

En la Unión Europea los operadores que hayan sido clasificados por la Autoridad Nacional de Regulación respectiva como que tienen peso significativo en el mercado están sujetos a determinadas obligaciones para facilitar una competencia efectiva. Una de dichas obligaciones consiste en ofrecer acceso a sus bucles metálicos, lo cual se formaliza mediante una oferta pública regulada: OBA.

## 6.7.1 La Oferta del Bucle de Abonado (OBA)

La Oferta de acceso al Bucle de Abonado (OBA) –denominada OIBA en el caso de acceso indirecto/servicios mayoristas de banda ancha– es el texto de referencia que pueden utilizar los operadores de comunicaciones electrónicas fijas, sin peso significativo, para utilizar el bucle de abonado propiedad de aquellos operadores que por tener Peso Significativo en el Mercado (PSM) fueron obligados a efectuarla. La primera OBA se publicó en 2001 y la última modificación se ha producido en julio de 2013.

La OBA contiene dos tipos de servicios, **acceso desagregado** y **acceso indirecto**. Todos estos servicios tienen unos costes de alquiler y mantenimiento que están regulados en la OBA, y cualquier problema que afecte a esta parte alquilada se debe trasladar a Telefónica para que la resuelva. Para ello existen unos acuerdos de servicio entre la principal operadora y los operadores que deben cumplir para dar un buen servicio al cliente final.

En España la OBA regula las negociaciones entre Telefónica de España y los operadores autorizados para conseguir el acceso al bucle de abonado. Las negociaciones entre los operadores, basadas en la OBA, quedan plasmadas en un Acuerdo de interconexión específico para la OBA, diferente del Acuerdo General de Interconexión, que incluye las condiciones técnicas y económicas para la prestación de los servicios de acceso al bucle metálico.

## 6.7.2 Modalidades de acceso

El **acceso desagregado** permite a los operadores alternativos alquilar los pares de cobre de abonado de Telefónica, lo que hace que puedan prestar cualquier modalidad ADSL que permitan dichas líneas, sin limitación alguna.

Por su parte, el servicio de **acceso indirecto** al bucle supone la concentración del tráfico procedente de un número variable de usuarios ADSL sobre una única conexión. Este servicio requiere menos inversiones al operador alternativo, pero solo le permite ofrecer a los usuarios finales aquellas modalidades de ADSL que a su vez le esté prestando Telefónica (como servicio mayorista).

### ¿En qué consiste el acceso desagregado?

El acceso desagregado supone que el operador alternativo alquila los pares de cobre a Telefónica, lo que requiere que dicho operador alternativo se conecte a cada central de Telefónica en la que vaya a tener clientes. Esto normalmente pasa por disponer de un espacio en el inmueble que aloja la central, lo que es conocido como servicio de coubicación.

Telefónica ofrece el servicio de coubicación en las principales centrales locales de su red, que en conjunto cubren el 70% de las líneas de este operador, ofreciendo soluciones alternativas diferentes a la coubicación en el resto de las centrales. En función del número de centrales en las que esté presente un operador alternativo, este dispondrá de mayor o menor cobertura.

El acceso desagregado se presta a su vez en dos variantes: el "acceso completamente desagregado", en el que el operador alternativo obtiene pleno control del par de cobre para poder ofrecer al usuario la totalidad de servicios que se cursan por este medio (telefonía, ADSL, etc.), y "acceso desagregado compartido", en el que el operador alternativo controla únicamente las frecuencias superiores a la banda vocal sobre las que ofrece el servicio ADSL, mientras que es Telefónica quien continúa ofreciendo el servicio telefónico. También, desde hace unos pocos años se ofrece una tercera modalidad, llamada "acceso compartido sin servicio de telefonía básica (STB)" –llamado *Naked ADSL*–, en la que el operador alternativo dispone de las frecuencias altas del par de cobre para ofrecer sus servicios de banda ancha y voz, y Telefónica no presta ningún servicio al usuario final. Esta última modalidad rompe la vinculación entre la contratación del servicio de acceso y el requisito previo de que el abonado tenga contratado el servicio telefónico fijo con Telefónica y, así, los operadores alternativos pueden realizar ofertas minoristas que además del ADSL incluyan la cuota de abono del acceso al servicio telefónico de voz, al precio que estimen conveniente, no regulado.

Los operadores alternativos pueden escoger la modalidad de acceso desagregado (completamente desagregado o acceso compartido, con o sin servicio telefónico básico) a través de la que ofrecen servicios a cada usuario final.

### ¿Qué es el acceso indirecto al bucle?

El 26 de marzo de 1999 se aprobó la regulación del acceso indirecto al bucle de abonado mediante tecnología ADSL. Se hizo por medio de una Orden Ministerial del Ministerio de Fomento, publicada en el BOE de 10 de abril de 1999 (Orden de 26 de marzo de 1999 por la que se establecen las condiciones para la provisión del acceso indirecto al bucle de abonado de la red pública telefónica fija).

El servicio mayorista de acceso indirecto al bucle de abonado, denominado como servicio GigADSL en la OBA, posibilita la concentración del tráfico procedente de un número variable de usuarios sobre una única conexión por demarcación.

El territorio de España está dividido en 109 demarcaciones, con lo que un operador que quisiera dar servicios ADSL en todo el país deberá conectarse con Telefónica en 109 puntos, mientras que si solo quiere dar servicio en algunas de ellas, deberá solicitar un PAI (Punto de Acceso Indirecto) en cada una de las demarcaciones de su interés. También existe la modalidad ADSL IP, de aplicación más reciente.

## 6.7.3 Servicios de acceso indirecto al bucle de abonado

La Oferta de Acceso Indirecto al Bucle de Abonado (OIBA) contempla dos modalidades: GigADSL y ADSL-IP, que veremos a continuación.

### 6.7.3.1 SERVICIO GIGADSL

El servicio de acceso indirecto al bucle de abonado ofrecido por Telefónica es una facilidad de acceso que posibilita, mediante técnicas basadas en tecnologías xDSL, la concentración del tráfico procedente de un número variable de usuarios sobre una única interfaz de operador, compartiendo el acceso de cada uno de dichos usuarios con el servicio telefónico.

La figura 6.3 representa la arquitectura del modelo de referencia para la configuración del servicio GigADSL de acceso indirecto.

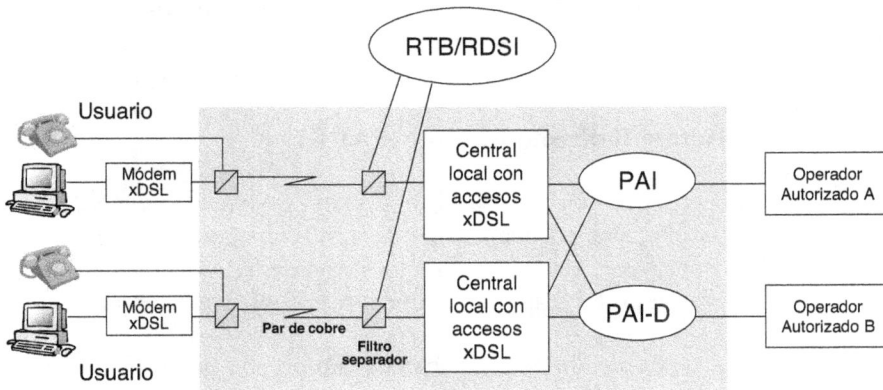

*Figura 6.3. Modelo de referencia del servicio GigADSL*

La zona sombreada de la figura 6.3 representa una demarcación xDSL.

Técnicamente, la facilidad de acceso indirecto ofrecida se define como ATM extremo a extremo sobre conexiones de Canal Virtual (CV) soportado bien sobre la capacidad de transferencia SBR (*Statistical Bit Rate*) tipo 3, definida en la recomendación I.371 de la UIT-T, o bien sobre la denominada modalidad UBR (*Unspecified Bit Rate*), definida por el ATM Forum.

### Punto de Acceso Indirecto (PAI)

El tráfico procedente de usuarios finales pertenecientes a diferentes centrales telefónicas ubicadas en una misma demarcación se transporta hasta el Punto de Acceso Indirecto (PAI) de la propia demarcación.

Cada uno de los operadores presentes en esa demarcación habrá solicitado previamente el alta de, al menos, un pPAI (puerto del Punto de Acceso Indirecto), de tal manera que el tráfico generado por los usuarios pertenecientes a cada operador se concentra sobre el pPAI seleccionado por el propio operador. Dicho pPAI podrá ser de cuatro tipos distintos:

- 2 Mbit/s interfaz eléctrico

- 34 Mbit/s interfaz eléctrico

- 155 Mbit/s interfaz óptico

- 155 Mbit/s interfaz eléctrico

El PAI estará ubicado en una de las centrales de la demarcación xDSL correspondiente. La ubicación del PAI en cada una de las 109 demarcaciones en que se divide el territorio nacional se encuentra recogida en el Apéndice 1 de la OBA, estando también disponible en *www.telefonicaonline.com/operadores*.

### Punto de Acceso Indirecto Distante (PAI-D)

El tráfico procedente de usuarios finales pertenecientes a diferentes centrales telefónicas ubicadas en una misma demarcación puede transportarse, así mismo, hasta el Punto de Acceso Indirecto Distante (PAI-D) elegido por el operador. Cada operador podrá disponer de uno o más PAI-D por demarcación.

El PAI-D estará ubicado en el mismo núcleo urbano que el PAI, y a través del mismo se podrá dar servicio a los usuarios pertenecientes a la demarcación en que se encuentre.

Las características técnicas de los pPAI son idénticas tanto en el PAI como en los PAI-D. Como característica común a PAI y PAI-D, el tráfico se transportará desde la central local de la que dependa cada usuario mediante un concentrador xDSL, que constituirá el punto de concentración del tráfico ofrecido a través de las líneas de usuarios xDSL. Desde este concentrador y mediante una red ATM, se transportarán los CV (Circuitos Virtuales) de cada usuario. El operador podrá seleccionar entre diferentes modalidades de acceso, de forma que las conexiones de usuario pertenecientes a cada opción se transportarán y se entregarán en el pPAI o pPAI-D de acuerdo a las características contratadas.

La ubicación concreta de los PAI-D dentro del núcleo urbano donde se encuentre el PAI será la que decida el operador, pudiendo elegir cualquiera de las centrales de Telefónica, locales o de tránsito, abiertas a interconexión según la Oferta de Interconexión de Referencia (OIR) vigente. Por su propia naturaleza, la ubicación del PAI-D y el PAI no podrán coincidir.

## 6.7.3.2 SERVICIO ADSL IP NACIONAL

La figura 6.4 representa la arquitectura del modelo de referencia para la configuración del servicio ADSL-IP de acceso indirecto.

Esta facilidad de acceso indirecto se basa en conexiones PPP extremo a extremo, que garantizan la transparencia a la información generada por el usuario. Desde el punto de vista de arquitectura de protocolos, se transportan sesiones PPP (*Point to Point Protocol*) (tanto PPPoA como PPPoE) encapsuladas en túneles L2TP.

Cada usuario dispondrá de un acceso xDSL con un único Circuito Virtual (CV) ATM sobre xDSL, que no interferirá en modo alguno con el servicio telefónico.

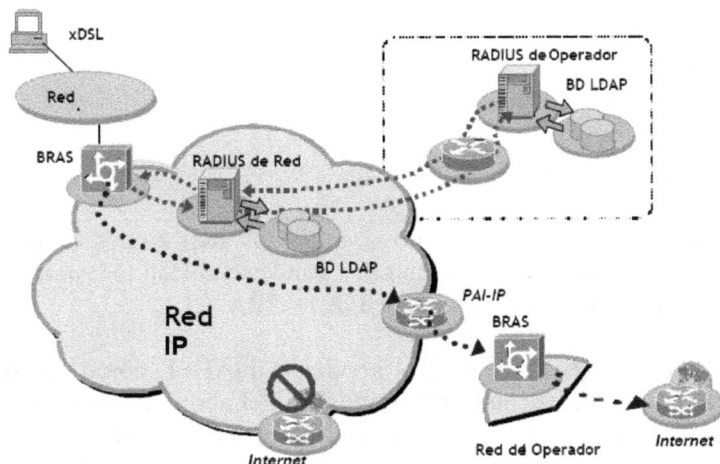

*Figura 6.4. Arquitectura de los servicios ADSL IP*

El ámbito de cobertura geográfica del servicio ADSL-IP Nacional abarca todo el territorio Nacional y se establecen varios Puntos de Acceso Indirecto al servicio (PAI-IP), facilitándose desde cualquiera de ellos el acceso indirecto a todos los bucles de abonado bajo cobertura. Para la agregación del tráfico, el operador alternativo puede contratar uno o más PAI-IP y disponer de varios puertos de acceso (pPAI-IP) en cada uno de ellos.

Telefónica acordará con el operador interesado los mecanismos necesarios para poder agregar modalidades mayoristas de conexión con tipos de servicio diferentes sobre un único pPAI-IP.

### Punto de Acceso Indirecto IP (PAI IP)

El tráfico procedente de usuarios finales pertenecientes a diferentes centrales telefónicas se transporta hasta el Punto de Acceso Indirecto IP (PAI IP). Telefónica pone a disposición de los operadores los siguientes Puntos de Acceso Indirecto IP: 3 PAI IP para el servicio ADSL IP Nacional, dos en Madrid y uno en Barcelona.

Cada uno de los operadores presentes en el servicio habrá solicitado previamente el alta de, al menos, un pPAI IP (puerto del Punto de Acceso Indirecto IP), de tal manera que el tráfico generado por los usuarios pertenecientes a cada operador pueda extraerse por el PAI IP correspondiente. Dicho pPAI IP podrá ser de cuatro tipos distintos:

- STM-1
- STM-4
- STM-1615
- Gigabit Ethernet16

El PAI IP es un conjunto de dos *routers* ubicados en dos centrales distintas de una ciudad. La ubicación de las centrales donde se ubican los *routers* de los PAI IP, se encuentra recogida en el Apéndice 3 de la OBA.

En ambos casos, tanto para el servicio GigADSL como ADSL IP, si un usuario del STB solicita el cambio de domicilio del abono telefónico que suponga cambio de central, ello dará lugar a la baja del usuario en el acceso indirecto al bucle de abonado, situación que se comunicaría al operador si se llegara a producir.

Para transportar el tráfico entregado en los puertos de PAI o PAI-D hasta algún punto de destino remoto, se podrá hacer uso de las infraestructuras de puntos de interconexión, o de las desplegadas para la entrega de señal en acceso desagregado (cámara multioperador o enlaces radio). Igualmente, se podrán contratar los servicios de líneas alquiladas, y servicios de capacidad portadora para acceso indirecto, que ofrece Telefónica.

Por otro lado, los usuarios finales no mantendrán relación contractual alguna con Telefónica, sino exclusivamente con los operadores, salvo en el caso de que el operador sea el mismo que el proveedor de la facilidad de acceso indirecto.

## 6.7.4 Modalidades de contratación del bucle

Además del acceso indirecto, servicio que revende Telefónica, existen tres tipos de modalidades de contratación del bucle, que dan más libertad a los operadores alternativos al tener estos más flexibilidad para configurar sus ofertas:

- **El acceso totalmente desagregado**, en el que el operador alternativo dispone del uso de todo el rango de frecuencias del par de cobre.

- **El acceso desagregado compartido**, en el que Telefónica utiliza las frecuencias bajas para ofrecer el servicio de telefonía fija y el operador alternativo utiliza las frecuencias altas para ofrecer servicios de banda ancha.

- **El acceso compartido sin servicio de telefonía básica (STB)**, en el que el operador alternativo dispone de las frecuencias altas del par de cobre para ofrecer sus servicios de banda ancha y voz.

Los costes asociados a cada uno de los servicios de acceso indirecto o desagregación del bucle se encuentran publicados en la OBA y cualquiera los puede consultar a través de Internet. Suelen sufrir variaciones de vez en cuando, siendo la tendencia a la baja, para fomentar la competencia entre operadores y el acceso a los ciudadanos.

El beneficio para el operador alternativo es el margen entre lo que paga a Telefónica y el precio minorista que cobra. Como hay ciertos costes fijos de alta del servicio, se suele exigir un período de permanencia mínimo, por parte del usuario, para poderlos amortizar.

Los operadores alternativos podrían desplegar su propia red y evitar la dependencia de Telefónica, como en algún caso se ha hecho, pero eso supone unas fuertes inversiones que no todos están dispuestos a acometer, al menos para cubrir la totalidad del territorio y, así, algunos operadores ofrecen el servicio utilizando red propia, cuando disponen de ella, o recurriendo a Telefónica cuando no la tienen.

También, la tendencia actual es que se acometan estas inversiones compartiendo costes, como es el caso de Telefónica y Jazztel, o de Vodafone y Orange para la fibra óptica (FTTH), que se reparten el territorio a cubrir entre ellos, compartiendo luego la red. Esta modalidad es muy común, desde hace tiempo, en las infraestructuras móviles (*sharing*) para conseguir un despliegue más rápido, con mayor cobertura a la vez que con una menor inversión, lo que beneficia a ambos.

### Acceso Indirecto (ADSL IP a nivel nacional y GigADSL)

Servicio de datos (ADSL) y voz analógica proporcionado por Telefónica (reventa por parte del operador alternativo, al precio minorista).

### Acceso Indirecto/Reventa (ADSL IP/GigaADSL) sin STB

Servicio de datos (ADSL) proporcionado por Telefónica (reventa por parte del operador alternativo, al precio minorista).

No se dispone de voz analógica al no estar disponibles las frecuencias por debajo de 4 kHz, por lo que no se pueden utilizar faxes, alarmas del hogar, etc. Posibilidad de ofrecer VoIP por parte del operador alternativo, sobre la banda de frecuencias alta, aunque esto puede representar alguna dificultad a la hora de tener varios teléfonos supletorios en la casa, ya que no todos los *routers* ADSL disponen de varias salidas analógicas. En este caso, una posible solución es hacer uso de un teléfono inalámbrico (una sola base y varias unidades móviles), con lo cual el problema queda resuelto. Otra solución sería utilizar teléfonos IP, pero estos no son comunes y además resultan más caros que los tradicionales analógicos.

### Acceso totalmente desagregado (frecuencias altas y bajas)

El usuario no paga por el alquiler de la línea a Telefónica.

### Acceso desagregado compartido (solo frecuencias altas)

Se requiere portabilidad numérica para dar de alta el servicio.

Datos (ADSL) ofrecido por los operadores alternativos y voz analógica por Telefónica (usualmente se ofrece una tarifa plana para llamadas a fijos locales y nacionales, y precios definidos para llamadas a móviles. Las llamadas a números especiales (por ejemplo, 902, 905) se facturan por Telefónica).

### Acceso compartido sin STB (solo frecuencias altas)

Esta es una modalidad que se está imponiendo últimamente, ya que sale muy ventajosa para el usuario final. ADSL y VoIP, o voz utilizando GSM, se ofrece por los operadores alternativos, al no hacerse uso de las frecuencias bajas (por debajo de 4 kHz).

## 6.8 NORMATIVA SOBRE INFRAESTRUCTURAS COMUNES DE TELECOMUNICACIÓN

Con objeto de ofrecer a los ciudadanos el acceso a los servicios de telecomunicación en la nueva Sociedad de la Información en un ambiente de plena liberalización de servicios y de operadores, se emite durante los años 1998 y 1999 una normativa nacional de **Infraestructuras Comunes de Telecomunicación (ICT)**, para su aplicación en los edificios.

Esta regulación de los servicios de telecomunicación dentro de los inmuebles pretendía evitar la proliferación de sistemas individuales y cableados exteriores en las nuevas construcciones y garantizar a los copropietarios de las comunidades, sujetos al régimen de propiedad horizontal, la elección de los servicios de telecomunicación ofrecidos · por los diferentes operadores, sin obstáculos ni dificultades en su recepción.

---

**Primer conjunto de disposiciones (1998-1999)**
Ley 11/1998, de 24 de abril, General de Telecomunicaciones
Real Decreto 279/1999, de 22 de febrero
– Primer Reglamento regulador de las ICT (derogado en 2003)

**Segundo conjunto de disposiciones (2003)**
Ley 32/2003, de 3 de noviembre, General de Telecomunicaciones
Real Decreto 401/2003, de 4 de abril (derogado en 2011)
– Segundo Reglamento regulador de las ICT

**Tercer conjunto de disposiciones (2005-2006)**
Ley 10/2005, de 14 de abril
– Medidas urgentes para el desarrollo de la TDT y la firma de los proyectos y certificaciones.
Orden ITC/1077/2006, de 6 de abril
– Establece el procedimiento de adaptación de las instalaciones colectivas a la TDT y actualiza algunos aspectos del Reglamento

**Cuarto conjunto de disposiciones (2011)**
Orden ITC 1644/2011de 10 de junio
  Incide en el Proyecto Técnico y establece determinados modelos de documentación.
Real Decreto 346/2011, de 11 de marzo
  Deroga el Real Decreto 401/2003, de 4 de abril.
– Desarrolla el tercer y último Reglamento de ICT.

---

*Tabla 6.3. Legislación aplicable a las ICT*

Las disposiciones legales emitidas eran las siguientes:

- Real Decreto-Ley 1/1998 de 27 de febrero sobre ICT en los edificios para el acceso a los servicios de telecomunicación.

- Real Decreto 279/1999 de 22 de febrero por el que se aprueba el reglamento regulador de las ICT para el acceso a los servicios de telecomunicación en el interior de los edificios y de la actividad de instalación de equipos y sistemas de telecomunicación.

- Orden Ministerial de 26 de octubre de 1999 por la que se desarrolla el reglamento regulador de las ICT para el acceso a los servicios de telecomunicación en el interior de los edificios y la actividad de instalación de equipos y sistemas de telecomunicación, aprobado por el Real Decreto 279/1999, de 22 de febrero.

El **Real Decreto-Ley 1/1998** es el marco jurídico donde se establece el ámbito de aplicación y obligatoriedad de la ley.

La **Ley 38/1999 de 5 de noviembre de Ordenación de la Edificación**, que regula el proceso de la edificación, también recoge en su Artículo 3 (a.3), en los requisitos básicos de funcionalidad de la edificación, el acceso a los servicios de telecomunicación, audiovisuales y de información, de acuerdo con lo establecido en su normativa específica.

Además concreta en la disposición adicional sexta, una modificación del ámbito de aplicación (Artículo 2) del Real Decreto-Ley 1/1998 de 27 de febrero.

El **Real Decreto 279/1999** aprueba el reglamento técnico para el desarrollo y aplicación de la ley. Este reglamento regulador contiene las normas técnicas que deben cumplir las ICT, crea la figura del instalador de telecomunicación, así como un registro nacional de instaladores de telecomunicación.

La Orden **Ministerial de 26 de octubre de 1999** define los modelos de estructura de los proyectos técnicos y boletines de instalación y certificación de las ICT, además del modelo de inscripción en el registro de instaladores de telecomunicación.

En mayo de 2003, se publicó en el Boletín Oficial del Estado la nueva normativa que vino a desarrollar el Real Decreto Ley 1/1998, de 27 de febrero, sobre infraestructuras comunes en los edificios para el acceso a los servicios de telecomunicación, compuesta por el **Real Decreto 401/2003, de 4 de abril**, por el que se aprueba el Reglamento regulador de las infraestructuras comunes de telecomunicaciones (ICT) para el acceso a los servicios de telecomunicación en el interior de los edificios y de la actividad de instalación de equipos y sistemas de telecomunicaciones, y por la **Orden CTE/1296/2003, de 14 de mayo**, por la que se desarrolla el Reglamento regulador de las infraestructuras comunes de telecomunicaciones para el acceso a los servicios de telecomunicación en el interior de los edificios y la actividad de instalación de equipos y sistemas de telecomunicaciones, aprobado por el Real Decreto 401/2003, de 4 de abril.

La aplicación práctica de la normativa de 2003 ha mostrado que, entre el momento en que se proyecta una ICT, y el momento en el que finaliza su ejecución y se entrega a los usuarios finales, transcurre un lapso de tiempo que, en ocasiones, puede ser muy largo. Este hecho puede incidir de manera notable en la configuración de las instalaciones que, formando parte de la ICT de la edificación, se diseñan para atender las necesidades de los usuarios en cuanto a servicios de televisión, toda vez que durante el citado lapso de tiempo puede producirse la entrada en servicio de nuevos canales de televisión que, disponiendo del preceptivo título habilitante, no se encontraban operativos en el momento del diseño de la ICT considerada.

Así mismo, la experiencia en la aplicación de la nueva Reglamentación sobre infraestructuras comunes de telecomunicación en el interior de las edificaciones ha mostrado la existencia de algunas imprecisiones y la conveniencia de ampliar algunos aspectos de la misma que, aun no siendo esenciales, resulta conveniente subsanar.

Por todo lo expuesto, de acuerdo con lo establecido en la disposición final segunda del Real Decreto 401/2003, y con el fin de asegurar la incorporación a las ICT de todas las emisiones, así como para realizar el seguimiento del proceso de actualización de los antiguos sistemas de recepción colectiva de televisión, y para subsanar las imprecisiones y ampliar algunos aspectos en la mencionada reglamentación, mediante la **Orden ITC/1077/2006, de 6 de abril** se establece el procedimiento a seguir en las instalaciones colectivas de recepción de televisión en el proceso de su adecuación para la recepción de la televisión digital terrestre y se modifica parcialmente la normativa aplicable a las infraestructuras comunes de telecomunicación en el interior de los edificios.

Sin embargo, la propia evolución tecnológica de los sistemas y servicios de telecomunicación, así como la aplicación práctica de esa normativa reguladora de las ICT, ha permitido una actualización y perfeccionamiento de la misma por parte de la Secretaría de Estado de Telecomunicaciones y para la Sociedad de la Información (SETSI), dando lugar a una nueva normativa, que se muestra a continuación.

La actividad de instalación de equipos y sistemas de telecomunicación se recoge en una normativa específica, aprobada por el **Real Decreto 244/2010 de 5 de marzo** y separada de la reglamentación ICT (anteriormente estaba incluida), que corresponde al Reglamento regulador de la actividad de instalación y mantenimiento de equipos y sistemas de telecomunicación. La **Orden ITC/1142/2010 de 29 de abril** a su vez desarrolla este Reglamento regulador anterior. La **Orden ITC 1644/2011 de 10 de junio** incide en el Proyecto Técnico y establece determinados modelos de documentación.

La última normativa sobre ICT, el **Real Decreto 346/2011, de 11 de marzo**, se publicó en el BOE de 1 de abril de 2011 y en su elaboración participaron todos los agentes profesionales involucrados en el sector y colectivos relacionados con la promoción, construcción y administración de edificios, con las consiguientes ventajas que ofrece el conocimiento de una normativa más consensuada.

En la nueva normativa ICT han participado todos los agentes profesionales involucrados en el sector y colectivos relacionados con la promoción, construcción y administración de edificios, con las consiguientes ventajas que ofrece el conocimiento de una normativa más consensuada.

# 6.9 LEGISLACIÓN EN LATINOAMÉRICA

La apertura, prácticamente total, de las telecomunicaciones en los países de la Unión Europea, contrasta con la situación de introducción progresiva en Latinoamérica, donde se ha hecho evidente para muchos países que la falta de competencia tiene como resultado unos servicios inferiores para los usuarios y unos precios elevados, razón por la que han acometido gradualmente este proceso.

Tradicionalmente, al igual que sucede en la mayoría de los países desarrollados, en Latinoamérica el marco institucional del sector ha girado en torno a operadores públicos en régimen de monopolio que agrupaban las funciones de operación de redes y de prestación de servicios con aquellas relativas a la regulación de las telecomunicaciones, con una fuerte influencia en el sector, pero ante la necesidad de llevar a cabo procesos de privatización de los operadores públicos y de facilitar la entrada de inversores extranjeros se ha producido una importante transformación con la separación de las funciones propias de un operador de aquellas relativas a la regulación de las telecomunicaciones.

La situación es muy diferente de unos países a otros, según el grado de madurez y penetración que tengan las telecomunicaciones, así como del carácter liberalizador del Gobierno.

Los organismos y autoridades reguladoras son departamentos pertenecientes a un Ministerio u organismos administrativos especializados, creados a tal efecto con mayor o menor grado de independencia, siendo la situación diferente en cada uno de los países, dependiendo de muchas circunstancias. Veamos, brevemente, cuál ha sido el estado en los más significativos durante los últimos años.

En las direcciones respectivas de los Organismos y Autoridades Reguladoras en Internet se puede encontrar amplia información de la legislación y regulación en cada uno de los mercados. En la tabla 6.4 se tienen los organismos reguladores más importantes en los principales países de Latinoamérica, con sus direcciones Web, a donde se puede acudir para recabar información sobre su modo de funcionamiento y legislación actualizada referente a las telecomunicaciones.

---

### Organismos Reguladores de Telecomunicaciones en LATAM

**Argentina**

  Secretaría de Comunicaciones *www.secom.gov.ar*
  COMFER (Comité Federal de Radiocomunicación) *www.comfer.gov.ar*
  Comisión Nacional de Comunicaciones *www.cnc.gov.ar*

**Bolivia**

  SITTEL (Super Intendencia de Telecomunicaciones) *www.sittel.gov.bo*

**Brasil**

  ANATEL (Agencia Nacional de Telecomunicaciones) *www.anatel.gov.br*

**Colombia**

  CRT (Comisión de Regulación de Comunicaciones) *www.crcom.gov.co*

**Chile**

  SUBTEL (Subsecretaría de Telecomunicaciones) *www.subtel.cl*

**Costa Rica**

  ARESEP (Autoridad Reguladora de Servicios Públicos) *www.aresep.go.cr*

**Cuba**

  MIC (Dirección General de Telecomunicaciones) *www.mic.gov.cu*

**Ecuador**

> CONATL (Consejo Nacional de Telecomunicaciones) *www.conatel.gov.ec*
> SUPTEL (Super Intendencia de Telecomunicaciones) *www.supertel.gov.ec*

**El Salvador**

> SIGET (Superintendencia General de Electricidad y Telecomunicaciones) *www.siget.gob.sv*

**Guatemala**

> Superintendencia de Telecomunicaciones   *www.sit.gob.gt*

**Honduras**

> CONATEL (Comisión Nacional de Telecomunicaciones)   *www.conatel.hn*

**México**

> Comisión Federal de Telecomunicaciones   *www.cft.gob.mx*

**Nicaragua**

> TELCOR (Instituto Nicaragüense de Telecomunicaciones y Correos) *www.telcor.gob.ni*

**Panamá**

> ERSP (Ente Regulador de Servicios Públicos)   *www.enteregulador.gob.pa*

**Paraguay**

> CONATEL (Comisión Nacional de Telecomunicaciones) *www.conatel.gov.py*

**Perú**

> OSIPTEL (Organismo Supervisor de Inversión Privada en Telecomunicaciones)   *www.osiptel.gob.pe*

**Uruguay**

> URSEC (Unidad Reguladora de Servicios de Comunicaciones) *www.ursec.gub.uy*

**Venezuela**

> Comisión Nacional de Telecomunicaciones   *www.conatel.gob.ve*

*Tabla 6.4. Principales organismos de regulación en Latinoamérica*

## 6.9.1 AHCIET

AHCIET es la Asociación Iberoamericana de Centros de Investigación y Empresas de Telecomunicaciones, institución privada sin ánimo de lucro, creada en 1982 y conformada por más de 50 empresas operadoras de telecomunicaciones en 20 países de América Latina y España. Su URL es: *http://www.ahciet.net*.

Su misión es ser punto de encuentro de las telecomunicaciones iberoamericanas a fin de ofrecer a sus socios actividades, productos y servicios orientados a desarrollar gestión inteligente de la información, formación profesional, aplicaciones sociales y oportunidades de negocio en el mercado. AHCIET impulsa además, convenios de cooperación con organismos internacionales, fabricantes y proveedores de servicios con el objetivo de generar la más completa información en ámbitos regulatorios, tecnológicos y comerciales.

## 6.10 ASOCIACIONES PROFESIONALES

Hay varias asociaciones profesionales en España tratando estos temas, de las cuales seis son las principales, aunque hay algunas otras más pequeñas que representan los intereses de ciertos colectivos:

- **AMETIC**

  La Asociación Multisectorial de Empresas de la Electrónica, las Tecnologías de la Información y Comunicación es la patronal española de la electrónica, las tecnologías de la información, las telecomunicaciones y los contenidos digitales.

  AMETIC lidera a nivel nacional los intereses empresariales de un hipersector tan diverso como dinámico, con más de 5.000 empresas asociadas, que suman en su conjunto 386.000 empleados, cuya actividad económica supone en torno al 7% del PIB español.

  AMETIC quiere promover el desarrollo del sector de la Electrónica, las Tecnologías de la Información, las Telecomunicaciones y Comunicación, especialmente con la generación de valor añadido y de actividad industrial o de servicios. Además, quiere potenciar el desarrollo de la Sociedad de la Información en España y apoyar la oferta empresarial en las áreas que representa.

En el año 2004 se fusionó con SEDISI (Sociedad Española de Distribuidores de Industrias de Sistemas de Información), y en el año 2010 llegó a un acuerdo de fusión con ASIMELEC (Asociación Multisectorial de Empresas Españolas de Electrónica y Comunicaciones).

- **ASLAN**

Es la asociación de proveedores de sistemas de red, Internet y telecomunicaciones que desde su constitución en el año 1989, ha tenido por misión: "promover y difundir el uso de las nuevas tecnologías en el ámbito de la empresa, así como generar valor añadido y reducciones de costes para todos sus asociados". En la actualidad cuenta con más de 100 empresas asociadas, entre las que se encuentran los principales proveedores del sector de las redes, Internet y telecomunicaciones, desde fabricantes de envolventes y sistemas de cableado hasta proveedores de servicios y aplicaciones, pasando por las principales firmas de electrónica de red y operadores de telecomunicaciones.

asociación de proveedores de sistemas de red, internet y telecomunicaciones

- **ASTEL**

Astel es la Asociación de Empresas Operadoras y de Servicios de Telecomunicaciones, está integrada por la práctica totalidad de las empresas operadoras y prestadoras de servicios de telecomunicaciones e Internet que han iniciado su actividad en España desde el fin del monopolio. Su fin es promover la liberalización del mercado español de las telecomunicaciones, y viene operando desde 1996 como portavoz de los nuevos operadores entrantes en el mismo. Actualmente, ASTEL cuenta (dic. 2013) con 12 empresas asociadas.

- **AUI**

  Asociación de Usuarios de Internet: es una entidad sin ánimo de lucro, cuyo fin fundamental es promover el uso de Internet y la defensa de los derechos de los usuarios, fomentando su utilización en los ámbitos profesional y doméstico, dar a conocer el estado de la tecnología y el derecho relativo a la misma, así como proteger los intereses de los usuarios de la misma.

- **AUTELSI**

  Asociación de Usuarios de Telecomunicaciones y de la Sociedad de la Información. Tiene como objeto el desarrollo de la Sociedad de la Información en España, promoviendo en la sociedad en general y entre los usuarios en particular, el estudio, la investigación y la difusión objetiva de conocimientos, en aquellos temas relacionados, directa o indirectamente, con los Servicios de Telecomunicaciones y de la Sociedad de la Información.

- **REDTEL**

  Redtel ha sido (hasta su cierre en diciembre de 2013) la asociación de operadores de telecomunicaciones con red propia. Pretende trasladar la apuesta de sus socios por contribuir al desarrollo de las redes de telecomunicaciones como pieza clave para el desarrollo de los nuevos servicios de la Sociedad de la Información y del Conocimiento. Forman parte de ella las principales empresas del sector: ONO, Orange, Telefónica y Vodafone, y cuida de la defensa de sus intereses.

# GLOSARIO DE TÉRMINOS

**A/D** (*Analog/Digital*). Conversión de un sistema a otro. Existen circuitos que realizan automáticamente y a muy alta velocidad la conversión de una señal analógica a digital y viceversa.

**AAL** (*ATM Adaptation Layer*). Protocolo de nivel superior empleado por ATM para el servicio de comunicación; define el proceso de segmentación y agrupación que facilita que la información se procese en forma de células, independientemente de su origen.

**Abonado** (*subscriber*). Persona natural o jurídica usuaria, bajo contrato, de una red pública de telecomunicaciones, a la cual tiene derecho a acceder para establecer sus comunicaciones.

**ACD** (*Automatic Call Distributor*). Distribuidor automático de llamadas entrantes, las encamina a distintos puestos de operadoras, según su nivel de ocupación.

**ADPCM** (*Adaptative Differential Pulse Code Modulation*). Técnica para codificar las señales analógicas de voz a forma digital a 32 kbit/s, la mitad de la velocidad del PCM estándar.

**ADSL** (*Asymmetric Digital Subscriber Line*). Tecnología de transmisión de datos a través de las líneas telefónicas de cobre tradicionales a velocidad alta. Los datos pueden ser descargados a velocidades de hasta 8 Mbit/s y cargados a velocidades de hasta 640 kbit/s. Esa es la razón por la que se le denomina asimétrico. Esta tecnología es adecuada para Internet, ya que es mucho mayor la cantidad de datos que se envían del servidor a un terminal, que lo contrario.

**ADSL2**. Junto con ADSL2+, es una nueva versión de ADSL que, utilizando un mayor ancho de banda (2,2 MHz) sobre el par de cobre (bucle de abonado), ofrece mayores tasas de transferencia de datos y permite alcanzar hasta 20 Mbit/s en bajada.

**AENOR**. Asociación Española de NORmalización, perteneciente a CEN, competente en el desarrollo de normas y certificaciones. Edita las normas UNE, equivalentes a las normas DIN.

**AMPS** (*Advanced Mobile Phone System*). Sistema de Telefonía Móvil Avanzada, un estándar móvil analógico ampliamente utilizado en toda América, así como en la costa asiática del Pacífico y Este de Europa. Opera en la banda de frecuencias de 800 MHz.

**Analógico** (*analog*). Término relativo a una técnica de señalización, en la que una transmisión se realiza modulando (variando) alguno de los parámetros (amplitud, frecuencia o fase) de una señal portadora.

**Ancho de banda** (*bandwidth*). Rango de frecuencias asignadas a un canal de transmisión; se corresponde con las situadas entre los puntos en que la atenuación de la señal es de tres dB. La representación gráfica de las frecuencias que componen una señal, o que pasan a través de un canal de comunicaciones, es el "espectro" de la misma.

**ANSI** (*American National Standards Institute*). Instituto Nacional Americano de Normalización, miembro de ISO. Representa al CCITT (ITU-T).

**Antena inteligente** (*smart antenna*). Son antenas que combinan múltiples elementos con un procesador de señal capaz de optimizar automáticamente la radiación o el patrón de recepción. Las hay de dos tipos: de haz conmutado, con un número finito de patrones predefinidos o estrategias de combinación (antenas sectoriales) y las de *arrays* adaptativos o configuración de haz, más avanzadas, que cuentan con un número infinito de patrones de iluminación (dependiendo del escenario) que ajustan el diagrama radiante y los nulos en tiempo real.

**Arpanet**. Red de datos desarrollada por DARPA, cuyo interés principal radica en haber sido el origen de la actual Internet.

**ARPU** (*Average Revenues Per User*). Los ingresos medios por usuario es lo que cobra −de media− un operador móvil o fijo a sus clientes, usualmente cada mes. Se puede distinguir entre los clientes de contrato y los de prepago.

**ASCII** (*American Standard Code for Information Interchange*). Código estándar – de 7 bits/128 caracteres posibles– para el intercambio de información del American National Standards Institute.

**Asíncrono** (*asynchronous*). Dos señales son asíncronas o no están sincronizadas, cuando sus correspondientes instantes significativos no coinciden. Modo de transmisión de datos en el que el instante de emisión de cada carácter o bloque de caracteres se fija arbitrariamente, sincronizando con *Start-Stop*.

**Atenuación** (*attenuation*). Diferencia entre la potencia transmitida y la recibida debida a pérdidas en los equipos, líneas u otros dispositivos de transmisión (medida en dB).

**ATM** (*Asynchronous Transfer Mode*). El modo de transferencia definido para la RDSI de Banda Ancha, en el que la información se organiza en celdas de tamaño fijo (53 octetos). Es un modo de transferencia específica orientado a paquetes que utiliza un multiplexado por división en el tiempo síncrono.

**Backbone**. Segmento central de una red de área extendida (WAN) que soporta una gran capacidad de tráfico. Red de rango superior que conecta entre sí los nodos de la misma.

**Backhaul**. Parte de una red utilizada para interconectar redes entre sí utilizando diferentes tipos de tecnologías alámbricas o inalámbricas. Por ejemplo, los radioenlaces que se utilizan en las redes móviles para conectar las estaciones bases celulares con el nodo principal de esta red.

**Banda ancha** (*broadband*). Denominación que se aplica a un canal de comunicaciones cuyo margen de frecuencias es muy alto y, generalmente, permite velocidades superiores a los 2 Mbit/s. Puede ser por cable, fibra óptica o radio.

**Banda base** (*baseband*). Transmisión de la señal sin utilizar una señal portadora, usando la banda de frecuencias original.

**Banda estrecha** (*narrowband*). Se identifica por un canal de poca capacidad, generalmente por debajo de 2 Mbit/s. Es el típico que utilizan los módems de RTC (Red Telefónica Conmutada).

**Baudio** (*baud*). Unidad de medida de la velocidad de señalización de una señal digital, equivalente al número de estados o eventos discretos por segundo; el Baudio es igual a bit por segundo en el caso de una codificación a dos niveles.

**Bit** (*bit/binary digit*). Dígito binario. Es la menor unidad de información, con valores posibles 0 y 1 (marca y espacio). Es la forma en que los ordenadores admiten la información para procesarla.

**Bit/s** (*bit per second*). Es la abreviación para bit por segundo; también suele aparecer como bit/s. Es el número de bits de datos enviados por segundo y es la auténtica velocidad de transmisión. El número de bits de datos por señal multiplicado por los baudios, da como resultado el número de bits por segundo. Solamente en el caso de que cada estado de una línea esté representado por un bit, coincidirá la velocidad en baudios y en bits por segundo.

**Bluetooth**. Estándar que posibilita la transmisión de voz y datos entre diferentes dispositivos situados a corta distancia, mediante un enlace por radiofrecuencia en la banda ISM de los 2,4 GHz.

**BRI** (*Basic Rate Interface*). Interfaz básica de acceso en la RDSI, facilita dos canales B a 64 kbit/s y uno D a 16 kbit/s.

**Bucle** (*loop*). Conexión entre el circuito de transmisión y el de recepción a efectos de devolver la señal y realizar mediciones. También, el tramo de par de cobre situado entre la central telefónica y el domicilio de sus usuarios (bucle local).

**Bucle local** (*local loop*). Último tramo de cobre que une la central telefónica con el domicilio del usuario (bucle de abonado). Suele cubrir una distancia menor de 3 kilómetros.

**Bus**. Línea o canal de transmisión que transporta datos −señales− a una gran velocidad, bien en forma de serie o en paralelo.

**Buzón** (*mailbox*). Un fichero en el cual diversos usuarios pueden depositar mensajes para otros o recoger los destinados a ellos, tanto de voz como de texto o multimedia.

**Byte**. Un conjunto de bits tratados como una unidad. Normalmente, tienen una longitud de 8 bits −octeto−. Un *byte* permite distinguir 256 valores (28). La capacidad de almacenamiento de un dispositivo, frecuentemente, se da en *bytes*, en *kbytes* (k significa 1.024 *bytes*) o en *Mbytes* (MB).

**Cabecera** (*header*). Parte inicial de un mensaje o paquete que, usualmente, contiene caracteres para su control y encaminamiento.

**Calidad del servicio** (*QoS/Quality of Service*). Es un parámetro relacionado con la apreciación que el usuario hace de un determinado servicio, compuesto de varios factores.

**Canal** (*channel*). Vía interna de comunicación de datos en cualquier dispositivo informático, o de interconexión de este con el exterior. Canal telefónico es el comprendido entre 300 y 3.400 Hercios (Hz).

**Canal B** (*B channel*). Canal portador para voz y datos en modo digital a 64 kbit/s sobre RDSI.

**Canal D** (*D channel*). Canal de datos en una interfaz RDSI, utilizado para transmitir señales de control y datos a 16 o 64 kbit/s.

**Canal radioeléctrico** (*radio channel*). Medios técnicos que permiten transmitir una señal (voz, datos o vídeo) por el espacio. Incluye unas antenas, equipos transmisores y receptores y, en ocasiones, satélites o repetidores. Es el medio convencional por el que se recibe la TV en los hogares y también el que utiliza un teléfono móvil para comunicarse con la red.

**Canal de señalización** (*signalling channel*). En telefonía es el canal de intercambio de información entre los terminales y las centrales o entre ellas entre sí. La señalización opera a diferentes velocidades y tiene funciones individuales.

**Carácter** (*symbol*). Letra, cifra, signo, etc., que forma parte de un mensaje, pudiendo existir algunos tipos correspondientes a símbolos especiales o de control.

**CATV** (*Cable Television/Community Antenna Television*). Un sistema de comunicaciones en el que múltiples canales de televisión se transmiten hasta los hogares utilizando un medio de transmisión de banda ancha como la fibra óptica o el cable coaxial.

**Caudal** (*throughput*). Flujo máximo de datos permitido a través de un canal sin que se produzcan errores en la transmisión.

**CCITT** (*International Consultative Committee for Telephony and Telgraphy*). Era el organismo encargado de establecer recomendaciones referentes a las telecomunicaciones −telefonía, telegrafía y datos−. Hace varios años fue sustituido por la UIT-T.

**CCS#7** (*Common Channel Signaling Number7*). Sistema de señalización por canal común número 7 del CCITT, en el que la información de múltiples circuitos se transmite por uno solo.

**CDMA** (*Code Division Multiple Access*). Acceso Múltiple por División de Códigos, una técnica de acceso múltiple empleada por las interfaces de aire cdmaOne, cdma2000 y WCDMA. Solución técnica que permite reutilizar el mismo canal de transmisión (la misma frecuencia), al mismo tiempo y por más de un usuario. Su principio básico es el transporte de paquetes simultáneos a través de la ruta de transmisión, con una dirección codificada para cada receptor.

**Celda** (*cell*). Zona de cobertura de una estación base de telefonía móvil, que da servicio a los móviles bajo su área de influencia. En ATM es un paquete de 53 *bytes* (48 de información y 5 de cabecera) empleado en la técnica de conmutación de paquetes a alta velocidad de ATM.

**Central** (*exchange*). En telefonía, es un elemento de conmutación que permite a los distintos usuarios poder establecer una comunicación entre sí, al establecer una ruta de enlace. Centralita privada para empresas o PBX.

**Centrex** (*Central Office Exchange Service*). Servicio proporcionado por las centrales públicas telefónicas, consistente en que sus abonados disponen de ciertas facilidades, como si la central estuviera en su domicilio.

**Centro de Mensajes Cortos** (SMC). Es un sistema para enviar y recibir mensajes de texto, de extensión limitada, para y desde teléfonos móviles. El texto puede estar compuesto de palabras o números o una combinación alfanumérica.

**CEPT** (*Post and Telecommunications European Conference*). Es la asociación de las administraciones europeas de correos y telecomunicaciones encargada de las tareas de normalización específicas de las administraciones. Era la responsable, en un principio, de las normas NET, ahora asumidas por el ETSI.

**Churn**. Medida del cambio de un usuario a otro operador, principalmente referido a los móviles. Suele ser muy elevado debido a las distintas promociones que hacen estos para captar nuevos clientes en un mercado maduro.

**Cifrado** (*cyphering*). Procedimiento por el cual la información original se transforma en otra, siguiendo determinados algoritmos de conversión, de forma que resulte ininteligible a terceros.

**Circuito portador** (*carrier circuit*). Circuito físico y procedimiento de señalización para la transmisión de símbolos, pudiendo ser analógico o digital.

**Circuito virtual** (*virtual circuit*). En las redes de conmutación de paquetes es una "llamada" reconocida por la red pero que no dispone de un circuito conmutado, sino de uno virtual.

**Clave** (*password*). Palabra clave –contraseña– para identificar al usuario de un servicio o sistema, e impedir el acceso al mismo a personas no identificadas.

**CLNS** (*ConnectionLess Network Service*). Servicio de red sin conexión, en el que la comunicación se establece sin hacer una conexión (datagramas).

**Codec** (*Coder-Decoder*). Un dispositivo que se utiliza para transformar la voz analógica en digital y viceversa, mediante el empleo de la técnica de modulación por codificación de pulsos. Algoritmo de compresión para vídeo.

**Codificación** (*codification*). Acción de escribir las órdenes que formarán los programas, utilizando para ello las normas de un lenguaje de programación determinado. Por extensión, cifrado.

**Código** (*code*). Conjunto de reglas y convenios que rigen el tratamiento de las señales de datos que forman un mensaje o un bloque.

**Colisión** (*collision*). Intento de transmisión simultánea de dos o más estaciones que están operando sobre una red con topología en bus. Por ejemplo, puede ocurrir en una LAN Ethernet con CSMA/CD.

**Compresión** (*compression*). Técnica que permite reducir el volumen de información de un mensaje sin afectar significativamente el contenido del mismo o a su calidad.

**Comunicación asíncrona** (*asynchronous communication*). Modo de transmisión carácter a carácter de forma aleatoria, precedidos por las señales de sincronización *Start/Stop*.

**Comunicación síncrona** (*synchronous communication*). Modo de transmisión bit a bit, de una forma sincronizada entre emisor y receptor.

**Configuración de red** (*network configuration*). Topología y organización de la red de comunicaciones. Para su gestión se emplea un sistema de supervisión, con acceso a los nodos, que supervisa el tráfico y gestiona alarmas, así como permite la reconfiguración de los equipos remotamente.

**Congestión** (*congestion*). Momento en que todos o parte de los recursos de la red se hallan ocupados, impidiendo satisfacer la demanda de los usuarios, lo que se traduce en lentitud o imposibilidad de establecer una comunicación.

**Conmutación** (*switching*). Conjunto de operaciones necesarias para unir entre sí los circuitos, con el fin de establecer una comunicación temporal entre dos o más estaciones o puestos. La conmutación está asociada principalmente a una central telefónica y consta de dos partes básicas: 1) el establecimiento, mantenimiento y liberación de la comunicación (procesamiento de la llamada) coordinados por el control; 2) el establecimiento de la vía física por la cual se produce la comunicación realizada por la red de conexión.

**Conmutación de circuitos** (*circuit switching*). Técnica que establece un circuito, con la capacidad requerida, durante el tiempo de persistencia de la llamada, sin almacenamiento intermedio.

**Conmutación de mensajes** (*message switching*). Técnica que permite la transferencia de mensajes entre dos usuarios, encargándose la red de su almacenamiento intermedio y posterior reenvío.

**Conmutación de paquetes** (*packet switching*). Técnica de envío de información empaquetada (en bloques de datos), encargándose la red de su encaminamiento hasta el punto de destino.

**Conmutación digital** (*digital switching*). En el entorno de telefonía se refiere al establecimiento de conexiones a través de un centro de conmutación o central telefónica mediante operaciones con señales digitalizadas, es decir, sin convertirlas a su forma analógica original.

**Conmutador** (*switch*). Dispositivo para la conmutación telefónica o la conmutación en redes de datos.

**Contienda** (*contention mode*). Funcionamiento en competencia para LAN en el que todas las estaciones tienen posibilidad de transmitir espontáneamente, lo que puede dar lugar a colisiones en el medio.

**Control de flujo** (*flow control*). El control que se ejerce sobre el flujo de datos, para evitar que este sature los medios de transmisión. Se realiza mediante una señal de control en la interfaz física o una señal X-ON/X-OFF.

**Conversacional** (*conversational*). También conocida como interactiva, consiste en una transmisión en la cual el usuario que inicia la llamada espera contestación antes de proseguir.

**Correo electrónico** (*electronic mail*). Envío de mensajes o ficheros entre ciertos usuarios de la red, de manera diferida y conforme a normas. Aplicación informática que mediante redes de ordenadores transmite textos y datos desde un remitente a un destinatario, identificados ambos con sus direcciones. Las normas más conocidas son X.400, Mime y SMTP.

**Cortafuegos** (*firewall*). Sistema que se coloca entre una red local e Internet para asegurar que todas las comunicaciones entre dicha red e Internet se realicen conforme a las políticas de seguridad de la organización que lo instala. Además, estos sistemas suelen incorporar elementos de privacidad, autenticación, etc.

**CoS** (*Class of Service*). Categoría de servicio. Un parámetro asociado a un circuito virtual que indica la sensibilidad al retardo y a la pérdida de la conexión. No hay que confundirlo con QoS (*Quality of Service*) o calidad de servicio.

**CPE** (*Customer Premises Equipment*). Equipo de comunicaciones localizado en las dependencias del usuario, tal como un *router*, un multiplexor o una PBX, normalmente, gestionables.

**CRC** (*Cyclic Redundancy Check*). Comprobación de redundancia cíclica. Un método empleado para detectar errores, mediante el uso de un polinomio que genera un código determinado que se transmite con el bloque de datos. El receptor genera un algoritmo similar y verifica la coincidencia entre ambos.

**Criptografía** (*criptography*). Método para cifrar los mensajes antes de que sean transmitidos, mediante el empleo de ciertos algoritmos, e impedir así su captación no deseada. En telefonía se denomina "secrafonía".

**CSMA/CD** (*Carrier Sense Multiple Accesss/Collision Detection*). Técnica para evitar colisiones en las redes de área local en las que varios usuarios pueden enviar mensajes. Especificado por el comité IEEE 802.3 (ISO 8802/3).

**Datagrama** (*datagram*). En las redes de conmutación de paquetes es una forma de encaminamiento. En esta un paquete se dirige hacia su destino final, independientemente del resto, por los tramos de menor carga y retardo sin que previamente se haya establecido un circuito virtual o real.

**Decibelio** (*dB/decibel*). Un dB es 10 veces el logaritmo decimal de una relación de potencias (entrada/salida), o 20 veces el logaritmo de una relación de voltajes o corrientes. Se puede expresar en valores absolutos si se toma un valor de referencia.

**DECT** (*Digital European Cordless Telecommunications*). Estándar europeo, desde 1992, para las comunicaciones telefónicas sin hilos, en la banda de 1.880-1.900 MHz y transmisión MC/TDMA/TDD. Los diferentes perfiles permiten la independencia del fabricante y el interfuncionamiento entre redes.

**DES** (*Data Encryption Standard*). Un algoritmo criptográfico, normalizado por el US National Bureau of Standards, que utiliza una clave de 64 bits. Puede ser descifrado fácilmente, por lo que existen otros más potentes, que utilizan incluso claves mucho más largas.

**Diafonía** (*crosstalk*). Acoplamiento no deseado de las señales eléctricas en un medio de transmisión con las de otro próximo. Se suele medir en dB.

**Difusión** (*broadcast*). Emisión simultánea de información desde una única fuente hacia varios destinatarios. Multidifusión: técnica que permite transmitir copias de un paquete a un subconjunto seleccionado de posibles destinos. *Narrowcasting*: emisión o distribución de información a audiencias reducidas, incluso individuos únicos. *Newscasting*: distribución de noticias personalizadas.

**Distorsión** (*distortion*). Deformación de una señal, que origina una diferencia entre los parámetros de la señal transmitida y la recibida, tales como su amplitud, frecuencia, fase, etc.

**Dividendo digital** (*digital dividend*). Parte del espectro de frecuencias, entre 790 y 860 MHz, que ha quedado libre tras el paso de la televisión analógica a la digital (*switch off*). Se utilizará para la banda ancha móvil.

**DNS** (*Domain Name System*). Un servidor de sistema de nombres de dominio en Internet es un ordenador que recibe como entrada un nombre de dominio y devuelve la dirección IP correspondiente. Convierte nombres fáciles de entender a direcciones IP, más complejas.

**DTH** (*Direct To Home*). Una emisión de TV digital directa al hogar, vía satélite. También se conoce como DBS (*Direct Broadcasting Satellite*). Mediante esta técnica podemos recibir en nuestras casas los canales de TV a través de una antena parabólica.

**DTMF** (*Dual Tone MulTifrecuency*). Procedimiento de marcación telefónica mediante la selección de dos frecuencias para cada cifra, de entre un grupo de 16 combinaciones posibles.

**DVB** (*Digital Video Broadcasting*). Una técnica (plataforma multiservicio) para difundir información de vídeo en formato digital desde un centro a múltiples usuarios, utilizando medios terrestres, de radio o satélite.

**E1/T1**. Circuitos digitales alquilados de alta velocidad. E1 a 2,048 Mbit/s (30x64) en Europa, y T1 a 1,544 Mbit/s (24×64) en Estados Unidos. E3 (34,368 Mbit/s) y T3 (44,736 Mbit/s) son las versiones a mayor velocidad.

**EDGE** (*Enhanced Data rates for Global Evolution*). Tasa de Datos Mejorada para la Evolución Mundial de GSM, técnica mejorada de modulación de radio para GSM y TDMA (ANSI-136). Amplía los intervalos de tiempo (*timeslots*) de radio hasta 48 kbit/s. Cuando se combina con GPRS, proporciona un ancho de banda máximo de 384 kbit/s por abonado.

**EMC** (*ElectroMagnetic Compatibility*). Funcionamiento de un equipo electrónico sin que interfiera en otros próximos con su radiación o sea afectado por la de ellos –susceptibilidad–.

**Encaminamiento** (*routing*). Determinación del camino a tomar en la red por una comunicación o un paquete de datos.

**Enlace** (*link*). Medios de transmisión necesarios para poder establecer una comunicación entre dos puntos. Puede ser físico, inalámbrico u óptico.

**Enlace conmutado** (*switched link*). Enlace establecido, bajo petición, entre varios usuarios que les permite su uso exclusivo hasta que se libera el mismo.

**Enlace punto a punto** (*point to point link*). Línea de enlace directo y fijo entre dos elementos de la red, que permite una comunicación sin necesidad de llamada.

**Ensamblado de paquetes** (*packet assembly*). Servicio ofrecido por la red de datos que permite a los terminales que no trabajan en modo paquete conectarse a una red de este tipo.

**Equipo terminal de datos** (DTE). Unidad funcional de una estación de datos que establece un enlace, lo mantiene y finaliza, realizando las funciones de protocolo necesarias para ello.

**Erlang**. Unidad estándar para la medida del tráfico telefónico. Un Erlang de carga indica la ocupación continua –al 100%– de un circuito telefónico.

**Espectro radioeléctrico** (*spectrum*). Conjunto de frecuencias, comprendidas entre 9 kHz y 3.000 GHz, que se utiliza para las transmisiones sin hilos y cuyo uso se destina fundamentalmente para la difusión de la televisión, la radio y la telefonía móvil, tanto en emisiones digitales como analógicas.

**Estación base** (*base station*). En los sistemas de radiotelefonía móvil, es el puesto fijo (BTS) con las antenas, transceptores, alimentación, etc., que cubre las llamadas de los equipos móviles en un radio de acción determinado.

**Ethernet**. Red de área local con topología de bus y velocidad de 10 Mbit/s a 10 Gbit/s sobre cable coaxial, de pares o fibra óptica, que sigue la norma IEEE 802.3, utilizando el protocolo CSMA/CD.

**ETSI** (*European Telecommunications Standards Institute*). Desde 1988 es el organismo europeo que reemplaza a la CEPT en la emisión de estándares técnicos europeos de telecomunicaciones. En él están representados, además de los operadores de redes públicas, los fabricantes, investigadores y usuarios.

**FAQ** (*Frequently Asked Questions*). Documento de preguntas frecuentes sobre un tema determinado. Resultan muy interesantes para los principiantes, que pueden aprender y resolver sus dudas.

**Fibra óptica** (*fiber optic*). Material transparente utilizado como medio físico de transmisión en redes de datos, basado en sus propiedades de poca atenuación y distorsión al paso de una señal luminosa. Permite velocidades del orden de los Tbit/s y un alcance de varios kilómetros.

**Frecuencia** (*frequency*). Número entero de períodos o ciclos alcanzados en la unidad de tiempo por una magnitud o fenómeno periódico (onda acústica o electromagnética). Es el valor inverso del período de una onda sinusoidal. Se expresa en Hercios (Hz).

**Frame Relay**. Protocolo de comunicaciones, basado en el protocolo X.25, que trabaja solamente en los dos primeros niveles del modelo OSI (nivel físico y nivel de enlace). De esta manera se consigue una velocidad de transmisión de datos de hasta 2 Mbit/s.

**FTP** (*File Transfer Protocol*). El protocolo de transferencia de ficheros permite a un usuario de un sistema acceder y transferir información a y desde otro a través de una red de comunicaciones. La variación conocida como "FTP anónimo" permite que se entre como anónimo: no necesita contraseña o nombre.

**FTTH** (*Fiber To The Home*). Instalación de fibra óptica que llega hasta el hogar, para poder proporcionar servicios de telecomunicaciones de banda ancha.

**GPON** (*Gigabit-capable PON*). La arquitectura de GPON es conceptualmente similar a la de una recomendación anterior (BPON, *Broadband PON*). Se han mejorado aspectos referidos a la gestión de servicios y a la seguridad pero, sobre todo, GPON ofrece tasas de transferencia de hasta 1,25 Gbit/s en caudales simétricos o de hasta 2,5 Gbit/s para el canal descendente en caudales asimétricos.

**GPRS** (*General Packet Radio Service*). Servicio General de Radio por Paquetes, una mejora sobre las redes GSM que permite la transmisión de paquetes de datos a una velocidad de más de 100 kbit/s. Permite que los equipos estén permanentemente conectados y solo hagan uso de la red cuando transmiten.

**Grado de servicio** (*service level*). En telefonía es la probabilidad de no poder establecer una llamada, debido a que los órganos necesarios para ello se encuentran ocupados.

**Grupo cerrado de usuarios** (*closed users group*). Es un servicio de red privada virtual que permite las comunicaciones de voz para una comunidad de intereses, bien en régimen de autoprestación o por terceros, teniendo una conexión con la RTB.

**GSM** (*Global System for Mobiles*). Estándar paneuropeo para la constitución de redes telefónicas móviles celulares. Fue creado por la CEPT (*Conference Européenne des Postes et Telecommunications*) y emplea el estándar ETSI en las bandas de 900, 1.800 y 1.900 MHz.

**Hardware**. Por extensión, todo lo que es material dentro de informática y las telecomunicaciones. Con este nombre se designa al ordenador, los equipos, o a parte de estos. En general puede aplicarse a cualquier elemento físico –*hard*: duro– que forme parte de un sistema teleinformático.

**HDLC** (*High-level Data Link Control*). Protocolo de alto nivel, orientado al bit (especificado por ISO 3309), para el control del enlace de datos, en modo síncrono.

**HDTV** (*High Definition TeleVision*). Televisión digital de alta definición que aumenta el tamaño del campo visual, presenta casi el doble de líneas que los sistemas actuales y tiene el formato de pantalla de aspecto 16/9 frente al 4/3. Es el siguiente paso a la implantación de la TDT.

**HFC** (*Hibrid Fibre Coaxial*). Red híbrida de fibra óptica y coaxial que se utiliza para la difusión de señales con un gran ancho de banda, desde una cabecera de red hasta los usuarios finales.

**Hipertexto** (*hypertext*). Aunque el concepto es muy anterior al WWW, en Internet el término se aplica a los enlaces existentes en las páginas escritas en HTML, que llevan a otras páginas que pueden ser a su vez páginas de hipertexto.

**HSPA** (*High-Speed Packet Access*). La tecnología HSPA es la evolución de la tecnología UMTS/WCDMA, incluida en las especificaciones de 3GPP y que mejora significativamente la capacidad máxima de transferencia de información pudiéndose alcanzar velocidades más elevadas. Consta de HSDPA (*downlink*) y HSUPA (*uplink*). Con HSDPA+ se pueden alcanzar velocidades de 42 Mbit/s, con antenas MIMO y nuevas técnicas de modulación, como 64QAM.

**HTML** (*HyperText Markup Languaje*). Lenguaje de marcación de hipertexto empleado en Internet que describe cómo se presenta la información en pantalla añadiendo unos "identificadores" al texto. HTML utiliza *tags* para contener la información de formato, como características de *display*, posición y ubicación, color y otros elementos visuales.

**HTTP** (*HyperText Transmission Protocol*). Protocolo de transmisión de hipertexto utilizado en Internet para la transferencia de documentos WWW. Cada documento –o recurso– tiene en la Web una dirección única, denominada URL. La mayoría de las URL de la Web comienzan con "http://", indicando que el documento está contenido en un servidor de hipertexto.

**Hub** (concentrador). Elemento multipuerta y multiacceso empleado para la interconexión de distintos tipos de cables y de arquitectura, pudiendo ser activo o pasivo. También se designa así a la estación terrena que realiza una función coordinadora de otras VSAT en las comunicaciones por satélite.

**Ibercom**. Servicio de red privada virtual proporcionado por Telefónica para comunicaciones de voz y datos. Está orientado a dar un servicio de RPV a las empresas y se basa en una PBX digital con acceso a la RTB (Centro Frontal) mediante enlaces dedicados.

**Iberpac**. Red pública de conmutación de paquetes X.25, operada por Telefónica. Red-1 es un servicio de red privada virtual a mayor velocidad y con mayores prestaciones.

**ICT** (TCI). Infraestructuras Comunes de Telecomunicación. Normativa que contempla la provisión de servicios de telecomunicaciones en los edificios de nueva construcción y rehabilitados, proveyendo los medios necesarios para el acceso y la distribución de señales, sin necesidad de cableado posterior.

**IEEE** (*Institute of Electrical and Electronics Engineers*). Organismo americano responsable de determinados estándares en el campo de las telecomunicaciones. Los más importantes son la definición de los niveles 1 y 2 para LAN, el algoritmo para la codificación de números en punto flotante y la estandarización del lenguaje PASCAL de programación. Es miembro de ANSI y de ISO, que delegó en el IEEE la estandarización de las redes locales.

**IEFT** (*Internet Engineering Task Force*). Uno de los grupos de trabajo, pertenecientes al Internet Activities Board, encargado de resolver las necesidades de ingeniería a corto plazo.

**IMS** (*Internet Multimedia Subsystem*). Es un conjunto de especificaciones que describen la arquitectura de las redes de siguiente generación (*Next Generation Network*, NGN), para soportar telefonía y servicios multimedia a través de IP.

**IMT-2000** (*International Mobile Telecommunications 2000*). Término usado por la UIT para referirse a la tercera generación de sistemas móviles, capaz de soportar los servicios móviles actuales (voz, mensajes cortos y datos a baja velocidad) junto con otros multimedia de alta velocidad.

**Interfaz** (*interface*). Nexo de interconexión −hardware o software− que facilita la interconexión/comunicación entre dos dispositivos. Por ejemplo, una interfaz de impresora va a permitir al ordenador controlar y enviar información a la misma, mientras que una interfaz de módem va a permitir la comunicación de diversos dispositivos con cualquier tipo de red interna o externa.

**Interfaz S0** (*S0 interface*). Interfaz de usuario para el acceso básico 2B+D de la RDSI, mediante una conexión punto a punto o un bus pasivo que permite la conexión de hasta 8 usuarios en una distancia máxima de 1.000 metros, con una velocidad de 192 kbit/s en cada sentido.

**Interfuncionamiento** (*internetworking*). Conversión de servicio, adaptación o tránsito desde una red de telecomunicaciones a otra.

**Internet**. Nombre de la red internacional más grande, conectando millones de nodos en todo el mundo, que hace uso del protocolo IP. Su origen se fraguó en la red Arpanet y está abierta a universidades, organismos de investigación públicos y privados, industrias y particulares.

**Intranet**. Red de ordenadores interconectados entre sí, diseñada para ser utilizada en el interior de una empresa, universidad u organización. Lo que distingue a una Intranet de la Internet de libre acceso es el hecho de que la Intranet es privada. Gracias a las Intranets, la comunicación y la colaboración interna en estos organismos se facilitan.

**IP** (*Internet Protocol*). Protocolo de nivel 3 que contiene información de dirección y control para el encaminamiento de los paquetes a través de la red. IP es la especificación que determina hacia dónde son encaminados los paquetes, en función de su dirección de destino. TCP se asegura de que los paquetes lleguen correctamente a su destino. Si TCP determina que un paquete no ha sido recibido, intentará volver a enviarlo hasta que sea recibido correctamente.

**IrDA**. Siglas que corresponden a la asociación de datos por infrarrojos, fundada en 1993 por la industria para el desarrollo de estándares de software y hardware que permitiesen la transferencia de datos entre dos dispositivos mediante infrarrojos.

**ISO** (*International Standards Organization*). Organismo cuya función es la de coordinar los trabajos de normalización realizados por los diferentes organismos internacionales.

**Isócrona** (*isochronous*). Señal digital en la que sus instantes significativos son equidistantes o equidistan en un múltiplo de la señal de menor duración.

**ISP** (*Internet Service Provider*). Empresa encargada de ofrecer la infraestructura de acceso para que los clientes puedan conectar a Internet utilizando los medios de acceso estándar (RTC, ADSL, cable, móvil, etc.). Además del acceso a Internet suelen ofrecer una serie de servicios como hospedaje de páginas web, consultoría de diseño e implantación de Webs e Intranets, etc.

**Itinerancia** (*roaming*). Es una característica de los sistemas de telefonía celular y que concretamente en el sistema GSM de telefonía móvil, permite a sus teléfonos móviles desplazarse entre redes de diferentes países o entre las de su propio país, sin perder la comunicación.

**JDS** (*SDH-Syncrhonous Digital Hierarchie*). Estándar europeo para transmisión digital a alta velocidad. Contiene las recomendaciones del UIT-T: G.707, G.708, G.709 y G.781, en las cuales se define una señal de multiplexado elemental STM-1 a 155.552 kbit/s, base de la normalización de normas europeas y americanas de multiplexado. Equivale al estándar SONET de EE.UU.

**Jitter**. Ligero desplazamiento de la señal, en tiempo o fase, que produce errores y pérdida de sincronismo en las transmisiones de alta velocidad.

**JPEG** (*Joint Photographic Expert Group*). Formato de compresión de imágenes fijas en color o monocromas de cualquier tipo, que alcanza un grado de compresión típico de 20:1 sin pérdida de color, con lo que el ahorro de espacio para su almacenamiento y transmisión es evidente.

**kbit/s**. También kbps; abreviación para kilobits por segundo. Expresa una velocidad de transferencia binaria de 1.000 bits por segundo.

**kB** (*kbyte*). Unidad de almacenamiento de memoria, equivalente a 1.024 *bytes*.

**KTS** (*Key Telephone System*). Sistema telefónico multilínea que consta de varios enlaces con la red telefónica pública y líneas de comunicación interior o extensiones, pudiendo cualquiera de ellas hacer uso de un enlace libre.

**LAN** (*Local Area Network*). Red de área local, que interconecta, a alta velocidad, una serie de terminales informáticos o de otro tipo (por ejemplo, teléfonos IP), permitiendo de esta manera la compartición de recursos.

**Línea conmutada** (*switched line*). Conexión establecida a través de la red telefónica, entre dos puntos, durante todo el tiempo que dura la comunicación.

**Línea punto a punto** (*point to point line*). Línea de enlace entre dos puntos, de forma permanente, que permite la transmisión entre ambos.

**LMDS** (*Local Multipoint Distribution Service*). Tecnología de microondas, similar a MMDS para la difusión de señales de banda ancha en configuración punto-multipunto. Permite la transmisión de múltiples canales de TV en distancias de varios kilómetros, o el acceso a Internet de banda ancha.

**LLC** (*Logical Link Control*). Control del enlace lógico. Constituye la subcapa superior del nivel 2 del modelo OSI. Proporciona el soporte a los servicios requeridos entre el control de acceso al medio (MAC) y la capa de red según ISO.

**LTE** (*Long Term Evolution*). Estándar del 3GPP para el acceso por radio en 4G. Presenta una interfaz radioeléctrica basada en OFDMA para el enlace descendente (DL) y SC-FDMA para el enlace ascendente (UL). Puede alcanzar velocidades de hasta 1 Gbit/s.

**Llamada** (*call*). Proceso consistente en emitir las señales de dirección y control básico necesarias para poder establecer un enlace permanente o temporal (circuito físico o virtual) entre dos o más usuarios, durante todo el tiempo que dura.

**MAC** (*Media Access Control*). Control de acceso al medio. Un protocolo para acceder a un medio de comunicaciones específico, que constituye una subcapa –la inferior– en el nivel 2 del modelo OSI.

**MAN** (*Metropolitan Area Network*). Red de área metropolitana que con velocidades de 150 Mbit/s (DQDB) permite transportar voz, datos y vídeo sobre distancias de hasta 50 km (norma IEEE 802.6).

**Mensaje** (*message*). Grupo de caracteres y sucesión de elementos binarios de control transmitidos como un todo, desde un emisor hasta un receptor. Los mensajes habituales suelen ser: sonido, texto e imágenes.

**MIC** (*Pulse Code Modulation*). Modulación por impulsos codificados. Es una técnica −muestreo a 8.000 veces por segundo y codificación de las muestras con 8 bits− para transmitir de forma digital señales analógicas. Normalmente la voz, sobre un flujo digital de 64 kbit/s.

**MIME** (*Multipurpose Internet Mail Extensions*). Extensión de correo electrónico de Internet para la transmisión de información multimedia.

**MIMO** (*Multiple Inputs/Multiple Outputs*). Tecnología de antenas inteligentes de *arrays* adaptativos, que aprovecha el fenómeno de multipropagación y radiocomunicaciones en diversidad de espacio para conseguir una mayor velocidad y un mejor alcance que con las antenas tradicionales.

**MNP** (*Microcom Networking Protocol*). Norma "de facto" para corrección de errores en transmisión de datos por líneas analógicas mediante el empleo de módems de la serie V. Está definido por V.42, juntamente con LAP-M.

**Modelo OSI** (*OSI model*). Protocolos de interconexión de redes abiertas, definidos por el ISO (ISO 7498) en 1984, que regulan la comunicación entre equipos y sistemas de diversos fabricantes.

**Módem** (*modem*). Procede del acrónimo MOdulador DEModulador. Equipo para la transmisión/recepción de datos que, en el sentido de transmisión, convierte las señales digitales en señales analógicas capaces de ser transportadas por una red analógica; en el sentido de recepción, realiza la operación inversa, es decir, la recuperación de los datos transmitidos.

**Modulación** (*modulation*). Variación en el tiempo de ciertas características (amplitud, frecuencia o fase) de una señal eléctrica, portadora, conforme a la señal que se desea transmitir. Los tres tipos básicos de modulación analógica, son:

- **Modulación de amplitud**. Se modifica el valor de la amplitud de una onda portadora, conforme al valor instantáneo de la señal moduladora que se quiere transmitir. Con frecuencia se expresa como "AM".

- **Modulación de fase**. La fase de la señal portadora varía o es modulada conforme al valor instantáneo de la amplitud de la señal moduladora.

- **Modulación de frecuencia**. La señal moduladora modifica el valor instantáneo de la frecuencia de la señal portadora. Se conoce como "FM".

También existen sus equivalentes digitales: ASK, PSK y FSK.

**MP3**. Formato de compresión de la música que permite almacenarla, en el ordenador (por ejemplo), de tal forma que una canción dispone de un tamaño relativamente pequeño y una calidad buena de sonido. MP4 es un formato de audio y/o vídeo, con mayor compresión y potencia que MP3.

**MPEG-2** (*Motion Picture Experts Group-2*). Esquema de compresión de vídeo en movimiento propuesto por el MPEG (comité de expertos que coordina una normativa común para la compresión de vídeo). Se fundamenta en el hecho de que de una imagen a la siguiente hay muchas partes que permanecen inalterables, por lo que solo tiene en cuenta los cambios (diferencias). Permite adaptar la velocidad de transmisión a la calidad requerida por el programa o servicio.

**MPEG-4** (*Motion Picture Experts Group-4*). Es un formato de archivo especificado como parte del estándar internacional MPEG-4 de ISO/IEC, que se utiliza para almacenar los formatos audiovisuales. Típicamente para almacenar datos en archivos para ordenadores y para transmitir flujos audiovisuales.

**Muestreo** (*sampling*). Proceso de toma de muestras de una señal analógica, a alta velocidad, para proceder a su cuantificación y transformación en digital (cuantificación).

**Multimedia**. Tratamiento conjunto y de manera interactiva de información procedente de distintas fuentes: voz, datos e imagen. El transporte de información multimedia requiere redes de banda ancha.

**Multiplexor** (*multiplexer*). Dispositivo que permite la transmisión de varias señales por un mismo enlace simultáneamente, pudiendo ser por división de tiempo o de frecuencia.

**Navegador** (*browser*). Aplicación para visualizar documentos WWW y navegar por Internet. Programa cliente que se utiliza para buscar diferentes recursos de Internet. El navegador más usado es Microsoft Internet Explorer, pero hay otros que le están quitando cuota de mercado rápidamente, como Mozilla.

**NET** (*European Telecommunications Standards*). Normas europeas de telecomunicación. Definen las especificaciones técnicas y pruebas que han de superar los equipos de telecomunicaciones. Elaboradas por la ETSI, son de obligado cumplimiento en la Unión Europea.

**NFC** (*Near Field Communications*). Sistema de comunicación inalámbrica de corto alcance y sin contacto (de proximidad), similar a Bluetooth.

**Norma** (*standard*). Documento que comprende una especificación de carácter técnico, no siendo de obligado cumplimiento, aunque se recomienda su aplicación una vez que ha sido avalada por los organismos competentes.

**NOS** (*Network Operating System*). Es el término genérico que se aplica al sistema operativo de red local, que permite la compartición de recursos. Por ejemplo, NetWare, LAN-Server o LAN-Manager.

**Niveles OSI** (*OSI layers*). Son las siete capas o niveles en que se estructura el modelo OSI de ISO: físico, enlace, red, transporte, sesión, presentación y aplicación, para permitir la interconexión de sistemas abiertos.

**Nodo** (*node*). Cualquier dispositivo que esté conectado a la red y tenga una dirección definida, teniendo como función principal la de conmutación, de circuitos o de mensajes.

**Onda** (*wave*). Oscilación periódica que se define por su amplitud, fase y frecuencia.

**OBA**. La Oferta del Bucle de Abonado regula las condiciones para que los operadores alternativos puedan acceder a la oferta mayorista de Telefónica relativa al alquiler del bucle de abonado.

**OMV** (*MVNO/Mobile Virtual Network Operador*). Operador Móvil Virtual, es un operador que no posee infraestructura propia de acceso, alquilándosela a un operador que sí dispone de ella (OMR/Operador Móvil de Red), como Telefónica, Vodafone, Orange y Yoigo. Pueden ofrecer distintos grados de servicio, desde simple revendedor (marca), hasta OMV completo.

**ONP** (*Open Network Provisión*). Oferta de red abierta. Propuesta de la CEE para armonizar las redes de telecomunicaciones y promocionar servicios de valor añadido (SVA) competitivos.

**Operador de red** (*carrier*). Empresa explotadora de una red pública de servicios básicos de telecomunicación que posee en propiedad la infraestructura, autorización y medios de explotación para dar los servicios.

**OSI** (*Open Systems Interconnection*). Modelo de referencia para la interconexión de sistemas abiertos, desarrollado por la ISO y el CCITT.

**PBX** (*Private −Automatic− Branch exchange*). Central privada de conmutación, situada en casa del usuario, que proporciona acceso de estos entre sí y con la red telefónica pública.

**Panel de conexión** (*patch panel*). Armario de conexión para la terminación de cables. Permite la interconexión entre ellos mediante latiguillos de parcheo (*patch cord*).

**Paquete** (*packet*). Grupo de bits de control y datos que, transmitidos en bloques de mayor o menor longitud, disponen de la información necesaria para alcanzar su destino.

**Pasarela** (*gateway*). Dispositivo que permite enlazar dos redes con estructura física o protocolos diferentes, actuando como adaptador y traductor de la información.

**PDH** (*Plesiochronous Digital Hierarchy*). La jerarquía digital plesiócrona es una técnica de multiplexación de alto nivel para transmisión de señales digitales (hasta 140 Mbit/s).

**PDS** (*Premises Distribution System*). Sistema de cableado estructurado desarrollado por AT&T, para comunicaciones de voz y datos sobre par trenzado sin apantallar. Renombrado Systimax.

**PHY** (*PHYsical sublayer*). El nivel más bajo de OSI, que representa las características eléctricas, mecánicas y de conexión sobre una interfaz que conecta los dispositivos al medio de transmisión.

**PIN** (*Personal Identification Number*). Número de identificación personal. Por ejemplo, es el número de cuatro cifras que hay que teclear cuando se enciende el teléfono móvil para que se active, o para utilizar la tarjeta en el cajero.

**PING** (*Packet INternet Grouper*). Una facilidad de los protocolos Internet empleada para comprobar el acceso a dispositivos remotos (estado activo), mediante mensajes de eco ICMP. Básicamente, Ping envía una pequeña serie de sencillos paquetes de datos, y si la máquina apuntada los devuelve, entonces esa máquina es considerada activa y disponible.

**Plesiócrono** (*plesiochonous*). Forma de sincronización en una red digital en la que los equipos se sincronizan mediante fuentes separadas de similar precisión y estabilidad.

**PON** (*Passive Optical Network*). Las redes ópticas pasivas no tienen componentes activos entre el servidor y el cliente o abonado. En su lugar se encuentran (divisores ópticos pasivos) o *splitters*. La utilización de sistemas pasivos reduce considerablemente las inversiones y los costes de conservación.

**POP** (*Post Office Protocol*). Un cliente de correo POP establece una conexión con el servidor solo el tiempo necesario para enviar o recibir correo, y luego cierra la conexión. Es más eficiente que SMTP, ya que no se mantiene la conexión mientras el usuario está leyendo o redactando correo.

**POTS** (*Plain Old Telephone Service*). Término empleado en EE.UU. para referirse al servicio telefónico básico (con teléfonos analógicos) ofrecido por las redes públicas. En Europa se identifica con STB (Servicio Telefónico Básico).

**P2P** (*Peer to Peer*). Red entre iguales, es una red de ordenadores en la que todos o algunos aspectos de esta funcionan sin clientes ni servidores fijos, sino una serie de nodos que se comportan como iguales entre sí. Es decir, actúan simultáneamente como clientes y servidores respecto a los demás nodos de la red.

**PPP** (*Point to Point Protocol*). Protocolo tipo IP sucesor de SLIP, que sirve para la conexión encaminador-encaminador y ordenador-red, sobre circuitos asíncronos y síncronos.

**PRI** (*Primary Rate Interface*). Acceso primario en la RDSI, que proporciona 30 (23 en EE.UU.) canales B a 64 kbit/s y 1 D a 16 kbit/s, pensado para la interconexión de PBX o redes locales.

**Protocolo** (*protocol*). Conjunto de normas que regulan la comunicación – establecimiento, mantenimiento, y cancelación– entre los distintos dispositivos de una red o de un sistema.

**Proxy**. Elemento intermedio entre la LAN y la WAN (Internet) que realiza funciones de separación entre ambas y filtrado de paquetes, permitiendo el almacenamiento de páginas ya visitadas (caché) para ganar en velocidad de acceso. Puede ser un servidor *proxy* específico o un software en el PC del usuario.

**PSDN** (*Packet Switched Data Network*). Red pública de conmutación de paquetes.

**PSTN** (*Public Switched Telephone Network*). Red pública de conmutación de circuitos. Es la red telefónica básica empleada en todos los países para establecer las comunicaciones vocales.

**PTT** (*Post Telegraph and Telephone*). Término genérico para referirse en Europa a las diferentes administraciones de los servicios de telecomunicación públicos de un país. Operador Público de Telecomunicaciones (PTO) es el nombre que se les asigna ahora.

**Puente** (*bridge*). Elemento que permite enlazar redes de igual naturaleza, y cuya función es gestionar el tráfico de mensajes entre ambas. Trabaja en la capa de enlace de OSI.

**Puerto** (*port*). Unidad funcional de un modo a través de la cual los datos pueden entrar o salir de una red de datos.

**Punto de acceso** (*access point*). *Hub* o conmutador inalámbrico que posibilita la conexión de múltiples dispositivos en una red inalámbrica o WLAN.

**PVC** (*Permanent Virtual Circuit*). Circuito virtual permanente, es un circuito que se encuentra establecido de forma fija entre dos puntos durante todo el tiempo de persistencia de una comunicación.

**QoS** (*Quality of Service*). Calidad de Servicio ofrecida o contratada.

**Radiodifusión** (*broadcast*). El Convenio Internacional de Telecomunicaciones la concibe como un servicio de radiocomunicación cuyas emisiones se destinan a ser recibidas por el público en general. Este servicio abarca emisiones sonoras, de televisión o de otro género, va del organismo de origen al público en general y no tiene retorno; no existe interlocutor.

**Radio celular** (*cellular radio*). Sistema de transmisión, alternativo al bucle de abonado, para el acceso vía radio de un abonado estacionario o móvil a la central telefónica. Su característica es la división en "celdas" para cubrir todo un territorio y la reutilización de frecuencias para un uso más eficaz del espectro.

**RDSI** (*ISDN/Integrated Services Digital Network*). La Red Digital de Servicios Integrados define una red conmutada de canales digitales que proporciona una serie de servicios integrados, siguiendo las recomendaciones Serie I del CCITT. El enlace básico consta de 2 canales B de 64 kbit/s y uno D de 16 kbit/s, mientras que el primario consta de 30 canales B y uno D de 16 o 64 kbit/s.

**Red** (*network/net*). Conjunto de recursos –nodos de conmutación y sistemas de transmisión– interconectados por líneas o enlaces, cuya función es la de que los elementos a ella conectados puedan transferir información. Las redes pueden ser fijas y móviles, de área local y extendida, públicas y privadas, de conmutación de circuitos y de paquetes, etc.

**Red de área extensa** (*WAN/Wide Area Network*). Red que abarca un área geográfica muy extensa, tal como puede ser una ciudad, provincia o país/países. También llamada red de área amplia.

**Red de área metropolitana** (*MAN/Metropolitan Area Network*). Red que se extiende hasta unos 50 km, opera a velocidades entre 1 Mbit/s y 200 Mbit/s y provee servicios de voz, datos e imagen.

**Red de nueva generación** (*NGN/New Generation Network*). Concepto que engloba a las nuevas redes de acceso a información multimedia, utilizando la banda ancha. Mediante ellas es posible ofrecer numerosas aplicaciones (voz, datos, vídeo) en diferentes terminales, ya sean estos fijos o móviles.

**Red inteligente** (*intelligent network*). Arquitectura de control de red que permite al operador la incorporación de nuevos servicios y facilidades de manera rápida, flexible y económica.

**Red local** (*local area network*). Es una red de comunicaciones, normalmente privada, que abarca una extensión reducida y a la que se pueden conectar diferentes dispositivos; ordenadores, impresoras, teléfonos, etc. Se consideran tres tipos de topología: en estrella, en bus y en anillo. Abreviadamente se expresa en castellano como "RAL" y en inglés como "LAN".

**Red GSM** (*GSM network*). Es una red de telefonía celular digital de ámbito europeo. La infraestructura básica de una red GSM es similar a la de cualquier otra red de telefonía celular, en la que se dispone de una red de células de radio contiguas, que juntas dan cobertura completa al área de servicio.

**Red jerárquica** (*hierarchical network*). Red en la que existe una jerarquía, de tal forma que la información fluye siguiendo un camino establecido de antemano, y solo este.

**Repetidor** (*repeater*). Elemento que interconecta dos segmentos de una red y actúa como amplificador y regenerador de las señales. Trabaja a nivel 1 de OSI.

**Retransmisión de tramas** (*Frame Relay*). Técnica de multiplexación y conmutación de tramas en una red de área extensa, proporciona gran velocidad y retardo mínimo. El estándar, que es una simplificación del X.25, operando a nivel 2 de OSI, contempla los protocolos y la interfaz (recomendación I.122 del CCITT).

**RFC** (*Request for Comments*). Recomendaciones dadas por el comité IAB para la estandarización de la familia de protocolos TCP/IP. Además, incluye documentos simplemente informativos y propuestas de estándar para su discusión.

**RFID** (*Radio Frequency IDentification*). La identificación por radiofrecuencia es un sistema de almacenamiento y recuperación de datos remoto que usa dispositivos denominados etiquetas, tarjetas, transpondedores o *tags* RFID.

**RPV** (*VPN/Virtual Private Network*). Red privada virtual, una manera flexible de proporcionar servicios de telecomunicación a medida basándose en la infraestructura de la red pública.

**Router**. Dispositivo de conexión a Internet. Nodo que asume las funciones de encaminar el tráfico de la red hacia los nodos de destino siguiendo la ruta más apropiada; al operar a nivel de red, depende del protocolo.

**RS-232** (RS-232/EIA-232). Interfaz normalizada entre un equipo terminal de comunicaciones (DTE) y un equipo de comunicaciones (DCE) para la transferencia de datos en modalidad serie.

**Ruido** (*noise*). En un circuito o cable, el ruido es cualquier señal extraña que interfiere con la señal presente (información) en el mismo y disminuye la inteligibilidad o la correcta recepción de la misma.

**Ruta** (*path*). Camino que sigue un paquete de datos para ir desde el emisor hasta el receptor, bien de forma directa o a través de nodos intermedios.

**SDLC** (*Synchronous Data Link Control*). Protocolo de control del enlace, similar al HDLC, para transmisiones síncronas, desarrollado por IBM para su empleo en la arquitectura SNA.

**Señal** (*signal*). Representación física de caracteres o de funciones. Es la información que se transmite por una red de telecomunicaciones, pudiendo ser analógica –si toma valores continuos–, o digital –si toma valores discretos–, en el tiempo.

**Señalización** (*signalling*). Es el intercambio de información o mensajes dentro de una red de telecomunicaciones, para controlar, establecer, supervisar, conmutar y gestionar las comunicaciones.

**Señalización por canal asociado** (*channel associated signalling*). Señalización asociada al canal, el cual transporta tanto información de usuario como de señalización y sincronización.

**Señalización por canal común** (*common channel signalling*). La utilización de un canal compartido para controlar varios canales de comunicación. El más conocido es el SSCC 7 del CCITT, de gran difusión en redes públicas telefónicas (por ejemplo, en la RDSI).

**Señalización E&M** (*E&M signalling*). Sistema de transmisión de voz que utiliza caminos separados para señalización y señales de voz. El hilo "M" (*mouth*) transmite señales al circuito, mientras que el "E" (*ear*) recibe las señales entrantes.

**Servidor** (*server*). Un servidor es el ordenador central en una Red que se ocupa de tareas especiales, como almacenamiento de discos duros, imprimir, o comunicaciones. Un servidor de Internet es un programa que interactúa con los programas de usuario; por ejemplo, provee páginas a su programa buscador.

**SIM** (*Subscriber Identity Module*). Es la tarjeta que se incorpora en los teléfonos móviles para personalizarlos. Contempla el número de abonado, su PIN y perfil del usuario, además de algunos *Megabytes* de memoria para almacenar la lista de números telefónicos y otros datos propios del usuario.

**Símbolo** (*simbol*). Onda discreta producida por un modulador que puede ser identificada de forma única, usado para representar uno o varios bits.

**Síncrono** (*synchronous*). Método de transmisión de datos en el que el instante de transmisión de cada señal que representa un elemento binario está sincronizado con una base de tiempos.

**SingleRAN**. Sistema de radio capaz de soportar varias tecnologías (GSM, UMTS, LTE) y frecuencias (800, 900, 1800, 2100, 2600 MHz).

**Sistema abierto** (*open system*). Conjunto de elementos informáticos conforme a los estándares establecidos en el modelo OSI, y que, por tanto, puede comunicarse con cualquier otro que lo sea.

**SLIP** (*Serial Line IP*). Protocolo de Internet para transmitir IP sobre líneas serie asíncronas (tales como las telefónicas). Está siendo reemplazado por PPP (*Point to Point Protocol*) que permite trabajar sobre líneas síncronas y asíncronas.

**SMS** (*Short Messaging System*). Sistema de Mensajes Cortos. Para enviar y recibir mensajes de texto para y desde teléfonos móviles. El texto puede estar compuesto de palabras o números o una combinación alfanumérica. Cada mensaje puede tener hasta un máximo de 160 caracteres, incluidos espacios.

**SNMP** (*Simple Network Management Protocol*). Protocolo de gestión simple, que consta de tres partes: estructura de la información de gestión (SMI), base de gestión de información (MIB) y el propio protocolo de gestión.

**Software**. Palabra compuesta de manera similar a hardware para designar a todo lo que en informática es inmaterial (*soft*). Consta de los programas y la documentación correspondiente, que permiten hacer funcionar a un sistema informático.

**Splitter**. Dispositivo pasivo, empleado en un sistema de cableado, para obtener dos o más salidas partiendo de una única entrada.

**STM** (*Synchronous Transfer Mode*). Modo de transferencia síncrono, en el que las tramas son fijas, con un número definido de canales por trama.

**STP** (*Shielded Twisted Pair*). Dos conductores trenzados entre sí, para minimizar el efecto de la inducción entre ellos, y recubiertos de una pantalla metálica, para evitar la radiación.

**TCP** (*Transmission Control Protocol*). Serie de protocolos estándar de comunicaciones, a nivel 3 y 4 de OSI, desarrollado por el Departamento de Defensa de EE.UU. para la interconexión de redes multivendedor. TCP es un protocolo a nivel de transporte, orientado a conexión, e IP es un protocolo a nivel de red, no orientado a conexión.

**TDM** (*Time Division Multiplexing*). Técnica de multiplexación por división en el tiempo, que permite intercalar los datos procedentes de varios usuarios en un único canal, vía serie.

**TDMA** (*Time Division Multiple Access*). TDMA se ha adoptado como el nuevo nombre del estándar móvil "Digital AMPS" (D-AMPS), actualmente denominado ANSI-136, utilizado en el continente americano, la costa asiática del Pacífico y otras áreas. Los servicios TDMA se pueden prestar en las bandas de frecuencia de 800 MHz y 1.900 MHz.

**TDT** (*Terrenal Digital Televisón*). Televisión, en formato digital, que se distribuye a los usuarios finales por medio de ondas Hertzianas, y llega al terminal a través de la antena. En muchos países ha reemplazado a la televisión analógica.

**Tecnologías de la Información y las Comunicaciones** (**ICT**). Convergencia de las tecnologías de las telecomunicaciones, la informática y el audiovisual, con unos resultados superiores a la mera adición de las mismas, producto del trasvase de tecnologías y de la colaboración.

**Teléfono inteligente** (*smartphone*). Un teléfono móvil dotado de capacidades avanzadas de proceso, comunicación y visualización, que emplea algún tipo de sistema operativo para la realización de sus funciones.

**Telnet**. Programa para Internet basado en texto, usado para enlazarse a una máquina remota. Una vez conectada, la máquina propia se comporta como si el usuario estuviera realmente sentado frente a la otra, aun cuando se hallen en diferentes partes del mundo.

**Tercera generación (3G)**. Nueva generación de las comunicaciones móviles. El servicio no estará limitado a las comunicaciones de voz y los servicios de valor añadido, como SMS o Internet vía WAP. El espectro y los servicios se ampliarán notablemente: videoconferencia, captación y envío de fotografías electrónicas con mensajes de voz, localización, etc., a alta velocidad.

**Testigo** (*token*). Paquete de datos que circula a través de una red local y que determina qué nodo puede iniciar una transmisión.

**TETRA**. Es un sistema *trunking* digital desarrollado en Europa utilizando canales de 25 kHz, que puede manejar 4 usuarios al mismo tiempo, con tecnología TDMA. Es un sistema aprobado por ETSI.

**Tiempo compartido** (*time sharing*). Un sistema trabaja en tiempo compartido cuando el ordenador reparte su tiempo de proceso, mediante interrogación –*poll*– entre los distintos terminales.

**Token Ring**. Red con topología lógica en anillo –aunque suele estar físicamente cableada en estrella–, velocidad de 4 y 16 Mbit/s, que se caracteriza por hacer uso de un testigo para acceso secuencial al medio. Definida por el comité IEEE 802.5 (ISO 8802/5).

**Topología** (*topology*). Disposición física de los distintos elementos que componen una red, con indicación de los medios de enlace utilizados entre nodos.

**Trama** (*frame*). Equivalente del bloque en ciertos protocolos de enlace, particularmente en DIC. En multiplexado temporal, conjunto de intervalos de tiempo consecutivos alojados en subcanales diferentes.

**Transceptor** (*transceiver*). Dispositivo empleado en las redes para adaptar la señal digital al medio de transmisión, normalmente un cable de pares o coaxial.

**Transmisión en paralelo** (*parallel transmission*). Manera de enviar información agrupada, de forma que todos los bits que componen un *byte* se transmiten simultáneamente a través del bus.

**Transmisión en serie** (*serial transmission*). Los bits que forman la información se transmiten secuencialmente a través del medio.

**Trunking**. Sistema de telefonía móvil celular en grupo cerrado de usuarios, en el que los canales disponibles se asignan dinámicamente en función de la demanda.

**UDP** (*User Datagram Protocol*). Protocolo orientado a la transmisión de datagramas en una red con el protocolo IP. No se garantiza el grado de servicio y los paquetes pueden llegar en un orden distinto al que han sido emitidos, ya que cada uno puede seguir un camino diferente. Es no orientado a la conexión.

**UIT** (*ITU/International Telecommunications Union*). Unión Internacional de Telecomunicaciones, es uno de los organismos más antiguos de normalización. Recientemente se ha reestructurado en tres sectores: el de normalización de telecomunicaciones (UIT-T), establecido para gestionar todas las actividades de normalización del antiguo CCITT, el de comunicaciones vía radio (UIT-R), y el sector de desarrollo (UIT-D), que gestiona la asistencia a países en vías de desarrollo en materia de telecomunicaciones.

**ULL** (*Unbudling Local Loop*). La desagregación del bucle de abonado es una modalidad para que los operadores alternativos puedan ofrecer el servicio ADSL utilizando el bucle cedido, totalmente o en parte, por el operador "incumbente", al que pagan una cuota por sus servicios.

**UMTS** (*Universal Mobile Telecommunication System*). Sistema universal de comunicaciones móviles, que reúne todos los servicios actuales mediante las funciones de red inteligente. Se conoce en Europa como 3G.

**URL** (*Uniform Resource Locator*). El localizador universal de recursos es el nombre o dirección que reciben los diversos tipos de información que se pueden encontrar en Internet. Nombre genérico de la dirección en Internet, indica al usuario dónde localizar un archivo HTML determinado en la Web. La mayor parte de los documentos o recursos en Internet (excepto los de *e-mail*, que tienen sus propias convenciones) pueden ser presentados por una URL.

**USB** (*Universal Serial Bus*). Puerto que sirve para conectar periféricos o dispositivos de almacenamiento masivo a un ordenador u otro dispositivo, alcanzando una velocidad de transferencia de hasta 480 Mbit/s, o incluso más con el nuevo estándar USB 3.0.

**UTP** (*Unshielded Twisted Pair*). Dos conductores trenzados entre sí, para minimizar el efecto de la inducción electromagnética entre ellos. Un cable UTP, normalmente, contiene cuatro pares de hilos aislados dentro de una cubierta plástica común.

**VSAT** (*Very Small Aperture Terminal*). Denominación de las comunicaciones por satélite que emplean terminales con una antena parabólica de dimensiones reducidas. Mediante ellas, es posible cubrir un vasto territorio.

**WCDMA** (*Wideband CDMA*). Es una tecnología de interfaz de radio para el acceso de banda ancha por radio con el fin de prestar servicios de 3ª generación. Esta tecnología ha sido perfeccionada para admitir servicios multimedia de muy alta velocidad, como vídeo de animación, acceso a Internet y videoconferencia.

**WDM** (*Wavelength Division Multiplexing*). Multiplexación por división de onda, es una técnica que permite la transmisión de varias señales sobre la misma fibra óptica para incrementar su capacidad.

**Wi-Fi.** Estándar para redes locales inalámbricas (IEEE 802.11) que permite alcanzar velocidades de hasta 54 Mbit/s, o incluso superiores con las últimas versiones, y que no requiere licencia para su utilización.

**WiMAX** (*Worldwide interoperability for Microwave Access*). Es la marca que certifica que un producto está conforme con los estándares de acceso inalámbrico IEEE 802.16. Estos estándares permiten conexiones de velocidades similares al ADSL o al cable módem, sin cables, y hasta una distancia de 50-60 km.

**Wireless LAN.** Las redes LAN inalámbricas no requieren cables para transmitir señales, sino que utilizan ondas de radio o infrarrojos. La mayoría de las redes WLAN utilizan tecnología de espectro distribuido. Todos los usuarios comparten el ancho de banda con otros dispositivos.

**WLL** (*Wireless Local Loop*). Radio en Bucle de Abonado/Bucle Local Inalámbrico. Uso de la tecnología de acceso por radio para enlazar a usuarios en la red pública fija de telecomunicaciones.

**WWW** (*World Wide Web*). Creado por investigadores del CERN en Suiza, es un sistema de documentos de hipertexto enlazados y accesibles a través de Internet. Con un navegador web, como es Google, un usuario visualiza sitios web compuestos de páginas web que pueden contener texto, imágenes, vídeos u otros contenidos multimedia, y navega a través de ellas usando hiperenlaces.

**xDSL.** La "x" representa las varias formas de tecnologías empleadas en el bucle digital de abonado (DSL): ADSL, HDSL, SDSL, VDSL, etc. Permite transmitir altas tasas de datos sobre el bucle (par de cobre) de los usuarios.

# REFERENCIAS BIBLIOGRÁFICAS

A continuación se mencionan algunas obras cuya lectura puede resultar interesante para que el lector complemente la información contenida en este libro. También, es aconsejable la búsqueda por Internet de artículos y otras referencias, o de sitios especializados, como *http://es.wikitel.info/* y *http://es.wikipedia.org/*.

**AGUSTÍ, R.** (coordinador); *LTE: nuevas tendencias en comunicaciones móviles*, Fundación Vodafone, 2010.

**ARIAS ACUÑA, M., RUBIÑOS LÓPEZ, O.**; *Radiocomunicación*, Andavira, 2011.

**AROKIAMARY, V.J.**; *Mobile Communications*, Technical Publications Pune, 2009.

**BATES y GREGORY**; *Voice & Data Communications Handbook*, McGraw-Hill, 2006.

**BATES, R.**; *Telecomunicaciones de Banda Ancha*, McGraw-Hill, 2004.

**CALVO, M.** (coordinador); *Sistemas de Comunicaciones Móviles de Tercera Generación IMT-2000 (UMTS)*, Fundación Vodafone, 2002.

**CARBALLAR, J.A.**; *ADSL. Guía del usuario*, Ra-Ma, 2003.

**CARBALLAR, J.A.**; *Wi-Fi. Cómo construir una red inalámbrica*,   Ra-Ma, 2003.

**CARBALLAR, J.A.**; *Wi-Fi. Instalación, seguridad y aplicaciones*,   Ra-Ma, 2007.

**COMER, D.**; *Internetworking with TP/IP*, Prentice-Hall, 2006.

**CULLELL MARCH, C.**; *La Regulación del Espacio Radioeléctrico: los Servicios de Comunicaciones Electrónicas en la Unión Europea*, Bosch, 2011.

**DE LA PEÑA, J.**; *Historias de las Telecomunicaciones*, Ariel, 2003.

**DIAZ et al.**; *Seguridad en las comunicaciones y en la información*, UNED, 2004.

**ELBERT, B.R.**; *Introduction to Satellite Communication*, Artech House, 2008.

**FERNANDEZ, M.**; *Sistemas de Comunicaciones*, Marcombo, 2001.

**FERNANDO** y **MARCOS**; *Régimen Jurídico del Dominio Público Radioeléctrico*, Comares, 2009.

**GARCÍA, DÍAZ** y **LÓPEZ**; *Transmisión de datos y redes de computadores*, Pearson, 2003.

**GARCÍA SERRANO, A.**; *Redes Wi-Fi*, Anaya Multimedia, 2008.

**GAST, M.**; *802.11 Wireless Networks: The Definitive Guide*, O'Reilly Media, Inc., 2002.

**GHOSH, ZHANG** y **MUHAMED**; *Fundamentals of LTE*, Prentice Hall, 2010.

**GOKHALE, A.A.**; *Introduction to Telecommunications*, Thomson, 2004.

**GOLENIEWSKI** y **JARRETT**; *Telecommunications Essentials*, Addison Wesley, 2006.

**GÓMEZ** y **VELOSO**; *Redes de ordenadores e Internet*, Ra-Ma, 2003.

**GONZÁLEZ DE LA GARZA, L.M.**; *El nuevo marco jurídico de las telecomunicaciones en Europa*, La Ley, 2011.

**GORALSKY, WALTER** y **HILL**; *Tecnologías ADSL y xDSL*,     McGraw-Hill, 2000.

**HALLBERG**; *Fundamentos de Redes*, McGraw-Hill, 2003.

**HARTE** y **OFRANE**; *Telecom Systems, PSTN, PBX, Datacom, IP Telephony, IPTV, Wireless and Billing*, Althos, 2006.

**HERNANDO, J.M.**; *Comunicaciones Móviles*, Ramón Areces, 2006.

**HERNANDO, J.M.**; *Transmisión por radio*, Ramón Areces, 2008.

**HERNANDO** y **LLUC** (coordinadores); *Comunicaciones móviles UMTS*, Telefónica Móviles, 2001.

**HERRERA, E.**; *Introducción a las telecomunicaciones modernas*, Limusa, 2003.

**HERRERA, E.**; *Tecnologías y redes de transmisión de datos*, Limusa, 2003.

**HORAK, R.**; *Telecommunications and Data Communications Handbook*, John Wiley & Sons, 2007.

**HUIDOBRO, J.M.**; *Comunicaciones Móviles*, Ra-Ma, 2012.

**HUIDOBRO, J.M.**; *Redes y servicios de telecomunicaciones*, Paraninfo, 2006.

**HUIDOBRO, J.M.**; *Sistemas de Telefonía*, Paraninfo, 2006.

**HUIDOBRO** y **LUQUE**; *Comunicaciones por Radio*, Ra-Ma, 2013.

**HUIDOBRO** y **MILLÁN**; *Manual de Domótica*, Creaciones Copyright, 2010.

**HUIDOBRO** y **MILLÁN**; *Redes de datos y convergencia IP*, Creaciones Copyright, 2007.

**HUIDOBRO, MILLÁN** y **ROLDÁN**; *Tecnologías de Telecomunicaciones*, Creaciones Copyright, 2005.

**HUIDOBRO** y **PASTOR**; *Infraestructuras Comunes de Telecomunicaciones*, Creaciones Copyright, 2004.

**HUIDOBRO** y **ROLDÁN**; *Integración de voz y datos*, McGraw-Hill, 2003.

**HUIDOBRO** y **ROLDÁN**; *Redes y Servicios de Banda Ancha*, McGraw-Hill, 2004.

**HUIDOBRO** y **ROLDÁN**; *Seguridad en redes y servicios informáticos*, Creaciones Copyright, 2005.

**KAARANEN et al.**; *Redes UMTS. Arquitectura, movilidad y servicios*, Ra-Ma, 2006.

**KULUTATNA** y **DIAS**; *Modern telecommunications systems*, Artech House, 2004.

**LAGUNA DE LA PAZ, J.C.**; *Telecomunicaciones: Regulación y Mercado*, Aranzadi, 2010.

**LUQUE, J.**; *Comunicaciones Unificadas. Integración y convergencia de las comunicaciones corporativas*, Creaciones Copyright, 2009.

**McMAHON**; *Introducción a las Redes*, Anaya Multimedia, 2003.

**MAÑAS, J.A.**, *Mundo IP*, Nowtilus, 2004.

**MARIÑO, P.**; *Las comunicaciones en la empresa*, Ra-Ma, 2003.

**MARTÍNEZ** y **RAYA**; *Redes locales. Instalación y configuración básica*, Ra-Ma, 2008.

**MARTÍNEZ SERRANO**; *Fundamentos de Telecomunicaciones y Redes*, Convergente, 2012.

**MOLINA, F.J.**; *Redes de área local*, Ra-Ma, 2013.

**MOLINA, F.J.**; *Redes locales*, Ra-Ma, 2009.

**MONTERO, J.J.**; *Derecho de las telecomunicaciones*, Tirant lo Blanch, 2007.

**NICHOLS** y **LEKKAS**; *Seguridad para comunicaciones inalámbricas*, McGraw-Hill, 2003.

**RAMOS, F.**; *Radiocomunicaciones*, Marcombo, 2007.

**RAYA, J.L.** y **RAYA, L.**; *Intranets y TCP*, Ra-Ma, 2004.

**RAYA, J.L.** y **RAYA, L.**; *Redes locales*, Ra-Ma, 2005.

**ROLDÁN, D.**; *Comunicaciones inalámbricas*, Ra-Ma, 2004.

**ROSADO, C.**; *Comunicaciones por Satélite: Principios, Tecnología y Sistemas*, Limusa-Wiley, 2008.

**ROSENGRANT, M.A.**; *Introduction to Telecommunications*, Pearson Prentice Hall, 2007.

**RUSELL, T.**; *Telecomunicaciones. Referencia de bolsillo*,    McGraw-Hill, 2002.

**SAAKIAM, A.**; *Radio Propagation Fundamentals*, Artech House, 2011.

**SÁNCHEZ** y **LÓPEZ**; *Redes. Iniciación y Referencia*, McGraw-Hill, 2000.

**SENDIN, A.**; *Fundamentos de los sistemas de comunicaciones móviles*, McGraw-Hill, 2004.

**STALLINGS, W.**; *Comunicaciones y redes de computadoras*, Prentice-Hall, 2004.

**TANENBAUM, A.**; *Redes de computadoras*, Prentice-Hall, 2003.

# ÍNDICE ALFABÉTICO